HAMMERHAL
& ANDERE GESCHICHTEN

GROSSARTIGE GESCHICHTEN AUS DEN REICHEN DER STERBLICHEN

Hallowed Knights: Seuchengarten
Josh Reynolds

Die Acht Wehklagen:
Speer der Schatten (Januar 2018)
Josh Reynolds

HAMMERHAL
& ANDERE GESCHICHTEN

GROSSARTIGE GESCHICHTEN AUS DEN STERBLICHEN REICHEN

Josh Reynolds · Matt Westbrook · David Guymer
Robbie MacNiven · David Annandale

BLACK LIBRARY

EINE PUBLIKATION VON BLACK LIBRARY

Englische Erstausgabe 2017 in Großbritannien herausgegeben von
Black Library.
Diese Ausgabe herausgegeben 2017.
Black Library ist eine Abteilung von Games Workshop Ltd.,
Willow Road,
Nottingham, NG7 2WS, UK.

10 9 8 7 6 5 4 3 2 1

Titel des englischen Originalromans: *Hammerhal & Other Stories.*
Deutsche Übersetzung: Sarah Anne Bülow (Ewige Vergeltung), Ralph
Hummel (Der Große Rote, Herzwald, Der Gefangene der Schwarzen
Sonne, Sturm auf die Alraunenfestung), Stephan Remberg (Hammerhal),
Horus W. Odenthal (Seuchengarten, Speer der Schatten), Mark
Schüpstuhl (Unter dem schwarzen Daumen), Oliver Honer (Die Schlüssel
zum Verderben).
Produziert von Games Workshop in Nottingham.
Titelbild: Akim Kaliberda.
Vertrieb: EGMONT Verlagsgesellschaften mbH.

Druck und Bindung: CPI Group (UK) Ltd, Croydon, CR0 4YY

ISBN13: 978-1-78193-290-2

Besuche Black Library im Internet auf
blacklibrary.com

Finde mehr über Games Workshop und die
Welt von Warhammer 40.000 heraus auf
games-workshop.com

Gedruckt und gebunden in Großbritannien.

Lieber Leser,

du stehst am Anfang eines großartigen Abenteuers – willkommen in der Welt von Warhammer Age of Sigmar.

In diesem Erzählband findest du eine ganze Reihe von packenden Geschichten, mit denen du die Reiche der Sterblichen erkunden kannst – eine fantastische Welt voller mächtiger Helden und fremdartiger Kreaturen, Magier und Monster, Blutvergießen und Verrat. Gewaltige Armeen prallen in gnadenlosen Konflikten aufeinander, furchtlose Entdecker wagen sich in die Ruinen uralter Zivilisationen und entsetzliche Magie lässt die Toten wieder auferstehen.

Mit diesem Buch begibst du dich auf eine Reise durch diese Welt und begegnest einigen der Charaktere, die dort leben, Sie weisen dir den Weg zu weiteren Abenteuern in den Büchern des stets wachsenden Angebots von Black Library.

Also schnall dein Schwert um oder nimm deinen Zauberstab zur Hand und lass uns beginnen. Alles, was du tun musst, ist umzublättern ...

INHALT

Hammerhal 9
Josh Reynolds

Ewige Vergeltung 179
Matt Westbrook

Der Gefangene der Schwarzen Sonne 225
Josh Reynolds

Unter dem schwarzen Daumen 267
David Guymer

Sturm auf die Alraunenfestung 329
Josh Reynolds

Der Grosse Rote 371
David Guymer

Herzwald 419
Robbie MacNiven

Die Schlüssel zum Verderben 461
David Annandale

Hallowed Knights:
Seuchengarten (Auszug)   513
Josh Reynolds

Die Acht Wehklagen:
Speer der Schatten (Auszug)   533
Josh Reynolds

HAMMERHAL

Josh Reynolds

PROLOG

Gelächter eines Dunklen Gottes

Das göttliche Bewusstsein von Sigmar Heldenhammer, dem Gottkönig, raste die himmlischen Gipfel von Azyr hinunter und hinein in die verwachsenen Wipfel von Ghyran, dem Reich des Lebens. Sein Bewusstsein, gehüllt in Sturmwinde und Regen, stieg hinab durch die riesigen Wolken aus schwebenden Sporen und passierte die zerschmetterten Hüllen von Himmelsinseln und Sturmriffen vor den grünen Inseln unter ihm.

Ghyran war ein pulsierendes Reich. Überall fand sich Leben in den unterschiedlichsten Formen. Es wuchs und breitete sich mit einem Eifer aus, der aller Logik trotzte, wobei es stets dem ewigen Lied von Alarielle, der Immerkönigin, antwortete. Er konnte hören, wie ihre Stimme von jedem Winkel dieses Reiches widerhallte, als die Göttin des Lebens versuchte, alles zu richten, was im Argen lag, und die Wunden des Krieges zu heilen. Aber es gab Orte, die selbst ihr Lied nicht erreichen konnte. Orte, an denen andere, dunklere Götter herrschten.

In wenigen Momenten ragten die Nimmergrünen Berge um ihn herum in all ihrer Wildheit auf. Sigmar war dort aber wieder auch nicht. Ein Splitter seiner göttlichen Macht ritt auf Sturmwinden durch die dunklen Pinienhaine des Fluchwaldes, der die Hänge der Berge bedeckte.

Langsam gewann der Wind an Form. Er verband sich mit dem Licht der Sterne und dem Grollen von weit entferntem Donner, um die Gestalt eines Mannes anzunehmen. Sie war in eine goldene Kriegsrüstung gewandet, die mit himmlischer Heraldik bossiert war. Es war eine Form, die der Gottkönig in vergangenen Zeiten oft angenommen hatte, als Frieden in den Reichen der Sterblichen herrschte und die Götter alle an einem Strang zogen. Vereinigt in einem Pantheon.

Aber alle Dinge kamen an ihr Ende. Einer nach dem anderen hatten die Götter Sigmars Große Allianz verlassen oder ihn betrogen. Die Glut eines alten, wohl bekannten Zornes flammte bei dem Gedanken auf und irgendwo über den Berggipfeln erklang Donnergrollen. Selbst Alarielle hatte sich zu guter Letzt zurückgezogen, tief in die verborgenen Lichtungen von Ghyran, um dort zu schlafen und zu träumen.

Und als die alte Allianz zerbrach, hatte Krieg die Sterblichen Reiche bis in ihre Grundfesten erschüttert. Die Verderbten Mächte – die vier Dunklen Götter des Chaos – hatten die Schwelle zur Realität aufs Heftigste bestürmt und kein Reich außer dem seinen war vor ihrer Aufmerksamkeit sicher gewesen.

Ghyran hatte mehr als nur seinen Teil dieses Konfliktes gesehen. Der Seuchengott, Nurgle, hatte das Reich des Lebens für sich beansprucht und die unbändige Schöpfung in Stagnation gewandelt. Die Diener der Immerkönigin aber hatten an der Seite von Sigmars Gefolgsleuten gekämpft, wenn auch nur widerwillig. Sie hatten die stinkenden Diener Nurgles an mehreren Fronten zurückgeschlagen und den Griff des Seuchengottes um das Reich geschwächt.

Aber dennoch, wo einer der Dunklen Götter schwächer wurde, erstarkte ein anderer. So war die Natur der Verderbten Mächte. Sie führten genauso bereitwillig gegeneinander Krieg wie gegen Sigmar oder die anderen Götter der Sterblichen Reiche. Und wo Nurgle seine Pläne vereitelt fand, war sein großer Rivale Tzeentch ohne Zweifel darauf bedacht, einen Vorteil zu suchen.

Und hier, in den Nimmergrünen Bergen, machte der Architekt des Schicksals seinen Zug. Sigmar konnte die unzähligen Stränge der Möglichkeiten und Gelegenheiten spüren, die sich durch den Fluchwald wanden. Jeder Baum des Waldes strahlte eine Aura der Korruption aus. Jeder von ihnen schien eine schwarze Wunde in der Realität zu sein und jenseits von ihnen konnte er geschwürartige Wege sehen, die sich zu Orten jenseits sogar seiner Sicht erstreckten.

Etwas Gewaltiges und Monströses wartete dort just jenseits der Bäume und beobachtete ihn. Es hatte seine Ankunft vorausgesehen und sein Gelächter war wie ein hartnäckiger Juckreiz im hinteren Bereich seines Geistes. Ein wisperndes Murmeln verfolgte ihn, als er weiterzog. Es piesackte und verspottete ihn. Sigmar sehnte sich danach, sich der lachenden Präsenz zu stellen, von der er wusste, dass es Tzeentch war, so wie er es früher vielleicht getan hätte. In jenen frühen Tagen hatte er seine Macht gegen die der Verderbten Mächte getestet. Aber er hatte durch harsche Erfahrungen gelernt, dass es in solchen Konfrontationen nichts zu gewinnen gab. Also ignorierte er es stattdessen und zog weiter. Er eilte nun schneller durch den Wald und suchte, was seine Aufmerksamkeit selbst im Hohen Sigmaron in seinem Heimatreich Azyr erregt hatte.

Er spürte einen Geist, ähnlich dem seinen, der ihn überrascht erkannte, als sein Bewusstsein eine weite Lichtung betrat. Verzerrte Bäume erhoben sich wie die verfallenen Zinnen einer geschliffenen Zitadelle und warfen seltsame Schatten auf die bestialischen Gestalten, die unter ihren Zweigen umhertollten. Die Tiermenschensippe stank nach Tzeentch; sein verderbender Einfluss auf sie war offensichtlich. Die Tzaangore hatten vogelartige Gesichtszüge und trugen Hörner. Bedeckt waren sie mit primitiven Totems und sie trugen Waffen aus Knochen, Elfenbein und Kristall. Einige von ihnen waren einst Menschen gewesen, bevor die Magie des Tzeentch sie zu neuen und schrecklicheren Formen verzerrt hatte. Andere waren einfache Tiere gewesen, die von verdorbenen Riten erhoben worden waren, um auf zwei statt vier Beinen zu laufen.

Was auch immer ihr Ursprung war, die Tiermenschensippe frohlockte zu der misstönenden Musik von hockenden Trommlern und wirbelnden Dudelsackspielern und kreischte und heulte im Takt mit der Kakofonie. Die Bäume um die Lichtung schienen sich zusammen mit dem dröhnenden Lärm zu biegen und zu krümmen. Ihre Rinde warf unter der Berührung des verderbten Weihrauchs Blasen, der aus den vielfarbigen Lagerfeuern aufstieg, die in der Lichtung verstreut waren.

In ihrem Herzen erhob sich eine Ansammlung aus kristallinem Felsen aus der Erde. Es war ein Wandelsteinmann – eine üble Wucherung stagnierender Magie, die die Diener Tzeentchs zu Ehren ihres dunklen Meisters errichtet hatten, und um seine endlosen Ränkeschmiede voranzutreiben. Er erhob sich wie eine gangränöse Krone in die Luft, deren milchige Facetten das Licht auf unheimliche Art und Weise einfingen. Die Formation aus fossiler magischer Energie ragte über den Tzaangoren auf und warf das Schlagen ihrer Trommeln zurück. Schillernde Partikel durchzogen ihn wie Glühwürmchen, von denen Sigmar wusste, dass es sich um eingefangene Zauber handelte.

Der Wandelsteinmann war das faulige Herz des Waldes. Die dunklen Pfade, die zwischen den Bäumen verborgen lagen, führten alle ungesehen durch seine Facetten und in unbekannte Reiche auf der anderen Seite. Sigmar konnte fühlen, wie die verzerrten Wege wuchsen und sich in Richtung ihres Zielortes streckten. Das Empfinden war wie das Summen eines Moskitos in seinem Schädel oder wie ein Juckreiz, den er nicht erreichen konnte. Er wünschte sich nichts mehr, als den Steinmann zu zerstören, den Blitz herbeizurufen, der seinen Befehlen gehorchte, und ihn in eine Million Teile zu zerschmettern.

Irgendetwas jedoch hielt seine Hand zurück. Er blickte tiefer in das Herz des Wandelsteinmannes und da sah er sie: silberne Sphären, gehüllt in etwas, das Ranken oder Algen sein könnte, und die innerhalb des Steinmannes in der Schwebe hingen.

»Seelenkapseln«, murmelte er.

Die neugeborenen Setzlinge von Alarielles höchsten Dienern: den Sylvaneth.

Die Seelenkapseln pulsierten vor Potenzial – sie waren das Rohmaterial des Lebens und warteten auf den Moment, um zu erblühen und zu wachsen. In ihnen warteten Geister der Baumsippe – auch wenn Sigmar nicht sagen konnte, was für welche – auf ihre Wiedergeburt und riefen danach, freigelassen zu werden. Sie bewegten sich in ihren kristallenen Käfigen. Sie spürten ihn, und ihre noch ungeformten Geister streckten sich nach ihm aus und flehten ihn um Hilfe an.

Hilfe, die er ihnen nicht gewähren konnte. Dieser Ort war nicht der seine und er fühlte bereits, wie die Wut der Immerkönigin angesichts seiner Gegenwart wuchs. Sie hatte ihn in dem Moment gespürt, in dem er Ghyran ohne Ankündigung betreten hatte, und hatte sich mit dem Wind ein Wettrennen geliefert, um ihn zur Rede zu stellen. Er spürte, wie ihr Zorn angesichts seines Eindringens wie die Hitze eines Sommertages über ihn brandete. In einem Versuch, ihrem Groll zuvorzukommen, fragte er: »Wie lange sind sie schon Gefangene, Schwester?«

»Zu lange, Donnerbringer.« Alarielles Stimme stach wie hundert Nesseln in sein Bewusstsein. Ihr Abbild erschien vor ihm in einem Wirbel aus losen Blättern und Pollen. Ihre aus Dornen gemachten Zähne waren herausfordernd gebleckt. »Dies geht dich nichts an, Herr der Himmel. Verlasse diesen Ort und suche deine eigenen Schlachten.«

Auch wenn es seine Diener waren, die geholfen hatten, den Griff der dunklen Götter um Ghyran zu lockern, so wusste Sigmar doch, dass Alarielle ihm nur wenig Zuneigung entgegenbrachte. Vielleicht machte sie ihn immer noch für längst vergangenes Versagen verantwortlich, oder vielleicht war das Lied des Krieges so stark in ihr, dass sie Hilfe nicht erkennen konnte, selbst wenn sie aus freien Stücken angeboten wurde. Wie dem auch sei, er war unwillig, die Bande ihrer gegenwärtigen Allianz zu testen. Und dennoch konnte er sich nicht dazu bringen fortzugehen.

»Was passiert hier, Schwester? Vielleicht kann ich behilflich sein …«

Seine Worte ließen sie vor Zorn anschwellen. Ihre Form wuchs zu gigantischen Ausmaßen an, unsichtbar für sterbliche Augen, aber dennoch beunruhigend. Genau wie Sigmars, so war auch ihre physische Manifestation an einem anderen Ort und in einen anderen Konflikt verstrickt. Aber dieser Splitter von ihr war mächtig genug.

»Ich benötige keine Hilfe. Dies sind meine Ländereien. Mein Reich. Nicht deins.«

Er konnte eine vertraute Wut spüren, die in ihr brodelte. Lange Jahre der Entbehrungen hatten ihre Geduld zu weniger als nichts schrumpfen lassen. Sie sehnte sich danach, einen

Schlag gegen den Feind zu führen, so wie er es tat – sie vor sich herzutreiben und ihre Leichen in die tiefsten Gruben zu stürzen. Ihre Wut war wie ein Hurrikan, der auf seine Sinne einprasselte. Er zog sich zurück, bevor er in ihn hineingesogen wurde.

Um ihn herum schnüffelten Tzaangore die Luft und quäkten nervös. Sie konnten keinen der beiden Götter wahrnehmen, aber irgendein magischer Sinn, eine Gabe ihres verzerrten Schutzgottes, hatte sie alarmiert, dass etwas im Argen lag. Die Luft war erfüllt von Magie.

Sigmar drehte sich um. Die Lichtungen und Haine des Waldes hallten wider mit Schreien. Er hörte, wie Klingen lautstark in Holz sanken. Fleisch wurde von splittrigen Krallen zerrissen und Knochen durch sich zusammenziehende Ranken aus Schlingpflanzen zermalmt. Etwas näherte sich.

»Ich bin nur gekommen, um meine Hilfe anzubieten«, begann er von Neuem, aber Alarielle streckte eine Klaue aus Pinennadeln und Blüten aus und brachte ihn zum Schweigen.

»Meine Kinder sind hier. Sie kommen und diese Farce endet.«

Mit einem ohrenbetäubenden Kreischen stürmten die Sylvaneth auf die Lichtung. Die Mitglieder der Baumsippe waren in Rinde gehüllte Albträume mit splittrigen Kiefern und astgleichen Krallen. Sie hatten humanoide Gestalten. Einige ragten über ihren Gefährten auf und schwangen Klingen aus versteinertem Holz oder Fels. Andere trugen keine Waffen außer ihren Klauen. Sie stürzten sich auf die Tzaangore wie der gestaltgewordene Zorn der Immerkönigin. Die Tiermenschensippe kreischte und wehrte sich und versuchte den Wandelsteinmann zu beschützen.

Der Kampf war erbittert. Sigmar sah, wie ein titanischer Sylvaneth einen Tzaangor an seinen Hörnern herumwirbelte und ihn auf dem Boden zu einer blutigen Masse zerschmetterte. Die glänzenden Krummsäbel und Speere der Tzaangore schlugen Wunden in die sich windenden Körper der Baumsippe, aus denen Harz quoll. Das Schlachtenglück wand sich mal zur einen dann zur anderen Seite. Für jeden Tzaangor, der fiel, nahmen zwei neue seinen Platz ein. Die Sylvaneth aber kämpften mit einer Wut, der die Tiermenschen nichts entgegensetzen konnten. Die Seelenkapseln waren ihre Zukunft und sie würden so gut wie alles riskierten, um sie zu retten.

Die Luft pulsierte mit Alarielles Kriegslied, als die Immerkönigin ihre Kinder antrieb. Die wortlose Harmonie schwoll an und wurde leiser mit dem Wind, der durch die Bäume peitschte, und trieb die Sylvaneth zu größeren Anstrengungen an. Dann hallte auf einmal ein Kreischen durch die Lichtung.

Sigmar sah, wie eine schreckliche Gestalt auf den Wandelsteinmann kletterte, einen Stab in Händen. Dieser Tzaangor trug eine zerlumpte Robe und sein dünner Körper war mit Totems und magischen Fetischen bedeckt. Es war ein Schamane, ein Nutzer verderbter Magie. Er schlug den Ringbeschlag seines Stabes von oben auf die Spitze des Wandelsteinmannes und die kristallenen Facetten leuchteten mit stillen und widerwärtig aussehenden Blitzen auf.

Die Seelenkapseln kreischten. Ihr Schrei, teils Furcht und teils Schmerz, hallte im Geiste eines jeden lebenden Wesens in der Lichtung wider. Was auch immer der Schamane tat, es verletzte die im Entstehen begriffenen Geister. Alarielle schloss sich ihrem Schrei an und ihr Zorn ließ die Lichtung bis zu den Wurzeln erzittern. Die Bäume weinten Blätter und der Boden brach auf. Der Wandelsteinmann selbst erzitterte und mehr Blitze flackerten auf, als die Seelenkapseln im Inneren weiter wehklagten.

Der Tzaangor-Schamane ließ ein bedeutungsschwangeres Kreischen erklingen.

Die Drohung war eindeutig und selbst für die blutrünstigste Seele offensichtlich. Die Sylvaneth waren bereit, sich selber in Gefahr zu bringen, aber nicht jene Sache, die zu retten sie gekommen waren. Die Baumsippe zog sich zurück, anfangs langsam, dann aber schneller. Sie machte sich davon und verschwand im Zwielicht. Die Tzaangore kreischten und heulten, um ihren Sieg zu feiern.

Alarielle schaute schweigend zu. Ihr vorheriger Zorn war so schnell verschwunden, wie er gekommen war. Ihr Abbild schrumpfte zusammen, ihr Blick auf den Wandelsteinmann und seine Gefangenen fixiert. Sie riefen nach ihr, aber sie konnte ihnen nicht antworten. Sie drehte sich, um Sigmar anzublicken, ihr Gesichtsausdruck unleserlich. Sie würde nicht um Hilfe bitten. Sie konnte nicht. Er verstand – es war nicht die Art eines Gottes, einen anderen um Hilfe zu bitten.

»Schwester, lass mich dir helfen«, sagte er. Er streckte eine Hand aus. »Wie ich es früher getan habe, so lass es mich auch jetzt tun. Zusammen können wir vielleicht …«

Aber ihr Abbild war verschwunden. Wie morgendlicher Nebel begann es zu wabern und sich zu verflüchtigen und ihre Aufmerksamkeit verschwand mit ihm. Es gab anderswo andere Schlachten, die zu schlagen ihre Aufmerksamkeit verlangte. Ghyran erzitterte unter dem Trommelschlag des Krieges. Dieser Kampf war verloren; aber andere konnten immer noch gewonnen werden.

Sigmar ließ seine Hand sinken. Müdigkeit überkam ihn. Einst hätte Alarielle nicht gezögert, seine Hilfe anzunehmen. Einst wären er und die anderen Götter ungefragt zu ihrer Hilfe gekommen.

Aber jene Tage waren lange vorbei. Das Pantheon war Staub und weniger als Staub.

Er schaute auf und suchte Trost in den Sternen. Azyr. Das

himmlische Reich. *Sein* Reich. Das letzte wahre Bollwerk gegen die Verwüstungen der Verderbten Mächte. Er hatte seine eigenen Kriege zu führen. Sein eigenes Reich zu verteidigen. Wenn die anderen Götter seine Hilfe nicht wünschten, würde er sie wohl oder übel ihrem Schicksal überlassen. Als er sich aber anschickte jenen Ort zu verlassen, vernahm er wieder das Gelächter Tzeentchs, das aus verborgenen Orten erklang und ihn verspottete.

Donnergrollen erklang über ihm und das Gelächter verstummte für einen Moment. Die himmlischen Blitze wanden sich um Sigmar, als der alte Zorn nun zur Gänze aufflammte. Er war nie weit von der Oberfläche entfernt. Er war ein Sturm, in Menschengestalt gegossen. Sein Haar und sein Bart waren wirbelnde schwarze Wolken und seine Augen waren erfüllt von Blitzen. Sein Gesicht wurde ein Wirbel aus Sternen, die mit einem kalten Licht strahlten. Seine Stimme dröhnte wie der Donner, als er dem Gelächter eine Herausforderung entgegenbrüllte. Er war der erste Sturm und der letzte. Der Sturm, der den Schmutz des Chaos für immer aus den Sterblichen Reichen hinfortspülen würde.

Er ließ seine Hände sinken und das Winden der Blitze nahm ab. Die Sterne zogen sich zurück und nahmen den Sturm mit sich und ließen nur eine kalte Entschlossenheit zurück. Die Sterne erstrahlten hell über ihm und er wusste, was er tun musste.

So, wie er zuvor gehandelt hatte, würde er auch jetzt handeln. Und die Dunklen Götter mochten verdammt sein.

KAPITEL EINS

Die Stadt der Zwei Schweife

Die Ratte fauchte und bleckte warnend ihre gelben Schneide-
zähne. Belloc knurrte und warf sein Messer. Die Ratte floh, als
die Klinge in die Seite der schimmelbedeckten Kiste fuhr. Der
Dockwächter fluchte und ging hinüber, um seine Waffe zurück-
zuholen. Als er dies tat, sah er Augen in den nahegelegenen
Schatten aufblitzen. Die Ratte war nicht alleine. Das waren sie
nie. Wo eine war, da war auch ein Dutzend, zumindest in diesen Tagen. Die Getreidesäcke, die entlang des Fahrdamms des
Ätherdocks aufgestapelt waren, waren für das hungrige Ungeziefer unwiderstehlich.

Die Docks erhoben sich hoch über Hammerhals Warenhaus-
distrikt. Ein Ring aus Buchten und Lagerhäusern über dem
anderen erstreckte sich fast seine gesamte Länge entlang. Von
jedem Ring erstreckte sich ein sich immer weiter ausbreiten-
des Geflecht aus Höhendocks und Kais über den verwinkelten
Straßen unter ihnen. Fast wie Äste, die sich von einem Baum
von immenser Größe ausbreiteten.

Belloc hatte gehört, dass es tatsächlich so war – dass ein Gros der Stadt mehr gewachsen als erbaut worden war. Er wusste nicht, ob er dem Glauben schenkte oder nicht, aber es gab ohne Zweifel seltsamere Dinge in diesem Reich.

Hammerhal selbst beispielsweise. Die Stadt der Zwei Schweife erstreckte sich über zwei der acht Sterblichen Reiche, unendliche Weiten voneinander entfernt, dank der Sturmriss-Reichspforte. Wie alle Reichspforten war sie ein Portal, durch das man in ein gänzlich anderes Reich gelangen konnte. Zahllose dieser Öffnungen in der Realität waren über die Sterblichen Reiche verstreut und alle der großen Städte waren um eine oder mehrere Reichspforten herum erbaut.

Hammerhal erstreckte sich von den beiden Schwellen der Sturmriss-Reichspforte, eine davon in Ghyran, dem Reich des Lebens, die andere in Aqshy, dem Reich des Feuers. Belloc war nur einmal in Hammerhal Aqsha gewesen und es war keine angenehme Erfahrung gewesen. Die Luft hatte nach Asche und Rauch geschmeckt und er war von Sonnenaufgang bis Sonnenuntergang schweißgebadet gewesen. Ghyran war besser, wenn auch nicht viel – es war zu nass hier, zu hohe Luftfeuchtigkeit. Er vermisste Azyr. Das Himmlische Reich hatte seine Probleme, aber wenigstens war das Wetter angenehm.

Er zog sein Messer aus der Kiste und ließ es leicht zwischen seinen Fingern wirbeln, darauf bedacht sich nicht zu schneiden.

»Nun«, sagte er und blickte finster in Richtung der Ratten, »was habt ihr zu eurer Verteidigung zu sagen?«

Als keine Antwort kam, trat er die schimmelige Kiste in ihre Richtung. Sie brach auseinander, als sein Stiefel sie berührte, und er schrie angewidert auf. Einzelteile fielen klappernd zu Boden. Die Ratten verstanden den Hinweis und verschwanden in der Dunkelheit.

Belloc sprang zurück und kratzte die Brühe mit der Kante seines Messers von seinem Stiefel. Fall sie in das Leder eindringen würde, müsste er sich neue Stiefel besorgen und er hatte diese gerade erst eingelaufen. Er blickte sich um, während er den letzten Rest entfernte. Überall war Schimmel. Er wucherte in jedem Warenhaus und jeder Bucht, die die gewaltigen Holzplattformen der Docks bedeckten. Und Ranken. Und sogar Unkraut. Er schien unvorstellbar, dass so hoch über der eignetlichen Stadt etwas wachsen sollte, aber das Leben fand einen Weg. Besonders in Hammerhal Ghyra. Diese Seite der zweigeteilten Stadt war voller ungewollter Gewächse. Die Hitze der Feuerbastionen konnte auch nur bis zu einem gewissen Grad etwas ausrichten; es war egal, wie viel Lava aus Hammerhal Aqsha in die gewaltigen Steinkanäle geleitet wurde, die Türme und goldenen Kuppeln der Stadt standen unter ewiger Belagerung durch die üppige Flora Ghyrans.

Und die Ratten. Immer die Ratten.

»Ungeziefer«, murmelte Belloc und schob sein Messer zurück in seine Scheide.

Das war alles, aus dem diese Arbeit beizeiten bestand. Der Dockwächter kratzte sich sein unrasiertes Kinn. Er war kräftig gebaut, aber selbst mit einem Schwert an seiner Hüfte nicht sonderlich mutig. Er schämte sich nicht deswegen. Mut kostete extra und die Besitzer der Docks waren notorisch knauserig. Man bekam, wofür man bezahlt, und sie hatten für Belloc bezahlt. Zum Glück war niemand dumm genug, den ganzen Weg hier herauf zu klettern, nur um Getreide zu stehlen, – oder noch schlimmer, um ein Luftschiff zu stehlen. Also gab es nur ihn und die Ratten.

Er fragte sich, ob Delph und die anderen genauso gelangweilt waren wie er. So hoch oben waren die Dinge entweder langweilig oder furchterregend. Aber sie hatten den kürzesten Halm gezogen und waren gezwungen, den obersten Ring zu patrouillieren.

Es gefiel ihm hier oben nicht. Die kharadonischen Schiffe rochen nach seltsamen Chemikalien und die Vibrationen ihrer Schwebemaschinen ließen das gesamte Deck erzittern. Die Himmelsduardin waren ein reserviertes Volk, die, solange sie keine Geschäfte zu erledigen hatten, unter sich blieben. Er hatte von Delph gehört, dass sie in fliegenden Städten lebten, aber er wusste nicht, wie glaubwürdig dies war.

Allerdings war Delph selber eine Duardin. Wenn es also jemand wissen würde, dann vielleicht sie. Sie sagte, die Kharadron seien die Duardin, die sich in den Himmel zurückgezogen hatten, als die Armeen der Dunklen Götter über die Sterblichen Reiche kamen. Sie schien sie nicht sonderlich zu mögen. Allerdings mochte sie niemanden.

Belloc starrte eines der kharadronischen Schiffe an. Es hatte eine seltsame Form. Zu viele Kurven. Die bauchigen Ätherendrine, die das Schiff in der Luft hielten, glühten selbst, wenn es vor Anker lag. Es wurde einem schwindelig, wenn man sie zu lange anstarrte. Belloc blinzelte und schaute weg.

Manchmal gab es hier oben auch Geräusche. Nicht das übliche Knarzen und Ächzen, das man erwarten würde, sondern etwas anderes. Auch Gerüche – beißend und unangenehm. Einmal dachte er, dass er etwas gesehen hatte, das ihn vom Dach eines Warenhauses beobachtete.

Er fühlt sich plötzlich unbehaglich und blickte zu den unbekannten Sternen hinauf. Der Himmel war hier grün, selbst in der Nacht, und mit einem Hauch von Azurblau durchzogen. Manchmal war er so blass, dass er beinahe weiß war, und manchmal so dunkel, dass er fast schwarz schien. Immer aber hatte er auch einen Hauch von Grün. Die Sterne waren aber das Schlimmste. Sie waren dieselben wie in Azyr, da war er sich sicher. Sie waren aber irgendwie anders. Als ob er sie aus dem falschen Winkel betrachtete.

Er blinzelte und riss den Blick von dem unversöhnlichen Himmel los. Jenseits der Blicke versperrenden Wand aus Luftschiffen und Himmelskuttern erstreckte sich Hammerhal Ghyra über den Horizont. Von hier oben war es beinahe schön. Teile der Stadt bestanden aus riesigen Baumhainen und zwischen dem Grün konnte er goldene Kuppeln und weiße Türme sehen, die sich über einem Meer aus kleineren Gebäuden erhoben.

Ein beständiger Fluss aus geschmolzenem Gestein floss durch die immensen Stein- und Kristallkanäle, die aus dem Herzen hinausführten, wo die Sturmriss-Reichspforte lag. Die glühenden Linien erstreckten sich wie Adern durch das Gewirr aus Straßen in Richtung der entfernten Verteidigungskanäle, die die äußeren Distrikte kennzeichneten. Er konnte gerade so das entfernte rötliche Glühen der Feuerbastionen am Horizont erkennen.

Jedes Mal, wenn die Stadt ihre Grenzen erweiterte, wurden die Feuerbastionen entsprechend von Mannschaften aus menschlichen und duardinischen Kunsthandwerkern umgeleitet. Sie nutzten die Weisheit von zwei Völkern, um Waffen und Mechanismen zur Rückeroberung der Sterblichen Reiche zu entwickeln.

Die Feuerbastionen waren ein solcher Mechanismus. Gespeist von Kanälen aus geschmolzenem Gestein, dienten sie dazu, die unbändige Flora des Reiches zurückzudrängen. Sie sorgten dafür, dass die äußeren Bezirke der Stadt nicht von schnell wachsenden Pflanzen überwuchert wurden.

Die hohlen, aschfahlen Tunnelnetzwerke, die zurückblieben, wenn die Feuerbastionen umgeleitet wurden, wurden dann Stück für Stück überbaut und den Blicken entzogen. Belloc fragte sich manchmal, wie viele von diesen Tunneln eher einen neuen Zweck fanden, anstatt aufgefüllt zu werden, und wie viele immer noch unter den sich windenden Straßen von Hammerhal Ghyra verliefen.

»Und wahrscheinlich wimmelt es in allen von ihnen nur so vor Ratten«, murmelte er.

Die Stadt war voller Ratten. Und schlimmeren Dingen. Keiner sprach darüber, aber das hieß nicht, dass es nicht so war. Er hatte Azyrheim mit den Diebesfängern auf seinen Fersen verlassen, aber eine Zeit in den Himmelskäfigen schien nun, im Vergleich zu einigen der Dinge, die er hier gesehen hatte, nicht mehr so schlimm.

Delph und die anderen schworen Stein und Bein, dass die mystischen Schutzzauber, die die Stadt umgaben, verhinderten, dass allzu schreckliche Dinge hereinkamen. Sie sagten, dass die Magie die Monster draußen hielt, aber Belloc machte sich keine Sorgen um die von draußen. Er war eher besorgt wegen derer, die vielleicht schon irgendwo in der Stadt waren. Verborgen. *Wartend.*

Es gab Geschichten. Es gab immer Geschichten, selbst in Azyrheim. Über Ratten, die auf zwei Beinen gingen, und Männer mit den Köpfen von Ziegen und den Zähnen eines Wolfes. Belloc war kein Kind. Er wusste, dass Monster real waren, genau wie ihre Götter. Und er wusste, dass nichts sie für lange draußen halten konnte, falls sie es wirklich darauf abgesehen hatten, hereinzukommen.

Er blickte zum Horizont und fand, dass sein Blick zu den Nimmergrünen Bergen gezogen wurde. Er hatte sie niemals von Nahem gesehen, aber er hatte von dem großen Wald gehört, der ihre zerklüfteten Hänge bedeckte und von den Dingen, die in ihm lauerten. Blitze loderten auf und spannten Bögen zwischen den entfernten Gipfeln und dem Nachthimmel. Er erschauderte. Die Blitze erinnerten ihn daran, dass die Stormcast Eternals vor zwei Tagen Richtung Westen marschiert waren, in Richtung der Berge.

Er erschauderte erneut, als er an diese gewaltigen, in Silber gehüllten Krieger dachte, wie sie die dampfenden Tore der Feuerbastionen durchschritten. Delph sagte, dass sie einst Menschen gewesen seien, bevor Sigmar sie mit göttlicher Macht und heiliger Rüstung gesegnet hatte, aber was würde eine Duardin schon über solche Dinge wissen? Sie betete nicht einmal Sigmar an. Wie die meisten Duardin – zumindest die, die er kannte – betete sie zu Grungni, dem Gott ihres Volkes.

Etwas polterte. Belloc erstarrte. Dann, langsam, drehte er sich um.

Es war wahrscheinlich eine Ratte. Es war sicherlich eine Ratte. Aber manchmal war es das nicht. Er hatte Geschichten gehört, dass manchmal Dinge aus dem grünen Himmel heruntergekrochen kamen, die auf der Suche nach Nahrung waren. Es war in Azyrheim dasselbe, aber irgendwie war es hier schlimmer. Er griff nach seinem Schwert, als er auf die Stelle zutrat, von der der Laut gekommen war – eine Gasse zwischen zwei Warenhäusern.

Belloc rief nicht nacht Hilfe. Delph war das letzte Mal wütend geworden, als er nach Hilfe gerufen hatte und es unnötig gewesen war. Er brauchte diese Anstellung. Außerdem würde, wenn es etwas anderes als eine Ratte war, ein Hilferuf seine Aufmerksamkeit nur noch schneller anziehen.

Er machte einen Schritt auf die Gasse zu. Für einen Moment hörte er nicht mehr als das Knarzen der Takelage und das Pfeifen des Windes, der zwischen den Gebäuden wehte. Warenhäuser in allen Größen drängten sich hier, in der Nähe des Randes des Ringes, und sie zogen Schatten an.

Ein weiteres Poltern und eine Ratte kam quiekend aus der Gasse gelaufen.

Belloc seufzte erleichtert auf. Der Seufzer blieb ihm beinahe im Halse stecken, als etwas sich auf die Ratte stürzte. Das Nagetier war auf der Stelle tot, als vier graubraune Pfoten es zerquetschten. Ein gelbbrauner, mit Federn bedeckter Schädel schoss nach unten und ein Hakenschnabel riss Stücke aus der Beute. Belloc trat einen Schritt zurück. Das Ding wandte sich um und goldene Augen fixierten ihn.

»Gryph-Hund«, murmelte er und ihm lief ein Schauer über den Rücken. Die Kreatur ähnelte einem kleinen Löwen, einzig mit dem Kopf eines Raubvogels. Sie war nicht größer als ein Wolf, aber sie war um einiges tödlicher. Ihr Schwanz peitschte hin und her, während sie über ihrer Beute kauerte. Er streckte seine Hände aus und begann langsam zurückzuweichen. »Ruhig. Nichts passiert. Genieß dein Mahl.«

Vielleicht war er von einem der Luftschiffe gekommen, aber es gab keinen Weg, um das genau zu sagen. Er wollte gerade nach Hilfe rufen, als er mit jemandem zusammenstieß. Einen Augenblick später legte sich etwas sehr Scharfes gegen seinen Hals.

»Hallo, Freund«, sagte eine Stimme. »Nein, beweg dich nicht. Vor allem versuch nicht, das Schwert zu ziehen, das du trägst. Die Dinge könnten sich unschön entwickeln.«

Belloc hielt seine Hände von seiner Klinge fern. *Diebe*, dachte er. Oder Schlimmeres. Er schickte sich an, etwas zu sagen, aber der Druck der Klinge gegen seine Kehle erhöhte sich leicht.

»Ruhig, Freund. Ruhig. Keine Notwendigkeit zu sprechen.« Belloc schloss schnell seinen Mund.

»Gut«, sprach die Stimme weiter. »Gut. Nun, du musst für mich die Bucht identifizieren, die dem Himmelskaufmann Rollo Tarn gehört. Denk daran, greife nicht nach dem Schwert.«

Tarn? Was wollten sie mit Tarn? Er verschiffte nichts Wertvolles. Nur Holz. Bellocs Verstand drehte sich vor Verwirrung.

Keiner konnte von ihm verlangen für Holz zu sterben, oder? Er deutete langsam, zögerlich. Der Druck des Messers verschwand und er sog einen Atemzug ein.

»Ruhig Blut. Ausgezeichnet. Das war nicht doch nicht so schlimm, oder?«

Belloc schluckte schwer, antwortete aber nicht. Er war zu sehr mit Beten beschäftigt.

»Du kannst dich nun umdrehen.«

Belloc tat wie ihm geheißen. Der Mann vor ihm war groß und gekleidet wie jemand, der mehr Verstand hatte als mitten in der Nacht bei den Ätherdocks herumzuschleichen. Er trug einen schweren Mantel mit Tripelumhang über etwas, was einmal die Uniform eines Kriegers der Freigilden gewesen sein mochte. Ein Korbgriffdegen hing in einer Scheide an seiner einen Hüfte und ein Paar Pistolen an seiner anderen. Am Revers seines Mantels trug er ein Symbol, das Belloc aus seiner Zeit in Azyrheim nur allzu gut erkannte: der Hammer und Komet des Ordens von Azyr.

Belloc schreckte furchtsam zurück.

»Hexenjäger!«

KAPITEL ZWEI

Diener von Azyr

Sol Gage, Ritter des Ordens von Azyr, seufzte, drehte seinen Griff auf dem Messer um, das er hielt, und schlug seinem Gefangenen mit dem beschwerten Knauf energisch auf den Kopf. Der Dockwächter sackte ohne einen Laut in sich zusammen und der Hexenjäger ließ ihn sanft zu Boden sinken. Er steckte sein Messer zurück in die Scheide.

»Bryn«, sagte er, »versteck ihn.«

»Hättest du ihm dann nicht hier drinnen eine überziehen können?«, knurrte eine tiefe Stimme gereizt. Eine untersetzte, schwergebaute Gestalt stapfte aus den Schatten hinter Gage. Breite Hände ergriffen den bewusstlosen Dockwächter an den Knöcheln und zogen ihn fort.

»Es tut mir leid, mein Freund – ich dachte, dir wäre vielleicht langweilig.« Während Gage sprach, trat eine weitere Gestalt, die um einiges größer war als der Hexenjäger, über den Körper des Wächters. Gage blickte hinauf in ein ernstes aber auch edles Gesicht aus Silber. »Schaut nicht so düster drein, Carus. Ich habe ihn nicht getötet.«

»Ich schaue nicht düster drein.«

Carus Eiseneid ragte um Schulter- und Kopflänge über selbst dem größten sterblichen Mann auf. Gehüllt in eine silberne Kriegsrüstung geschmiedet aus heiligem Sigmarit, stellte der Lord-Veritant der Hallowed Knights eine imposante Erscheinung dar. Ein Mantel in dunklem Azurblau hing von seinen Schultern und dunkle Augen schauten hinter seiner Kriegsmaske hervor, das einzige Zeichen des Mannes im Inneren.

Nein, nicht bloß ein Mann, erinnerte sich Gage. Ein Stormcast Eternal – einer von Sigmars erwählten Kriegern, der auf dem Amboss der Apotheose neu geschmiedet und in etwas Besseres verwandelt worden war. Oder zumindest etwas Stärkeres. Während die meisten Stormcasts zu allererst Krieger waren, war es die Aufgabe der Lord-Veritants, wie die der Hexenjäger des Ordens von Azyr, spirituelle und physische Korruption auszumerzen – allerdings auf eine wesentlich direktere Art als ihr sterbliches Gegenstück.

»Solcherlei Hinterlist widerstrebt mir einfach, mein Freund«, sagte Carus. »So sollten die Dinge nicht angegangen werden. Wir sollten sie offen stellen und ihren Schatten mit unserem Licht zurückdrängen.«

Carus stieß mit seinem Stab auf den Boden und die Bannlaterne, die oben auf ihm angebracht war, leuchtete leicht auf.

»Ich habe keinen Zweifel, dass es davon, bevor dies alles zu Ende ist, noch genug geben wird«, antwortete Gage. »Für den Moment aber müssen wir dem Schatten mit Schatten begegnen, damit unsere Beute nicht die Flucht antritt.«

»Ja.«

»Weil sie ein Luftschiff haben«, fügte er nach einem Moment hinzu.

»Ich verstehe.«

»Lächelt Ihr? Ich kann es nicht erkennen.«

Carus schnaubte in einer nichtssagenden Art und Gage seufzte. Zu versuchen seinem stoischen Gefährten ein Lächeln abzuringen, war eine Herausforderung geworden. Der Stormcast Eternal pfiff scharf. Die Gryph-Hündin trottete zu ihm und trug die Überreste der Ratte in ihrem Schnabel. Carus streichelte den keilförmigen Kopf liebevoll.

»Braves Mädchen, Zephir«, grollte er.

Gage richtete seine Aufmerksamkeit wieder auf das Warenhaus, auf das der Dockwächter gezeigt hatte. Wie die meisten Warenhäuser an den Ätherdocks war es ein quadratisches Gebäude, das eher mit Langlebigkeit anstatt mit Aussehen im Hinterkopf konstruiert worden war. Es war nach dem Duardinentwurf gebaut worden, mit einem hohen spitzen Dach aus flachen Planken, die das Schlimmste des Wetters abhielten, und einem Geflecht aus Laufstegen und Ladeplattformen, die es umschlangen. Es schien im Schatten der größeren Warenhäuser zu kauern und ein Netz aus hölzernen Gerüsten und Buchten für Himmelskutter erstreckte sich über ihm. Ein großer Ätherkai war auf dem Dach erbaut worden. Er erstreckte sich wie ein halbkreisförmiges Vordach aus hölzernen Planken und Stützbalken.

Tarns Luftschiff, der *Hoffnungsvoller Reisender*, hatte dort gedockt und schwebte sicher in seinem Nest aus Stegen, Seilen und Winden über der Stadt. Es ähnelte einer Seegaleere, mit der Ausnahme, dass die Masten mit Äthersäcken anstelle von Segeltuch behängt waren. Die doppelte Reihe aus Rudern auf jeder Seite des Schiffes waren breite Holz- und Stoffkonstruktionen in Fächerform und perfekt, um den Wind einzufangen.

»Das Schiff liegt immer noch vor Anker«, murmelte Gage. »Ich frage mich, ob ihr da drinnen seid?«

»Eure Spione sagen, dass er es ist«, sagte Carus. Gage konnte beinnahe hören, wie der Stormcast die Stirn runzelte.

»Spione können falsch liegen. Oder bestochen werden.«

»Wir werden es früh genug herausfinden. Ob er dort ist oder nicht, Rollo Tarn muss befragt werden. Und falls er Verbrechen begangen hat, muss er für sie zur Rechenschaft gezogen werden.«

Gage nickte gedankenverloren. Rollo Tarn. Ein Name, der gewöhnlich genug war, genau wie der Mann, zu dem er gehörte. Ein menschlicher Himmelskaufmann von niederem Stand. Während die Kharadron ihr Routen durch die Himmel der Sterblichen Reiche eifersüchtig hüteten, hatten einige wagemutige Individuen andere Pfade gefunden und segelten durch gefährlichere Winde als die Himmelsduardin.

Nun fanden sich täglich Tausende von Luftschiffen, Himmelskuttern und Blattbooten in den Ätherdocks ein und segelten entlang der Risswege. Auch wenn sie weder so hoch, noch so schnell fliegen konnten wie die Schiffe der Kharadron, dienten sie doch demselben Zweck. Sie transportierten Waren zwischen den beiden Hälften der Stadt. Dieser Tage war es größtenteils Essen, aber einige, wie Tarn, waren reich geworden, indem sie mit Baumaterial handelten.

Trotz der Natur dieses Reiches war es in Ghyran schwierig, an nutzbares Holz zu kommen. Der Wald gehörte größtenteils der Immerkönigin und den Sylvaneth-Baumsippen. Alarielle war die Göttin des Lebens und Ghyran war bereits ihre Domäne, so lange die Sterblichen Reiche existiert hatten. Auch wenn der Seuchengott, Nurgle, ihr das Reich so gut wie entrissen hatte, so machte sie dennoch Besitzansprüche an ihm geltend – der Wald gehörte ihr, vom kleinsten Setzling zur mächtigsten Eiche. Und ihre Diener würden nicht zögern jene zu bestrafen, die gegen die uralten Gesetze der Immerkönigin verstießen, was auch immer ihre Beweggründe waren.

Holzfällen fand daher ohne groß angelegte Rituale und Ausgaben so gut wie nicht statt. Tarn allerdings schien keine Probleme damit zu haben, große Mengen an Holz heranzuschaffen. Die Herrscher der Stadt, das Große Konklave, kaufte es begierig, ohne zu viele Fragen zu stellen. Die Stadt war hungrig, so wie es alle Städte waren, und breitete sich aus, während ihre Bevölkerung wuchs. Sie wuchs, wie es der Gottkönig bestimmt hatte, dass es geschehen müsse. Solche Expansionen waren der Schlüssel zur schlussendlichen Rückeroberung der Sterblichen Reiche. Aber sie bedeuteten auch, dass die Nachfrage nach Holz und Stein endlos war.

Und Tarn lieferte nur allzu gerne. *Hoffnungsvoller Reisender* brachte jede Woche eine neue Fuhre aus frisch gefälltem Holz, welches schnell in der Stadt verschwand, wo daraus neue Gebäude und Palisaden errichtet wurden. Aber woher kam das Holz? Nicht ein Flüstern über Tarns Quelle hatte die üblichen Klatschtanten innerhalb der Handelsgilden erreicht. Allein das war schon verdächtig.

Was das Große Konklave anging, reichte ein Verdacht alleine leider nicht, um solch einen lukrativen Vertrag zu kündigen. Tarn hatte sich zu einem wesentlichen Bestandteil des Wachstums der Stadt gemacht. An sich kein Verbrechen, aber es steckte noch mehr dahinter. Gage konnte es fühlen.

»Was perfekt scheint, ist es nur selten«, sagte er leise.

Es war ein Sprichwort unter den Brüdern seines Ordens. Perfektion war eine Maske, die vom Chaos getragen wurde, und das hübscheste Gesicht verbarg oft einzigartige Hässlichkeit unter sich. Seine Aufgabe war es, diese Hässlichkeit zu suchen und zu eliminieren. Dies war die Pflicht, die der Gottkönig dem Orden von Azyr und seinen Dienern auferlegt hatte – die Dunkelheit zu finden, wo immer sie sich auch verbarg, und sie ans Licht zu bringen.

Gage ließ instinktiv seine Finger entlang des Abzeichens an seinem Revers laufen. Der Hammer und der Komet. Das Zeichen von Sigmar Heldenhammer, dem Gottkönig von Azyr. Der Gründer von Azyrheim und Schöpfer der Stormcast Eternals. Es war Sigmar, der die ersten Stämme der sterblichen Menschen aus der Barbarei erhoben und sie auf den Pfad der Zivilisation geführt hatte. Und es war Sigmar, der die anderen Götter aus ihren uralten Gefängnissen befreit hatte, auf dass die Sterblichen Reiche unter ihrer Führung gedeihen mögen.

Es war Sigmar gewesen, der den ersten Schlag gegen die Verderbten Mächte geführt und die Reiche vor ihrem korrumpierenden Einfluss bewahrt hatte. Und es würden Sigmar und seine Diener sein, die die Dunklen Götter wieder zurückdrängen und die Sterblichen Reiche aus ihren monströsen Klauen befreien würden.

Sigmar war das Licht in der Dunkelheit und die Dunkelheit war hier. Nicht bloß in der Stadt, sondern nahe. Gage konnte sie riechen. Schmecken. Sie lag in der Luft und im Wasser. Sie war wie ein Juckreiz, den er nicht kratzen konnte. Er bemerkte, dass er mit solcher Wucht auf den Knauf des Schwertes tippte, dass es in der Scheide klapperte. Er zwang sich, damit aufzuhören. Er spürte Carus' Blick auf sich.

»Ihr könnt ihn fühlen«, grollte der Lord-Veritant. »Den Ruf des Chaos.« Er legte eine Hand auf seine Brustplatte. »Hier drinnen. Wie das Echos eines Liedes, an das zu hören Ihr Euch nicht erinnern könnt. Oder das Flüstern einer unbekannten Stimme, die aus der Tiefe heraufhallt.«

Gage nickte. »Es schein unmöglich. Es hier zu finden, an einem Ort, der durch die Hand des Gottkönigs selber gesegnet wurde. Und dennoch ...«

»Heiligkeit allein ist nicht genug. Selbst die stärksten Steine werden einmal zerfallen.«

»Ja.« Gage runzelte die Stirn. »Tarn hat Freunde in hohen Positionen. Sie werden ihn ohne Beweise nicht fallenlassen. Also müssen wir sie finden, auch wenn sie dies lieber nicht zulassen würden.«

»Hammerhal ist, mit Ausnahme von Azyrheim selbst, die größte von Sigmars Städten. Alles, was sie bedroht, muss gefunden und ans Licht gebracht werden. Dies ist unsere Aufgabe und unser Privileg.« Carus' Stimme war hart und scharf. »Niemand darf sich uns widersetzen.«

»Zumindest nicht erfolgreich«, murmelte Gage. Carus' Gryph-Hündin erstarrte, die Feder auf ihrem Hals aufgestellt. Der Stormcast legte eine Hand auf sie, um sie zurückzuhalten.

»Ruhig, Zephir«, murmelte er. Er blickte zu Gage und deutete mit seinem Stab nach oben. »Kuva ist zurück.«

Gage schaute zu dem Netz aus Laufstegen und Gerüsten hinauf. Eine schlanke Gestalt fiel durch sie nach unten und landete leichtfüßig auf dem Boden in ihrer Nähe. Trotz des schweren Pelzmantels und der Rüstung, die sie trug, machte sie kein Geräusch.

»Nun?«, fragte Gage den Neuankömmling, als sie auf die Füße kam.

Er hatte Kuva damit beauftragt, sich um die restlichen Dockwächter zu kümmern, die Dienst hatten. Was auch immer die Nacht brachte, er wollte keine Unterbrechungen oder Überraschungen. Falls Tarn wusste, dass er unter Untersuchung stand, würden die Dinge um einiges schwieriger werden.

»Sie werden uns nicht behelligen«, sagte Kuva. Die Stimme der Aelfe war ein raues Flüstern und die feinen Gesichtszüge waren ernst und von leichten Narben bedeckt. Die Löwenrangerin war groß, größer als Gage, wenn auch nicht so groß wie Carus. Sie trug eine lange Rüstung aus einem goldenen Schuppenpanzer unter einem Mantel aus weißem Pelz. Ihr flachsblondes Haar war aus ihrem Gesicht gebunden und legten ihre zu scharfen Spitzen zulaufenden Ohren frei. Eine Kriegsaxt mit einer breiten Klinge nestelte in ihrer Armbeuge.

Die Axt mit ihrer breiten doppelseitigen Klinge hatte das Blut von Monstern und Menschen gekostet und sie hatte sie länger geführt, als Gage am leben war – vielleicht sogar länger als die Sterblichen Reiche selbst existierten. Es gab Gelehrte, die behaupteten, dass die Löwenranger bis zur Welt-Die-War zurückreichten, aber nur Sigmar und die anderen Götter wussten es sicher, und sie schwiegen.

Einige in seinem Orden flüsterten davon, dass Kuva an jenem Tag da gewesen sei, an dem das letzte Tor von Azyr zuschlug und das Himmlische Reich vom Rest der Sterblichen Reiche abschnitt, die unter dem Ansturm des Chaos wankten. Sie sagten auch, dass sie an jenem Tag dort gewesen sei, wartend, als es sich Jahrhunderte später wieder geöffnet hatte. Er konnte es glauben.

»Tot?«, fragte Gage. Kuva war jemand, die einen Knoten eher durchschnitt, als ihn zu lösen.

»Bewusstlos. Ich töte keine Sklaven.«

Gage schnaubte. »Wohl kaum Sklaven. Sie verdienen einen angemessenen Lohn.« Er hielt inne. »Vielleicht nicht angemessen genug, um sich mit unseresgleichen rumzuschlagen, aber dennoch. Kometen in ihren Taschen und ein Dach über dem Kopf. Was mehr kann man verlangen?«

»Keinen Schlag auf den Kopf zu bekommen und in einem Müllhaufen versteckt zu werden«, knurrte Bryn, als er aus einer Gasse trat und sich die Hände abputzte. Der Duardin war beinahe so breit wie Kuva groß war und unter seiner Gromrilrüstung muskelbepackt. Unter seinem glatzköpfigen Kopf hing ein gewaltiger grau werdender Bart, der zum großen Teil in dicke Zöpfe geflochten war. Unter buschigen Augenbrauen funkelten zwei blass-blaue Augen vor Belustigung. Er trug ein Paar Drachenfeuerpistolen über seiner breiten Brust und ein doppelköpfiger Hammer war über seinen Rücken geschlungen.

»Allerdings seid ihr Menschen seltsame Kerle. Über jede Kleinigkeit beschwert ihr euch.« Bryn nickte zurück in Richtung der Gasse. »Ich habe ihn gut versteckt.«

Bryn hatte einst als Eisenbrecher im Gefolge eines Duardinkönigs gedient. Er hatte allerdings nie gesagt welcher, genauso wie er niemals erklärte, warum er überhaupt die Dienste seines Königs verlassen hatte. Die exzellent geschmiedete Rüstung, die er trug, war mit goldenen Verzierungen versehen und trug Khazalid-Runen, die im Licht von Carus' Stab seltsam leuchteten.

Gage hatte mit Kuva und Bryn länger gearbeitet, als nachzurechnen ihm lieb war. Ein Mann in seiner Position brauchte Kämpfer hinter sich, auf die er sich verlassen konnte, unabhängig von ihrer Herkunft. Sie mochten ihre eigenen Gründe haben, ihm bei seinen Untersuchungen zu helfen, aber sie hatten sein Leben – und er das ihre – öfter gerettet, als er zählen konnte.

Carus war im Vergleich ein Neuankömmling, auch wenn die Stormcast Eternals der Hallowed Knights Hammerhal Ghyra seit seiner Gründung beschützt hatten. Als ein Lord-Veritant war Carus' Autorität größer als Gages eigene. Auch wenn der Platz eines Lord-Veritant für gewöhnlich auf dem Schlachtfeld war, halfen sie gelegentlich dem Orden von Azyr, falls sich die Notwendigkeit ergab. Bei solchen Gelegenheiten war es Tradition, dass sie sich dem Orden unterstellten. Oft kam es aber auf den fraglichen Lord-Veritant an. Carus selbst schien kein Problem damit zu haben, Gage zu folgen – zumindest für den Moment.

Gage schaute zu der Aelfe. »Das Warenhaus?«

»Unbewacht«, sagte Kuva. Sie zögerte. »So scheint es zumindest.«

»Das ist gut. Falls wir die Sachen im Stillen erledigen können, umso besser. Wir werden erst das Warenhaus und dann das Luftschiff untersuchen.«

»Wir sollten es niederbrennen«, fügte die Aelfe hinzu.

»Was – das Warenhaus oder das Luftschiff?«

»Alles.« Sie blickte sich mit einem Ausdruck der Abscheu um.

Gage lächelte. Die Löwenrangerin hatte keine große Vorliebe für Städte. Selbst für so schöne wie diese. Die Mitglieder ihres Ordens waren genauso sehr Kreaturen der Wildnis wie die Bestien, deren Pelze sie trugen. Sie waren wild und graziös und hatte nur wenig Toleranz für das, was sie als die Schwächen der Menschen und der Duardinsippen ansahen. Besonders, wenn es um die Zuverlässigkeit – oder den Mangel derselben – von Mauern und Städten ging.

»Ich werde deinen Vorschlag im Hinterkopf behalten«, sagte Gage.

Er tippte auf den Griff einer seiner Pistolen. Die barocken Waffen waren in Azyrheim gefertigt worden, lange, bevor Gage sie als Geschenk von seinem Mentor anlässlich seines Aufstieges zur vollen Ritterschaft des Ordens bekommen hatte. Sie waren mit gesegneten Kugeln gefüllt und er hatte sie genutzt, um das Leben von mehr als nur einem Feind des Himmlischen Reiches zu beenden.

Bryn lachte leise, während sich ein Fragezeichen aus süßem Rauch aus dem Kopf seiner Pfeife erhob. Er schniefte. »Luftschiff. Nur ein Menschling würde sich so etwas ausdenken.«

Gage schaute zu ihm hinüber. »Eure Vettern, die Kharadron, würden dem vielleicht widersprechen.«

»Ätherschiff. Vollkommen andere Sache. Von Duardin entwickelt. Nicht vollkommen respektabel, aber manchmal muss man Zugeständnisse machen.« Er deutete auf das Luftschiff. »*Das* allerdings ist ein Boot mit einem Sack voller heißer Luft daran.« Er zog an seiner Pfeife. »Könnte genausogut Magie sein.«

»Es *ist* Magie«, sagte Kuva und blickte dabei auf den Duardin hinab. Die Aelfe legte ihre breitklingige Kriegsaxt auf eine Schulter. Sie runzelte die Stirn. »Menschliche Magie.«

»Besser als Aelfenmagie, schätze ich.«

»Ruhe jetzt, Bryn«, sagte Gage bestimmt. »Es geht mir nicht so sehr darum, wie es fliegt, sondern eher, was es vielleicht transportiert. Und je eher wir das Warenhaus untersuchen, desto eher werden wir es herausfinden. Lasst uns gehen.«

Bryn ließ ein Lächeln mit Zahnlücken aufblitzen. »Endlich«, sagte er, klopfte seine Pfeife aus und verstaute sie irgendwo in seiner Rüstung.

Kuva führte die Gruppe an und bewegte sich dabei lautlos. Gage und Bryn folgten kurz hinter ihr. Carus befand sich am Schluss der Gruppe und bewegte sich langsamer, um das Geklapper seiner Kriegsrüstung zu reduzieren. Gesegnetes Sigmarit war vieles, aber auf mystische Art und Weise leise zu sein gehörte nicht dazu.

Ein Schlag von Bryns Hammer war genug, um das Schloss des Warenhauses zu zerschmettern. Kuva ging als Erste hinein. Gage folgte mit einer Hand auf dem Griff seines Schwertes.

Das Warenhaus erstreckte sich um ihn herum. Das Innere war hoch, mit gewölbten Decken, wobei die oberen Bereiche von Laufstegen durchzogen waren. Mooslaternen hingen von den zur Decke reichenden Stützbalken und das biolumineszierende Holz im Inneren warf ein blasses Leuchten über die Quelle von Tarns Reichtum: Stapel von frisch geschlagenen Baumstämmen.

Die Stapel waren doppelt so hoch wie Gage und bestanden aus bis zu einem Dutzend Baumstämmen, die auf schweren Paletten ruhten. Sie füllten das Warenhaus von vorne bis hinten. Die Luft war voll mit dem Geruch von frischem Holz. Und noch etwas anderem. Etwas Undefinierbarem. Gage blickte sich mit gerunzelter Stirn um. Carus blickte zu ihm und nickte. Er konnte es auch spüren.

Gage hatte durch harte Erfahrungen gelernt, seinen Instinkten zu vertrauen. Etwas war hier. Sie mussten es nur finden.

»Verteilt euch«, sagte er leise, »aber bleibt in Sichtweite voneinander.«

»Wonach suchen wir?«, fragte Bryn. Der Duardin betrachtete die Stapel misstrauisch.

»Nach etwas Verdächtigem.«

»Nach etwas Verdächtigerem als zwei Menschlingen, einer Aelfe und einem Duardin, die mitten in der Nacht in einem Lagerhaus herumschleichen? Die Aelfe hat recht. Sparen wir uns Zeit und brennen es nieder.«

Gage blickte zu dem Duardin. Dies war ein altes Spiel. Die Vertriebenen, jene Duardinclans, die ihre uralten Festen und Ländereien verloren hatten, hatten wenig Geduld, was das Chaos anging. Konzepte wie Schuld und Unschuld waren belanglos, wenn es um die sehr reale Gefahr der Korruption ging. Viele im Orden von Azyr teilten diese Ansicht. Gage tat dies nicht. Jeder Unschuldige, der den Flammen überantwortet wurde, stärkte nur die Sache des Feindes.

Als er nicht antwortete, lachte Bryn leise. »Aye, gut, ich schätze dann nicht. Ich halte meine Augen offen.« Er stapfte davon und pfiff leise vor sich hin.

Gage schüttelte den Kopf. Wenn er und die anderen nicht schon so lange zusammenarbeiten würden, hätte er sich vielleicht Sorgen gemacht.

Er bewegte sich vorsichtig durch die Stapel und musterte sie. Schatten wanderten im sanften Licht der Mooslaternen über sie. Mehr als einmal erwischte er sich dabei, wie er auf einen Punkt in der Dunkelheit starrte und dachte, er hätte etwas gesehen. Aber dort war nichts. Er blickte hinüber zu Carus und seiner Gryph-Hündin. Das Tier schlich mit aufgestellten Nackenfedern und peitschendem Schwanz umher. Sie spürte etwas.

»Damit sind wir schon zu zweit«, murmelte Gage. Er drehte sich im Kreis und tippte dabei auf den Knauf seines Schwertes. Es fühlte sich an, als ob das Warenhaus irgendwie den Atem anhalten würde. Als ob etwas beobachtete ... *wartete*. Aber was?

Gage drehte sich um. Irgendein Instinkt, geschärft durch Jahre der Nachforschungen an dunklen Orten, zog ihn zu dem am nächsten gelegenen Stapel Stämmen.

»Irgendetwas ist mit diesem Holz«, sagte er zu sich selbst.

Er zog seinen Handschuh aus und fuhr mit der Hand über den groben Stamm. Das Holz war dunkel und klebrig vor Harz. Aber es war robust und gut für Bauarbeiten – überraschenderweise, zumindest laut einiger seiner Quellen. Wo bekam Tarn es her?

Die Rinde schien sich unter seiner Berührung zu winden und er zog seine Hand zurück.

»Sonne und Mond«, murmelte er, als die Rinde sich aufspaltete und sich in der Annäherung eines Gesichtes wieder zusammensetzte. Harz rann wie Speichel von den Seiten seines zu weiten Mundes herab, als es mit den Lippen in seine Richtung schmatzte. Ein unmenschliches Gelächter erklang von dem Holz. Die Rinde splitterte und wölbte sich und wurde wie nasser Teig dünner, als die Nase sich aus dem Holz erhob. Zwei gewaltige rosafarbene Hände wanden sich aus den Astlöchern, die viel zu klein waren, als dass sie darin Platz finden würden. Sie griffen nach Gage und er stolperte zurück.

»Carus!«

»Hinfort, Abschaum!«, brüllte der Lord-Veritant hinter ihm. Er schlug mit dem Ringbeschlag seines Stabes auf den Boden und die Bannlaterne erstrahlte hell. Azurnes Licht wusch über die Holzstapel. Das Ding vor Gage kreischte auf und zog sich in seinen Stamm zurück. Es verschwand wie Rauch, der durch einen Kamin abgesaugt wurde. Als das Licht verblasste, hörte Gage das Geräusch von bloßen Füßen auf dem Boden. Er fuhr herum und zog sein Rapier.

»Hinterhalt!«, rief er.

Er blockte einen Schlag, der seinen Schädel einschlagen sollte, und öffnete die Kehle seines Angreifers mit einem schnellen Streich. Er blickt auf den Mann hinab, den er getötet hatte. Er war muskulös und in eine dunkle Robe gekleidet. Sein Gesicht war hinter einer goldenen Maske verborgen und seine Hände hielten noch immer schlaff eine gezackte Klinge. Die Maske trug einen anzüglichen Gesichtsausdruck und Züge, die vage vogelähnlich , aber auf schreckliche und abscheuliche Art anders waren. Sie schienen sich in dem schwachen Leuchten der Mooslaternen um sich selbst zu winden.

»Der Wandler der Wege«, zischte er.

Es war das Zeichen von Tzeentch – dem Chaosgott der Täuschung und des Schicksals. Seine Akolythen kamen im Geheimen und trugen die Maske der Unschuld. Während die Diener der anderen Dunklen Götter die Ränder der Zivilisation unsicher machten, nestelten die Diener Tzeentchs wie ein dunkler Samen in ihr. Sie konnten jeder und alles sein.

Sein Verdacht in Bezug auf Tarn war also berechtigt. Gage fühlte keinen Triumph, sondern ein kränkliches Gefühl, als er auf die Stapel aus Holz blickte. Schatten sammelten sich in seltsamen Mustern um die Stämme und er fühlte einen Schauer seinen Rücken hinunterlaufen, als ein Geräusch wie von Tausenden umherhuschenden Ratten durch das Warenhaus raunte.

Dämonen. Es befanden sich Dämonen in dem Holz.

Der Gedanke an solche der Hölle entstammenden Albträume war für ihn auf einer spirituellen Ebene abstoßend. Dämonen waren Splitter der Dunklen Götter, die in abscheuliches Fleisch gekleidet worden waren. Sie konnten nur durch bestimmte abscheuliche Riten in das materielle Reich gerufen werden, die von jenen praktiziert wurden, die sich mit Leib und Seele den Verderbten Mächten verschrieben hatten.

Gelächter hallte durch das Lager. Die Mooslaternen flackerten und erloschen. Das Gebäude wurde in Dunkelheit gehüllt. Gage konnte das Rascheln von Kleidung und leise Schritte hören. Mehr Akolythen? Oder etwas Schlimmeres?

»Hütet euch – wir sind nicht alleine hier drinnen.« Er zog eine Pistole.

»Nein, das seid ihr ganz gewiss nicht ... Gage, nicht wahr?«, rief eine Stimme. Sie schon von überall und nirgends herzukommen. Gage schaute instinktiv auf, aber er konnte auf den in Schatten getauchten Laufstegen über sich niemanden erkennen. »Ein Ritter des Ordens von Azyr«, fuhr der Sprecher fort. »Ich würde mich geschmeichelt fühlen, wenn eure Sorte in den Städten der Menschen nicht so häufig wie Flöhe wäre. Es war unvermeidbar, dass einer von euch am Faden des Schicksals ziehen und zu uns kommen würde.«

»Uns? Wer ist uns? Wer seid ihr? Tarn?« Gage sprach laut. Manchmal mochten die Diener der Dunklen Götter es zu reden. Leuchtende Partikel begannen über den Holzstapel zu tanzen und Gage dachte, er könnte mehr dämonische Gesichter erkennen, die sich in der Rinde wanden. Die Luft nahm einen öligen Hauch an.

Er blickte auf und entdeckte eine Gestalt, von der er annahm, dass es Kuva wäre, die über die Spitze eines nahen gelegenen Holzstapels kroch. Wie die Aelfe so schnell dort hinaufgekommen war, vermochte er nicht zu sagen. Aber er wusste, dass sie nach der Quelle des Gelächters suchte. Er musste ihr dafür mehr Zeit verschaffen.

»Nun?«, sprach er weiter. »Mit wem habe ich die Ehre?«

Mehr Gelächter, aber es war nicht das wilde Gackern eines Wahnsinnigen, was es nur noch schlimmer machte. Als es verstummte, erhoben sich Stimmen in einem langsamen, sonoren Gesang. Die Mooslaternen erstrahlten mit neuem Licht und offenbarten Dutzende Männer und Frauen, die goldene Masken trugen und in unregelmäßigen Reihen zwischen den Stapeln standen. Die Akolythen des Tzeentch waren ähnlich gekleidet wie der Mann, den er getötet hatte, und sie trugen verschiedenste Waffen bei sich. Ohne die Masken und Roben hätten sie jedermann sein können: Kaufleute, Bauern, Kanalarbeiter oder Bettler.

»Bryn? Carus? Ich könnte etwas Hilfe gebrauchen«, rief Gage in der Hoffnung, dass sie ihn erreichen würden, bevor die Akolythen ihn überwältigten.

»Wer wir sind?«, rief die Stimme. »Wir sind deine Nachbarn, Hexenjäger. Wir sind die Ergebenen, die falsche Hymnen an den Tyrannengott Sigmar singen. Wir sind die Arbeiter, die so hart in den Obstgärten und Feldern arbeiten und die Gaben Ghyrans ernten, um jene zu ernähren, die auf der anderen Seite der Reichspforte leben. Wir sind ihr.«

»Immer so theatralisch«, sagte Gage und schoss.

Eine Maske fiel hinten über. Der Gesang verstummte und die Akolythen stürmten auf ihn zu. Er begegnete dem ersten von ihnen mit seinem Rapier, aber es waren zu viele, als dass er sich ihnen alleine stellen konnte. Für jeden, den er zur Stre-

cke brachte, nahmen zwei mehr seinen Platz ein. Die Akolythen schrien nicht, als sie ihn bestürmten, sondern sangen.
Es mochte ein Wort sein oder vielleicht ein Name. Sein Klang
krächzte in Gages Ohren und störte seine Konzentration. Alles,
was er tun konnte, war, ihre Klingen von ihm fernzuhalten.

»Gage – pass auf!«, rief Kuva von irgendwo über ihm.

Er blickte auf und sah, wie Kuva geschwind über die Spitze
des Stapels eilte. Während sie rannte, durchschlug sie die Seile,
die den Stapel zusammenhielten. Stämme polterten zu Boden
und donnerten in die überraschten Akolythen. Die Aelfe ritt
die rollenden Stämme bis zum unteren Ende des Stapels
und sprang. Sie landete in einer Gruppe aus Akolythen. Ihre
Kriegsaxt blitzte auf und Körper fielen zu Boden.

»Gut mitgedacht«, rief Gage anerkennend.

Sie blickte zu ihm herüber und nickte. Dann weiteten sich
ihre Augen und Gage fühlte, wie ein Grollen durch die Bretter unter seinen Füßen lief. Er fuhr herum, beinahe zu spät,
und wich zur Seite aus. Ein schwerer stachelbewehrter Flegel sauste hernieder und zermalmte mehrere der Stämme. Er
wich weiter zurück.

Der Flegelschwinger war kein Mensch in einer Maske. Stattdessen war es ein Wesen aus einem Albtraum – ein hochaufra-
gender Wüstling, der in eine türkisfarbene Rüstung gehüllt
war. Eine Hälfte seiner Brust und ein Arm waren ungerüstet
und zeigten fahle Haut, bedeckt mit einer monströsen Wucherung – einem verzerrten, parasitären Bruder. Er war au-
genlos und schnatterte vor sich hin, während seine dünnen
Arme einen Stab umklammert hielten. Der Wüstling zog mit
der freien Hand das Schwert, das an seiner Hüfte hing. Kränkliche Flammen umschlossen die Klinge.

Gage starrte ihn mit Grauen an. »Fluchkämpe«, flüsterte er.
Er hatte von solchen Monstern gelesen und Geschichten

von anderen Mitgliedern seines Ordens gehört. Fluchkämpen waren einst Menschen gewesen, bevor ihre Gier nach geheimem Wissen sie in ein schweigendes Repositorium für schändliche Kunde verzerrt hatte. Die Wucherung auf seiner Schulter war ein Tretchlet, ein dämonischer Homunkulus – eine physische Manifestation von allem, was der Fluchkämpe gelernt hatte.

Der augenlose Tretchlet brabbelte vor Aufregung und schlug mit seinem Stab durch die Luft, ganz so, als wollte er seinen hochaufragenden Bruder antreiben. Der Atem des Fluchkämpen raspelte wie ein Blasebalg und stob aus den Öffnungen in seinem gesichtslosen Helm. Er schwang erneut den Flegel, zerschmetterte Stämme und überschüttete Gage mit Rindenstücken. Er duckte sich zurück. Er konnte es mit seiner Kraft nicht aufnehmen.

Er blickte sich auf der Suche nach Hilfe um, aber es schien, als wären seine Gefährten beschäftigt. Kuva war von einem Ring aus Akolythenklingen umgeben. Er konnte Carus in der Nähe brüllen und das Kreischen seiner Gryph-Hündin hören. Und Bryn …

»*Khazukan Khazuk-ha!*«, schrie Bryn, als er gegen den Fluchkämpen krachte und ihn einen Schritt zurückwarf. Der Duardin schwang seinen Hammer, als würde er so gut wie nichts wiegen, und schlug wieder und wieder zu. Bryn blickte zu Gage hinüber. »Du hast gerufen, ich komme, Menschling.« Er traf den Fluchkämpen erneut und ließ ihn taumeln. Mit einem Knurren schlug er nach ihm. Die brennende Klinge zog schmierige Streifen hinter sich durch die Luft, bevor sie in den Boden schlug. Der Duardin wich dem Hieb aus und schmetterte den Ringbeschlag seines Hammers in die Seite des Schädels der Kreatur. Der Fluchkämpe stöhnte und traf Bryn leicht mit seinem Flegel, was den Duardin über dem Boden des Warenhauses rutschen ließ, wobei er Akolythen verstreute.

Die Kreatur wandte sich von dem benommenen Duardin ab und bewegte sich schneller, als Gage es erwartet hätte. Das ekelhafte blaugrüne Leuchten seiner barocken Rüstung tat ihm in den Augen weh und er wich vor seinem Ansturm zurück. Der mit einer Hand geführte Flegel fuhr hernieder und zog unnatürliche Flammen hinter sich her. Gage wich weiter zurück und versuchte, etwas Distanz zwischen sich und seinen Gegner zu bringen. Jenseits des Fluchkämpen konnte er Kuva sehen, die sich in Richtung Bryn vorkämpfte, der langsam auf die Füße kam. Akolythen, die auf den Laufstegen über ihnen kauerten, sangen und gestikulierten und entfesselten knisternde Bälle aus magischer Energie. Die Aelfe hechtete zur Seite und vermied nur knapp ein explodierendes Geschoss. Sie sprang über den fluchenden Duardin und eilte leichtfüßig den Stapel aus Stämmen hinauf, ihre Augen auf den Laufsteg über sich fixiert.

Gage verlor seine Gefährten aus den Augen, als der Flegel des Fluchkämpen wieder auf ihn zusauste und ihn beinahe den Kopf kostete. Er duckte sich und zog mit der Spitze seines Rapiers eine dünne Linie über dessen bloßen Arm. Der monströse Tretchlet schlängelte sich in seine Richtung, wobei sein augenloses Gesicht zu einer knurrenden Fratze verzogen war. Er schwang seinen Stab mit einer brabbelnden Wut nach seinem Kopf.

Eine lange Klinge tauchte zwischen ihnen auf und parierte den Hieb. Carus zwang den Fluchkämpen einen Schritt zurück, als Stab und Schwert sich mit einem kreischenden Funkenschauer trennten.

»Nein, Unhold, stell dich mir«, grollte der Stormcast. »Ich bin Sigmars Licht und Zorn. Ich bin einer der Gläubigen.«

Der Fluchkämpe stöhnte in wortloser Erwartung und stampfte auf diesen neuen Gegner zu. Gage nutzte die Gelegenheit und zog die zweite seiner Pistolen. Er zielte auf den breiten Rücken des Fluchkämpen, während dieser donnernde Schläge mit dem Lord-Veritant austauschte – die beiden hünenhaften Krieger schienen gleich stark zu sein, aber Gage hatte keine Intention, die Sache dem Zufall zu überlassen.

Der Fluchkämpe war nur ein Sklave – ein Werkzeug des Kultes. Sein Meister, der Magister des Kultes, würde in der Nähe sein und dem Kampfgetümmel durch die Augen des Fluchkämpen selbst folgen. Der Magister war Tarn. Er musste es sein. Die Frage war aber – wo war er? Gage schob den Gedanken zur Seite. Dafür war später noch genug Zeit. Er nahm einen beruhigenden Atemzug und betätigte den Abzug.

Das Donnern der Pistole war laut, aber der Schrei des Fluchkämpen war noch lauter. Er verkrampfte sich vor Schmerzen und fuhr herum. Er machte einen Satz und seine brennende Klinge öffnete Gage beinahe vom Kopf bis zur Hüfte. Der Tretchlet spie etwas in einer schrillen Stimme aus und ein magisches Geschoss fuhr aus den zuckenden Händen des Homunkulus. Gage sprang hinter eine Stützsäule. Hitze hüllte ihn ein, als das Geschoss traf. Er konnte Feuer riechen und ihm wurde klar, dass das Warenhaus Feuer gefangen hatte.

Die Klinge des Fluchkämpen hieb knapp über seinem Kopf in die Säule. Gage stieß sich von ihr ab und schlug nach dem Hünen. Dieser stöhnte auf und schlug mit seinem Flegel zu. Ein Akolyth sprang auf Gage zu und schlug mit seiner Klinge einen Knopf von seinem Mantel. Er spießte den Kultisten auf und war sich dabei des Fluchkämpen, der mit erhobener Klinge über ihm aufragte, nur zu bewusst. Er drehte sich und blickte in die leeren Augen der Kreatur. Dort lag keine Böswilligkeit, kein Hass – nur leidenschaftslose Absicht. Er war ein eine Puppe aus Fleisch. Ausgehüllt und von Mächte jenseits des Horizontes der Menschen einem neuen Zweck zugeführt worden. Er hob seine Klinge und die Flammen, die ihre brutal aussehende Länge entlangliefen, loderten mit einem abscheulichen Leuchten auf.

Zephir sprang mit einem Heulen auf ihn. Die Gryph-Hündin fiel mit ihrem Schnabel über den Tretchlet her, während sie sich an der Schulter des Hünen festklammerte. Der Fluchkämpe heulte schrill auf und begann um sich zu schlagen, in einem Versuch das hartnäckige Biest loszuwerden. Gage sah seine Chance, sprang vor und stieß seine Klinge in die ungeschützte Achselhöhle der Kreatur. Sein Schwert schabte über Knochen und fand dann einen Weg daran vorbei in etwas Weiches. Etwas Wichtiges, wie er hoffte.

Der Fluchkämpe erstarrte und Zwillingsschreie ertönten aus seinen beiden Köpfen. Er stolperte zurück und zog sich von Gages Klinge. Mit einem krampfhaften Wurf warf er die Gryph-Hündin von sich, drehte sich um und stapfte in die Dunkelheit davon. Er ließ dabei eine Spur aus Körpersäften hinter sich zurück.

Gage ging ihm nach. Er würde mehr brauchen, um so ein Biest zur Strecke zu bringen. Mehrere Akolythen stellten sich ihm in den Weg. Sie erhoben singend ihre Arme, um magische Geschosse zu beschwören. Er verkrampfte sich, als die sengenden Schübe magischer Energie auf ihn zurasten. Sie waren zu nah, als dass er ausweichen könnte. Plötzlich trat Carus zwischen Gage und die Akolythen. Er streckte seinen Stab aus und die schimmernden Geschosse lösten sich im Licht der Bannlaterne auf.

Gage hörte über sich einen Schrei und trat zurück, als der Körper eines Akolythen zu Boden stürzte. Er blickte auf und sah Kuva auf dem Laufsteg, ihre Kriegsaxt rot mit dem Blut ihrer Feinde. Die Aelfe blickte hinab und deutete mit ihrem Kopf.

»Gage – geh! Der Duardin und ich sind mehr als genug, um ein paar Narren in Vogelmasken zu töten.«

Gage zögerte, aber bloß für einen Augenblick. Sie hatte recht. Er blickt zu Carus und gestikulierte. Der Lord-Veritant nickte ernst und pfiff. Seine Gryph-Hündin ließ ein schreiendes Bellen erklingen und nahm springend die Verfolgung des fliehenden Fluchkämpen auf. Das flinke Biest würde auf seiner Spur bleiben, was auch immer für Hindernisse zwischen ihnen liegen würden.

Carus folgte der Kreatur. Seine Schritte ließen die Bodenbretter erzittern. Sein Stab stieß vor, um einen Akolythen von den Füßen zu schlagen, während sein Schwert gleichzeitig herniederfuhr, um das Schild eines anderen in zwei Teile zu spalten. Gage folgte ihm eilig und lud, während er rannte, seine Pistolen nach.

»Kommt, Hexenjäger«, knurrte Carus. »Unsere Beute sucht die Sicherheit der Schatten. Lasst sie uns ins Licht zerren!«

KAPITEL DREI

Die Stahlseelen

Serena Sonnenhieb, Liberatorin des Kriegerbanners der Stahlseelen, fing den ersten Schlag mit ihrem Schild ab. Von Instinkten geleitet, die auf den Trainingsfeldern des Gladitoriums geschult worden waren, schlug die Kriegerin der Hallowed Knights einen zweiten Schlag mit ihrem Schwert zur Seite. Ihr Angreifer sprang unverdrossen auf sie zu und führte seine Angriffe mit wilder Grausamkeit fort. Sie trat ihm entgegen und setzte ihr mystisch verbessertes Können seiner unnatürlichen Stärke entgegen.

Die Bestie vor ihr mochte einmal ein Mensch gewesen sein. Nun war sie ein verzerrtes Ding, vogelartig, mit gewundenen Hörnern und einem Krummschnabel zum Zustechen. Ihr blaues Fleisch war mit verschachtelten Tätowierungen und verderbten Symbolen bedeckt und ihre bronzene Rüstung stank nach unnatürlichen Ölen. Sie sprang kläffend und brabbelnd nach vorne und versuchte, sie mit einer gezackten Klinge in der Hand zurückzudrängen.

Überall um sie herum hallte der Fluchwald vom Lärm der Schlacht wider. Hallowed Knights in Silber und Azur kämpften an der Seite von sterblichen Kriegern der Freigilden, die die weiß-blauen Uniformen des Regiments der Gläubigen Klingen trugen, gegen bestialische Tzaangore, die versuchten ihre Linien zu überwältigen. Die Kreaturen waren hingebungsvolle Diener des Tzeentch und dienten ihrem dunklen Gott mit bestialischer List und wilder Stärke.

Ihr Gegner ließ seine beiden Klingen auf den Rand ihres Schildes niedersausen und brachte sie aus dem Gleichgewicht. Er schnellte vor und die Spitze seines Schnabels kratzte über ihre Kriegsmaske. Instinktiv stieß sie mit dem Kopf nach vorne, um ihn zu treffen. Silbernes Sigmarit traf auf missgebildete Knochen und der Tiermensch stolperte mit einem Krächzen zurück. Bevor er sich erholen konnte, versenkte sie die Schneide ihrer Kriegsklinge in seinem Schädel.

Der Tzaangor fiel zu Boden, aber es gab andere, um seinen Platz einzunehmen, – mehr von seiner Sorte trotteten zwischen den Bäumen hervor. Ihr trillerndes Gekreische erfüllte die Luft, als sie in den Schildwall der Stormcasts krachten.

»Sie versuchen, uns zu überrennen«, fauchte der Krieger neben Serena und stampfte vorwärts. Sein Schwert fuhr in den Schädel eines Feindes hernieder.

»Ich habe Augen, Ravius«, antwortete Serena.

Der Angriff war so wild, wie er plötzlich gewesen war. In einem Moment war der Wald ruhig gewesen. Dann hallten seltsame zwitschernde Rufe zwischen den Bäumen wider. Begleitet wurden sie von dem Geräusch von Piniennadeln, die unter einer Vielzahl von Füßen zertreten wurden, bevor die ersten Tiermenschen aus den dunklen Korridoren zwischen den schuppigen Stämmen der hoch aufragenden Pinien hervorbrachen. Begleitet wurde ihr Erscheinen von dem frenetischen Lärm verborgener Musikanten – wilde Hörner schrillten und große Trommeln dröhnten irgendwo tief im Wald.

Dass die Hallowed Knights und ihre sterblichen Verbündeten ebenjene Kreaturen gesucht hatten, die sie nun angriffen, sorgte dennoch nicht dafür, dass Serena sich in dieser Situation besser fühlte. Es war ihr Vorhaben gewesen, die Kreaturen in ihren Brutstätten zu zermalmen, aber die Kolonne aus Stormcast Eternals und Freigildekriegern war von dem Hinterhalt überrascht worden und kämpfte nun im Laternenlicht. Im Gegensatz zu den Stormcasts waren die Soldaten der Freigilde nichts weiter als Sterbliche. Was ihnen aber an Größe und Stärke fehlte, machten sie mit der Disziplin wett, mit der sie sich dem Gegner stellten. Die Gläubigen Klingen kämpften, wie man es sie in der Ausbildung gelehrt hatte, und brachten Hellebarden, Armbrüste und Handfeuerwaffen gegen ihre bestialischen Feinde zum Einsatz.

Stormcast-Judicatoren und Armbrustschützen der Freigilde feuerten Salve um Salve von ihrer Position bei den Vorratswagen, als die Tiermenschen ins Licht stürmten. Krieger der Freigilde stießen mit ihren Hellebarden in die Lücken zwischen den Schultern der Stormcasts und über die Ränder ihrer aneinandergereihten Schilde und formten somit ein uneinnehmbares Bollwerk – zumindest für den Moment.

Serena zuckte zusammen, als das Knistern eines azurnen Blitzes den Tod eines anderen Stormcast Eternals anzeigte. Der Blitz fuhr mit einem ohrenbetäubenden Fauchen gen Himmel, durchstieß das dichte Blätterdach und setzte seinen Weg in das dunkle Grün des Himmels fort.

»Eine weitere Seele kehrt Heim nach Azyr«, sagte Ravius und stieß seinen Gegner zurück.

Der Tzaangor stolperte kreischend. Serena öffnete seine Kehle mit einem schnellen Schlag und brachte ihn zum Schweigen.

»Mögen sie sich neu geschmiedet wiederfinden, stärker als zuvor«, sagte sie. Sie drehte sich, wich einem Schlag aus und antwortete mit einem eigenen. Sie blinzelte in einem Versuch ihre Sicht zu klären die Nachbilder des Blitzes fort, als ein weiterer verzerrter Tiermensch auf sie zuschnellte und kreischend kehlige Kriegsschreie ausstieß. Sie fuhr herum, um sich ihm zu stellen. Ihr Puls donnerte in ihren Ohren. Als der Tiermensch sie erreichte, schlug sie ihm die Kante ihres Schildes in die Kehle. Er brach röchelnd zusammen und ließ seine Waffe fallen. Sie durchbohrte ihn, bevor er sich wieder erheben konnte. Er kratzte an ihrem Unterarm, als sie die Klinge drehte und sein Herz verstummen ließ.

Plötzlich wurde die Lichtung von strahlendem Licht erfüllt, welches die Schatten vertrieb. Serena wandte sich um, doch sie kannte die Quelle des Leuchtens bereits. Lord-Celestant Gardus, die Stahlseele persönlich, kämpfte im Zentrum der Schlachtlinie und führte eine Runenklinge in der einen und einen Hammer in der anderen Hand. Seine Gestalt erstrahlte vor heiligem Licht – es quoll zwischen den Gelenken seiner silbernen Rüstung hindurch und gewann mit jedem vergehenden Moment an Intensität.

Die Tiermenschen, die ihm gegenüberstanden, fielen zurück. Ihr unnatürliches Fleisch schwelte. Sie stolperten, als ob sie geblendet waren, und suchten den Schutz der Dunkelheit. Die schwer gerüsteten Paladin-Retributoren, die Gardus umgaben, holten sie ein, bevor sie weit kommen konnten. Ihre knisternden Donnerhämmer fuhren auf die Tiermenschen nieder.

Die Paladinkohorte, welche schwere Rüstungen trug und massive zweiköpfige Donnerhämmer schwang, befand sich oft dort, wo die Kämpfe am heftigsten waren. An ihrer Spitze fand sich Feros von der Schweren Hand, ein gewaltiger brüllender Riese von einem Krieger. Feros schwang seinen Hammer mit einer überraschenden Eleganz und schrie den Feinden Verwünschungen entgegen, während er sie zur Seite schmetterte.

Gardus' Licht wuchs an, als er den Gegenangriff vorantrieb. Seine Leibwache und er trieben die Kreaturen mit einer brutalen Effizienz vor sich her. Einige sagten, dass Licht sei ein Segen Sigmars – ein Zeichen sowohl von Gardus' Glauben als auch der Gunst des Gottkönigs. Andere, weniger Wohlwollende, flüsterten, dass es ein Zeichen dafür war, dass sich etwas in der Stahlseele verändert hatte; dass er sowohl weniger als auch mehr als der Mann war, der er gewesen war, bevor er im Kampf mit den Streitmächten des Chaos fiel.

Für einen Stormcast Eternal endete die Pflicht nicht mit dem Tod. Im Kampf zu fallen bedeutete, auf dem Amboss der Apotheose neugeschmiedet zu werden, auf dass die zerbrochenen Stücke des eigenen Körpers und Geistes wieder in eine nützlichere Form gehämmert wurden. Serena hatte noch keine zweite Neuschmiedung ertragen, aber sie hatte Geschichten von jenen gehört, die solch ein Schicksal erduldet hatten; der Sturm des himmlischen Lichtes, die unglaubliche Agonie der Wiedergeburt … und am schlimmsten der Verlust, der mit solch einer Erneuerung einherging. Mehr und mehr der spärlichen Erinnerungen daran, wer man einmal gewesen war, gingen mit jedem Tod verloren und reduzierten den Stormcast zu einer schweigsamen Maschine.

Der Gedanke an diesen Verlust beunruhigte sie mehr als alle anderen. Was waren sie ohne Erinnerung? Was war von ihnen ohne diese Verbindung zur sterblichen Existenz noch übrig? Bereits jetzt konnte sie sich an vieles über die Person, die sie einmal gewesen war, nicht mehr erinnern. Es war, als ob diese Erinnerungen einer anderen Person gehörten; sie drängten sich am Rand ihres Verstandes.

Sie schüttelte diese nagenden Gedanken ab und hob ihren

Schild, während sie die flache Seite ihrer Klinge auf der Kante balancierte. Um sie herum formierte sich der Schildwall neu, als die Bestien vor Gardus' Licht zurückwichen. Sie hörte wie Aetius, der Liberator-Primus ihrer Kohorte, Befehle brüllte.

»Schilde zusammen – zusammen, sagte ich! Formiert die Linie neu!«

Bekannt als der Schildgeborene, war Aetius von der phlegmatischen Sorte, stur und entschlossen. Er schritt hinter der Schlachtlinie einher, seine silberne Rüstung befleckt und sein Hammer blutbeschmiert.

»Sie fliehen«, sagte Ravius aufgeregt. Er machte einen Schritt nach vorne, als ob er sie verfolgen wollte, und Serena schloss sich ihm beinahe an, so sehr riss sie sein Eifer mit. Die Schlachtlinie wankte und stand kurz davor, die Verfolgung aufzunehmen. »Wir können ihnen der Garaus machen!«

»Seid keine Narren – ihnen nachzujagen bringt nur nutzlosen Tod und schwächt unsere Linien«, rief Aetius. »Seid Ihr frischgeschmiedet? Erinnert euch an euer Training.« Er packte sich Serena. »Schilde zusammen, habe ich gesagt.«

»Dies ist nicht meine erste Schlacht«, sagte Serena getroffen. Sie schüttelte ihn ab.

»Ja, aber das Gladitorium ist etwas anderes, nicht wahr?«, rügte er. »Mehr Spiel als Krieg, auch wenn genauso Blut vergossen wird. Dies ist die Realität.« Aetius musterte sie. Sein Blick war unnachgiebig und sie begegnete ihm, ohne zusammenzuzucken.

»Ich bin eine Gläubige«, sagte sie.

Aetius nickte.

»Das genügt mir.« Er ließ eine schwere Faust auf ihre Schulter fallen. »Halte die Stellung, Schwester, bis ich etwas anderes sage. Das gilt für euch alle – haltet, bis ich es sage.« Seine Stimme rollte die Linie entlang, unnatürlich laut durch Sigmars

Gabe. Er schlug seinen Hammer gegen seinen Schild. »Wer hält stand, auch wenn die Schatten länger werden?«

»Nur die Gläubigen!«, schrien Serena und die anderen als Antwort.

Sie schlugen mit ihren Waffen gegen ihre Schilde, seien es Schwerter oder Hämmer, und schleuderten den Lärm ihren fliehenden Feinden wie ein Donnergrollen hinterher. Die Bestien rannten kreischend und Hals über Kopf davon. Der Klang ihrer verstummenden Schreie fuhr durch sie und löste ein Kribbeln in ihrem Bewusstsein aus.

Es kam ihr irgendwie alles bekannt vor, als ob sie dasselbe Geräusch bereits vor langer Zeit gehört hatte. Aber sie konnte sich nicht an die Umstände erinnern. Dies war nicht das erste Mal – sie hörte oft das Murmeln bekannter Stimmen, aber sie konnte nie verstehen, was sie sagten, oder erkennen, wem sie gehörten. Was noch schlimmer war, manchmal sah sie Gesichter vor ihrem inneren Auge – schmerzhaft bekannt und dennoch konnte sie ihnen keinen Namen zuordnen, so sehr sie es auch versuchte.

Frustriert schlug sie erneut auf ihren Schild.

Sie war mit diesen Erinnerungsproblemen nicht alleine. Alle Stormcasts litten zu einem mehr oder weniger großen Grad daran. Jene, die als erste neu geschmiedet worden waren, erinnerten sich am meisten an ihre sterbliche Existenz. Jene hingegen, die aus der zweiten oder dritten Prägung stammten, erinnerten sich an weniger, als ob der Prozess irgendwie perfektioniert würde.

Die wenigen Erinnerungen, die sie hatte, waren unweigerlich schmerzvoll. Sie wusste, dass diejenigen, deren Gesichter und Stimmen sie heimsuchten, nun schon lange Staub waren. Ihre Seelen waren in die traumlosen Lande der Toten hinabgestiegen. Alles, was sie war, alles, was sie vielleicht geworden wäre, war verloren.

Nein – nicht verloren. *Geopfert*. Neugeschmiedet auf dem Amboss der Apotheose und zu etwas Stärkerem und Besserem gemacht. Etwas, das zwischen den Unschuldigen und der Dunkelheit stehen konnte, die sie alle zu verschlingen drohte.

Alles, was zählte, war, wer sie jetzt war: Serena Sonnenhieb, Liberatorin des Schildgeborenen-Konklave und eine Hallowed Knight des Kriegerbanners der Stahlseelen. Dies würde genügen müssen. Vielleicht später, wenn der Krieg zu Ende war, würde es ihr gestattet sein etwas anderes zu sein. Sie schüttelte sich und schob den Gedanken zur Seite. Es gab genug, um das man sich sorgen konnte, ohne an eine Zukunft zu denken, zu der es vielleicht niemals kommen würde.

Es war beinahe ein Jahrhundert her, seit Sigmar die Tore Azyrs wieder geöffnet und den Sturm seines Zorns in die Sterblichen Reiche geschickt hatte. Fast ein Jahrhundert, seit die ersten Stormcast Eternals die Diener der Dunklen Götter zurückgeworfen und ihre Brückenköpfe in den Reichen des Feuers, des Metalls, des Lebens und der Bestien errichtet hatten.

Serena hatte einige dieser Schlachten aus erster Hand erlebt. Sie hatte an der Seite ihrer Konklaven gekämpft, als sie um eine uralte Reichspforte gefochten hatten, bekannt als die Pforte der Dämmerung. Sie hatte die Wiedererweckung der Immerkönigin auf dem Schwarzfelsplateau gesehen und erlebt, wie Alarielles göttlicher Zorn die Streitkräfte Nurgles an der Genesispforte während des Allpforten-Feldzugs zurückgetrieben hatte.

Und nun hatte im Zuge dieser ersten blutigen Schlachten ein neues Zeitalter begonnen. Armeen aus Menschen, Duardin und Aelfen waren aus Azyr ausgezogen, um ihre lange an das Chaos verlorenen Stammlande zurückzuerobern oder sich in unbekannten Reichen eine neue Heimat zu schaffen. Neue Städte erhoben sich auf den Knochen der alten und uralte Bündnisse wurden erneuert.

Sie hörte das Rattern azyritischer Trommeln und blickte zurück. Innerhalb der Sicherheit des Stormcastschildwalls machten sich die sterblichen Soldaten der Freigilde geschwind daran, das Tal mit geübter Schnelligkeit zu befestigen. Solche Maßnahmen waren ihnen in Fleisch und Blut übergegangen: Ghyran war weder ein zahmer noch ein sicherer Ort, auch wenn die Immerkönigin mit dem Gottkönig gegen ihre Feinde gemeinsame Sache gemacht hatte. Die Wälder des Reichs des Lebens waren wilde Orte, selbst wenn sie nicht von Rudeln aus Chaosbestien besetzt waren.

Sie hatte nicht geplant, hier zu kampieren. Sie hatte überhaupt nicht geplant, ein Lager aufzuschlagen – der Wald war dafür zu gefährlich – aber da der Feind sich um sie zusammenrottete, gab es keine Möglichkeit, in das Herz des Waldes vorzustoßen, ohne schwere Verluste hinzunehmen. Sie waren gekommen, um die Tiermenschen auszulöschen und den Wald von ihren Verwüstungen zu befreien, aber das war leichter gesagt als getan.

Serena blickte sich um. Der Fluchwald erstreckte sich über die unwirtlichen Hänge der Immergrünen Berge, die sich westlich von Hammerhal Ghyra erhoben. Schuppige Pinien wuchsen hier hoch und stark in den Himmel. Ihre Wurzeln wanden sich durch den Boden und ihre breiten Äste verdeckten beinahe den nächtlichen Himmel. Es war kein angenehmer Wald. Die tanzenden Schatten gaben den Bäumen Gesichter und mehr als einmal dachte sie, dass sie etwas von den Ästen über ihnen herabgrinsen sah.

Die Lichtung, auf der sich die Kolonne befand, war groß, aber dennoch nur eine kleine Lücke in dem ganzen Dickicht. Die Bäume folgten der Steigung des Hanges und hoben und senkten sich in seltsamen Winkeln. Die Immergrünen Berge waren ein zerklüftetes Wirrwarr von Klippen, die in struppige

Pinien und dichtes Unterholz gehüllt waren – weder richtige Berge, noch bloße Hügel, sondern etwas dazwischen. Die Kolonne unter der Führung der Hallowed Knights erstreckte sich in einer groben Schlachtlinie zwischen den Bäumen, aber diese Linie begann sich zusammenzuziehen, als das Gejaule der sich zurückziehenden Tzaangore verstummte und temporäre Verteidigungsstellungen errichtet wurden.

Die Lichtung war erfüllt mit Arbeitslärm, während die Soldaten der Freigilde ihre Aufgaben vollbrachten. Holzpflöcke, die mit starken Ketten verbunden waren, wurden am Rande der Lichtung in den harten Grund gehämmert. Versorgungswagen bildeten einen Kreis. Die schwerfälligen Ghyroche, die sie zogen, blökten verwirrt, als sie von ihren Treibern umhergezogen wurden. Die gewaltigen Tiere waren mit zotteligem, moosartigem Haar bedeckt und ihre breiten und flachen Köpfe trugen beeindruckende, astartige Hörner. Ihre steinigen Hufe scharrten unzufrieden in der Erde, als sie Blut rochen.

Neben Frischwasser, Schießpulver und Kisten voller Munition trug einer der Vorratswagen die *Vorlaute Maid* – eine uralte Höllenfeuer-Salvenkanone. Die tödliche Kriegsmaschine bestand aus einer Anordnung von gebündelten Geschützrohren, die von einem stabilen Rahmen verbunden wurden. Sie war dazu in der Lage, einen Geschosshagel gegen einen anrückenden Feind zu entfesseln, wenn sie nicht gerade klemmte oder eine defekte Dichtung hatte.

Die Geschützbesatzung in ihren blau-weißen Livrees machte um die Maschine ein Aufsehen wie besorgte Eltern, obwohl sie während der Schlacht keine Zeit gehabt hatten, sie zu benutzen. Der Wagen, der sie trug, wurde in das Zentrum eines Verteidigungsringes gezogen, sodass die *Vorlaute Maid* ihre Zuneigung effektiver zuteilwerden lassen konnte, sollte es nötig werden.

Und diese Notwendigkeit war wahrscheinlich. Die Tzaangore waren fort, aber nur für den Moment. Das Dröhnen ihrer Kriegstrommeln ertönte tief im Wald. Ab und an sah Serena das Aufblitzen eines kränklichen Lichts weit hinten zwischen den Bäumen. Sie konnte Blicke auf sich spüren. Beobachtend. Berechnend.

Beunruhigt wandte sie ihre Aufmerksamkeit der Arbeit der Soldaten zu. Das Regiment der Gläubigen Klingen hatte an der Seite der Stahlseelen gekämpft, seit die ersten Azyriten den Stormcasts vor beinahe dreißig Jahren auf die Schlachtfelder des Jadekönigreichs gefolgt waren. Die Uniformen des Freigilderegiments beinhaltete die Heraldik der Hallowed Knights und sie gehörten zu den gläubigsten Soldaten in den Armeen von Azyr. Der Glaube war für sie so gut wie eine Rüstung. Eine Handvoll von Kriegspriestern, gehüllt in blaue Roben und silberne Kriegsrüstungen, bewegte sich zwischen ihnen und führte die Soldaten im Gebet, während sie arbeiteten, oder lasen laut aus den *Lobgesängen des Krieges* vor.

Während das Regiment selbst im Moment in Fort Gardus stationiert war, waren einige Einheiten abgestellt worden, um für die Expedition in den Fluchwald als Hilfstruppen zu dienen. Die Hallowed Knights störte die Gegenwart dieser sterblichen Verbündeten nicht. Eine Sturmwolken-Bruderschaft war den meisten Dingen, die kreuchten und fleuchten, mehr als nur gewachsen, aber die Stormcast Eternals kannten das Terrain nicht, die Soldaten der Freigilde hingegen schon. Sie hatten seit der Erbauung des Forts gegen die Tiermenschen in dieser Region gekämpft. Serena lächelte leicht. Es war nach der Stahlseele benannt, aber die Ehre schien ihm überaus peinlich zu sein.

Fort Gardus war eine gewaltige Bastion aus Stein und Holz an der Grenze der Schorfweite und lag innerhalb einiger Tagesmärsche von Hammerhal Ghyra. Ursprünglich war es dafür errichtet worden, um die von Dämonen heimgesuchte Einöde der Weite zu bewachen. Es war allerdings zu dem zentralen Knotenpunkt eines Verteidigungsnetzwerkes aus kleineren Burgen und Wachtürmen gewachsen, die sich von den westlichen Tieflanden bis zu den Sümpfen der Grünbucht erstreckte. Wie die Geheiligten Krieger selbst, schirmte es Hammerhal von den unnachgiebigen Gefahren Ghyrans ab.

»Schafft diese Leichen aus dem Weg«, bellte eine Stimme. »Schnell jetzt.«

Serena machte Platz, als mehrere sich entschuldigende Soldaten durch den Schildwall schritten und einen toten Tzaangor auf die andere Seite der Pflöcke schleiften. Sie blickte zurück und sah ein bekanntes Gesicht.

Feldwebel Ole Creel war im Dienste der Gläubigen Klingen ergraut und seine Schultern waren gebeugt durch die Last der Erfahrung. Seine Hände allerdings waren ruhig und seine blau-weiße Uniform sauber. Eines seiner Beine war eine hölzerne Prothese. Münzen waren entlang des polierten Holzes festgenagelt worden und sie glänzten golden im Licht der Laternen. Er trug ein Feldwebelabzeichen an seiner Kappe und den zweischweifigen Kometen in seine verbeulte Rüstung geätzt.

Creel hatte das Gros seines Lebens an der Seite der Stahlseelen gekämpft. Serena konnte sich an einen jüngeren Creel erinnern, der ohne Falten im Gesicht und mit zwei heilen Beinen an der Front gekämpft hatte. Er war durch stinkende Dschungel und über sengende Ebenen marschiert und hatte dabei dem Gottkönig Lobpreis gesungen. Selbst als er sein Bein verloren hatte, war sein Glaube niemals ins Wanken geraten. Und nun war er ein alter Mann, aber immer noch gläubig. Immer noch loyal. Er nahm seine gefederte Kappe ab, als er bemerkte, dass sie zu ihm sah.

»Meine Herrin«, sagte er respektvoll. Die sterblichen Soldaten von Azyr blickten mit Ehrfurcht auf die Stormcast Eternals, wenn sie sie nicht sogar als eine direkt Manifestation des Willens des Gottkönigs anbeteten.

»Feldwebel Creel«, sagte sie, als sie aus der Linie trat.

Andere Stormcast Eternals taten es ihr gleich und kümmerten sich um Wunden oder reinigten ihre Waffen. Die meisten allerdings verblieben, wo sie waren, und blieben mit einer Sturheit nach außen gewandt, die aus harter Erfahrung erwachsen war. Serena machte Aetius auf sich aufmerksam und er nickte knapp in Erlaubnis ihres Austretens.

»Ihr seid unverletzt?«, fragte sie Creel.

»Alle verbleibenden Gliedmaßen vollständig. Klopf auf Holz.« Der Feldwebel schlug mit seinen Knöcheln gegen sein Holzbein. Er schenkte ihr ein Lächeln voller Zahnlücken und setzte sich seine Kappe wieder auf. »War ein ganz schöner Kampf. Dachte für eine Sekunde, sie würden an Euch vorbeikommen.«

Sie blickte auf einen der toten Tiermenschen hinab. Für einen Moment war sie von einem kuriosen Gefühl eines Déjà-vus überkommen. Waren Bestien wie diese für den Tod der Frau verantwortlich, die sie gewesen war? Sie glaubte nicht, aber der Verstand spielte, was solche Dinge anging, oft Streiche.

»Habt Ihr ihre Art zuvor gesehen?«, fragte sie.

»Zwillingsschnäbel«, sagte Creel und spie das Wort beinahe aus. »Wir haben in letzter Zeit zu oft gegen sie gekämpft. Sie werden mutig, hier draußen in den dunklen Orten. Es wird höchste Zeit, dass wir sie mit Feuer und Kugel aus diesen Wäldern tilgen.« Er stupste den toten Tiermenschen mit seinem hölzernen Fuß an. »Gerissene Biester. Listenreich.« Er blickte mit zusammengekniffenen Augen zu den sie umgebenen Bäumen und trug dabei einen spekulativen Ausdruck auf seinem

Gesicht. »Zu trickreich bei Weitem.« Er richtete sich auf. »Sie greifen für gewöhnlich nicht so an, nicht ohne irgendeinen Plan im Sinn zu haben.«

»Vielleicht haben wir sie aufgeschreckt.«

Creel nickte abwesend. »Könnte sein. Oder vielleicht waren sie hier, um uns aufzuhalten.«

»Ein Hinterhalt, um einen Hinterhalt vorzubereiten?«

Er blickte sie an. »Ich habe so etwas schon früher gesehen. Wie ich sagte, listenreich.« Er schaute zu, wie seine Krieger arbeiteten.

»Wäre einfacher, wenn wir einige Bäume fällen und Platz schaffen könnten.«

»Das wäre nicht weise«, sagte Serena. »Dieses Land ist nicht das unsere.«

»Nun, jemand hat es bereits getan.« Er deutete zu einem nahegelegenen Stumpf. »Glatt durchgesägt, einige dieser Bäume. Mein Vater war ein Holzfäller in den Nordrath-Bergen. Ich weiß, wovon ich spreche.« Creel verzog das Gesicht. »Außerdem, daheim in Fort Gardus sagen sie, die Sylvaneth und ihre Königin hätten Gefallen an der Stahlseele gefunden. Sie haben eine Übereinkunft mit ihm und es ist nur durch seine Gunst, dass man uns erlaubt diese Wälder zu durchqueren.« Creel wusch sich den Mund mit einem Schluck aus seinem Wasserschlauch aus und spuckte aus. »Ansonsten würden sie uns so schnell in Stücke reißen, wie sie es mit den Dienern des Chaos tun.«

»Ihr missbilligt dies?«, sagte Serena etwas amüsiert.

Der Soldat der Freigilde legte die Stirn in Falten. »Kann den Baummenschen nicht trauen. Sie verändern sich mit den Jahreszeiten – ruhig in einem Moment, wutentbrannt im nächsten. Fällt den falschen Baum und plötzlich steht Ihr bis zum Hals in Dornensträuchern. Oder Schlimmerem.«

»Die Herrin der Blätter hütet ihre Orte gut«, sagte eine Gildensoldatin. Sie war eine große Frau und trug einen Ring aus Holz um ihren Hals. Sie berührte ihn, während sie sprach. »Dieses Reich ist das ihre und es ist durch ihren Willen, dass uns gestattet ist, seine Luft zu atmen.«

»Ruhig, Shael«, blaffte Creel. Er blickte entschuldigend zu Serena. »Ignoriert sie, Herrin. Sie ist eine Einheimische. Haben das gesegnete Licht von Sigmar nie gekannt, diese Verdianer. Denken, die Immerkönigin wird sich dazu herablassen, sie vor den Verderbten Mächten zu retten, wenn sie sich nicht einmal selbst retten kann.«

Dieser Tage enthielten die Gläubigen Klingen sowohl einheimische Verdianer als auch in der Fremde lebende Azyriten in ihren Rängen. Die meisten Freigilden, die für die Verteidigung von Hammerhal Ghyran verantwortlich waren, taten dies. Die Verlustquoten waren hoch, während die Freigilden versuchten Ordnung auf den uralten Routen herzustellen, die Verdia mit dem Rest der Jadekönigreiche verband. Es war ein hartes, blutiges Werk und an den meisten Tagen waren die Himmel nahe Hammerhal Ghyran von Aasvögeln und Pulverdampf erfüllt.

Auch wenn Nurgles Griff um Ghyran geschwächt war, durchstreiften die korrumpierten Diener des Seuchengottes die Wildnis noch immer in großer Zahl und setzten ihre Überfälle auf die Bastionen von Azyr ohne Unterlass fort. Der Herr der Pestilenz hatte Ghyran einst vollständig in seinen fauligen Klauen und versuchte nun obsessiv jeden kleinen Teil zurückzuerobern, den Sigmar und die Immerkönigin ihm abgenommen hatten.

»Und warum sollte sie nicht?«, konterte Shael. »Wir haben ihr die Treue gehalten, während Ihr Leute Euch hinter hohen Mauern und verschlossen Toren versteckt habt.«

»Erinnert Euch daran, wessen Zeichen ihr tragt, Verdianerin«, fauchte Creel, sein wettergegerbtes Gesicht rot vor Zorn. »Euer Volk würde gar nicht hier sein, frei von Korruption, wenn es uns nicht gäbe. Wir aus Azyr haben einen hohen Preis in Blut und Stahl entrichtet, um Eure Lande vom Gott der Seuchen zu befreien.« Er schlug zur Verdeutlichung auf sein Holzbein.

»Und wir hätten kein Land vorgefunden, das zu verteidigen sich gelohnt hätte, wenn es nicht die Immerkönigin und jene gegeben hätte, die ihr dienen, sterblich oder nicht«, grollte eine dunkle Stimme. Die streitenden Gildesoldaten verstummten augenblicklich und senkten ihre Häupter.

Serena drehte sich um. »Lord-Celestant Gardus«, sagte sie zur Begrüßung.

Gardus Stahlseele ragte über den Sterblichen auf, die ihn begleiteten. Sie waren Angehörige des örtlichen Stammes, die zum Dienst als Führer gepresst worden waren. Sie trugen Felle und abgenutzte Lederrüstungen. Ihre Gesichter waren mit den wirbelnden Blattformen tätowiert, die bei den Gebirgsklans der Region üblich waren. Sie trugen Bögen und Äxte mit kurzen Griffen und sahen aus, als ob sie beides zu gebrauchen wüssten. Sie blickten sich nervös um, eingeschüchtert von den in Silber gehüllten Stormcasts.

Genau wie Serena trug der Lord-Celestant eine silberne und azurne Kriegsrüstung, auch wenn seine um Längen verzierter war, wie es seinem Rang gebührte. Seine schwere Runenklinge hing an seiner Seite. Seinen Tempestos-Hammer aber trug er in einer Hand. Die Waffe, genau wie der Krieger, der sie führte, glühte mit einem gedämpften Licht.

»Du bist eine von Aetius' Kriegerinnen.« Es war keine Frage, aber Serena nickte trotzdem. »Ihr habt gerade das Schlimmste abbekommen, Schwester.« Er schaute sie an, der Kopf fragend zur Seite gelegt.

»Sonnenhieb, Lord-Celestant«, sagte sie. Einen Moment später fügte sie hinzu, »Serena«. Sie verbeugte sich leicht und Gardus lachte leise. Es war ein dunkler Laut. Sanft aber weitreichend. Sie war plötzlich froh über ihre Kriegsmaske, die ihre Schamesröte verbarg.

»Serena also.« Er blickte zu Creel. »Und Ihr seid … Feldwebel Creel, nicht wahr? Ihr habt die gegnerische Standarte bei der Fahlen Schlucht genommen.« Gardus blickte hinunter. »Ihr habt dort Euer Bein verloren.«

»Ein guter Handel, mein Herr, alles in allem.« Creel grinste. »Sigmar hat auf uns hinabgelächelt.«

»Das hat er und tut es noch immer.« Gardus betrachtete die Freigildensoldaten. »Dass solche Männer und Frauen wie Ihr vor mir steht, ist Beweis genug dafür.« Er deutete zu Serena. »Was siehst du hier, Schwester?«

»Ich …« Sie zögerte, plötzlich unsicher.

Gardus hatte Mitleid mit ihr. Er legte eine Hand auf ihre Schulter und blickte zu den Soldaten. »Ich sehe Leute aus Azyr, Ghyran und Aqshy, die Seite an Seite stehen. So wie es sein sollte – ein Reich zu verteidigen bedeutet, alle acht zu verteidigen. Denn falls eines fallen sollte, werden die anderen beizeiten folgten. Selbst das heilige Azyr kann nicht alleine stehen, nicht für lange.« Gardus wandte sich um und betrachtete die Bäume. »Wir kämpfen im Namen Sigmars. Wir sind sein gestaltgewordener Sturm. Und wir reinigen das Land für alle Völker, ob sie in Azyrheim oder Verdia geboren wurden.«

Seine Worte hallten über die Lichtung. Viele der Freigildesoldaten hatten innegehalten, um zuzuhören. Serena wurde klar, dass dies ohne Zweifel seine Absicht gewesen war. Seine Worte waren dazu bestimmt, Zwietracht zu verhindern, bevor sie Fuß fassen konnte. Aber das war nicht ihr einziger Zweck gewesen. Gardus *glaubte* und sein Glaube war wie ein warmer

Wind auf ihren Seelen, der die Kälte der Schatten vertrieb, die sich um sie sammelten.

Als Creel und die anderen sich wieder an die Arbeit machten, lehnte sich Gardus näher heran. »Ich entschuldige mich«, sagte er leise. »Ich sah eine Möglichkeit und ergriff sie.«

»Ich verstehe, Lord-Celestant.«

»Unzufriedenheit kann selbst das loyalste Herz befallen.« Ein Ghyroch brüllte und Gardus schaute zu, wie seine Treiber versuchten, die moosige Kreatur zu beruhigen. Der Geruch von Blut, und vielleicht der Wald selbst hatten die Tiere beunruhigt und sie warfen die Hörner hin und her und scharrten vor Erschrecken mit den Hufen in der Erde. »Es gibt Wunden, die noch nicht verheilt sind. Falls es ihnen erlaubt wird zu eitern, wird alles, nach dem wir streben, umsonst sein.« Er blickte zu ihr. »Verstehst du?«

»Ich … Ja.« Das tat sie. Auch wenn die Armeen von Azyr mit der Absicht in die Sterblichen Reiche eingefallen waren, das Chaos zurückzuwerfen, war nicht jeder dankbar für die Art von Hilfe, die sie brachten. Für viele in den Sterblichen Reichen war die Schließung der Pforten von Azyr ein legendärer Verrat.

Die Azyriten konnten voll mit ihrer eigenen Rechtschaffenheit sein. Manchmal in einem lästigen Ausmaß. Einige unter ihnen blickten auf jene hinab, die zu retten sie gekommen waren. Oder schlimmer noch, sie sahen sie durch die bloße Tatsache ihres Überlebens in von Chaos gehaltenen Landen als verderbt an. Sie blickte zum Lord-Celestant.

»Ist es wahr, dass wir auf Gesuch der Sylvaneth hier sind?«

Gardus zögerte und sie fragte sich, ob sie unangemessen gesprochen hatte. Aber Gardus ermutigte eine gewisse Vertrautheit unter seinen Kriegern.

»Das sind wir«, sagte er. »Sie haben nicht offen danach ge-

fragt, denn das ist nicht ihre Art. Stattdessen haben sie ihre
Warnung durch die Forstleute weitergereicht.« Er deutete zu
den Stammesleuten in ihren Fellen und Häuten. »Sie wiederum haben die Kunde zu uns gebracht.« Er blickte auf und
betrachtete die Bäume, die sich um sie herum erhoben. »Und
die Sylvaneth sind hier. Und beobachten. Sie warten darauf zu
sehen, ob wir halten, was wir sagen.«

Serena spannte sich an. Sie blickte sich um und erinnerte
sich an die Gesichter, von denen sie glaubte, sie in den Bäumen gesehen zu haben. Die Sylvaneth bewegten sich so leicht
durch Wälder, wie sie durch offenes Gelände laufen würde.
Könnten sie es gewesen sein?

»Sie beobachten uns?«, fragte sie. »Warum?«

»Nicht uns«, sagte Gardus. Er sah zu ihr. »Einige Wunden
sind schlimmer als andere, Serena Sonnenhieb. Und selbst der
stärkste Krieger braucht manchmal die Hilfe eines anderen.«

Seine Hand fiel auf den Griff seines Runenschwertes und er
starrte die Bäume an. Sie fragte sich, ob er etwas sehen konnte.
Sie lauschte, hörte aber nichts als das entfernte Dröhnen der
Trommeln der Tiermenschen, tief im Wald und weit entfernt.

Gardus blickte zu den Stammesmenschen. »Stimmt es nicht,
Hyrn?«

»So ist es, Strahlender«, sagte der Stammesmann. Er war älter
als der Rest. Seine grau werdende Mähne wurde mit einem
Stirnband aus Leder aus seinem Gesicht gehalten. Er sprach
die azyritische Sprache gut genug. Sein Akzent aber war kehlig. Er sah ihren Blick und tippte sich gegen die Kehle. »Die
Priester lehren uns. Sagen, wir müssen die Sternensprache
sprechen oder Sigmar wird uns nicht hören.«

»Glaube benötigt keine Worte«, sagte Serena. Hyrn lächelte
und nickte.

»Ja. Die Herrin der Blätter lauscht immer.« Sein Lächeln verschwand. »Auch wenn einige meinen, sie würde dieser Tage nicht einmal mehr das tun. Wir haben Hexenfeuer gesehen, die zwischen den Bäumen flackern. Es wird gesagt, dass die Tiermenschen nun hier tanzen, wo es einst die Waldgeister taten.« Er runzelte die Stirn und spuckte aus. »Die Tiermenschen haben sie vertrieben und die Luft und den Boden sauer gemacht. Bald schon werden sie auch die Letzten von uns vertreiben. Oder schlimmer – wir werden uns ihnen in ihren Tänzen anschließen, wie es so viele aus unserem Volk getan haben.«

Er schauderte und Serena runzelte die Stirn. Sie erinnerte sich an das, was sie über die korrumpierende Magie von Tzeentch gehört hatte. Wie viele seines Volkes hatte Hyrn viele gesehen, die zu Monstern gemacht wurden. Verzerrt in Körper und Seele durch Hexenwerk, gegen das er keine Verteidigung hatte. Gardus legte eine Hand auf die Schulter des Stammeskriegers. »Es werden sich ihnen keine mehr anschließen – dies schwöre ich dir, beim Licht von Sigendil. Dies ist, warum wir hier sind. Wir werden euch nicht im Stich lassen.«

Serena schickte sich an, zu antworten, als sie fühlte, wie der Wind sich drehte. Der Geruch des Todes wurde durch etwas noch Fauleres ersetzt. Creel und die anderen Sterblichen in der Nähe husteten, als ein kränklich süßer Geruch über sie wehte. Serena drehte sich um und hob ihren Schild. Sie kannte diesen Geruch – Zauberei. Etwas geschah. Die Luft hatte eine ölige Konsistenz angenommen. Ein Geräusch erklang wie … loses Fleisch, das gegen Rinde schlug.

In der Dunkelheit jenseits des Laternenlichtes kreischte etwas. Ein schrilles Geheul, das Messer aus Schmerz durch ihren Schädel jagte, so falsch war es. Creel und die anderen Sterblichen stolperten und hielten sich die Köpfe. Einige ließen ihre Waffen fallen und fielen zu Boden; andere hielten die Disziplin aufrecht, aber nur gerade so.

»Schildwall! Formt den Schildwall!«, brüllte Aetius von der Linie. »Zieht die Sterblichen zurück!«

Sigmarit donnerte, als der Rest der Kohorte zu der Linie aus Pflöcken vorrückte und jene Sterblichen hinter sich stieß, die sich zu langsam bewegten. Serena ergriff einen Freigildesoldaten an seinem Brustpanzer und riss ihn aus dem Weg. Sie sah Creel, wie er dasselbe machte und seine umnebelten Krieger aus dem Weg der Stormcasts zog.

»Geh, Schwester«, sagte Gardus. »Nehmt Euren Platz im Schildwall ein.«

Er drehte sich bereits um, während er sprach, und brüllte einen Moment später Befehle. Serena wandte sich ab und eilte zur Linie. Sie reihte sich mühelos ein und schwang ihren Schild nach außen und brachte ihn Rand auf Rand in Position mit denen der Krieger zu jeder Seite.

Ravius lachte leise. »Du steigst in der Welt auf, Schwester. Mit der Stahlseele selber zu sprechen.«

»Aye, und warum nicht?«, fragte Serena. »Er ist unser Befehlshaber und wir sind seine Krieger. Das Wenigste, was wir tun können, ist mit einander zu sprechen.« Und vielleicht, dachte sie, sogar beizeiten zuzuhören.

Ravius lachte, aber ein schellender Schlag von Aetius' Hammer gegen seine Schulterpatte brachte ihn zum Schweigen.

»Habe ich gesagt, dass du lachen darfst, Ravius?«, knurrte Aetius, als er vorbeischritt. »Du findest etwas an der ganzen Sache hier lustig, wie? Augen nach vorne, Verstand frei, Hand ruhig. Lachen kommt mit dem Sieg, Bruder, nicht davor.«

Er hielt hinter Serena inne, sagte aber nichts. Sie hielt ihren Blick entschlossen nach vorne gerichtet und gab ihm keinen Grund, sie zu tadeln. Draußen in der Dunkelheit beobachtete sie etwas. Sie konnte seinen Blick auf sich spüren, wie er wie ein Ölfleck über ihre Rüstung wanderte.

»Dort draußen ist ein Licht«, murmelte Ravius.

»Wandelfeuer«, sagte Aetius leise. »Der Angriff hatte den Zweck, uns lange genug an Ort und Stelle zu halten, damit sie genug Truppen zusammenziehen können, um uns zu begraben. Sie werden bald kommen, jetzt, da sie eine Vorstellung von unserer Anzahl und Stärke haben.«

Serena konnte sie jetzt hören, wie sie durch die Dunkelheit krochen. Ein niedriger, fahler Nebel kroch zwischen den Bäumen umher und waberte um die Beine der Hallowed Knights wie der Geist eines Flusses. Er brachte den Gestank mit sich und sie schluckte in einem Versuch, den Geschmack aus dem Mund zu bekommen. Der Nebel war nicht natürlich. Es waren Gestalten in ihm – geisterhafte, spöttisch grinsende Gesichter mit flatternden Mündern.

Die Phantome strömten über die Schlachtlinie der Stormcasts und brabbelten im Stillen, waren ansonsten aber harmlos. Serena hörte Rufe hinter sich und das Knallen einer Handfeuerwaffe, die losging. Dem Schuss folgte das laute Brüllen eines wütenden Feldwebels, der denjenigen zusammenstauchte, dem die Nerven durchgegangen waren.

»Haltet stand«, sagte Aetius, »Wir sind die Bastion, an der sich der Sturm des Chaos brechen wird.«

Etwas kreischte in der Dunkelheit zwischen den Bäumen. Ein wilder, heulender Ruf: ein Schrei der Herausforderung und des Aufrufs. Sein Klang fuhr wie ein Messer durch Serena.

Hinter ihr hob Aetius – der standhafte Aetius – seinen Hammer. »Wer stellt sich dem Untergang aller Dinge und wird nicht brechen?«

»Nur die Gläubigen«, sagte Serena. Ravius und die anderen taten es ihr gleich und die Worte hallten die Linie entlang.

Nur die Gläubigen. Die Worte waren mehr als nur ein Schlachtruf. Sie waren ein Mantra. Ein Gebet, ein Appell und ein Versprechen. Die Krieger der in Silber gehüllten Reihen der Hallowed Knights wurden für ihren Glauben im Angesicht von Verdammnis und Tod ausgewählt. Sie waren die Märtyrer Sigmars. Krieger, die in der Schlacht mit seinem Namen auf den Lippen oder mit großem Glauben im Herzen gefallen waren. Jener Glaube band sie nach ihrer Neuschmiedung enger als jedwede irdische Kette. Sie waren die Gläubigen und sie würden den Feind zurückhalten. Wenn die Sterblichen Reiche überleben sollten, konnten sie nicht weniger tun.

Mehr Wandelfeuer loderten in der Dunkelheit auf. Sie konnte Kreischen und unmenschliche Stimmen hören, die sich zu Gesang erhoben – nein, einem Singsang. Die Luft wurde schwer und ranzig. Ein saurer Gestank gab dem allgegenwärtigen Geruch eine besondere Schärfe und ein Geräusch wie finsteres Donnergrollen prasselte auf ihre Ohren ein.

Einen Moment später tauchten die Ersten von ihnen auf. Die Kreaturen hatten röhrenförmige Körper und balancierten auf einem Fuß aus pilzartigem Fleisch. In ihrer Haut wuchsen scheinbar willkürlich schnappende Mäuler und wehklagende Gesichter. Flammen schossen aus den mit Zähnen besetzten Stümpfen an den Enden ihrer umherpeitschenden Glieder. Sie hüpften mit einem plumpen Tempo vorwärts durch die Bäume und wurden dabei von lautem Zischen vielfarbiger Luft begleitet. Die Welt schien vor ihnen zurückzuschrecken, als sie in Richtung des Schildwalls trotteten. Serena lief ein instinktiver Schauer über den Rücken.

Dämonen. Sie hatte schon zuvor gegen Dämonen gekämpft – die fauligen Diener Nurgles, die auf spindeldürren Beinen und in Begleitung von Wolken aus Fliegen auf einen zustolperten, während aus ihren geschwollenen Bäuchen der Eiter tropfte. Aber diese hier waren etwas anderes. Etwas Schlimmeres, denn Bekanntheit gebar Geringschätzung und sie hatte sich noch nie etwas wie diesen Kreaturen gegenüber gesehen.

Ein Dämon sprang auf seinem gummiartigen Fuß auf sie zu, wobei er zischte und unirdisches Feuer spie. Die Flammen schwappten über ihren Schild und das geheiligte Metall wärmte sich unangenehm auf. Sie schwang den Schild zur Seite und hechtet nach vorne. Ihre Kriegsklinge fuhr in die sich windende, unnatürliche Gestalt. Der Dämon kreischte und Flammen loderten über ihre Rüstung und färbten das Silber schwarz. Sie riss ihre Klinge in einem Schauer aus Körpersäften frei und trat das Ding zurück.

»Haltet die Linie, Brüder und Schwester!«, brüllte Aetius. »Keinen Schritt zurück, was auch immer kommen mag. Wer hält das Firmament aufrecht, auch wenn die Welt zerbricht?«

»Nur die Gläubigen!«, schrie Serena und fügte ihre Stimme denen ihrer Brüder und Schwestern hinzu. »Nur die Gläubigen.«

Mehr Dämonen taumelten zwischen den Bäumen hervor und spien ihr vielfarbiges Feuer gegen den Schildwall. Serena hob den ihren erneut, als eine Welle aus Hitze sie einhüllte. Das magische Feuer krallte an ihrem Sigmarit und suchte eine Schwachstelle. Es peitschte umher und hüllte die nahegelegenen Bäume ein und versengte den Boden. Sie hörte, wie ihre Brüder und Schwestern ihren Trotz hinausriefen, als der Schildwall unter dem unerbittlichen Druck nachzugeben begann. Sie suchte sich mit ihren Füßen sicheren Halt und schob gegen die Stärke der Flammen an.

»Nur die Gläubigen!«

Für einen Moment ließen die Flammen nach. Dämonen fielen und Schwerter und Hämmer fuhren mit tödlicher Finalität hernieder. Die Stormcasts hackten und schlugen auf ihre Feinde ein und trieben sie zurück. Hinter sich hörte sie alarmierte Rufe.

»Die Bäume – sie haben die Bäume in Brand gesetzt«, brüllte

Ravius und schlug auf einen hartnäckigen Dämon ein. Dieser klammerte sich an seinen Schild und nagte mit seinen Zähnen an dem Metall.

Serena riskierte es, sich umzusehen, und sah, dass er recht hatte. Der Wald schien in allen Richtungen zu brennen. Mehrfarbige Flammen schimmerten entlang der Äste und Stämme der Pinienbäume, was sie wie vor Schmerzen stöhnen ließ.

Sie fühlte einen Druck auf ihrem Fuß und blickte hinab. Eine schwarze Wurzel war aus dem nassen Boden aufgetaucht. Sie ähnelte dem Kopf eines suchenden Blutegels. Rufe und Flüche erfüllten das Tal, als mehr Wurzeln sich mit feuchtem Schaben aus dem Boden losrissen.

Der Lärm wurde lauter, begleitet von einer Flut des Knarzens und Knallens. Zuerst dachte Serena, es wäre das Blattwerk, das verzehrt wurde, aber dann wandte sich ein Baum zu ihr um.

Mit wachsendem Schrecken sah sie, wie seine Rinde sich aufspaltete, um ein verzerrtes Maul aus splitteringen Fängen zu entblößen, aus dem der Saft tropfte. Mit einem seelenzermürbenden Stöhnen taumelte das Ding, das einst ein Baum gewesen war, auf sie zu. Sein frisch gewachsener Kiefer schnappte hungrig nach ihr.

KAPITEL VIER

Spaltseele

Das Licht des Wandels war wunderschön.

Tzanghyr Spaltseele, Großer Wandler der Dornenhuf-Kriegsschar, schwebte in seiner Umarmung. Die unendlichen Fäden des Schicksals drohten, seinen Geist in unzählige Richtung zu ziehen, aber er kannte seinen Platz und Zweck und er hielt an ihnen fest – sich selbst im Unendlichen zu verlieren bedeutete, die Auflösung zu riskieren.

Dennoch war das Licht wunderschön.

Es war das einzig wirklich Schöne in diesem Reich. Das Surren der Farben – aller Farben – und der subtile Donner des Pulses des Reiches erhoben sich durch ihn, um sich auszubreiten und seine Sinne zu füllen. Es war blendend und schmerzhaft und wunderbar zugleich.

Er konnte den Donner uralter Trommeln in seinem Geist spüren und die Fäden wie Blitze aufleuchten sehen. Die Baumkronen glühten, als stünden sie in Flammen, und Bänder aus unmöglichen Farben liefen durch den Boden und wurden mit jedem vergehenden Moment heller. Der Fluchwald wuchs. Wandelte sich. Seine trügerischen Pfade erstreckten sich durch eine schwarze See der Unendlichkeit und bald schon würden er und seine Kriegsschar ihnen in das Licht folgen.

Für den Moment schlich sein Geist die schattigen Fäden des Schicksals entlang, die durch den Wald liefen, und jagte nach der Spur der Prophezeiung. Es war der schnellste Weg, um zu sehen, was gesehen werden musste, um sich auf das vorzubereiten, was kommen würde. Die Augen mochten lügen oder sich irren, aber die Wahrnehmung der Seele war schwerer zu täuschen. Die Pfade des Moments und des Schicksals waren hier über Jahrhunderte gesät und angebaut worden und er beschritt sie ohne Furcht. Der Fluchwald war stark geworden, da seine Wurzeln sich an dem Blut von Opfern labten, willigen und unwilligen. Bald würde er vollends in Blüte stehen. Wenn das Ritual, das just in diesem Moment vollzogen wurde, vollendet war, würde sein Schatten sich über die Städte der Menschen ausbreiten – beginnend mit der, die Hammerhal genannt wurde.

Es war Tzanghyrs Schicksal, den Schatten zu verbreiten. Das schlagende Herz Hammerhals herauszureißen und aus der Stadt etwas Passenderes zu machen: ein Monument, nicht für gescheiterte kleine Götter oder ihre Diener, sondern eine Zitadelle, die den Kindern des Wandels würdig war; eine Bastion für den Großen Ränkeschmied, von der aus sich seine Pläne entwickeln und sich bis in die fernsten Winkel jedes Reiches verbreiten konnten. Ohne Gefahr und unangetastet.

Nurgle, der Chaosgott der Seuche und Verzweiflung, hatte einst hier absolut geherrscht. Das Reich des Lebens war von der Wurzel bis zum Blätterdach das seine gewesen. Selbst als er seine Herrschaft damit verschwendete, die flüchtige Immerkönigin zu jagen. Seine Brüder hatten voller Neid auf den Preis geblickt, denn keiner von ihnen konnte eines der Sterblichen Reiche als sein alleiniges Lehnsgut beanspruchen. Aber während Khorne sich neue Herausforderungen suchte und seine Aufmerksamkeit auf die Reiche des Feuers und Todes gelenkt hatte, hatte Tzeentch geduldig und subtil gearbeitet, um seinen großen Rivalen zu unterminieren.

Nun, da Nurgles Macht endlich schwächer wurde und seine fauligen Diener auf dem Rückzug waren, war es die Zeit des Großen Ränkeschmiedes. Sein Einfluss wuchs, während der seines Bruders schwand. Wo einst Stagnation geherrscht hatte, herrschte nun der Wandel.

Möglichkeiten umschwärmten Tzanghyr wie ein Schwarm Krähen, die in sein Ohr flüsterten. Er sah den Sieg und schmeckte die Niederlage. Jede Aktion, jede Entscheidung war eine Welle in der Unendlichkeit. Neue Omen würden aus diesen Störungen geboren und er suchte gierig nach ihnen und verwarf jene, die nicht von Nutzen waren. Schneller und schneller kamen sie, als die Macht des Wandels tief im schwarzen Herzen des Pinienwaldes wuchs.

Sein Geist eilte weiter zwischen den Erinnerungen von Bäumen hindurch. Sie gehörten nun Tzeentch, aber das Echo ihres ehemaligen Meisters befand sich noch immer in ihnen. Gleichzeitig eine Warnung, als auch ein Preis. Die Sylvaneth waren dank Tzanghyrs Gerissenheit vertrieben worden. Er hatte ihre Seelenkapseln gestohlen und mit ihnen ihre Zukunft. Er hielt sie in seiner Hand und konnte sie von jetzt auf gleich zerquetschen. Diese Drohung war genug, um das Baumvolk dazu zu bringen, den Wald zu verlassen, aber sie lauerten immer noch in der Nähe. Beobachtend, immer beobachtend. Er konnte den subtilen Druck ihrer Aufmerksamkeit auf den Strängen des Schicksals spüren.

Sie waren geduldig. Und grausam. Auf eine gewisse Art

und Weise bewunderte er sie fast. Aber ihre Zeit war abgelaufen: Der Fluchwald gehörte nun den Tzaangoren und bald würde Ghyran selbst Tzeentch gehören. Tzanghyr fühlte, wie das scharfe Pulsieren von Magie ihn durchfuhr, und er folgte den vielfarbigen Fäden zu ihrer Quelle nahe des Herzens des Waldes.

Zu nahe. Zu früh. Es war vorhergesehen worden. Aber dennoch erlebte er einen Moment der Unsicherheit.

Er sah die Schatten seiner Zirkelbrüder, die die Kriegsscharen in *Tzaanwar* befehligten – und das rituelle Gemetzel unter jenen, die nicht das Licht des Wandels kannten. Er sah die Silberhäute und Weichhäute, wie sie an dem Platz festgehalten wurden, von dem er geträumt hatte. Gefangen in einem Ring aus Flammen und Holz. Einige würden der Falle entkommen – auch das hatte er geträumt. Er würde auf sie warten.

Sein Zirkelbruder, Mzek, wob gerissene Magie. Er berief sich dabei auf alte Bündnisse, die vor langer Zeit mit dem Neunfachen Hof der Szintillation geschlossen worden waren. Dämonen strömten durch die Tore aus Holz und schwemmten von einem Reich in das nächste. Sie suchten die Beute, die ihnen von seinem Mitschamanen versprochen worden waren.

Mzek, flüsterte Tzanghyr und sandte seine gedankliche Begrüßung zu seinem Zirkelbruder.

Der andere Schamane zuckte zusammen, während er auf seiner Dämonenscheibe saß. Seinen Stab hielt er fest in seinen Klauen. Sein strahlend gefärbtes Gefieder versteifte sich, als er angesichts des Eindringens in seine Gedanken schnaubte.

Tzanghyr lachte. *Wie läuft es, Zirkelbruder?*

Es läuft, wie es vorherbestimmt wurde, Tzanghyr. Es kann nicht besser und nicht schlechter laufen. Du wüsstest dies, wenn du hier wärst. Mzek war eine säuerliche Kreatur, vernarbt und bitter. Tzanghyr hatte ihn an Einfluss und Macht überholt und ihn in eine unterwürfige Position gedrängt, gegen die er sich sträubte. Bald schon, falls die Dinge sich so entwickelten, wie sie sollten, würde er vielleicht versuchen, die Balance zwischen ihnen neu auszurichten. Für den Moment aber gab er einen fähigen Untergebenen ab.

Hüte dich vor dem Biss der Strahlenden Seele, Bruder, warnte Tzanghyr. *Ich habe dein Ende gesehen und möchte in diesem Fall nicht recht behalten.*

Was sein wird, wird sein. Ich habe nicht von meinem Tod geträumt. Mzek klackte vor Irritation mit seinem Schnabel. *Hinfort, Zirkelbruder – zurück mit dir zu deinem eigenen Gemach. Du hast deine eigenen Rituale zu überwachen und ich die meinen.*

Er machte eine Geste und ihre Verstände schnappten auseinander wie die Enden eines gerissenen Fadens. Tzanghyr zögerte und bewegte sich dann weiter. Mzek würde durch seine eigenen Taten aufsteigen oder fallen. Das würden sie alle. So war der Wille des Großen Ränkeschmiedes.

In seinen Träumen hatte er das Kommen der Silberhäute gesehen und wie sie den Wandelsteinmann stürzten und die geringeren Herdensteine. Dies konnte nicht geduldet werden. Nicht wenn sie so kurz vor dem Sieg standen. Die Unsicherheit wuchs. Die Streitkräfte des Strahlenden waren näher, als er gedacht hatte – Mzek hatte sie zu weit in den Wald eindringen lassen, bevor er seine Falle zuschnappen ließ.

Tzanghyr blickte an dem schimmernden Blätterdach vorbei in den Himmel und sah keine Sterne, sondern die Spitze einer gewaltigen Halle, die sich in die Unendlichkeit erstreckte. Säulen erhoben sich wie entfernte Berge, die ein gebogenes Dach aufrechterhielten, in das eine schwindelerregende Anzahl von Formen und Szenen geschnitzt war. Sie schienen sich vor Tzanghyrs Augen zu bewegen und zu verändern, und er blickte eilig weg. Solche Anblicke waren nicht für ihn bestimmt. Nur jene, die die Gunst der Gefiederten Herren hatten, konnten auf die Wirrungen der Unmöglichen Feste blicken, ohne wahnsinnig zu werden.

Große vogelartige Gestalten, undeutlich und immens, hockten zwischen den Säulen. Sie schauten mit kalter Berechnung auf ihn herab. Wenn sie sprachen, war es nicht mit Worten, sondern mit einem Schwall aus Farben und Empfindungen, die seine Unsicherheit linderten. Die Gefiederten Herren waren bis jetzt mit seinem Eröffnungszug zufrieden. Sie befürworteten solchen Wagemut, wenn er ihren Zielen diente.

Zufrieden wandte er seinen Blick ab. Er folgte den richtigen Strängen. Er hielt die Fäden seines Schicksals fest in der Hand. Er war sich dessen sicher. Er musste sie nur festzurren und das wahre Werk konnte beginnen. Er flog ermutigt weiter, raste weiter und folgte dem pulsierenden Glühen des Lichtes des Wandels zurück in das aufgewühlte Herz des Fluchwaldes. Dort, in einem großen Tal, umkreiste sein Geist die neun kristallenen Monolithen, die sich wie Blasen aus dem rauen Boden erhoben und eine einzelne kronenähnliche Form bildeten. Die Monolithen ragten über ihm auf. Sie standen nach außen in alle Richtungen und in allen Winkel ab und fingen das Licht des Mondes und der Sterne über sich ein und veränderten es auf beunruhigende Weise.

Der uralte Wandelsteinmann war eine Blase aus schwärender Magie; er war der Quell, aus dem all seine Hoffnungen und Ränke flossen. Das Herz, durch das das schwarze Blut des Fluchwaldes pumpte. Der Stein war in seiner Helligkeit beinahe blendend und wo sein Licht hinfiel, wandelten sich alle Dinge. Der Boden wurde wie Wasser oder Rauch und die Bäume verbogen sich zu verderbten Zeichen oder ihnen wuchsen seltsame fleischige Auswüchse, die leise Hymnen auf den Großen

Ränkeschmied sangen. Seltsame Formen bewegten sich durch den sich ewig wandelnden Boden – Dinge wie Wurzeln oder Würmer oder beides, die sich nach außen und fort streckten und strömten. Tiefer in den Wald.

Im Herzen von allem hockte ein Dutzend Tzaangore, die auf breite Trommeln hämmerten, die aus den ausgehöhlten Körpern und der gestreckten Haut von Dämonen gemacht waren. Ihre Stimmen erhoben sich zu einer kreischenden Hymne der Erniedrigung. Andere bliesen wilde schrillende Melodien auf Knochenflöten und tollten umher, als der wilde Rhythmus des Liedes des Wandelsteinmannes durch sie strömte. Das wahnsinnige Tempo hob und senkte sich, wie Wellen, die gegen den Strand schlugen. Und mit jedem Anstieg strahlte das Licht des Wandelsteinmannes heller.

Tzanghyr fand sich näher zu dem Wandelsteinmann hingezogen, auch wenn dies als ein körperloser Geist gefährlich war – er riskierte es, in ihn hineingezogen zu werden, und dass seine Essenz von der Leere zwischen den Reichen verschlungen wurde. Dennoch schlüpfte er durch den Stein und folgte einem leiserem Lied als jenem, das die Aufmerksamkeit seiner Sippe auf sich hielt. Eine subtilere Melodie und älter.

Im Zentrum des Steines, in einem undurchsichtigen Strahl schwebend, fand sich eine Schar von schimmernden Kugeln, die Seelenkapseln der Sylvaneth. Die silbernen Sphären waren die manifestierte Hoffnung der Baumgeister. In ihnen lag das Potenzial für einen neuen Hain von Sylvaneth, und wo sie sich einnisteten, gedieh das Leben. Für die Diener Alarielles waren sie der wertvollste aller Schätze, den es zu bewachen und zu beschützen galt, koste es, was es wolle.

Die Seelenkapseln waren innerhalb des Wandelsteinmannes gefangen. Sie wurden sowohl von ihm gefangengehalten und waren auch ein Teil von ihm. Für die Augen Tzanghyrs hatten sie alle Formen und keine. Sie wandelten sich schneller als selbst er – der an solche Transmutationen gewöhnt war – folgen konnte. Sie waren das Leben selbst und es ließ sich nicht sagen, was sie mit der Zeit hätten werden können.

Selbst jetzt strahlten sie mit dem rohen Stoff der Schöpfung. Diese Macht war alles, was sie vor der verzerrenden Kraft des Wandelsteinmannes schützte. Bald aber würde dies nicht mehr genug sein. Der Wandelsteinmann war um sie herum aufgerichtet worden und zehrte von ihrer Macht, nutzte sie für anderen Zwecke. Das Ritual, das gerade vonstattenging, würde diese Macht vollkommen erschöpfen und die Seelenkapseln endgültig verzehren. Was auch immer in ihnen war, würde ebenfalls vergehen. Die Gänze seines Potenzials verschlungen und genutzt, um die verdorbenen Machenschaften von Tzeentch anzutreiben.

Tzanghyr konnte hören, wie Seelenkapseln nach ihren Beschützern riefen, als das Ritual an Wildheit zunahm. Und er konnte auch die Sylvaneth hören, irgendwo jenseits des Waldrandes, wie sie hilflos zusahen und in ohnmächtiger Wut mit ihren splittrigen Fängen knirschten. Sie konnten keinen Rettungsversuch riskieren, – nicht wenn sie die Seelenkapseln intakt lassen wollten – aber sie konnten auch nicht zulassen, dass das Ritual weiterging. Er schauderte vor Vergnügen, als ihre hilflose Verzweiflung ihn durchdrang.

Er sprang fort von dem Wandelsteinmann, zufrieden, dass alles so war, wie es sein sollte. Er eilte hinaus aus dem Kreis von Trommlern und Flötenspielern und suchte den Ort auf, an dem sein bewachter Körper lag. Er blickt an sich selbst hinunter, wie er in einer Fötusposition auf einem Bett aus Moos und Zweigen dalag. Dampfende Kohlepfannen umringten ihn. Ihr Inhalt begann zu blubbern und zu schäumen, als er sich zu seiner Form sinken ließ.

Die Tätowierungen, die sein blaues Fleisch bedeckten, begannen sich zur Begrüßung zu winden, und seine scharlachrote Federmähne richtete sich auf und streckte sich, als er in sich hineinglitt. Atem füllte seine Lungen und er setzte sich keuchend aufrecht. Für einen Moment sah er seine Umgebung durch zwei Paar Augen und er hörte die Musik durch zwei Paar Ohren. Dann setzte sich seine Seele in seinem Fleisch fest und er war wieder ganz. Seine Glieder zitterten vor Schwäche.

»Kezehk – Wasser«, sagte er mit rauer Stimme.

Eine Gestalt hockte sich neben ihn hin und gab ihm eine Lehmschüssel, die mit brackigem Wasser gefüllt war. Er trank es begierig, befeuchtete seinen Schnabel und nickte dankend zu dem Tzaangor. Kezehk war der Loyalste seiner Unterstützer. Auch wenn Loyalität, wie alle Dinge, den Launen der Götter folgend dem Wandel unterlag.

»Was habt Ihr gesehen, Spaltseele?«, krächzte Kezehk. Die fadenartigen Filamente, die seine trüben Augen umgaben, zuckten leicht. Der in die Jahre gekommene Aviarch war so gut wie blind, aber seine anderen Sinne – sowohl physische als auch magische – waren umfassender geworden, um dies zu kompensieren. »Sieg für die Kriegsschar?« Selbst in der Hocke ragte er über Tzanghyr auf. Seine Gestalt war durch magische Stärke angeschwollen. Seine Schar aus Erleuchteten wartete in der Nähe und Tzanghyr konnte ihren Eifer riechen.

Die hünenhaften Tzaangore waren Paragone unter den Tiermenschen. Sie führten Speere bei sich, die aus Wandelmetall geschmiedet waren, und sahen die Echos der Vergangenheit-Die-Noch-Sein-Wird mit einer Klarheit, die Tzanghyr ihnen neidete. Sie waren Krieger ohne ihresgleichen und ein jeder von ihnen war dazu in der Lage, eine Vielzahl geringerer Feinde zu erschlagen. Sie alle trugen irgendwo einen Teil des Herdensteines bei sich, auf ihrer Rüstung oder in ihrem vernarbten Fleisch eingelassen. Ihnen fiel die Ehre zu, den Wandelsteinmann zu bewachen, und sie hatten diese Aufgabe unter Kezheks Kommando gut erfüllt.

»Stets der Sieg, selbst in der Niederlage«, sagte Tzanghyr und streckte seinen schmerzenden Körper. »Alle haben einen Zweck im Großen Plan, auch wenn wir ihn nicht sehen.« Dies war der Lauf der Dinge und er zog Trost daraus. Selbst Fehlschläge hatten ihren Platz, auch wenn der Sieg immer zu bevorzugen war.

»Ja, ja, aber was habt *Ihr* gesehen?«, fragte Kezehk gereizt.

»Der Große Plan wird sein, wie er sein wird. Was bringt der heutige Tag für *uns*?« Er schlug sich mit einer großen Faust auf die Brust.

»Feuer. Flammen und Funken. Die Flussleuchtfeuer wurden entzündet und der Großwesir ruft uns von jenseits des windenden Pfades.«

Kezehk ließ ein krächzendes Lachen erklingen. »Großwesir, was? Er wird arrogant, jener eine.«

Tzanghyr schnaubte und erhob sich auf die Füße. Kezehk stand mit ihm auf.

»Es ist ihre Art. Sie kennen nicht die Schönheit des Lichtes und hüllen sich somit in Schatten. Namen in Namen. Aber trotz all ihrer Narretei nützlich. Sie dienen den Machenschaften der Gefiederten Herren nicht weniger als wir.«

»Aye, sie dienen. Und in mir wächst der Eifer dasselbe zu tun.« Kezehk schlug mit dem Knauf seines Speers auf den weichen Lehmboden. »Die Schlacht ruft mich, Spaltseele. Ich möchte auf der Straße des Krieges wandeln.«

»Und das werdet Ihr. Früher als Ihr vielleicht denkt.« Tzanghyr wandte sich ab. »Die Silberhäute werden kommen. Sie werden versuchen, den Wandelsteinmann zu stürzen. Wir müssen bereit sein, ihrem Schicksal mit dem unseren zu begegnen und ihr Schicksal unter dem Gewicht des unsrigen zu begraben.«

Kezehk krächzte zufrieden und schlug wieder auf den Boden. »Das können wir tun. Unsere Bestimmung ist schwerer als Stein und schärfer.« Seine Krieger kreischten vor Zustimmung.

»So scharf wie das Schicksal«, sagte Tzanghyr. Er ergriff Kezehks Schnabel und brachte ihre beiden Schädel mit einem leichten Krachen zusammen. Ihre Hörner schabten übereinander und der Schamane trat zurück. »Aber das Schicksal ist zweischneidig, Schwarmbruder. Seid auf der Hut.«

Kezehk nickte. »Immer, Spaltseele.« Er lachte. »Aber Ihr sorgt Euch zuviel. Mein Pfad ist vorherbestimmt, was auch kommen mag. Was sein wird, wird sein, und ich folge mit frohem Herzen.«

Er wandte sich um und knurrte seinen Kriegern Befehle zu. Sie würden die Zugänge des Tals bewachen und alle zurückhalten, die versuchten sich ungebeten zu nähern. Tzanghyr wusste, dass sie dies tun würden, auch wenn es ihren Tod bedeutete. So groß war ihre Hingabe zum Licht des Wandels und den Plänen des Großen Ränkeschmiedes.

Sich auf seinen Stab lehnend, näherte sich der Schamane dem Wandelsteinmann, wo er seltsames Licht über die Lichtung warf. Seine Stärke wuchs an, aber seine Fähigkeit sich zu konzentrieren, schwand. Es war unbedeutend. Tzeentch gab und Tzeentch nahm. Alle Dinge dienten dem Großen Plan. Er streckte sich, um mit seiner Klaue durch den Mantel aus leuchtenden Flechten auf den nächstgelegenen Steinen zu streichen, die den Wandelsteinmann bildeten.

Als er in den Kristall sah, sah er nicht die Reflexion seines eigenen Gesichtes, das ihn anblickte. Stattdessen sah er das einer Weichhaut: seinem Zirkelbruder, dem Sterblichen, der einigen als Rollo Tarn bekannt war und anderen als der Großwesir. Die Reflexion war Teil einer Abmachung, die er vor so langer Zeit gemacht hatte. Bevor die Sylvaneth vertrieben worden waren und seine Sippe den Fluchwald in Beschlag genommen hatte. Es war ein Splitter der Seele seines Zirkelbruders, der in seiner eigenen ruhte.

Seelenverbunden und gebunden, waren ihre Schicksale ein einzelner Faden, der sich in die Zukunft erstreckte. Wenn einer ging, würde der andere folgen. So waren die Bedingungen ihres Handels gewesen, der ihnen über die Jahre gut gedient hatte.

Tzanghyr legte seine Handfläche gegen die Oberfläche des Wandelsteinmannes.

»Zirkelbruder«, sagte er. »Kannst du mich hören?«

Rollo Tarn drehte sich um, als die Erscheinung in der Privatkabine seines Luftschiffes auftauchte, *Hoffnungsvoller Reisender*. Er hielt einen Kelch voll Wein in einer breiten Hand und nahm einen Schluck, bevor er sprach.

»Hallo, Zirkelbruder«, sagte er herzlich und nickte Tzanghyrs schimmernder Form zu. »Du siehst gut aus.« Er streckte den Kelch aus. »Etwas Wein gefällig?«

Tzanghyr schüttelte seinen vogelartigen Schädel. »Ich bin nicht hier.«

»Ich weiß – ich bin nur höflich.« Tarn nahm einen Schluck. Er runzelte die Stirn. »Er ist ohnehin schrecklich.«

»Warum trinkst du ihn dann?«

»Jemand muss es tun.« Tarn nahm einen weiteren Schluck. »Liegt etwas im Argen?«

»Die Dinge entwickeln sich hier, wie sie sollen. Der verschlungene Pfad richtet sich mit dem Strang des Schicksals aus und wir werden ihm bald folgen. Werden wir an seinem Ende willkommen geheißen werden?«

»Das werdet ihr.« Tarn zögerte. »Wir machen uns bereit,

den Anker zu lichten. Das Ritual wird beginnen, sobald wir in der Luft sind. Der Weg wird sich öffnen und die Stadt wird euer sein.«

»Warum habt ihr nicht bereits begonnen?«

Es war nicht ganz eine Anschuldigung und Tarn fühlte sich nicht angegriffen. Tzanghyr war ungeduldig – was verständlich war. Dennoch hielt er inne, bevor er antwortete. Manchmal musste man seinem Zirkelbruder etwas auf dem Schnabel herumtanzen.

»Wir hatten Besucher. Ich hatte gehofft, mich um sie zu kümmern, bevor wir anfangen.«

Er unterdrückte eine Grimasse. In Wahrheit hatte er vorgehabt das Ritual in dem Warenhaus abzuhalten, umgeben von dem gesegneten Holz, das er für genau diesen Zweck zurückgehalten hatte. Stattdessen würden seine Akolythen mit dem Laderaum des Schiffes vorliebnehmen müssen. Aber egal. Er konnte fühlen, wie die Stärke des Rituals trotz der Unterbrechung wuchs. Bald schon würde jede Tür weit geöffnet werden und die Diener des Wandlers der Wege würden durch die Stadt fegen.

Tzanghyr legte seinen Kopf schief und fixierte Tarn mit einem dunklen Auge. »Besucher?«

»Ein Hexenjäger. Und ein Stormcast Eternal.«

»Eine Silberhaut?«, verlangte Tzanghyr zu wissen.

»Ja. Protziger Wüstling.« Tarn schwenkte seinen Kelch. »Meine Anhänger kümmern sich gerade um sie. Vetch hat sie im Warenhaus in eine Falle gelockt. Ich habe Vertrauen darin, dass er dafür sorgen wird, dass sie zu keinen weiteren Unterbrechungen unseres Zeitplanes führen.«

Was dem Fluchkämpen an Verstand fehlte, machte er mit Hartnäckigkeit mehr als nur wieder wett. Es gab nur wenige Bedrohnungen, mit denen Vetch auf seine unnachahmliche

Art nicht fertig wurde. Er hatte im Laufe der Jahre mehr als nur ein paar Seelen von Tarns Feinden geholt.

»Warum hast du mich nicht früher alarmiert?«, zischte Tzanghyr. Sein Gefieder raschelte. »Sie könnten alles gefährden, auf das wir hingearbeitet haben.«

»Man kümmert sich um sie.« Tarn runzelte die Stirn. Er hatte etwas misskalkuliert, das stimmte, aber er sah keinen Grund dazu, dies zuzugeben, selbst gegenüber seinem Zirkelbruder. »Vetch ist vollkommen dazu in der Lage.«

»Der Fluchkämpe ist ein Schläger und ein Narr. Deshalb ist er, was er ist.« Tzanghyr tippte sich gegen die Seite seines Kopfes. »Seine Schwächen haben ihn zu einem geringen Schicksal verdammt …«

Tarn erstarrte. »Vorsichtig, Zirkelbruder«, sagte er.

Der alte Schmerz flammte von Neuem auf. Er war so tief vergraben, dass er manchmal vergaß, dass er da war. Vetch war nicht immer Vetch gewesen. Tarn erinnerte sich an das Lächeln eines Babys und das Lachen eines Kindes und an den Stolz eines Vaters angesichts der Erfolge seines Sohnes. Nein, Vetch war einst jemand anderes gewesen, jemand Besseres. Aber der Faden seines Schicksals war durchtrennt und in ein neues Muster gewoben worden – eines, das dem Wandler der Wege gefälliger war. Aber dies war nur ein geringer Trost, selbst für einen Mann wie Rollo Tarn.

Tzanghyr zögerte. Er klackte mit seinem Schnabel. »Vergib mir, Zirkelbruder. Ich habe unbedacht gesprochen. Habe meiner Ungeduld erlaubt meine Worte zu beeinflussen.« Er legte eine Hand über sein Herz. »Aber du musst dich beeilen oder all unsere Bemühungen werden vergebens sein. Die Bäume sind die Pforte. Wir öffnen den Weg von unserer Seite, aber wenn du ihn nicht von deiner Seite öffnest, werden unsere Streitkräfte in den verworrenen Pfaden zwischen den Welten verloren sein.«

»Das Ritual wird vonstattengehen, Zirkelbruder«, antwortete Tarn. »Vetch wird nicht versagen. Ich werde dich nicht enttäuschen. So wie auch du mich nie enttäuscht hast. Unsere Fäden sind eins.«

Tzanghyr nickte. »Unsere Fäden sind eins. Meine Sippe ist die deine.« Er blickte fort, als ob er etwas beobachten würde, das sich hinter seinem Rücken ereignete. »Ich muss gehen, Zirkelbruder. Ich habe meine eigenen Schlachten zu schlagen. Möge der Gefiederte Herr dir Kraft geben.«

»Geh mit dem Segen des Großen Ränkeschmiedes, Tzanghyr.«

Einen Moment später waberte und platzte das Bild des Tzaangor-Schamanen wie eine Seifenblase. Als es verblasste, berührte Tarn seine Brust. Er fühlte eine seltsame aber Trost spendende Wärme dort, wo sein Herz sein sollte. Sie kam von dem Splitter von Tzanghyrs Seele, die in ihm ruhte und ihm etwas von der Kraft seines Zirkelbruders verlieh und umgekehrt. Aber würde es genug sein? Die Zeit würde es zeigen.

»Ich kann die Bitterkeit deiner Erinnerungen bis hierher riechen, Zirkelbruder.«

Tarn schaute auf und lächelte leicht. »Nicht Bitterkeit, Aek. Reue.«

Aek war größer als Tarn und er hatte sich gebückt, um unter die Decke der Kabine zu passen, und ragte selbst im Sitzen auf. Er war so regungslos und still, dass Tarn halb vergessen hatte, dass er da war. Aek konnte wirklich unauffällig sein, wenn ihm der Sinn danach stand, was ein nützliches Talent für einen Diener des Großen Ränkeschmiedes war.

Aek hatte Tzeentch länger gedient als Tarn oder Tzanghyr. Er hatte vielen Zirkeln gedient und sich an vielen Ränken beteiligt. Anfangs, als er im Geheimen in der Stadt auftauchte, war er vorsichtig gewesen. Aber in den Jahren seitdem hatte

Aek sich als ein genauso loyaler Zirkelbruder – und ebenso loyaler Freund – herausgestellt wie Tzanghyr. Der Schicksalsmeister trug in eine schwere, stark verzierte Rüstung und eine Robe aus Seide, die mehr Wert war als das Luftschiff, in dem sie sich gerade entspannten. Sein konischer mit einer Haube versehener Helm ruhte zu seinen Füßen, was seine fahlen Gesichtszüge und sein farbloses Haar entblößt ließ. Er lächelte Tarn unbeschwert an. Seine Augen leuchteten vor Heiterkeit.

»Reue ist die Würze eines gut gelebten Lebens«, sagte er.

»Ich bevorzuge einfache Speise. Vorhersehbar.«

»Darin liegt keine Sünde. Welcher Mann wünscht sich kein vorhersehbares Leben? Allerdings hast du dir dann vielleicht den falschen Gott zum Dienen ausgesucht, sollte dies der Fall sein.«

Tarn schnaubte. »Wer sagt, dass ich ihn ausgewählt habe?«

In der Tat war es eher andersherum gewesen. Es war Tzanghyr gewesen, der ihn vor der Wut der monströsen Sylvaneth bewahrt hatte. Die Baumgeister hatten ihm für das einfache Verbrechen, sein Glück zu suchen, beinahe alles genommen. Wenn es nicht Tzanghyr und den Wandler der Wege gegeben hätte, wäre sein Weg wahrlich kurz gewesen.

Tarn runzelte die Stirn, als er sich an jene frühen Tage erinnerte. Er blickte sich in der Kabine mit den kostbaren Teppichen und teuren Schnitzereien um und dann auf die Ringe an seinen Fingern und die Stickerein auf seinen Roben. Der Gedanke an solchen Luxus war einst unvorstellbar gewesen.

Es war ein hartes Leben gewesen. Er war mit wenig mehr als den Kleidern auf dem Leibe und der Stärke, eine Axt schwingen zu können, aus Azyrheim gekommen. Er war ein Forstmann in den Nordrath-Bergen gewesen, so wie sein Vater und dessen Vater vor ihm. Aber das Versprechen von neuen Reichen und neuen Wäldern, die es zu zähmen galt, war zu viel gewesen, um ihm zu widerstehen. Also war er fortgegangen. Es gab Chancen in Ghyran, wenn man nur mutig und gerissen genug war, um sie zu nutzen.

Er streckte seine Hand aus. Die alten Narben und Schwielen, verdient durch ein Leben voller harter Arbeit, waren immer noch da – Erinnerungen an den Pfad, der ihn hierher gebracht hatte, zu seiner ultimativen Chance. Auch wenn er Männer gehabt hatte, die es für ihn tun konnten, hatte er dennoch tagaus, tagein seine Axt neben ihnen geschwungen. Zu jenem Zeitpunkt eine Sache des Stolzes und eine, die beinahe zu seinem Tod geführt hatte.

Tarn nahm einen großen Schluck Wein und fühlte, wie er brennend seine Kehle hinunterrann. Der Tag, an dem er das erste Mal den Fluchwald erblickt hatte, war gleichzeitig der schlimmste und beste Tag seines Lebens gewesen. Ein Tag großer Chancen und Möglichkeiten – genau die Dinge, für die er nach Ghyran gekommen war. Aber der Preis …

Seine Hand verengte sich um den Kelch und das Metall verbog sich. Die Baumgeister hatten seine Holzfäller abgeschlachtet und ihn tagelang verfolgt. Sie hatten mit seiner Hoffnung auf Flucht gespielt, um sein Leiden zu verlängern. Ihr raspelndes Gelächter hatte ihn beinahe in den Wahnsinn getrieben. Sigmar hatte seine Gebete um Hilfe nicht beantwortet, sein Flehen seine Frau und seine Kinder nur noch einmal sehen zu können.

Aber Etwas hatte geantwortet. Und diesem Etwas diente er nun. Genauso sehr aus Dankbarkeit wie aus Gier. Der Große Ränkeschmied war der Schutzpatron seiner Ambitionen und die Belohnungen waren in der Tat groß, falls man den Pfad beschreiten konnte, ohne zu stolpern. Er stellte den zerdrückten Kelch zur Seite und sandte seinen Verstand aus und fühlte nach den Strängen von Vetchs trübem Bewusstsein.

Er fand dort Schmerz vor und den scharfen immer vorhandenen Druck des Tretchlets T'vetch'tek. Nicht alle Fluchkämpen waren ihren dämonischen Symbionten unterworfen, aber die meisten waren es. Vetch war einer der wenigen mit der Willenskraft, um ein eigenständiges Bewusstsein zu erhalten. Er war ein hohles Ding – ein Gefäß für Magie und den Willen des Wandlers der Wege. Er konnte Lügen riechen und versteckte Magie aufspüren – es war Vetch gewesen, der gelernt hatte, wie man die beiden Enden des verschlungenen Pfades verbinden konnte und wie man das Holz aus dem Fluchwald zu einem Tor machen konnte. Letztendlich hatte ihn dieses Geheimnis alles gekostet.

»Es hat uns beide gekostet«, murmelte Tarn. Er blickte durch Vetchs Augen und sah zu, wie er im Namen des Zirkels kämpfte. »Aber war es das wert?« Er richtete seinen Blick wieder auf Aek. »Manchmal frage ich mich das.«

»Das Leben ist ein endloser Tanz des Wandels, Zirkelbruder. Wir müssen dem Rhythmus folgen oder wir gehen verloren. Du bist ihm gefolgt. Und dafür werden du und Tzanghyr belohnt werden.« Aek tippte auf den Griff seiner immensen, zweischneidigen Klinge, die aufrecht vor ihm stand. »So wie ich.«

Tarn blickte zu der Klinge und fühlte eine Spur des Unwohlseins. Bekannt als die Windklinge, war die Waffe ein grausam aussehendes Ding, das gänzlich aus stachelbewehrten Windungen und sich krümmenden Linien bestand. Der Griff der Waffe ähnelte den ausgestreckten Flügeln eines Vogels und der Knauf einem vogelähnlichen Schädel. Als Aeks Finger ihn streichelten, schien der Griff mit den Flügeln zu schlagen. Tarn vermutete, dass die Windklinge einen eigenen Verstand hatte und dass dieser Verstand ein gerissener war.

Aek lachte leise. »Das hat sie und das ist er«, murmelte er. Tarn war nicht überrascht, dass der Schicksalsmeister wusste, was er dachte. Aek hatte viele Talente. Er beendete oft Sätze von anderen, als wüsste er, was sie sagen würden, noch bevor sie es taten.

»Sie hat neunhundert Herren gehabt«, fuhr der Schicksalsmeister fort. »Sie ist neuntausend Mal zerbrochen und neu geschmiedet worden in einem Zeitrahmen von neunundneunzigtausend Jahren. Manchmal kann ich jene anderen Herren fühlen, als wären sie und ich nur Facetten eines großen Ganzen. Wir alle ergreifen diese Klinge als Einer – neunhundert Hände und neunhundert Willen.«

»Kein Wunder, dass du das verdammte Ding so leicht heben kannst«, sagte Tarn leichthin. Aek leichte leise und für einen Moment dachte Tarn, er würde einen Chor des Lachens hören und andere Gesichter sehen, von denen einige nicht im geringsten menschlich waren, die Aeks eigenes überlagerten. Aber der Moment verging und er war wieder nur Aek. Sein Zirkelbruder. Sein Freund.

Auf Deck begann eine Alarmglocke zu läuten. Tarn stellte seinen Kelch zur Seite. Er fühlte eine plötzliche, reißende Wahrnehmung, die von einem scharfen Schmerz in seinem Schädel begleitet wurde. Bilder aus Silber und Feuer rasten vor seinem inneren Auge vorbei und er wankte. Aek erhob sich und stützte ihn.

»Zirkelbruder?«

Tarn presste die Finger gegen den Kopf und versuchte etwas Ordnung in die chaotische Flut aus Eindrücken zu massieren, die ihn durchströmte. Er konnte Vetchs stumpfsinnige Panik fühlen, als sich das Schlachtenglück gegen ihn wandte. Er sandte den Impuls sich umzudrehen und zu kämpfen schnurgerade in den verkümmerten Verstand des Fluchkämpen. Falls Vetch sie lange genug aufhalten konnte, damit das Luftschiff ablegen konnte, würde er seinen Zweck erfüllt haben.

»Vergib mir, mein Sohn«, murmelte Tarn.

Große Gelegenheiten kamen nur unter großen Kosten. So sprachen die Gefiederten Herren.

»Was ist, Rollo?«, fragte Aek erneut. »Was ist passiert?«

»Es scheint, dass wir entdeckt wurden. Wir müssen unverzüglich ablegen. Wir können es nicht riskieren, hier in der Falle zu sitzen. Der verschlungene Pfad muss geöffnet werden. Die Stadt muss fallen.« Tarn schob sich von dem Schicksalsmeister fort. »Mach dich bereit, Aek. Denn der Krieg hat fürwahr begonnen.«

KAPITEL FÜNF

Feuer und Luft

Die Gryph-Hündin schnüffelte am Boden. Die Blutspur hatte plötzlich geendet, tief innerhalb des Labyrinthes aus Stapeln aus Baumstämmen und Stützbalken. Fast so, als ob der Fluchkämpe gänzlich verschwunden wäre.

Carus schaute sich finster um. »Verschwunden«, sagte er mit hallender Stimme.

»So scheint es«, antwortete Gage. »Er hat uns eine muntere Jagd geliefert. Wir hätten ihn einholen müssen.«

Irgendwo hinter sich konnte er Kuva und Bryn hören, wie sie sich wacker gegen ihre Feinde schlugen. Er sehnte sich danach zurückzugehen und ihnen zu helfen, aber er wusste, dass es wichtiger war den Fluchkämpen zu verfolgen und zu töten als einige Akolythen. Sollte es ihnen gelingen die Kreatur zu fangen, könnte dies ihnen vielleicht erlauben ihren Meister zu finden, falls Carus sie dazu bringen konnte zu sprechen. Zumindest würden sie vielleicht herausfinden, warum jeder Holzstapel in dem Warenhaus auf einmal dämonisches Blut zu schwitzen schien.

Er blickte zu einem nahegelegenen Stapel und seine Lippen verzogen sich vor Abscheu. Ein Geruch wie Teer und Zucker haftete jedem Stück Holz an diesem Ort an.

»Hexengestank«, murmelte er.

Die Luft war schwül und schwer geworden. Sie fühlte sich an, als ob man Suppe atmen würde. Er hatte solch unnatürliche Hitze bereits zuvor erlebt. Zum Glück allerdings nur selten. Sie staute sich an Orten der faulen Magie, wie in einem Topf, der zum Kochen gebracht wurde.

»Wir werden beobachtet«, sagte Carus.

Gage hielt sein Schwert fest umklammert. »Noch mehr Akolythen?«

»Nein. Dies sind keine menschlichen Augen.«

Der Stormcast drehte sich, den Kopf zur Seite gelegt, als ob er etwas im Wind wittern würde. Vielleicht tat er das sogar. Carus' Sinne waren schärfer als die eines normalen Menschen, genau wie seine Stärke und Standhaftigkeit größer waren.

Gage blickte sich um. »Dämonen also.«

Jeder Instinkt, den er besaß, sagte ihm, dass er aus dem Warenhaus verschwinden sollte – dass er die anderen finden und rennen sollte. Es niederbrennen, so wie Kuva es vorgeschlagen hatte, und dass sie notfalls das ganze Dock säubern sollten. Einige in seinem Orden hätten nicht gezögert genau dies zu tun, aber Gage bevorzugte subtilere Methoden der Ermittlung. Auch wenn er vermutete, dass in diesem Fall Subtilität nicht mehr länger eine Option war.

»Vielleicht«, antwortete Carus. »Vielleicht etwas Schlimmeres.«

»Meiner Erfahrung nach gibt es nichts Schlimmeres als Dämonen.«

Carus lachte leise. Es lag nur wenig Humor in dem Klang. »Lasst uns hoffen, dass dies der Fall ist.«

Gage warf ihm einen Blick zu. »Ihr hättet nicht kommen brauchen, wisst Ihr.«

Carus schaute ihn an.

»Natürlich musste ich das. Der Schutz der Stadt, die Unantastbarkeit ihrer Seele … Sie sind meine Verantwortung. Die Hallowed Knights haben einen Eid geschworen – Hammerhal Ghyra wird nicht fallen, solange die Gläubigen standhaft bleiben.«

Etwas lachte in der Dunkelheit. Das Geräusch hob und senkte sich auf eine arrhythmische Art und Weise, als ob es von zwei Stimmen stammen würde, die nicht synchron lachten.

»Hammerhal*hammerhal* ist*ist* bereits*bereits* gefallen*gefallen*.« Genau wie das Gelächter waren die Worte nicht synchron und hallten seltsam. Zwei Stimmen – eine unglaublich tief, die andere beinahe ein Kreischen.

Zephir fauchte und drehte sich, während sie in der Luft schnupperte. Gage hörte, wie irgendwo über ihnen ein Laufsteg knarrte. Die Stämme in einem nahegelegenen Stapel verlagerten sich. Etwas tropfte mit einem gleichmäßigen Geräusch auf die Bodendielen, das in seinen Kopf eindrang und es schwer machte, sich zu konzentrieren.

»Kuva hatte recht«, sagte er leise und zog seine Pistole. »Wir hätten diesen Ort niederbrennen sollen.«

Die tiefe Stimme erhob sich erneut, diesmal in einem kehligen Singsang. Partikel aus öligem Licht tanzten zwischen den gestapelten Stämmen. Die raue Rinde riss auf und verzerrte sich zu grinsenden Fratzen. Zephir kreischte und Gage drehte sich um und sah, dass das Tier eine der nahegelegenen Stützsäulen anstarrte. Die flache Oberfläche des Holzes hatte einen glimmernden Spalt, der ihre gesamte Länge vertikal entlanglief. Während sie zusahen, erschienen mehrere sich windende rosafarbene Gestalten und bogen sich wie Haken, um beide Seiten zu ergreifen. Mit einem rauen, feuchten Geräusch weitete sich die Öffnung merklich. Das Licht in ihrem Inneren flackerte auf und Gage würgte, als ein schauerlicher Gestank aus ihm hervorwehte. Ein bauchiger, formloser Kopf erschien und Augen wie Laternen richteten sich mit hasserfüllter Absicht auf ihn.

Gage erkannte die Kreatur problemlos – jeder Ritter des Ordens von Azyr musste die vielen Tausenden verschiedenen, geringeren dämonischen Manifestationen studieren. Einige kamen häufiger vor als andere, wie beispielsweise die Dämonen, die als Horrors bekannt waren, und die man mit Leichtigkeit aus was auch immer für eine funkelnde Hölle sie bewohnten herbeirufen konnte. Der Rosa Horror streckte seine übergroßen Hände und kauerte auf seinen Stummelbeinen, als er aus dem Riss auftauchte, der hinter ihm wieder zu einem vage schimmernden Spalt schrumpfte. Der Dämon lachte leise, als er Gage betrachtete. Seine wurmartige Zunge hing über den Rand seiner Zähne hinab.

Er schickte sich an zu sprechen, aber Carus schwang seinen Stab nach oben und machte einen Satz. Der Lord-Veritant trieb seinen Stab in das weit aufstehende Maul des Dämons und zerschmetterte eine Vielzahl seiner Zähne. Er trieb ihn zurück und nagelte seine fleischige Gestalt an der Säule fest, aus der er erschienen war.

»Wer wird sein Licht in die Dunkelheit tragen?«, fragte er und drehte den Stab. Der Dämon würgte und kratzte mit seinen Klauen an ihm und reckte sich erfolglos nach den Händen des Stormcasts. »Wer wird unerschrocken in das Herz der Verdammnis blicken? Nur die Gläubigen.«

Es ertönte ein Geräusch wie von einer überreifen Frucht, die platzte, und der Dämon schien zu schrumpfen. Seine rosafarbene Form löste sich in Flammen auf. Sein Köper riss auf und fiel von dem Stab ab, nur um sich zu zwei neuen, kleineren Kreaturen zu formen – Blaue Horrors.

Die blauhäutigen kleinen Dämonen grummelten streitlustig, als sie davonhüpften und dabei blaue Flammen hinter sich herzogen. Gage erschoss einen, bevor er in die Dunkelheit entkommen konnte, und er spritzte wie heißes Öl umher. Die Stücke aus brennendem Fleisch wanden sich für einen Moment, bevor sich eine Gruppe aus noch kleineren Gestalten aus ihnen bildete, die sich aus dem Feuer verfestigten. Sie verstreuten sich wie brennende Insekten und der Klang ihres schrillen Gekichers hallte auf unheimliche Art um ihn herum wider.

»Dämonenabschaum«, sagte Carus.

Zephir bleckte die Zähne. Die Gryph-Hündin kauerte sich hin, die Federn aufgestellt und der Schwanz peitschend. Ihre Augen waren vor Zorn geweitet. Um sie herum erklang scheußliches Kichern. Gage steckte seine Pistole ins Holster und zog die zweite.

»Ich glaube, sie haben Euch gehört.«

Er hörte einen dumpfen Schlag über sich und blickte hoch zu dem nächstgelegenen Stapel Holz. Rosafarbene Gliedmaßen zwängten sich zwischen den obersten Stämmen hervor, gefolgt von den rundlichen Torsoköpfen der Horrors selbst. Mehr rosa Horrors quollen zwischen den anderen Stapeln um sie herum hervor. Unheimliche Flammen tropften von den Stämmen und krochen über den Boden.

Vielen der Horrors schien es an der Kraft zu mangeln, sich vollständig zu manifestieren. Andere wiederum schienen keine solchen Probleme zu haben. Glucksende Dämonen griffen nach Gage und Carus und versuchten sie zu Fall zu bringen oder blitzende Spiralen aus Energie aus ihren Fingerspitzen auf sie zu schleudern. Gage ließ seine Klinge kreisen und versuchte sie zurückzutreiben. Dampfendes Sekret quoll aus den Wunden, die seine Klinge hinterließ. Die Segnungen, die in den Stahl gewebt worden waren, schnitten tief in das dämonische Fleisch.

Zephir fauchte und schnappte nach den protestierenden blauen Horrors, wenn die kleinen Dämonen zu nahe kamen.

»Carus«, sagte Gage, »ich glaube, es ist an der Zeit, dass Ihr Eure Laterne wieder einsetzt!«

Der Lord-Veritant schlug den Ringbeschlag seines Stabes krachend gegen den Boden. Er hielt ihn dort und stimmte ein Gebet an. Seine Worte erfüllten die Luft wie Hammerschläge. Die Bannlaterne begann mit einem heiligen Licht zu leuchten, als Carus ihre vollständige Macht heraufbeschwor. Die Dämonen mühten sich frenetisch ab, um sich selbst aus ihren hölzernen Verstecken zu befreien. Sie johlten und lachten, aber ihre Augen verdrehten sich mit etwas, von dem Gage hoffte, dass es nichtmenschliche Panik war. Sie wussten, dass das Licht der Laterne sie verbannen würde, wenn Carus sein Gebet vollendete.

Einer der Horrors, der schneller war als die anderen, sprang auf den Lord-Veritant, in der Hoffnung ihn zu unterbrechen. Gage stellte sich zwischen sie, die Pistole auf ihn gerichtet. Er schoss und riss einen Brocken aus dem gummiartigen Schädel des Horrors. Der Dämon wankte und gurgelte wutentbrannt. Dann, schneller als er ihm folgen konnte, machte er einen Satz und wurde zu einem frenetischem, undeutlichen Streifen aus glühenden Farben.

Gage setzte nach, um ihn zu stellen. Blut tropfte auf ihn, als seine gesegnete Klinge seine Form durchbohrte und seinen Zusammenhalt in der Realität zerstörte. Er spaltete sich in azurne Fetzen und zwei blaue Horrors hüpften davon, wobei sie sich lautstark beschwerten. Zephir stürzte sich auf einen von ihnen und zerriss den kreischenden Dämon in brennende Stücke. Der andere begann seine Hände auf eine rituelle Art und Weise zu bewegen, aber bevor er seinen Zauber vollenden konnte, trat eine schwere Gestalt auf ihn und ließ ihn wie eine überreife Blaubeere platzen.

Aus der Dunkelheit zwischen den Stapeln stürmte donnernd der Fluchkämpe hervor und schwang seinen Flegel. Carus wankte, als die Kreatur ihn mit ihrem Schlag streifte und sein Gebet unterbrach. Der Lord-Veritant schwang seinen Stab herum und versuchte die Kreatur zurückzudrängen, aber sie bedrängte ihn weiter. Der Flegel fuhr hernieder und schlug Carus den Helm vom Kopf. Seine dunklen Gesichtszüge und eine Mähne aus drahtigem Haar, das in einem dicken Zopf zurückgebunden war, kamen zum Vorschein. Er fiel zu Boden und rollte zur Seite, als der Flegel neben ihm aufschlug und die Bodendielen zerschmetterte.

»Carus!« Gage versuchte seinem Gefährten zu Hilfe zu kommen, aber er war umzingelt. Die Dämonen tropften aus den Stapeln und griffen kichernd wie wahnsinnige Kinder nach ihm. Er schlug in der Hoffnung nach ihnen, dass der gesegnete Stahl seines Rapiers sie schädigen konnte. Übergroße Fäuste schlugen gegen seinen Rücken und seine Schienbeine und ließen ihn straucheln.

Zephir sprang auf den Fluchkämpen und attackierte mit ihrem Schnabel sein freiliegendes Fleisch. Der Tretchlet schnatterte, traf die Gryph-Hündin mit seinem Stab und schlug das Tier fort.

»Nun*nun* werdet*werdet* Ihr*ihr* sterben*sterben*, Diener*diener* des*des* einen*einen* Pfades*pfades*«, brüllte der Fluchkämpe, während der Tretchlet jedes Wort nachplapperte.

Sein flammendes Schwert sauste herab. Carus fing den Schlag mit seinem Stab ab. Seine Wucht trieb ihn auf die Knie. Die knisternden Flammen wanden sich um den Stab und den Unterarm des Lord-Veritants und versengten die silberne Rüstung schwarz.

Der Tretchlet wedelte mit der Hand und ein Geschoss aus magischem Licht fuhr aus seiner Handfläche. Es traf Carus und löste sich in Striemen aus Farbe auf. Dünne Stränge aus Blitzen rasten seinen Stab entlang und krochen über seine Rüstung. Der dämonische Homunkulus schrie vor Aufregung und begann auf seinen Wirt einzuschlagen. Seine Wut ließ den Fluchkämpen erzittern. Der Hüne stöhnte und hob seinen Flegel, um ihn auf den festgenagelten Stormcast hinabzubringen.

Gage versuchte verzweifelt, sich von den Dämonen zu befreien. Er schlug sowohl mit Händen und Füßen als auch mit seinem Schwert um sich und schaffte es, sich für einen Moment zu lösen. Leicht stolpernd griff er sich das Messer aus seinem Gürtel und warf es wirbelnd in Richtung des Fluchkämpen. Die Klinge versenkte sich mit einem dumpfen, fleischigen Geräusch in dem ungeschützten Handgelenk des Fluchkämpen. Wie auch sein Schwert war Gages Messer durch die Hand des Großtheogonisten selbst gesegnet worden und ein dichter Dampf stieg aus der Wunde auf. Die Hand des Fluchkämpen verkrampfte und sein Flegel fiel zu Boden. Der Hüne wandte sich vor Schmerz brüllend um und riss seine Klinge mit genug Kraft von Carus' Stab herunter, dass er mit dem Geräusch von schepperndem Sigmarit zu Boden fiel.

Er taumelte in Gages Richtung und zog dabei eine Spur aus Blut aus seiner verwundeten Hand hinter sich her. Der Tretchlet schrie Verwünschungen und schlug mit einer kleinen Faust gegen den Helm des Hünen, fast so, als ob er ihn davon abhalten wollte, Gage zu verfolgen. Der Hexenjäger wich zurück und der Fluchkämpe stapfte ihm nach und schlug in seiner Hast Dämonen zur Seite. Gage stieß mit dem Rücken gegen eine Säule. Das flammende Schwert raste auf ihn zu und Gage duckte sich zur Seite. Die Klinge fuhr tief in das Holz und blieb stecken. Ihr Feuer kroch nach oben, als die Säule zu brennen begann. Die Flammen sprangen auf die Stämme über und begannen munter zu wachsen. Öliger Qualm bildete sich.

Hinter dem Fluchkämpen konnte Gage sehen, wie die Dämonen sich auf Carus stürzten. Ihr Gelächter hatte etwas an sich, was Hysterie hätte sein können. Der Lord-Veritant schlug mit Stab und Schwert zu und zermalmte unnatürliches Fleisch oder trennte greifende Hände von schlaksigen Armen. Magisches Feuer loderte über seine Rüstung und hinterließ schmierige Flecken auf dem Silber, richtete aber keinen wirklichen Schaden an. Mehr Dämonen stürzten sich ins Getümmel und warfen sich auf den hoch aufragenden Stormcast Eternal und versuchten ihn durch ihre schiere Masse zu Fall zu bringen.

Der Fluchkämpe ließ das Schwert in der Säule stecken und griff nach Gage. Seine blutige Hand, aus der immer noch die Spitze seines Messers ragte, streckte sich nach seinem Gesicht. Gage wich zurück, stach mit seinem Rapier nach dem Hünen und versuchte verzweifelt ihn abzuwehren. Die Hand verfehlte ihn, aber nur um Haaresbreite. Er eilte sich, wieder auf die Füße zu kommen.

Der zerschmetterte Körper eines Dämons taumelte an ihm vorbei und krachte gegen einen Holzstapel und lenkte die Aufmerksamkeit des Fluchkämpen für einen Moment von ihm ab. Gage sah, wie Carus trotz der Dämonen, die versuchten ihn zurückzuhalten, sich den Weg in seine Richtung erzwang. Ihre Gliedmaßen qualmten, wo sie sich an ihn klammerten, und er schüttelte die Kreaturen ab oder zermalmte sie unter seinen Füßen. Dämonen versprengten sich vor ihm und jaulten vor Schrecken.

»Gage!«, rief Carus. »Überlasst diese Kreatur mir!«

Der Fluchkämpe brüllte, drehte sich um und ergriff die Klinge von Carus' Schwert, als die Waffe auf seinen Kopf zuraste. Er zwang den Lord-Veritant einen Schritt zurück, selbst als Blut seine verwundete Handfläche herunterrann. Carus fluchte und schaffte es, dem Hünen gegen die Brust zu treten, was ihn gegen die Säule schleuderte.

»Ich habe stärkere Feinde als dich bezwungen, Unhold«, knurrte Carus. Der Fluchkämpe schnaubte und griff um die Säule herum, um sein Schwert in einem Schauer aus brennenden Splittern herauszureißen. Ihre Schwerter trafen sich und die brennende Klinge des Fluchkämpen explodierte in tausend Splitter. Die beiden Krieger stolperten voneinander fort, als Stücke aus feurigem Metall sich in alle Richtungen verteilten.

Gage ergriff die Gelegenheit und schlug nach dem abgelenkten Fluchkämpen, aber seine Klinge kratzte bloß über seine Rüstung. Der Tretchlet schrie und stieß mit der klingenbewehrten Spitze seines Stabes nach Gages Gesicht und versuchte ihn zurückzutreiben. Das Metall glühte weiß. Gage parierte den Stoß und rammte sein Schwert in den Torso des Tretchlets. Er erstarrte und sein Schrei erstarb auf seinen Lippen. Schwarzer Ichor quoll aus seinem Mund und der Stab fiel aus seinen schlaffen Fingern. Er fiel rückwärts und zog sich von seiner Klinge.

Der Fluchkämpe stöhnte vor Schmerzen und umklammerte seinen parasitären Passagier, als ob er ihn aufwecken wollte. In jenem Moment erhob sich Carus hinter ihm, seine Rüstung fast vollkommen schwarz von dämonischem Sekret. Sein Schwert fuhr knirschend durch seine Rückenplatte. Er riss die Klinge mit einem Schauer aus Blut frei.

»Hinfort«, sagte Carus ausdruckslos. Dämonen wichen zurück, als der Stormcast Eternal das Blut von seiner Schwertklinge schleuderte.

Der Fluchkämpe stolperte stöhnend von dem Lord-Veritant fort.

»V-Vater«, stöhnte er. »V-V-Vater, hilf mir! Hilfe!«

Er drehte sich um, stolperte und griff nach etwas, was Gage nicht sehen konnte. Der Tretchlet hing seinen Rücken hinunter. Der Körper wankte leblos umher, als der Fluchkämpe auf die

Knie sank. Er fiel auf seine Hände und rang um Atem. Gage fühlte sich übel. Er trat zu dem Biest und hielt seine Klinge in zitterigen Händen.

Er blickte zu ihm auf. Sein Blick war frei von der früheren Boshaftigkeit. Stattdessen fand sich dort nur stumpfsinniges Unverständnis. Wie bei einem Tier, das sein eigenes Verderben nicht begreifen konnte. »H-Hilfe«, schnaubte er.

»Ja«, sagte Gage. Er hob sein Schwert und stieß es sauber durch den Sichtschlitz im Helm des Fluchkämpen und brachte sein Stöhnen endgültig zum Verstummen. Er fiel krachend zu Boden und blieb regungslos liegen. Gage zog seine Klinge frei.

»Ein feiner Streich«, sagte Carus.

Gage hatte keine Zeit zu antworten. Selbst nach dem Tod des Fluchkämpen kamen immer noch mehr Dämonen. Sie sickerten aus den Stämmen und erhoben sich aus dem Boden. Ihre Formen wanden und dehnten sich, als sie durch den vielfarbigen Rauch barsten, der begann das Warenhaus zu füllen. Sie lachten und kletterten über den Körper des Fluchkämpen, als ob sein Tod für sie nicht mehr war als ein kurzzeitiges Amüsement.

Carus hob seinen Stab und seine Stimme hallte wie der Donner, als er sein Gebet der Verbannung beendete, das zuvor unterbrochen worden war. Er schlug den Ringbeschlag mit einem hallenden Krachen auf den Boden. Das azurne Licht in der Bannlaterne wurde heller und begann zu einem blendenden Strahlen zu werden. Schatten wurden fortgebrannt und die halb geformten Dämonen mit ihnen. In der plötzlichen Stille konnte Gage das Krachen von Waffen und Bryns tiefes bullenartiges Brüllen hören. Er zögerte.

Carus ergriff seine Schulter. »Wir können nicht verweilen, Gage. Dies sind Verzögerungstaktiken. Sie versuchen, uns aufzuhalten.«

Gage schüttelte den Griff des Stormcasts ab. Er hatte recht. Es war eine Falle gewesen und sie waren in sie hineingetappt. Sie waren über mehr als nur einen Kult gestolpert. Dies war etwas Größeres. Ein kränkliches Gefühl breitete sich in seiner Magengrube aus.

»Das Luftschiff.« Er blickte zu Carus. »Das Luftschiff, Carus – wir müssen zu dem Luftschiff gelangen.«

Er drehte sich um und begann in Richtung der Warenhaustüren zu gehen, die auf die Kais führten. Das Feuer, das durch die Klinge des Fluchkämpen ausgelöst worden war, begann sich auszubreiten und sprang von Stapel zu Stapel. Qualm begann die Luft zu füllen und überdeckte sogar den Gestank der Dämonen.

»Warum? Was ist los?«, fragte Carus, als er ruhig hinter Gage her schritt.

»Ihr habt recht – diese Falle war nicht dazu gedacht, uns zu töten. Sie war dazu gedacht, uns aufzuhalten und Zeit dafür zu gewinnen, dass das Luftschiff die Leinen lösen und ablegen kann. Ich bete, dass noch genug Zeit ist, um sie aufzuhalten!« Er hoffte, dass Bryn und Kuva genug Verstand haben würden, um aus dem Warenhaus zu verschwinden, bevor es um sie herum niederbrannte. »Dort – die Türen!«

Er deutete auf sie. Die riesige zweiflügelige Tür war dazu gedacht, schwere Baumstämme durch sie hindurchzubewegen. Im Moment war sie verschlossen und mit einem immensen quadratischen Balken versperrt. Carus stürmte auf sie zu.

Die Klinge des Lord-Veritant schnitt durch den Balken und durchtrennte ihn nur Augenblicke, bevor seine Schulter die Tür traf. Sie schlug mit dem tiefen Donnern von strapaziertem Holz auf. Rauch quoll ins Freie. Gage rannte hinter Carus her und sah *Hoffnungsvoller Reisender* in all seinem Glanz.

Das Luftschiff ähnelte einer der tief liegenden Galeeren, welche die Gewässer der Grünbucht befuhren, mit der Ausnahme, dass seine Masten keine Segel trugen. Stattdessen waren sie mit mehreren großen grünen Gassäcken verbunden. Sie waren mit magischen Symbolen versehen, die unter nicht geringen Kosten von den Magiern der Hochschule des Arkanen erworben worden waren. *Hoffnungsvoller Reisender* bewegte sich langsam aus ihrer Bucht. Besatzungsmitglieder bewegten sich auf dem Kai und lösten die Ankerketten. Sie verstreuten sich, als Zephir kreischend auf sie zuraste.

»Wir müssen es einholen!«, rief Gage. Carus nickte.

Sie rasten den Kai entlang, als das Luftschiff aus seiner Bucht hinauffuhr. Das Schiff nahm an Geschwindigkeit zu, als die Ankergewichte abgeworfen wurden, und es gewann langsam an Vorsprung. Gage erlebte einen Moment der Höhenangst, als er den Rand des Kais erreichte und unter sich die gewaltige grüne Ausdehnung der Stadt sah, aber er unterdrückte sie lange genug, um zu springen. Mit seinem Herz in der Kehle krachte er gegen die Hülle des Schiffs. Er ruderte blindlinks mit den Armen, ergriff dabei das unterste Stück der Reling und zog sich mit überanstrengten Muskeln und pochendem Herzen an Bord.

Die Reling erzitterte, splitterte und barst, als Carus gegen sie prallte. Der Lord-Veritant krachte mit seinem Stab in der Hand auf das Deck. Gage fiel ihm nach. Er kam auf die Füße und trat sich seinen Weg aus den geborstenen Trümmern der Reling frei. Er konnte hinter sich Zephirs frustrierten Schrei hören, als das Schiff seine Bucht verließ und die Gryph-Hündin auf dem Kai stehend zurückließ. Gage blickte zurück, als das Tier sich umdrehte und zurück in Richtung des Warenhauses eilte. Er drehte sich um und sah, wie Carus seine Klinge zog.

»Was nun, Hexenjäger?«, brummte der Stormcast.

Carus stand hoch erhobenen Hauptes da, die Klinge in der

einen und den Stab in der anderen Hand. Gage zog sein Rapier. Die Besatzung umringte sie mit gezogenen Waffen. Sie hielten eine Mischung aus Belegnägeln, Messern und Dolchen in den Händen. Es waren hart dreinblickende Männer und alle trugen das sich stets wandelnde Zeichen Tzeentchs irgendwo an ihrer Person – als eine Tätowierung, eine Narbe oder als eine Anstecknadel, die an ihrem Schal heftete.

»Lasst eure Waffen fallen«, knurrte Carus. »Eure Seelen sind verwirkt, aber eure Leben können immer noch auf gnadenvolle Art und Weise zu Ende gehen.« Der Stormcast stieß mit seinen Stab auf den Boden. Laternenlicht erstrahlte und warf seltsame Schatten über das dunkle Holz.

»Und wann habt ihr jemals Gnade gezeigt?« Die Worte hallten über das Deck. Gage blickte zum Heck. Zwei Gestalten standen nun an der Reling und blickten auf das untere Deck hinab.

Einer war ein stämmiger Mann, der kostbare Kleidung und eine goldene Maske trug, die jenen ähnelte, die von den Akolythen getragen wurden, wenn sie auch stärker verziert war. Ihre Proportionen schienen sich zu winden und zu verändern, als er auf sie hinabblickte. Eine in einen Handschuh gehüllte Hand ruhte auf dem Griff eines Schwertes an seiner Seite und er hielt einen Stab mit einem goldenen Kopf. Der Stab schien auf den ersten Blick harmlos zu sein, nicht anders als einer, den ein beliebiger reicher Bürger tragen könnte. Aber die seltsamen leuchtenden Runen, die ihn bedeckten, waren alles andere als harmlos. Ihr Anblick schmerzte Gages Augen und rief ein Gefühl tiefer Abscheu in ihm hervor.

Die andere Gestalt war auf unnatürliche Art und Weise groß und in eine fremdartige, facettierte Rüstung gehüllt, die das Licht auf seltsame Art und Weise einfing. Er trug eine grell gefärbte Robe aus prächtiger Seide unter seiner schimmernden Kriegsrüstung und balancierte eine lange zweischneidige

Klinge mit geübter Unbekümmertheit auf seinen schmalen Schultern. Sein Helm war archaisch gehalten. Er war hoch und gesichtslos, mit Ausnahme eines dünnen Sichtschlitzes und einem vielfarbigen Kamm aus Pferdehaar, der sich auf ihm erhob. Das Licht von den Laternen, die von den Masten hingen, schien sich um den makaberen Krieger auf seltsame Art zu biegen und zu verschieben. Gage fand sich nicht dazu in der Lage, ihn direkt anzusehen. Dennoch konnte er die tödliche Macht des Kriegers spüren, wie sie in der Luft pochte.

»Nun. Ich kann mich nicht daran erinnern, euch zwei eingeladen zu haben, aber dennoch: Willkommen an Bord«, sagte der stämmige Mann mit der goldenen Maske. Auch wenn Gage sein Gesicht nicht sehen konnte, klang er dennoch amüsiert. »Ich schätze, es ist nur passend – was ist der Sinn eines großen Werkes ohne ein Publikum, das es wertzuschätzen weiß?« Er lehnte sich gemächlich auf seinen Stab. »Mein Name ist Rollo Tarn. Mir ist zugetragen worden, dass ihr nach mir sucht.«

»Rollo Tarn«, sagte Gage, »ergebt Euch im Namen des Gottkönigs und des Himmlischen Reiches.«

Tarn warf seinen Kopf zurück und lachte »Ich erkenne die Autorität deines Tyrannenkönigs nicht an, Hexenjäger.« Sein gepanzerter Gefährte schloss sich der Heiterkeit mit seinem eigenen hohlen Lachen an und Gage fühlte, wie sich ihm angesichts des Geräusches der Magen umdrehte. Er war sich nun sicher, dass sich unter der Rüstung nichts Menschliches befand.

»Ob Ihr sie anerkennt oder nicht, sie ist für Euch gekommen«, knurrte Carus. Er blickte sich um und die Besatzung wich einen Schritt zurück. Tarn blickte ihn an.

»Seid ihr gekommen, um mehr Unschuldige auf euren Scheiterhaufen zu verbrennen, Stormcast?«

Carus warf ihm einen finsteren Blick zu. »Ihr seid nicht unschuldig.«

Tarn breitete seine Hände aus. »Nein. Das bin ich nicht. Zumindest schon lange nicht mehr. Aber das Blut, das ich vergossen habe, war für ein großes Vorhaben.«

»Das habe ich schon früher gehört«, sagte Gage. »So ist es immer mit Eurer Sorte. Aber Euer großes Vorhaben führt schlussendlich immer zum selben Ziel – Tod und Verderben. Aber nicht heute.« Er streckte sein Schwert aus. »Heute wird Euer Vorhaben zunichtegemacht.«

Tarn schaute ihn an. »Das denke ich nicht. Das Schicksal ist ein Ozean und seine Gezeiten können selbst den mächtigsten Berg abtragen. Und die Gezeiten sind schon seit sehr langer Zeit am Werk.«

»Das Holz«, sagte Gage kalt. »Es ist verflucht.«

»Gesegnet«, korrigierte Tarn. »Jeder Fetzen und Splitter davon ist sowohl Tor als auch Schlüssel zugleich. Ich habe Unsummen ausgegeben – habe es in die Stadt gebracht, seinen wahren Ursprung verborgen und sichergestellt, dass es in so vielen Gebäuden verwendet wurde, wie ich es nur ging. Nun werde ich den Schlüssel drehen und das Tor weit öffnen. Aber zuerst … Aek, bring mir den Blitz des Stormcasts.«

»Es wäre mir ein Vergnügen, Zirkelbruder«, sagte der hochgewachsene Krieger. Er trat mühelos auf die Reling und dann von ihr herunter und lief über die Luft, als ob sie fester Grund wäre. Er hob seine Klinge von seiner Schulter und sie stöhnte unheimlich, als er sie vor sich schwang.

»Das ist kein normales Schwert«, sagte Gage.

»Das ist kein normaler Krieger«, knurrte Carus. »Es ist ein Schicksalsmeister – ein weiterer verfluchter Sklave Tzeentchs und ein wesentlich mächtigerer als ein Fluchkämpe.«

Gage spannte sich an. Schicksalsmeister gehörten zu den tödlichsten der verschiedenen Diener der Verderbten Mächte.

Sie waren tödliche Krieger, versehen mit unnatürlicher Stärke und Langlebigkeit.

Der Wind nahm zu und die Takelage des Schiffes schlug umher wie ein verwundetes Tier. Gage konnte fühlen, wie er an ihm zog und drohte, ihn zu Boden zu werfen. Sein Umhang flatterte um ihn herum und seine Schuhsohlen kratzten über das Deck, als er Schritt um Schritt zurückgedrängt wurde.

Carus hatte keine solche Schwierigkeiten. Er schritt in Richtung des sich nähernden Schicksalsmeisters, sein Kopf gegen den Wind gesenkt. Der Lord-Veritant schlug mit seinem Stab auf den Boden und das Holz des Decks gab nach und schwärzte sich, wo er aufschlug. Die Luft wurde elektrisiert und Gage fühlte, wie seine Nackenhaare prickelten. Der Stormcast ließ seinen Stab los, der aufrecht im Deck stehen blieb.

Der Schicksalsmeister ließ sich schneller fallen, als das Auge folgen konnte. Seine Klinge heulte wie eine verlorene Seele, als sie auf Carus zuraste. Der Stormcast hob seine eigene zu einer Parade. Ein Laut wie von einer großen Glocke erklang, als die beiden Schwerter sich trafen.

Besatzungsmitglieder wurden von dem Hall des Schlages zu Boden geschleudert und Gage stolperte rückwärts gegen die Reling. Blitze zuckten und fauchten um Carus herum, als er mit dem Schicksalsmeister die Klingen kreuzte. Das dämonische Schwert stieß ein stechendes Wehklagen aus, während Carus' Richtschwert mit jedem Aufprall hell aufleuchtete. Für mehrere Augenblicke war das einzige Geräusch das Krachen von Metall, als die beiden Krieger einander umkreisten und ihr Duell sie von einer Seite des Decks zum anderen trug.

Während alle Blicke auf dem Duell ruhten, lud Gage eilig seine Pistolen nach. Seine Hände bewegten sich instinktiv. Seine Augen waren daher frei, sich umzusehen. Das Holz des Decks pulsierte auf seltsame Art und Weise im Rhythmus mit jedem Hieb. Er fragte sich, ob das Luftschiff aus demselben Holz gemacht war, das im Warenhaus aufgestapelt war. Wie zur Antwort auf seine Frage bogen sich zwei Deckbretter voneinander weg, wie die Lider eines monströsen Auges, und etwas Gelbes und Schimmerndes blickte zu ihm auf. Seine schlitzförmige Pupille zog sich zusammen, als es ihn erblickte.

Er sprang zurück, als noch mehr Bretter sich fortrissen und ein zähnebewehrtes Maul offenbarten. Geiferndes Gelächter. Mehr Augen und Münder und wackelnde Finger begannen sich aus dem Holz zu erheben. Sie durchbohrten es, als ob es eine dünne Membran wäre. Undeutliche Formen krümmten und hoben sich in dem Versuch, sich zu befreien. Raues Gelächter füllte seine Ohren, als Dämonen durch das Holz schwimmend seine Verfolgung aufnahmen. Nur das Licht von Carus' Laterne hielt sie davon ab sich vollständig zu manifestieren.

»Sie sind wunderschön, nicht wahr?«

Gage drehte sich mit erhobener Pistole um. Tarn stand nahe bei ihm und schaute zu. Zu nahe.

»Sie sind immer da, weißt du«, sagte er und trat einen Schritt vor. Besatzungsmitglieder umringten ihn wie eine Ehrengarde. »Beobachtend. Wartend. Tzeentchs Hand liegt an deiner Kehle, aber du siehst sie nicht. Seine Diener wandeln unter euch, gelassen und unerkannt.« Er deutete auf sich und seine Besatzung. »Und nun ist die Zeit für sie gekommen, sich zu offenbaren: Sie werden durchbrechen, wo sie es schon in alten Zeiten getan haben, und die Städte der Menschen werden in prismatischem Feuer brennen.«

»Nicht, wenn ich es verhindern kann.«

»Das kannst du nicht«, sagte Tarn. Er lachte und breitet seine Hände aus. Sprühende Flammen schossen aus seinen Handflächen und umloderten blitzschnell seine Hände. »Das Ritual hat begonnen und der verschlungene Pfad führt durch Hammerhal Ghyra. Die Stadt wird dem Architekten des Schicksals gehören.«

KAPITEL SECHS

Fluchwald

Der Dämonenbaum taumelte auf zerfledderten Wurzeln vorwärts und wedelte mit seinen brennenden Armen. Irgendwie, auf eine Art und Weise, die sich jeglicher Vernunft entzog, hatten die dämonischen Flammen die Bäume in Monstrositäten verwandelt. Das Maul in seinem Stamm biss ohne Verstand in die Luft. Ziegenähnliche Augen starrten aus Astlöchern und der Gestank von Blut und verrottendem Holz rollte über Serena hinweg, als sie ihren Schild hob. Ein Ast krachte auf das Sigmarit und hinterließ eine Spur aus glimmendem Baumsaft. Sie hackte auf den Ast ein und versuchte die Wurzeln zu ignorieren, die an ihren Beinen kratzten.

Ihre Klinge rief große Fontänen aus Saft von den Ästen des Baumes hervor und er wich zurück, als ob er Schmerzen hätte. Der Baum wand sich. Sein Stamm spaltete sich auf und blutete, als er sich von ihr abwandte, um Ravius von den Füßen zu schlagen. Er fiel auf seinen Rücken und schaffte es gerade noch, seinen Schild zwischen sich und einen Ast zu bringen.

Mehr Äste hämmerten auf ihn ein und trieben ihn tiefer in die Lehmerde. Wurzeln schlängelten sich über ihn, als ob sie ihn unter die Erde ziehen wollten. Serena eilte zu ihm, um ihm zu helfen. Sie zerhackte an Wurzeln, was sie konnte, während sie sich immer noch selbst verteidigte. Je mehr sie aber wegschnitt, desto mehr wanden sich um ihren Kameraden.

Den gesamten Schildwall entlang wankten brennende Bäume in den Kampf und kreischen dabei unheimlich. Schwere Äste fuhren hernieder und zogen Schweife aus brennenden Piniennadeln hinter sich her. Stormcasts strauchelten oder fielen, durch schwere Schläge von den Füßen geholt oder von sich windenden Wurzeln zu Fall gebracht. Mehrere der flammenspeienden Dämonen rasten auf der Suche nach einfacherer Beute durch die Lücke, die die Bäume geschaffen hatten.

Bevor sie weit kamen, brachte eine vernichtende Salve aus knisternden Pfeilen sie zu Fall. Die Pfeile rasten über die Lichtung und warfen die Kreaturen zurück. Serena blickte hinter sich und sah, wie sich eine Kohorte aus Judicatoren näherte. Ihre Donnerbögen surrten, als die Bogenschützen ihre tödlichen Geschosse einlegten und schossen. Wo auch immer die schimmernden Pfeile einschlugen, loderten Blitze auf und warfen ein grelles weißes Licht über das Schlachtfeld.

»Augen nach vorne, Sonnenhieb«, sagte Aetius, als er sich an ihr vorbeidrängte. Er rammte die Kante seines Schildes nach unten und durchtrennte eine der Wurzeln, die Ravius umschlungen hielten. »Und du, Ravius – auf die Beine mit dir. Dies ist keine Zeit, um zu faulenzen.«

Gemeinsam gelang es Serena und dem Liberator-Primus Ravius zu befreien, während die Judicatoren vorrückten. Die Stormcast-Bogenschützen schossen eine präzise Salve über die Köpfe der Liberatoren in die Bäume. Sie trennte Äste ab und öffnete qualmende schwarze Wunden in der sich windenden Rinde.

Bäume stürzten stöhnend zu Boden. Eine zweite Salve folgte geschwind der ersten. Der Baum, der über Serena und den anderen aufragte, platzte auf und barst und verteilte brennendes Fruchtfleisch über sie. Während er noch fiel, trotteten Gruppen aus Dämonen flammenspuckend auf sie zu. Serena schaffte es gerade noch, ihren Schild zu heben. Sie biss die Zähne gegen die Hitze zusammen, als der Judicator-Primus und seine Kohorte zu ihrer Hilfe heranrückten.

»Ruhig, Schwester – halte noch einen Moment aus«, sagte er mit sanfter Stimme. Er legte einen Pfeil ein und zielte knapp über ihren Kopf. »Ruhig, ruhig – da!« Er schoss und sie hörte ein jäh verstummendes Jaulen. Die Flammen wurden weniger und die Hitze ließ nach; sie ließ ihren Schild sinken und rammte ihre Klinge schnell in den verwundeten Dämon, bevor er sich erheben konnte.

Sie blickte zurück zu dem Bogenschützen. »Meinen Dank, Solus.«

Er nickte freundlich und zog einen weiteren Pfeil aus seinem Köcher. »Ich bin wie immer hier, um zu helfen.« Solus sprach ruhig, als ob er irgendwo anders als auf einem Schlachtfeld wäre. Der Judicator-Primus war eine ruhige Präsenz und jemand, an den sich viele der Stahlseelen für Bestärkungen wandten, wenn die Dinge am schlimmsten standen.

»Hat lange genug gedauert«, sagte Aetius und stieß einen weiteren Dämon zurück. Er schlug seinen Hammer in eines seiner Mäuler und riss seinen Körper auf. Er taumelte und fauchte. Solus feuerte einen Pfeil in ihn, schleuderte ihn mit einem Blitzschlag zurück.

»Ich wollte auf Nummer sicher gehen, dass du auch wirklich Hilfe benötigst, Bruder. Du kannst manchmal etwas ungehalten sein, was so etwas angeht.«

Solus legte einen weiteren Pfeil ein. Um ihn herum verteilten sich die Judicatoren hinter dem Schildwall. Auf seinen Befehl schossen sie eine vernichtende Salve ab. Dämonen kreischten und wirbelten herum. Als sie zu Fetzen aus zähflüssigem Schleim und tanzenden Partikeln zerrissen wurden, setzten sie noch mehr Bäume in Brand.

Als der letzte der Dämonen sich auflöste, wankten die verzerrten Bäume auf den Schildwall zu. Irgendwo jenseits von ihnen konnte Serena den Klang rennender Füße und das Scheppern von Metall auf Metall hören. Kreischen und Heulen hallten heran; die Tzaangore hatte sich neu formiert und benutzten die schwankenden Bäume als Deckung, als sie auf ihren Feind zustürmten.

Sie wurde gezwungen einen Schritt zurück zu machen, als ein schwerer Ast niederfuhr und sie beinahe zermalmte. Eine Judicatorin schrie in der Nähe auf, als ein zackiger Ast in eine Lücke ihrer Rüstung fuhr. Sie fiel und ihre Gestalt wurde zu einem knisternden azurblauen Blitz. Ein Liberator wurde gewaltsam aus der Linie und in die Masse aus Bäumen gezogen, wo er aus der Sicht verschwand. Seine Flüche verwandelten sich in Schmerzensschreie, bevor ein weiterer blauer Blitzstrahl gen Himmel fuhr. Wurzeln peitschten durch die Lücke, die er hinterlassen hatte, und schlugen gegen die Krieger zu beiden Seiten, was sie straucheln ließ. Der Schildwall begann sich unter dem unnachgiebigen Angriff aufzulösen.

Serena riss ihren Schild über den Kopf. Ein Ast schlug sich gegen ihn zu Splittern. »Wir müssen zurückfallen!«, schrie sie.

Aetius nickte, aber bevor er antworten konnte, begann der Boden zu beben. Serena blickte sich um und sah Gardus' Leibwache aus Retributoren geschwind nach vorne vorrücken. Feros befand sich an ihrer Spitze.

»Tretet zur Seite, Brüder und Schwestern!«, brüllte er. Seine Stimme hallte wie das Grollen des Donners durch sie hindurch. »Es ist Zeit, etwas Feuerholz zu sammeln.«

Die Retributoren rückten in einem dichten Keil vor, als der Schildwall der Liberatoren sich auflöste. Als ihre Attacke auf den Feind traf, leuchtete der Keil auf, öffnete sich und brachte Lord-Celestant Gardus in seiner Mitte zum Vorschein. Sein Licht erstrahlte und die korrumpierten Bäume wichen zurück. Sie rollten ihre neu gewachsenen Augen und ihre verzerrten Münder brabbelten, als das Leuchten über sie hinweg fuhr.

Die Retributoren machten sich unter Gardus' Führung ans Werk. Wo auch immer ihre Hämmer hinschlugen, fiel ein Baum oder loderte mit reinigenden Flammen auf. Gardus' eigener Tempestos-Hammer fuhr hernieder. Ein Blitz erleuchtete die Lichtung und ein verzerrter Baum zersplitterte. Er fiel mit einem fast menschlichen Stöhnen und wild rudernden Ästen nach hinten.

»Am letzten aller Tage, wer wird verbleiben?«, rief der Lord-Celestant. »Nur die Gläubigen!«, antworteten Feros und die anderen Retributoren. Ihre Stimmen erhoben sich über den Klang der Verwüstung.

Als der letzte der wandelnden Bäume fiel, hechtete ein Tzaangor über ihn und hieb mit einer zweischneidigen Klinge nach dem Lord-Celestant. Gardus parierte die Klinge des Tzaangors und schlug die Kreatur mit knochenbrechender Wucht von den Füßen.

»Wer wird die Verlorenen aus dem Dunkel der Verzweiflung führen?«, rief er. Ein zweiter Tzaangor fiel mit gebrochenem Genick zu Boden, als er sich im Schutz des Nebels und Qualms heranschlich. »Nur die Gläubigen!« Gardus trat mit seinem Stiefel zu und schleuderte einen Tzaangor rückwärts. Als der Tiermensch stolperte, schlug er ihm den Schädel ein. »Wenn die Kraft der Menschen schwindet, wer wird noch immer stehen?«

»Nur die Gläubigen!«, antwortete Serena. Ihre Stimme verband sich mit der eines jeden Stormcasts in Hörweite.

Ihr Schild prallte gegen den eines angreifenden Tzaangors und der Tiermensch wurde rücklings zu Boden geschleudert. Sie stampfte auf seinen Brustkorb, zermalmte sein Brustbein und wandte sich anschließend um und begegnete dem Angriff eines weiteren. Die vogelartigen Monster schwärmten zwischen den Bäumen hervor und griffen mit einer einzigartigen Wildheit an. Solus' Judicatoren suchten sich ihre Ziele präzise aus und versuchten den Angriff einzudämmen. Die Linie aus Liberatoren und Retributoren aber wurde langsam durch die schiere Masse an Leibern zurückgedrängt. Nur Gardus hielt seine Stellung und weder Dämon noch Tiermensch konnte ihm etwas anhaben.

Für einen Moment erstrahlte sein Licht heller als der Mond über ihnen, bevor es von einem heftigem Feuersturm verschlungen wurde, der ihn und seine Leibwache unter kolossalem Brüllen in unwirtliches Licht und Hitze hüllte, die einem die Luft abschnitt. Feros wurde am Rande der Explosion auf ein Knie geworfen und ein Teil seiner Kriegsrüstung schmolz zu Schlacke. Mehrere aus seiner Kohorte wurden zurück nach Azyr gesandt, bevor sie auch nur die Chance hatte zu schreien. Gardus selbst wurde mit rauchender Rüstung zurück in die Schlachtlinie geworfen. Er donnerte durch den Schildwall und warf mehrere Stormcasts zu Boden.

Ein halbes Dutzend fliegender Gestalten raste auf dem Rauch und den Flammen heran.

Die Tzaangore ritten auf dämonischen scheibenartigen

Kreaturen. Einige der Scheiben ähnelten sich drehenden Sägeblättern, während andere aussahen wie schwanzlose Neunaugen, die mit knöchernen Pocken übersät waren. Mehrere der Tzaangore trugen Bögen, während andere gezackte Speere mit sich führten. Der Anführer trug keine offenkundige Waffe bei sich, aber er schien gerade deswegen umso gefährlicher zu sein. Im Gegensatz zum Rest seiner elendigen Brut, war die Kreatur in schimmernde Roben gehüllt und mit einem dichten Gefieder bedeckt.

»Schamane«, spie Aetius.

Der Tzaangor-Schamane raste über die Lichtung und die Köpfe der benommenen Stormcasts. Auf seiner surrenden Scheibe aus Messing und Silber hockend, gestikulierte er mit seinem krummen Stab. Blaue Flammen schossen aus dessen Spitze und hüllten eine nahegelegene Gruppe von Soldaten der Freigilde ein, als sie nach vorne eilte, um die Schlachtlinie zu verstärken.

Die Soldaten schrien, als sich ihr Fleisch schwärzte, und sie fielen an ihren Uniformen reißend zu Boden. Feder schossen aus ihrem Fleisch und ihre Schädel rissen und spalteten sich und verlängerten sich zu neuen Formen. Serena schaute voller Grauen zu, als die sterblichen Krieger zu blökenden Tzaangoren verzerrt wurden. Die Kreaturen kamen wankend auf die Füße, immer noch in die Lumpen ihrer Uniformen gehüllt, und warfen sich auf ihre ehemaligen Kameraden. Mehrere von ihnen trennten sich von der Gruppe und eilten auf den Wagen zu, auf dem die *Vorlaute Maid* stand.

Die Höllenfeuer-Salvenkanone brüllte und die angreifenden Tzaangore wurden in blutige Brocken und roten Dunst verwandelt. Die Besatzung lud hastig nach, als ein Tzaangor auf einer Scheibe aus dem dichter werdenden Nebel heranraste. Der Tiermensch schoss an ihnen vorbei und trennte in einem roten Schauer ihre Köpfe mit seinem Speer von ihren Schultern. Als sie das Blut rochen, schnaubten die Ghyroche, die den Wagen zogen, und galoppierten davon und verteilten Munition und Vorräte auf ihrem Weg.

Blitze knisterten und Solus' Judicatoren schossen eine gut abgepasste Salve ab. Die Scheibe fiel mit Pfeilen in ihrer Unterseite zu Boden, wobei sie sich auf Übelkeit erregende Art und Weise krümmte. Der Tzaangor prallte rollend auf dem Boden auf und schrie. Soldaten der Freigilde näherten sich ihm, als er wieder auf die Füße kam, aber sie wurden von seinem gezackten Speer zurückgedrängt. Er kämpfte mit wilder Fertigkeit und bewegte sich so schnell, dass die Sterblichen ihm nicht folgen konnten. Serena blickte zu Aetius, der kurz nickte. »Geh«, sagte er und nahm ihren Platz in der Linie ein.

Sie raste so schnell auf die Kreatur zu, wie ihre Rüstung es erlaubte. Sie drehte sich im letzten Moment um und stieß mit ihrem Speer nach ihr. Sie fing den Stoß mit ihrem Schild ab und führte die gezackte Klinge in einem Funkenschauer über ihre Schulter. Sie öffnete eine Linie aus Blut an seiner Seite. Sie bewegten sich in einem engen Kreis um einander herum. Der Tzaangor spie ihr unverständliches Gebrabbel entgegen und wirbelte seinen Speer umher. Die Waffe schien ein phantomhaftes Nachbild hinter sich herzuziehen. Er stieß wieder und wieder mit der Waffe nach ihr und drängte sie zurück.

Während Serena seine Hiebe mit ihrem Schild blockte, sah sie, wie mehrere der Scheibenreiter durch die Wand aus Flammen rasten. Sie trugen grausam aussehende Bögen anstelle von Speeren und schossen so talentiert mit ihnen, wie die Judicatoren es taten. Ein Liberator wurde von den Füßen gerissen, ein Pfeil im Sichtschlitz seines Helms steckend. Als er fiel, löste sich seine Gestalt in einem Blitz auf und raste gen Himmel. Mehrere dämonische Pfeile schossen in einen brüllenden Ghyroch und fällten das stumpfsinnige Biest an Ort und Stelle. Pfeile schlugen im Boden um Serena herum ein und ließen sie zurücktaumeln.

Ihr Gegner machte gackernd einen Satz nach vorne, als seine auf Scheiben reitenden Brüder auf der Suche nach frischer Beute vorbeirasten. Der Speer fuhr herum und zog eine tiefe Linie über die Front ihres Schildes und riss ihn ihr beinahe vom Arm. Sie drehte sich mit dem Stoß und schlug nach dem Tiermenschen. Sie bewegten sich vor und zurück und tauschten Schläge aus. Er war schneller, als sie es war, und seine Geschwindigkeit schien nur noch zu wachsen, je länger der Kampf andauerte. Ihre Klingen trafen sich und sie fühlte die Vibrationen nicht bloß in ihrem Arm, sondern auch in ihrer Seele. Sie schüttelten Dinge in ihrem Inneren lose. Kleine Fragmente ihrer Vergangenheit, die ihr Bewusstsein wie Regentropfen benetzten. Sie sah das Gesicht einer Frau – vielleicht ihr eigenes – und ein Hauch der Melancholie überkam sie. Er verging, als ein weiterer Hieb ihr den Schild entriss.

Sie strauchelte zurück und schwang ihre Klinge, um ihren Gegner auf Abstand zu halten. Er machte einen weiteren Satz, geriet jedoch im letzten Moment ins Taumeln, als ein Armbrustbolzen in seinen Hals schlug. Hinter ihm konnte sie Feldwebel Creel sehen, wie er im Triumph oder vielleicht zum Dank das Zeichen des Hammers machte. Mit gebleckten Zähnen ergriff sie ihr Schwert mit beiden Händen und rammte es durch die Brust des Tiermenschen, bis der Griff gegen seine Rüstung stieß.

Serena riss ihre Klinge heraus, als mit Bögen bewaffnete Tzaangore an ihr vorbeieilten, um Creel und seine Männer zu verfolgen, als diese zurückfielen. Sie fand ihren Schild wieder und setzte ihnen nach.

Die tödlichen Pfeile der Tiermenschen durchbohrten mehrere der fliehenden Soldaten, rissen sie von den Füßen und ließen ihre Körper wie Puppen zu Boden purzeln. Trotz der Behinderung durch sein Holzbein schaffte es Creel in den Schutz eines Versorgungswagens. Er warf sich mit unbeholfener Eile über die Seite und auf die Ladefläche. Eine Reihe aus Armbrustschützen hatte sich in der Nähe des Wagens gebildet und nutzte ihn als einen improvisierten Schutzwall. Als Creel auf der Ladefläche des Wagens auf die Füße kam, drückte ihm jemand eine geladene Armbrust in die Hand. Die Soldaten der Freigilde schossen auf seinen gebrüllten Befehl.

Die heranrasenden Scheiben wurden trotz der Bolzen, die sowohl in Scheibe als auch Reiter steckten, nicht langsamer. Creel brüllte erneut und die Armbrustschützen warfen sich flach zu Boden und erlaubten den Hellbardenträgern, die hinter ihnen kauerten, sich aufzurichten und ihre Waffen gegen den Feind zu richten. Die Tiermenschen wurden vollkommen überrascht. Einer der Tzaangore fiel kreischend von seinem Untersatz und mehrere Armbrustschützen stürzten sich mit Messern und Schwertern auf ihn. Zwei starben, aber die Klingen der Restlichen fanden ihr Ziel und der Tiermensch sackte zusammen. Sein zerbrochener Bogen fiel ihm aus den Händen.

Der verbleibende Scheibenreiter versuchte zu fliehen, aber Creel hob seine geborgte Armbrust und feuerte einen Bolzen ab. Er traf den Tzaangor zwischen den Schulterblättern und ließ ihn zu Boden stürzen. Seine Männer jubelten, als das Ding in Serenas Nähe zum Liegen kam. Als er versuchte, sich aufzusetzen, schlug sie ihm den Kopf ab und hob ihre Klinge in einem knappen Salut. Creel antwortete auf die gleiche Art.

Ein Schwall der Hitze, der über ihre Rüstung fuhr, ließ sie sich umdrehen. Sie sah den Tzaangor-Schamanen, wie er über eine Gruppe aus Stormcasts raste. Seine feurige Magie leckte über ihre Rüstungen, richtete aber ansonsten keinen Schaden

an. Judicatorpfeile schlugen in seine Scheibe ein und das kreis-
runde Dämonending verkrampfte und schrie. Der Schamane
sprang leichtfüßig von seinem dämonischen Gefährt, als es in
Blitze gehüllt zu Boden fiel.

Der Schamane landete und fuhr mit seinem Stab herum und
entfesselte einen Flammenschwall, der nah gelegene Stormcasts
und Freigildesoldaten zurückdrängte. Er krächzte harsch und
begann einen Zauber zu sprechen. Serena eilte auf ihn zu, um
ihn zu unterbrechen, aber Gardus erreichte ihren Feind zuerst.
Der Lord-Celestant trat, ohne zu zögern, durch die Flammen
des Schamanen hindurch.

Seine Rüstung qualmte immer noch und sein Kriegsmantel
aus Sigmarit war zerfetzt. Schlieren aus Ruß und Asche verun-
stalteten die goldenen Verzierungen. Sein Licht aber erstrahlte
immer noch und als er mit der Klinge seines Schwertes über
seinen Hammer fuhr, verringerten sich die Flammen.

»Dieser Wald gehört nicht dir, Biest,« sagte er und seine
Stimme hallte mühelos über die Lichtung.

»Dir gehört er auch nicht«, krähte die Kreatur. Sie deutete
mit ihrem Stab auf ihn und zeichnete ein verderbtes Symbol
in die qualmerfüllte Luft. »Du wirst Mzeks Gefieder nicht bekommen, Hellseele, was auch immer andere geträumt haben
mögen. Ich werde deinen Blitz hinausreißen und ihn zu einer
Kette weben, die ich an meinem Handgelenk tragen werde.«

»Nein«, sagte Gardus leise.

Das Wort hallte dennoch laut wieder, so endgültig wie der
Streich des Henkers. Der Schamane legte seinen Kopf zur Seite,
als ob er verwirrt wäre. Dann wich er vor Schmerz schreiend
zurück. Serenas Augen weiteten sich, als sie einen der tätowierten Stammeskrieger hinter dem Biest entdeckte, ein blutiges Messer in der Hand. Während alle abgelenkt waren, hatte
der Forstmann zugeschlagen. Der Schamane fuhr herum und

kreischte ein unseliges Wort. Der Forstmann starb schweigend. Aus der Existenz ausgelöscht durch eine feurige Woge, die ein Nachbild in Serenas Netzhaut brannte.

Als seine Asche auf den Waldboden fiel, griffen seine Kameraden an. Die Stammeskrieger fielen über den Tzaangor-Schamanen her. Messer und Beile blitzen auf, als die wilden Männer auf die benommene Kreatur einstachen. Sie kreischte vor Schmerzen und schlug wie wild mit einem hakenförmigen Messer um sich. Als sie ihre Angreifer fortschleuderte, trafen Pfeile aus Bögen ihre Brust und ihren Rücken. Der Tiermensch strauchelte und sank gegen einen Wagen gelehnt zu Boden. Das Messer fiel ihm aus den Händen.

Die Stammesmänner näherten sich vorsichtig mit harten Mienen. Serena schickte sich an, sich ihnen anzuschließen, aber Gardus streckte seinen Hammer aus und hielt sie auf. »Diese Beute ist die ihre«, sagte er bestimmt. »Eine Rechnung, die lange offen stand, und nun zur Gänze beglichen ist. Wie ich es ihnen geschworen habe.«

Das Kreischen des Schamanen wurde schriller, bevor es zu einem abgeschnürten Gurgeln wurde. Draußen in der Dunkelheit verstummte das Donnern der Trommeln für einen Moment, bevor es mit doppelter Wut wiederkehrte. Dämonisches Gelächter hallte durch die Bäume, aber nicht so laut, wie es zuvor gewesen war. Mit dem Tod des Schamanen und seiner Entourage hatte sich der Rest der Tzaangore zurückgezogen.

»Sie werden sich bald neu sammeln«, sagte Gardus. »Wir müssen schnell handeln. Hyrn!«

Der Stammeskrieger stand auf. »Hier, mein Herr.« Er blickte zu Gardus. »Es sind mehr Tiermenschenhexer als dieser in diesem Wald. Einer mindestens.«

»Wir müssen das Zentrum ihrer Macht finden.«

»Ich glaube, es ist nicht weit«, sagte Hyrn und reinigte sein

Messer an seiner Fellkleidung. »Es gibt einen Ort, an dem der Wald verderbt ist und der Wind seltsame Lieder singt. Das ist der Ort ihrer Lagerstatt. Aber sie werden uns abfangen, bevor wir sie erreichen können …«

»Nicht, wenn wir sie dazu zwingen, ihre Aufmerksamkeit aufzuteilen«, sagte Gardus. »Sammle deine Krieger. Ihr werdet uns jetzt führen, während sie ungeordnet sind.« Er drehte sich um. »Feros, du kommst mit mir – du wirst uns einen Weg freiräumen. Aetius, Solus – ich werde auch einige aus euren Konklaven brauchen. Wir müssen den Kopf der Schlange finden, die uns umschlingt, und ihn zermalmen.« Gardus schaute zu Creel, der in der Nähe stand. »Feldwebel Creel. Könnt ihr die *Vorlaute Maid* wieder zum Singen bringen?«

Creel salutierte mit einer bandagierten Hand. »Wir werden sie zum Grölen bringen, mein Herr.«

Gardus nickte zufrieden. Er blickte zu den anderen. »Haltet die Linie. Haltet ihren Blick hier. Ich will nicht, dass sie den Todesstoß sehen, bevor es zu spät ist.« Er blickte Serena in die Augen. »Du – Sonnenhieb. Du kommst mit mir.«

»Wie du wünscht, Lord-Celestant«, sagte sie. »So weit, wie mein Glaube mich trägt.«

»In das Herz des Waldes ist weit genug.« Er wandte sich an Aetius. »Ich brauche vier mehr. Und fünf der deinen Solus.«

»Wird das genug sein?«, sagte Aetius zweifelnd.

»Das wird es müssen.« Gardus blickte zu Serena. »Wer wird hoch erhobenen Hauptes das Feuer des Chaos durchqueren, Schwester?«

Serena schlug die flache Seite ihres Schwertes gegen ihren malträtierten Schild. »Nur die Gläubigen.«

»Nur die Gläubigen«, sagte Gardus nickend. Er blickte in Richtung des Waldes. »Lasst uns hoffen, dass es der Wahrheit entspricht. Ich fürchte, dieser Brand ist nur der Rand eines noch ungesehenen Infernos.«

KAPITEL SIEBEN

Das Ritual des verschlungenen Pfades

Rollo gestikulierte, entfesselte einen Zauber und ließ mehrfarbige Flammen über das Deck des Luftschiffes züngeln. Gage warf sich zur Seite und schoss mit einer seiner Pistolen. Tarn wankte mit einem überraschten Schrei, als ein Blutfleck auf seiner Robe auftauchte. Er fasste sich mit einer brennenden Hand an die Schulter und kreischte: »Tötet ihn!«

Tätowierte Besatzungsmitglieder machten sich daran seinen Befehl auszuführen. Gage warf seine leere Pistole zur Seite und schoss mit der anderen. Tarn duckte sich und ein Besatzungsmitglied fiel stöhnend zu Boden. Dann waren die anderen bei Gage und er konnte sich nur noch auf den Kampf konzentrieren. Er parierte einen Hieb von einem Entermesser, zog sein eigenes Messer und wich zurück. Er plante, den Mast im Rücken zu haben.

Die Besatzungsmitglieder waren zäh. Erfahren. Veteranen von Tavernenprügeleien und Entermanövern. Aber er war ein Ritter des Ordens von Azyr. Mit kühlem, präzisem Geschick nutzte er ihre Anzahl gegen sie, wie man es ihn gelehrt hatte. Hexenjäger fanden sich oft alleine und in der Unterzahl und Gage hatte gelernt, wie man diese Schwäche in eine Stärke verwandelte.

Als die Besatzungsmitglieder sich ihm näherten, drehte er sich zur Seite und wich einem Schlag aus, der den Mann hinter ihm traf. Er schlug mit seinem Rapier zu. Aber nicht, um zu töten, sondern mit Streichen, die auf Knie- und andere Sehnen abzielten und seine Gegner kampfunfähig machten. Übereifrige Besatzungsmitglieder stolperten über ihre verwundeten Kameraden und gaben sich so eine Blöße für seine Klinge. Sein Messer fuhr über Handgelenke und Ellenbogen.

Talent alleine würde ihm aber nicht helfen. Dies wusste er so sicher, wie er wusste, dass sie das Ritual aufhalten mussten, das Tarn in Gang gesetzt hatte. Carus' Licht würde die Dämonen nicht auf ewig zurückhalten. Der Stormcast konnte das Schiff vielleicht von seinem dämonischen Befall befreien, aber nur, wenn er genug Zeit dafür hatte.

Während Gage gegen die Besatzung kämpfte, behielt er ein Auge auf dem Duell zwischen dem Lord-Veritant und dem Schicksalsmeister. Die zwei Krieger schienen ebenbürtig zu sein, aber Aek war ausgeruhter. Die heulende Klinge, die er hielt, brachte den Wind mit jedem Schlag durcheinander und ließ das Deck stampfen und gieren. Carus stolperte zurück und schaffte es gerade noch mit seinem Schwert zu parieren, als der Schicksalsmeister nach seinem Kopf hieb. Das Echo des Schlages hallte über das Deck und warf mehrere von Gages Gegner zu Boden. Er ergriff die momentane Öffnung beim Schopfe und sprang auf Tarn zu.

Der Magister, der immer noch eine Hand gegen seine verwundete Schulter presste, stieß mit seinem Stab in Gages Richtung. Die Siegel, die in ihn gehämmert worden waren, leuchteten mit einem kränklichen Licht auf. Gage hechtete instinktiv zur Seite, als ein magisches Geschoss dorthin sauste, wo er gerade noch gestanden hatte. Es hüllte ein Besatzungsmitglied ein, das sich ihm mit erhobenem Knüppel von hinten genähert hatte.

Der Mann schrie, als sein Körper sich selber in Stücke riss. Sein Fleisch barst wie bei einer zerkochten Wurst und brachte Schuppen und Federn zum Vorschein. Seine Knochen brachen und fügten sich neu zusammen, wurden länger und bogen sich. Sein Fleisch fiel von ihm ab und verformte sich, seine Farben veränderten sich. Augen und Münder tauchten in den Winkeln und Rissen seiner neuen Gestalt auf, als dornenartige Klauen aus rohen, fleischigen Pranken wuchsen. Das Ding schrie durch eine Masse aus scharfen Fangzähnen.

Unglückselige Besatzungsmitglieder wurden von den Füßen geschmettert oder zerrissen, wo sie standen. Loyalität gegenüber den Chaosgöttern war kein Schutz vor den wahnsinnigen Instinkten der neugeborenen Chaosbrut. Sie war ein Ding aus purem Hunger und Instinkt. Alles, was sie einmal gewesen war, war in den unheiligen Feuern ihrer Schöpfung verzehrt worden.

Die Chaosbrut sprang jaulend auf Gage zu. Er rannte, sprang über Fässer und Bündel und hastete hinter den Mast. Die Chaosbrut polterte ihm nach und ließ das Deck mit ihrem schweren Körper splittern. Sie ergriff den Mast und warf sich um ihn herum, ihr gestrecktes Maul zu einem Brüllen geöffnet.

Gage ließ sich flach zu Boden fallen, als Klauen nach ihm schlugen. Der Mast erzitterte, als das Biest ihn traf. Gage drehte sich, ergriff eines der Masttaue und durchschlug den Knoten, der es fixierte. Er würde nach oben gerissen, als das Seil durch den Flaschenzug über ihm gezogen wurde. Die Chaosbrut kreischte und setzte ihm nach und kletterte geschwind den Mast hinauf.

Gage schlug gegen den Mast und befand sich auf einer Stange direkt unter den Gassäcken. Er ließ das Seil los und ergriff eines der Haltetaue, um zu verhindern, dass er wieder auf das Deck hinunterstürzte. Er versuchte, sich eine Möglichkeit zu überlegen, wie er die Kreatur besiegen konnte, die ihn schnell den Mast herauf verfolgte. Es befand sich eine Reihe von gesegneten Siegeln und heiligen Talismanen in den Taschen seines Mantels, aber er bezweifelte, dass sie etwas bewirken würden.

Sein Verstand raste und er blicke über den nächtlichen Himmel zurück zum Ätherdock. Eine dünne Gestalt war dort zu sehen – ein Himmelskutter. Das kleinere Schiff ähnelte einer grazilen Klinge. Seine Äthersegel durchpflügten die Luft wie die Schwingen eines Falken. Der Himmelskutter nahm Kurs auf *Hoffnungsvoller Reisender* und Gages Herz machte einen Satz, als er den leisen Klang eines Matrosenlieds der Duardin vernahm, das von dem sich nähernden Schiff herüberwehte.

»Bryn?«, murmelte er.

Der Himmelskutter fing den Wind ein, raste vorwärts und schloss die Lücke. So abgelenkt wie alle mit dem Amoklauf der Chaosbrut waren, hatte noch niemand anderes ihn bemerkt. Gage blickte nach unten, als die Kreatur sich näher an ihn heranzog. Ihre Masse passte sich noch immer an ihre neue Form an, was ihren Aufstieg verlangsamte. Sie schlug mit einem stacheligen Tentakel nach ihm und er warf sich wieder zurück gegen den Mast, um ihr auszuweichen. Ihre Klauen gruben sich in die Stange und er stach mit seinem Rapier auf sie ein. Ein Tentakel, mit einem schnappenden Maul an seinem Ende, schoss auf ihn zu. Er nutzte das Haltetau, um die Balance zu halten, duckte sich zur Seite und schwang hinaus über das Deck. Er nagelte den Tentakel gegen den Mast, was einen Schrei von der Chaosbrut hervorrief. Das Monster begann den Mast zu schütteln und sich zu befreien.

Gage riss das Rapier heraus und die Bestie schrie, als sie sich anschickte, sich zu ihm hochzuziehen. Bevor sie allerdings dazu in der Lage war, krachte der Himmelskutter mit einem erschütternden Krachen in die Seite von *Hoffnungsvoller Reisender*.

Balken bogen sich und brachen und das Luftschiff warf sich wie ein verwundetes Tier hin und her. Besatzungsmitglieder wurden schreiend über Bord geworfen und Gage wurde beinahe von dem Mast geschleudert. Die Chaosbrut hatte nicht so viel Glück. Sie taumelte mit einem Brüllen auf das zerschmetterte Deck unter ihr. Durch den Qualm des Aufpralls konnte Gage sehen, dass der Himmelskutter ganze Arbeit geleistet hatte – sein verstärkter Bug hatte sich wie die Klinge eines Messers in *Hoffnungsvoller Reisender* gebohrt. Das kleinere Schiff hing an Ort und Stelle in dem größeren Luftschiff fest. Es hatte eine Furche durch das Deck bis tief in dessen Mitte gezogen. Benommene Besatzungsmitglieder begannen auf den Kutter zuzugehen, während andere umherrannten und versuchten, *Hoffnungsvoller Reisender* zu stabilisieren. Das Luftschiff hatte schwere Schlagseite und sein Rumpf knarzte. Alarmierte Rufe erfüllten die Luft. Gage fragte sich, wie viel länger das Schiff zusammenhalten würde.

»Ha-ha!«, brüllte Bryn, als er sich vom Bug des Himmelskutters fallen ließ, eine Pistole in jeder Hand. Die Rüstung des Duardin war versengt und besudelt, aber er schien in einem Stück zu sein. »*Khazukan Khazuk-ha!* Die Duardin sind auf dem Kriegspfad und eure Schulden sind nun fällig!«

Die Drachenfeuerpistolen brüllten und Besatzungsmitglieder fielen zu Boden. Bryn holsterte die Waffen, nahm seinen Hammer zur Hand und schwang ihn in einem knochenzermalmenden Bogen. Er trat in Begleitung der Gryph-Hündin Zephir über die Körper der Gefallenen.

»Ho, Gage! Du kannst jetzt herunterkommen – ich bin hier und du bist sicher.«

»Um mich mache ich mir keine Sorgen, Bryn – passt auf!«, schrie Gage, als die Chaosbrut unstet auf die Füße kam. Ihre vielen Augen waren auf den Duardin gerichtet, der sich umdrehte, um sich ihr zu stellen.

»Dann komm her, du hässliches –«, begann er.

Eine doppelschneidige Axt wirbelte durch die Luft und vergrub sich im Schädel der Brut. Die Kreatur erstarrte, winselte und fiel zu Boden. Sie schien zu schrumpfen, während Gage zusah. Kuva sprang leichtfüßig von dem Himmelskutter und nahm ihre Axt wieder an sich.

Bryn sah sie finster an. »Das war meiner.«

»Es gibt noch genug andere zu töten.« Kuva nickte Gage zu, als er vom Mast herunterkletterte. »Ihr habt den Fluchkämpen erwischt?«

»Wir haben mehr als nur ihn erwischt. Der Himmelskutter?«

»Wir haben ihn uns an den Docks ausgeliehen, als Zephir gekommen ist, um uns zu finden.« Sie schenkte ihm ein seltenes Lächeln. »Ich hatte vergessen, wie viel Spaß es macht, einen zu fliegen.«

Das Lächeln verschwand so schnell, wie es erschienen war. Sie wirbelte herum und schlug mit ihrer Axt durch einen Armbrustbolzen, als er auf sie zuschoss. Das Besatzungsmitglied, das ihn abgefeuert hatte, wich zurück und versuchte hastig nachzuladen. Kuva verfolgte ihn mit gerunzelter Stirn.

Gage blickte zu Bryn. »Helft Carus.«

Zephir sprang bereits über das Deck und folgte dem klirrenden Zusammenprall von Klingen. Carus und sein Kontrahent ignorierten alles um sich herum und konzentrierten sich nur aufeinander. Sie bewegten sich durch den Rauch und hielten ohne Mühe ihr Gleichgewicht auf dem wankenden Deck, während ihre Schwerter sich wieder und wieder trafen.

Bryn runzelte die Stirn und blickte zu dem Duell. Der Schicksalsmeister raste durch die Luft und Carus stellte sich ihm Klinge gegen Klinge entgegen. Gage und Bryn musste sich abwenden, als Blitze aufloderten.

»Sieht mir nicht so aus, als ob er Hilfe bräuchte«, knurrte der Duardin.

»Es ist eine Ablenkung. Ich brauche ihn, um ungeschehen zu machen, was auch immer das Ritual begonnen hat. Helft ihm.«

»Und was wirst du währenddessen tun?«

»Was ich kann.« Gage eilte auf die Reling und die Lücke zu, die die Ankunft des Himmelskutters in der Steuerbordseite von *Hoffnungsvoller Reisender* gerissen hatte. Er hatte Tarn seit dem Aufprall nicht mehr gesehen, aber zu hoffen, dass der Magister einer derjenigen war, die in der Kollision getötet wurde, wäre wohl zu viel verlangt.

Er schob sein Rapier in die Scheide und kletterte über die Reling hinaus. Der Wind riss an ihm und er erhaschte einen Blick auf die Stadt, wie sie sich unter ihm erstreckte. Von hier oben sah sie wie die Ringe eines Baumes aus. Er bewegte sich vorsichtig vorwärts, trat zerschmetterte Hüllenplanken zur Seite und kletterte durch das Loch in den aufgerissenen Frachtraum hinunter. Er handelte im Moment nach Instinkt; Tarn hatte ein Ritual erwähnt, aber es hatte weder in dem Warenhaus noch an Deck ein Zeichen davon gegeben.

Ein seltsamer Anblick erwartete ihn, als er sich durch das zerschmetterte Deck fallen ließ. Ein Zirkel aus neun Akolythen, gleich gekleidet wie jene, gegen die sie im Warenhaus gekämpft hatten, saß in einem weiten Kreis um eine alchemistische Flamme, die auf einer großen, flachen Kristallplatte loderte. Kohlepfannen waren innerhalb des Frachtraums angeordnet worden, aber mehrere von ihnen waren umgestürzt und hatten brennende Kohlen verstreut. Das Holz kokelte.

Trotz der Bedingungen innerhalb des Frachtraums, der Kante des Bugs des Himmelskutters, der sich in ihr Refugium gebohrt hatte, und das Rauschen des Windes, schenkten die neun Akolythen nichts anderem außer der Flamme ihre Aufmerksamkeit. Ihre Hände bewegten sich in rituellen Gesten und ihre Stimmen, heiser vor Anstrengung und Ermüdung, waren im Gesang erhoben. Sie machten einen hageren Eindruck, als ob sie seit Wochen nichts gegessen hätten. Ihre goldenen Masken saßen seltsam auf ihren Gesichtern und ihre Roben hingen lose herab.

Gage hatte so etwas schon früher gesehen. Sie gaben etwas von sich selbst, in was auch immer für ein Ritual sie durchführten; es raubte ihnen ihr Leben, damit es an Stärke gewinnen konnte. Was es aber für ein Ritual war, konnte er nicht sagen.

In dem trügerischen Licht der Flammen konnte er verschiedene Teile von Hammerhal sehen. Die Bilder schwebten wie Seifenblasen über der Kristallplatte. In einem platzte die Tür einer Taverne wie frischer Schorf auf und etwas Röhrenförmiges und Rasendes wand sich hinaus in den vollgepackten Schankraum. Dämonisches Feuer peitschte über die überraschten Gäste und verzehrte sie. In einer anderen Blase begann die Rückwand eines Stalls zu erzittern, als sich rosafarbene Gestalten aus ihm ergossen wie Maden aus einer Wunde. Die kichernden Dämonen stürzten sich mit monströsem Enthusiasmus auf die schreienden Pferde.

Gage wurde bei dem Anblick übel und er schaute fort. In den anderen Blasen war es dasselbe – und nicht nur Dämonen, sondern auch verzerrte Tiermenschen. Tzaangore strömten in dreckige Gassen und Tempelschiffe und machten sich augenblicklich daran, all jene zu massakrieren, die ihnen über den Weg liefen.

Mehr Blasen erhoben sich aus den Flammen: Dutzende, Hunderte. In jeder spielten sich ähnliche Szenen ab. In der Kaserne eines Freigilderegiments, in einem Probebohrungstunnel der Duardin, innerhalb der Warenhäuser der Ätherdocks – überall, wo Tarns Holz benutzt worden war, tauchten Dämonen und Tiermenschen aus den flachen Oberflächen auf.

»Tor und Schlüssel, wie ich sagte.«

Gage schaute auf. Tarn trat die Stufen auf der anderen Seite des Laderaumes herunter, gefolgt von mehreren Besatzungsmitgliedern.

»Die Hexen des Gottkönigs haben die unstabilen Ausstrahlungen, die sich im Grundgestein dieses Ortes befinden, genutzt, um Schutzzauber um die Stadt zu errichten. Zauber, die selbst gegen die gerissenste Magie gefeit sind, wie andere ein ums andere Mal zu ihrem Leidwesen festgestellt haben. Ich aber habe schon vor Langem herausgefunden, dass es kein Problem gibt, das Geld nicht lösen kann.« Tarn rieb zur Verdeutlichung seine Finger zusammen.

»Ihr habt das Holz herbeigeschafft, es an die unbedarften Käufer gebracht und habt irgendwie einen Pfad durch die Verteidigung der Stadt geschaffen«, sagte Gage. Er umkreiste die singenden Akolythen und hielt sie zwischen sich und Tarn. Es musste einen Weg geben, den Zauber zu brechen.

»Es hat Jahre gedauert. Aber im Dienste des Herren des Wandels habe ich Geduld gelernt.« Tarn hob ein in einer Scheide steckendes Schwert in sein Blickfeld. »Ich habe viele Dinge gelernt. Zum Beispiel, was der beste Weg ist, um verfluchtes Holz aus einem Wald zu ernten, der von den Göttern berührt wurde, und wie man es als einen Durchgang zu ebenjenem Wald benutzt. Auch wenn ich zugegebenermaßen dabei etwas Hilfe hatte.«

Gage hob sein Rapier. Die Besatzungsmitglieder kamen

herunter und verteilten sich um ihn. Dämonische Gesichter grinsten ihn spöttisch aus den Wänden und Balken des Frachtraumes an und lachten still über seine missliche Lage.

»Ihr denkt, Ihr hättet gewonnen, nicht wahr?«, sagte er.

Tarn lachte. »Nein. Dies ist bloß der Anfang.« Er zog sein Schwert und blickte an ihm entlang. Hässliche Siegel, die Einschnitten glichen, zierten die Klinge. »Diese Stadt ist gut verteidigt. Aber auf der anderen Seite des Tores wartet eine Armee – die gesegneten Kinder des Wandels warten darauf, dass wir den Weg von dieser Seite öffnen. Hammerhal Ghyra wird an die Kriegsscharen des Fluchwaldes fallen. Dann, Hammerhal Aqsha. Und danach – wer kann das schon sagen?«

Gage schüttelte im Angesicht solchen Hochmutes ungläubig den Kopf. Männer wie Tarn sprachen immer von Überzeugung. Selbst wenn sie dieselben Worte sagten, wie sie Hunderte von Menschen bereits vor ihnen gesagt hatten und Hunderte von Menschen nach ihnen noch sagen würden. Es war immer dasselbe. Dominanz. Eroberung. Hochmut.

Sein Rapier immer noch ausgestreckt, sah sich Gage geschwind um. Er brauchte eine Ablenkung.

Das Deck über ihnen bog sich nach innen und barst in einem Schauer aus zackigen Holzstücken, der auf die Akolythen niederging. Sie hörten nicht mit ihrem Gesang auf, obwohl Holzsplitter die Brustkörbe und Arme von mehreren durchbohrten. Tarn trat fluchend zurück, als Carus und der Schicksalsmeister in einer Wolke aus Splittern auf den Boden krachten.

»Das wird ausreichen«, sagte Gage. Die beiden Krieger waren beinahe augenblicklich wieder auf den Füßen. Keiner von beiden gab Boden gut. Ihre Schwerter prallten mit der Wucht eines Hurrikans zusammen und dämonische Winde fuhren durch den Frachtraum. Besatzungsmitglieder wurden in die

Luft gehoben und gegen die Hülle zurückgeworfen. Die Flammen loderten und wogten.

»Aek, bringt den Kampf fort von hier – wir sind nun zu nahe!«, heulte Tarn. Er zog seine eigene Klinge und machte einen Satz auf Carus zu.

Gage fing ihn ab. Als ihre Schwerter zusammenprallten, ergriff Gage Tarns Robe und schwang ihn in die Flammen. Es war nicht schön, aber effektiv. Tarn schrie vor Schmerzen auf, als das mystische Feuer aufloderte und ihn zu verzehren schien. Als er seine Schreie hörte, blickte sich der Schicksalsmeister wie in Sorge um. Carus ergriff seine Chance und sein Richtschwert fuhr auf den Helm seines Gegners hernieder und spaltete das Metall.

Der Schicksalsmeister stöhnte und schwang sein Schwert. Ein Sturmwind erhob sich und packte Carus. Der Lord-Veritant wurde langsam von dem stärker werdenden Wind zurückgezwungen. Seine gepanzerten Stiefel zogen flache Furchen in das Deck, als er langsam zu der Stelle zurückgedrängt wurde, an der der Himmelskutter den Rumpf von *Hoffnungsvoller Reisender* getroffen hatte. Das kleinere Schiff bebte, als die mystischen Winde es umpeitschten. Mit einem zitternden Brüllen wurde es aus der Hülle des größeren Luftschiffes geschleudert und taumelte fort in Richtung der Stadt unter ihnen.

Die Winde bauten sich zu einem stürmischen Crescendo auf. Carus wirbelte seine Klinge herum und stieß sie in einem Versuch, sich zu verankern, in das Deck. Dennoch konnte Gage sehen, dass es nicht lange halten würde. Wenn er nicht schnell handelte, würde der Lord-Veritant aus dem Frachtraum geschleudert werden.

Er machte einen Hechtsprung und stieß sein Rapier durch eine Lücke in der Rüstung des Schicksalsmeisters. Die Kreatur erstarrte, wirbelte herum und zog die Winde mit seiner

Klinge mit. Gage wurde gefährlich nahe an die Flammen zurückgeschleudert; er rollte sich zur Seite und schaffte es nur knapp, ihnen zu entgehen. Als er wieder auf die Füße kam, sah er, dass die unheimlichen Flammen sich ausgebreitet hatten und den Kreis aus singenden Akolythen verzehrten. Die sitzenden Gestalten brannten wie hockende Scheiterhaufen. Sie versuchten nicht einmal zu entkommen. Der Zauber hatte sie vollkommen aufgezehrt – es würde nun keinen einfachen Weg mehr geben, ihn zu brechen.

Gage wandte sich wieder dem Kampfgetümmel zu, als eine geschleuderte Axt den Schicksalsmeister in die Brust traf und ihn zu Boden schleuderte. Kuva sprang in den Laderaum herab und griff nach dem Heft ihrer Axt. Der Schicksalsmeister fuhr nach oben und trieb sie zurück. Er riss sich die Axt aus der Brust und schleuderte sie fort. Die Aelfe duckte sich zur Seite, als der Krieger nach ihr schlug, und seine Klinge durchtrennte einen Stützbalken. Der Frachtraum stöhnte, als die Flammen höher schlugen. Mehr und mehr Bilder in Hitzeblasen formten sich. Sie trieben durch den Frachtraum und lenkten die Kämpfer momentan ab. Unter den Bildern sah Gage einen Wald und die in Silber gerüsteten Gestalten der Hallowed Knights, die mit Tzaangoren und Dämonen in eine Schlacht verwickelt waren. Was auch immer vor sich ging, es beschränkte sich nicht bloß auf Hammerhal Ghyra.

Klingen schlugen mit dem Krachen von Stahl aufeinander. Carus war wieder auf die Füße gekommen und der Schicksalsmeister stellte sich ihm entgegen. Selbst verwundet schien der Diener des Chaos dazu entschlossen zu sein, sie davon abzuhalten, dass sie sich auf irgendeine Art und Weise an den Flammen zu schaffen machten.

Kuvas und Gages Blicke trafen sich durch den Frachtraum. Sie blickte nach oben und Gage sah Bryn, der an der Kante des Loches auf das Oberdeck stand. Der Duardin hob bedeutungsvoll eine Pistole. Gage nickte und er und Kuva bewegten sich in Flankenpositionen zu dem Schicksalsmeister. Carus würde ihnen nicht danken, aber das war ein Problem für später. Not kannte kein Gebot, wenn Dämonen im Spiel waren.

Eine Drachenfeuerpistole brüllte von oben herab, als Bryn seinen Beitrag zu dem Getümmel leistete. Der Schicksalsmeister taumelte. Er drehte sich, die Augen vor Schmerzen glasig.

»Keine Fluchtmöglichkeit«, sagte Gage und hob sein Rapier. Kuva erhob ihre Axt und trat vor. Carus trat mit einem säuerlichen Gesichtsausdruck zurück.

Der Schicksalsmeister riss sich seinen Helm vom Kopf und entblößte fahle, finstere Gesichtszüge, die mit Blut bedeckt waren. »Es gibt immer einen Weg«, sagte er und lächelte leicht. Dann hechtete er mit einem einzelnen ungelenken Schritt in die Flammen und zog seine kreischende Klinge hinter sich her.

Vollkommen überrascht machte Gage keine Anstalten, ihn aufzuhalten. Die Flammen loderten auf, leckten an den Wänden und der Schicksalsmeister verschwand. Ob tot oder einfach nur verschwunden, vermochte Gage nicht zu sagen und im Moment scherte es ihn auch nicht sonderlich.

»Carus – wir werden vielleicht Eure Laterne brauchen«, schrie er und deutete auf die Flammen. »Was sie auch immer begonnen haben, ich kenne keinen Weg, um es aufzuhalten.«

»Wir müssen dieses Schiff zerstören«, sagte Kuva und blickte die Flammen finster an.

»Das alleine wird nicht ausreichen«, sagte der Lord-Veritant. »Die Dämonen haben bereits die Schutzzauber der Stadt durchbrochen. Wir müssen die Pfade zum Einsturz bringen, die sie geschaffen haben, und sie zurück ins Reich des Chaos schicken.« Carus starrte mit entschlossener Miene in die flackernden Flammen. Er pfiff scharf und Zephir tauchte am Loch über ihnen auf, den Kopf zur Seite gelegt. Der Lord-Veritant schaute hoch. »Bring mir meinen Stab«, rief er. Er stützte sich mit seinem Schwert ab, als der Frachtraum bebte.

Gage legte die Stirn in Falten, als er sich an einem Balken abstützte. Das Schiff fühlte sich an, als ob es jeden Moment auseinanderfallen würde. »Könnt Ihr es schaffen?«

»Falls ich es nicht könnte, hätte ich etwas anderes vorgeschlagen.«

Gage schaute hoch, als eine Blase vorbeischwebte, die das Bild eines Kriegerbanners der Hallowed Knights enthielt, die in einem Wald kämpften. War dies der Fluchwald, den Tarn erwähnt hatte? Der einzige Fluchwald, den Gage kannte, war ein Wald an den Hängen der Nimmergrünen Berge.

Ein harsches Geräusch erfüllte die Luft. Ein Schrei aus purer, infernaler Bosheit. Er fuhr durch sie hindurch und brachte Gage ins Wanken. Er presste sich die Hände fest auf die Ohren. Selbst Carus erschauderte und verengte im Angesicht des monströsen Drucks die Augen. Nur Kuva zuckte nicht zusammen. Sie blickte sich um.

»Dämonen«, sagte sie nüchtern.

»Wo?«, verlangte Bryn von oben zu wissen.

Noch während er sprach, brach etwas Langes und Rosafarbenes aus dem splitterigen Ende einer zerbrochenen Planke hervor und schlug nach ihm. Der Duardin wich fluchend zurück, als der Rosa Horror ihm mit einem verzerrten Grinsen auf seinen deformierten Gesichtszügen nachsetzte. Bryns Hammer schoss heran und zertrümmerte seinen Kopf. Er fiel zu Boden, noch immer teilweise mit dem Holz verschmolzen.

Dämonisches Glucksen hallte durch die Planken und hässliche Fratzen waberten über die Innenseite des Laderaumes. Hände und Klauen quollen aus der Maserung des Holzes auf allen Seiten und griffen nach ihnen. Gage stach nach einem grinsenden Gesicht, als es sich in seine Richtung wölbte, und stach ein gelbes Auge aus.

»Carus – was auch immer Ihr plant, beeilt Euch damit«, sagte er.

Ein gedämpfter Schrei ertönte, als Zephir mit Carus' Stab in ihrem Schnabel wieder auftauchte. Die Gryph-Hündin sprang in den Laderaum, von geborstenen Planken auf Balken, und wich geschickt den brennenden Klauen von Dämonen aus, die nach ihr schlugen. Carus' ergriff seinen Stab und schlug den Ringbeschlag auf den Boden. Licht erstrahlte aus der Laterne und erfüllte den Laderaum. Die Dämonen zogen sich für den Moment zurück. Aber nur für einen Moment.

»Geht«, brummt er. »An Deck mit Euch.«

Gage zögerte. »Was ist mit Euch?«

»Ich bin, wo ich sein muss.« Carus blickte ihm in die Augen. »Viel wird verlangt von jenen, denen viel gegeben wird. Die Zeit ist gekommen, um diese Schuld zu begleichen.«

Das Feuer loderte plötzlich auf, leckte entlang der Decke und breitete sich über den Boden aus. Gage und Kuva wurden in Richtung der Treppe zurückgedrängt, die auf das Deck führte. Carus deutete mit seinem Schwert. »Zephir – geh!«

Die Gryph-Hündin schrie wie aus Protest, sprang dann aber über die wachsenden Flammen, um sich den anderen anzuschließen. Als sie die Treppe hinaufstiegen, spaltete Gages Schwert das grinsende Gesicht eines Dämons und Kuvas Axt gab ihm den Rest. Blaue Horrors erhoben sich aus den blubbernden Überresten und Gage stieß einen von ihnen in das sich ausbreitende Feuer. Der andere wurde von Kuva in zwei brennende, gackernde Dämonenflammen gespalten. Gage stampfte auf sie und löschte sie aus.

Über die sich ausbreitenden Flammen sah er, wie Carus seinen Stab hob. Die Bannlaterne erstrahlte mit einem Licht, das mit dem der Flammen mithalten konnte. Der Lord-Veritant sang, während sich die Dämonen um ihn herum erhoben und aus dem Boden und den Wänden quollen. Die Kreaturen rissen an ihm und ihr Gackern nahm frenetische Züge an. Blitze quollen aus seinen Wunden und knisterten in seinen Augen. Seine Stimme übertönte donnernd den Wind und das Geheul der Dämonen. Sein Schwert fuhr hervor und verteilte Dämonenblut, während sein Gebet den Höhepunkt erreichte.

»Komm, Gage, schnell«, sagte Kuva, ergriff Gages Arm und zog ihn die Treppenstufen hinauf. »Was auch immer er plant, wir werden es so nahe nicht überleben.«

Gage erlaubte der Aelfe, ihn aus dem Lagerraum zu ziehen, aber er konnte den Blick nicht von dem letzten Kampf des Lord-Veritants abwenden. Die Flammen umhüllten Carus wie die Klauen einer großen Bestie. Sein Mantel verbrannte zu Asche, während Gage zusah, und seine Rüstung schwärzte und verzerrte sich. Ihre Goldauflagen tropften zu Boden, während die Siegel, die in die Rüstung eingeätzt worden waren, weiß glühten. Aber dennoch stand er noch aufrecht. Er hielt gegen unzählige Feinde und die Hitze der schändlichen Magie stand. Azurfarbenes Licht quoll aus ihm hervor und stieg in knisternden Partikel von seiner Rüstung und seinem freiliegenden Gesicht auf.

Trotz alledem lächelte er. Dies war das Letzte, was Gage von ihm sah, ehe er mit den anderen auf das Deck kletterte. Bryn eilte zu ihnen.

»Die Besatzung – was von ihr übrig ist – hat vor ein paar Momenten die Driftboote klar gemacht«, sagte er. »Denkt ihr, die wissen etwas, was wir nicht wissen?«

Kobaltfarbene Blitze schossen durch die Löcher im Deck nach oben. Sie malträtierten die Masten und die oberen Decks und rissen an dem Holz. Irgendwo schrien Dämonen auf –

aber nun nicht mehr vor Freude, sondern vor Schmerzen. Und, wie Gage hoffte, vor Furcht. Was auch immer Carus tat, es gefiel ihnen nicht.

Eine Säule aus Blitzen schoss einen Moment später durch das Deck nach oben, verstreute Planken in alle Richtung und ließ Gage beinahe taub werden. Einer der Masten brach, fiel auf das Deck und warf sie alle zu Boden. Über ihnen kräuselte sich der Gassack, als Blitze über ihn fuhren und brennende Löcher hinterließen.

Dämonen versuchten sich aus dem Holz zu befreien, nur um von Strängen aus Blitzen gefangen und wieder in den Laderaum zurückgezerrt zu werden. Schreiend wurden sie in das strahlende Licht gezogen, das dort brannte. Dies war nicht das kränkliche Leuchten des rituellen Feuers, sondern ein reines Licht: das Licht von Azyr, von Sigmars reinigendem Sturm, der im Herzen des Rituals entfesselt worden war, was auch immer es für eins war, das der Feind durchgeführt hatte. Das Schiff wölbte sich unter der Berührung der Blitze. Ganze Sektionen der Hülle brachen und fielen ab und stürzten als brennende Kometen auf die Stadt hinunter.

Gage blickte zu Bryn. »Ich schätze, dass keine Driftboote mehr übrig sind?«

Bryn grinste und klopfte auf seinen Hammer. »Ich dachte mir, dass du das fragen würdest, also habe ich dafür gesorgt.«

Er drehte sich um und eilte davon, so schnell wie ihn seine kurzen Beine tragen konnten. Zephir lief ihm voraus und kreischte ermutigend und Gage und Kuva folgten, so schnell sie konnten. *Hoffnungsvoller Reisender* brach auseinander, während sie über die Stadt trieb. Blitze krochen über das bebende Deck und spornten sie an.

Das Driftboot war ein gewölbtes Blatt von massiven Ausmaßen. Die Grünen Priester von Hammerhal Ghyra hatten ein

Gefährt gefaltet und geformt, das den Wind einfangen und seine Passagiere sicher zu Boden tragen würde. Es hing von der Seite der Reling und sie kletterten eilig hinein und setzten sich auf die rundlichen Bänke. Kuvas Axt durchtrennte spielend die Seile, die es an dem Luftschiff befestigten, und Gages Magen sprang ihm in die Kehle, als sie von dem in Blitze gehüllten Rumpf von *Hoffnungsvoller Reisender* abfielen.

Die Stadt kam ihnen schnell entgegen, bevor das Driftboot den Wind einfing und sich einpendelte. Hammerhal Ghyra brannte unter ihnen – oder zumindest Teile der Stadt. Selbst aus dieser Höhe konnte Gage das Donnern von Gewehrfeuer und das kriegerische Grollen von Eisenschmiede-Artillerie hören.

»Er ist also tot«, sagte Bryn und sah zu, wie *Hoffnungsvoller Reisender* sich den Kräften in ihrem Laderaum ergab. Der Nachthimmel erstrahlte für einen Moment hell, als das Luftschiff explodierte und die letzten Blitze gen Azyr und den Sternen peitschten. »Diese Art von Blitz erscheint nur, wenn einer von Sigmars Auserwählten fällt.«

»Ja, aber im Tode hat er sie geschlagen«, sagte Gage und wusste, dass es die Wahrheit war. Die rohe Kraft von Carus' Opfer würde durch die mythischen Pfade rasen, die Tarns Kult geschaffen hatte, und sie hoffentlich kollabieren lassen. Ohne beständige Verstärkungen würden die verbliebenen Dämonen und Tzaangore schnell von den Verteidigern der Stadt überwältigt werden.

»Nicht alle von ihnen, hoffe ich«, sagte Bryn. »Wäre eine langweilige Angelegenheit, wenn wir all das durchgemacht hätten und die Schlacht verpassen, weil wir zu sehr damit beschäftigt sind, auf einem fliegenden Blatt zu reiten.«

Kuva lachte. »Es gibt immer mehr Dämonen zu töten.«

»Sie hat recht.« Gage lehnte sich zurück. »Irgendwie glaube

ich, dass wir schon etwas finden werden, um uns zu beschäftigen.«

Er streckte sich und streichelte Zephirs flachen Schädel. Die Gryph-Hündin ließ sich zirpend neben ihm nieder. Falls das Schicksal ihres Herrn ihr nahe ging, zeigte sie dies wenig. Aber vielleicht wusste sie auch, dass sie ihn wiedersehen würde, früher oder später. Gage schaute hoch und sah zu, wie das brennende Wrack über dem Horizont niederging.

»Kommt schnell zurück, mein Freund«, murmelte er. »Ich fürchte, dass wir Euer Licht wieder brauchen, und das früher, als wir glauben.«

KAPITEL ACHT

Feuer des Lebens
und des Himmels

Mit Hyrn und seinen veridianischen Stammeskriegern an der Spitze war der Marsch der Stahlseelen durch den Fluchwald geschwind. Die Pinienbäume um sie herum erzitterten, als hätte sie ein starker Wind gepackt. Irrlichter tanzten über ihre Wipfel und Flammen flackerten am Horizont, als die Schlacht auf der Lichtung von Neuem entbrannte. Serena fragte sich, ob Creel, Shael und die anderen im Regiment der Gläubigen Klingen die kommenden Stunden überleben würden. Für einen Stormcast war der Tod unvermeidbar – sie waren geschmiedet worden, um zu sterben und ihrem Tod Sinn zu geben. Aber Sterbliche waren zerbrechlicher. Die Stormcast Eternals kämpften und starben, damit Sterbliche leben konnten; sie auf solch brutale Art und Weise und so endgültig sterben zu sehen, machte sie bis in ihr Innerstes krank.

Sie versuchte den Gedanken beiseitezuschieben. »Viel wird von jenen verlangt, denen viel gegeben wurde«, murmelte sie. Das erste Canticum der Hallowed Knights. Die Worte, nach denen sie lebten und kämpften. Sigmar hatte ihnen große Stärke gegeben und im Gegenzug erwartete er nur, dass sie sie für eine gerechte Sache einsetzten. Für *seine* Sache.

Noch während sie die Worte wiederholte, erhaschte sie einen Blick auf etwas, was Gesichter sein könnten, welche die marschierenden Stormcasts aus Astlöchern anstarrten, und seltsame Gestalten, die von einem Baumstamm zum nächsten sprangen. Sie bewegten sich in den Schatten der Bäume und hielten Schritt. Serena versuchte sie zu ignorieren, aber sie drängten sich näher um sie und mehr als nur einmal dachte sie, sie würde das Flüstern von Stimmen hören. Gerade noch an der Schwelle zur Wahrnehmbarkeit.

Die Stahlseelen wurden verfolgt.

Ob von Feinden oder etwas anderem, vermochte sie nicht zu sagen, aber sie vermutete Letzteres. Mindestens zweimal wäre ihre kleine Gruppe beinahe in eine Kriegsschar aus Tzaangoren gelaufen – sie eilten zu der Schlacht auf der Lichtung oder davon weg – aber die Tiermenschen hatten nicht einmal innegehalten, obwohl der Wind im Rücken der Stormcasts war. Beide Male dachte Serena, dass die Bäume sich irgendwie verbiegen würden, als ob sie sie verdecken wollten. Als ob der Wald vor den Biestern, die nun über ihn herrschten, verbergen wollte, dass sie sich näherten.

»Halt.«

Gardus' Stimme hallte mühelos durch die Dunkelheit. Serena und die anderen Liberatoren verteilten sich ohne Aufforderung und nahmen eine lose Formation ein. Die Judicatoren blieben nahe bei ihnen, ihre Pfeile eingelegt. Feros und seine überlebenden Retributoren standen im Zentrum der Linie und befanden sich zu beiden Seiten von Gardus. Sie waren zu einem Einschnitt im Hang gekommen, bei dem die Bäume sich lichteten. Große Felsformationen, die mit seltsamen Schnitzereien und Zeichen bedeckt waren, erhoben sich aus dem Waldboden und bildeten unregelmäßige Wälle. Dichtes Buschwerk bedeckte den Boden und wuchs auf den Felsen.

Von der anderen Seite der Felsen ertönten Trommeln. Dieselben, die sie gehört hatten, als die vorhergehenden Angriffe begonnen hatten. Auch Lichter waren zu sehen – ein wässriges Leuchten, das in den trüben Himmel über ihnen strahlte.

Hyrn spie aus und machte seinen Bogen bereit. »Hier ist es. Das verbotene Tal liegt hinter diesen Felsen.«

Obwohl er leise sprach, hörte Serena ihn so gut, als ob er neben ihr gestanden hätte. Die Kluft war eng und nicht besonders einladend: der perfekte Ort für einen Hinterhalt oder für Hinhaltetaktiken, je nachdem, wie weit sie sich erstreckten.

»Diese Meißelarbeiten im Stein«, murmelte Ravius hinter ihr. Auch er war auserwählt worden, um mit Aetius zu gehen. »Sie stammen von den Sylvaneth. Ich habe sie auf dem Schwarzsteinplateau gesehen.« Er blickte sich argwöhnisch um und beobachtete die Bäume.

»Und in Gramin«, sagte Serena. »Aber sie wurden geschändet.« Die Derbheit der Schändung erzürnte sie, auch wenn sie den ursprünglichen Zweck der Zeichen nicht erkannte.

»Andere Götter herrschen hier nun.« Gardus zog seine Runenklinge. Seine Stimme ließ alle Gespräche in den Reihen verstummen. »Aber nicht für lange.« Er blickte auf Hyrn hinab. »Ihr und Eure Leute werden hierbleiben. Diese Schlacht ist nicht die Eure. Falls wir fallen, müsst ihr die Kunde zu den anderen zurückbringen.«

Hyrn schickte sich an zu protestieren, verstummte aber unter Gardus' ruhigem Blick. Dieser Blick hatte Gewicht, wie Serena wusste – keine Schärfe oder Hass, aber dennoch Gewicht und nur wenige konnte ihm lange standhalten. Die Stammeskrieger verschwanden in den Bäumen, still wie Schatten. Gardus sah ihnen nach und wandte sich dann wieder der Kluft zu.

»Schwerhand«, sagte er.

»Aye, Lord-Celestant«, sagte Feros. »Sprich und wir werden gehorchen.«

»Mach ein freudvolles Getöse, mein Bruder«, sagte Gardus und schabte mit der Kante seiner Klinge gegen die Stirnseite seines Hammers. »Lass sie wissen, wer zu Besuch gekommen ist.«

Feros lachte laut. Er schlug den Ringbeschlag seines Hammers auf den Fels und hob die Waffe hoch. »Ihr habt ihn gehört, Brüder und Schwestern. Lasst uns ihnen ein Lied von unserem Volk singen.«

Er marschierte los und die Retributoren rückten mit ihm vor. Als sie auf die Kluft zuschritten, schlugen sie ihre Hämmer zusammen und ließen einen schwerfälligen Rhythmus erklingen. Kobaltfarbene Funken sprühten bei jedem Krachen, bis die Köpfe eines jeden Hammers in ein knisterndes Geflecht aus azurnem Licht gehüllt waren. Der Klang stieg nach oben auf und verdrängte das qualvolle Hämmern der ungesehenen Trommeln, wie die Brandung der See gegen den Strand.

»Wo ich schreite, soll kein Tor meinen Weg versperren«, grollte Feros. »Keine Mauer, keine Bastion soll mein Fortkommen hindern. Ich bin gläubig und mein Glaube öffnet alle Tore.«

Als sie die Kluft erreichten, hoben die Retributoren gemeinsam ihre Hämmer. Sie schritten ohne Eile stetig voran. Ein Meilenstein aus Silber und Azur. Ihre Donnerhämmer fuhren hernieder und die Felswand ... hörte auf zu existieren. Staub füllte die Luft, als die Kluft zusammenbrach und der Hang bebte. Mit jedem Aufprall peitschten mehr Blitze zwischen den Steinen umher und zermalmten sie zu Geröll oder rissen sie zur Gänze aus der Erde.

»Lose Formation«, sagte Gardus und rückte in die wogende Staubwolke vor. Sein Licht diente denen, die ihm folgten, als Leuchtfeuer.

Während sie marschierten, begannen Serena und die anderen Liberatoren mit ihren Hämmern und Schwertern gegen die flache Seite ihrer Schilde zu schlagen. Hinter ihnen erhoben sich die Stimmen der Judicatoren zum Gesang – eine Hymne aus dem Zeitalter der Mythen, an die sich nun nur noch einige verstreute Wüstenstämme erinnerten und jene, die aus ihrer Mitte erhoben wurden. Das Lied eilte ihnen voraus und ritt auf der donnernden Welle der Zerstörung.

Die Retributoren stellten die Speerspitze dar und vergrößerten die Kluft mit jedem Schlag ihrer Hämmer. Die Felswand zerfiel unter ihrem Ansturm und der Hang bebte, als in der Nähe Lawinen durch die rhythmische Zerstörung ausgelöst wurden. Serena konnte über den Lärm die panischen Schreie von Tiermenschen hören. Sie hatten ohne Zweifel den Pfad bewacht, aber gegen solch eine zügellose Zerstörung gab es keine Verteidigung. Als die Stormcasts durch den Staub vorrückten, traten sie auf zerschmetterte Körper – Tzaangore, die von den stürzenden Felsen oder den umherpeitschenden Bändern aus Blitzen getroffen worden waren, die mit jedem Hammerschlag hervorbrachen.

»Wir scheinen ihren Hinterhalt ruiniert zu haben«, sagte Ravius. »Eine Schande.«

»Es gibt mehr, wo diese herkommen«, sagte Serena. Über ihnen, an den bebenden Hängen, rasten dunkle Gestalten entlang. Kreischendes Blöken erklang, als vögelähnliche Körper auf der Suche nach silberner Beute in den Staub und Donner hineinsprangen.

Serena drehte sich und ihre Klinge erwischte einen Tzaangor am Hals. Sein Kopf schoss in einer Blutfontäne davon. Ein Judicator fiel hinter ihr unter einer Masse aus Leibern. Seine Essenz raste donnernd gen Himmel. Die Tzaangore rollten sich fort und schlugen auf die Flammen ein, die an ihnen hafteten. Ravius raste donnernd in sie hinein und versprengte sie.

Gardus bewegte sich wie eine Säule aus Feuer durch das Getümmel. Seine Stimme erklang, ein klarer Ton, der den Lärm durchschnitt. »Wessen Taten werden in Stein gemeißelt werden?«

»Nur die der Gläubigen«, keuchte Serena, da der Staub ihr die Kehle zuschnürte. Die anderen stimmten mit ihr ein.

Sie trieb mit ihrem Schild einen Tzaangor in die zerfallende Felswand und stieß ihre Klinge in seinen Bauch. Sie ließ den Körper zu Boden sinken und trat zurück. Sie suchte instinktiv wieder die Sicherheit der Formation. Die Schlachtlinie zu halten wurde über allen anderen Dingen vom Moment ihrer Apotheose in die Stormcasts gedrillt. Nur wenn sie gemeinsam als ein einziger Mechanismus des Krieges arbeiteten, konnten sie hoffen siegreich zu sein.

»Wer wird am Ende aller Dinge Erlösung finden?«, brüllte Gardus irgendwo vor ihr. Sein Licht loderte auf und sie erhaschte einen Blick auf ihn, wie er von umhereilenden bestialischen Gestalten umgeben war. Die Tzaangore wurden von der Stahlseele angezogen wie Motten vom Licht.

»Nur die Gläubigen«, schrie sie und rückte vor, um ihm zu Hilfe zu kommen. Über ihren Köpfen kreischten Pfeile durch die Luft und schleuderten Tzaangore von den Füßen oder nagelten sie an umgestürzte Bäume.

»Wer wird den Sturm aller Stürme überstehen?«, rief Gardus und versetzte einem der Biester einen Rückhandschlag mit seinem Hammer. Er sprang geschmeidig nach vorne und spießte ein weiteres auf seiner Klinge auf.

»Nur die Gläubigen!« Serena donnerte mit ihrem Schild voran

in einen Tzaangor, als er sich anschickte auf den Lord-Celestant einzuschlagen. Sie begrub ihn unter sich, stampfte auf seinen Kopf und barst seinen schmalen Schädel.

»Nur die Gläubigen!«, schrie sie erneut. Die Worte füllten sie mit Kraft und linderten die Müdigkeit, die drohte ihre Glieder zu verlangsamen.

»In der Tat, Schwester. Nur die Gläubigen.« Gardus riss seine Runenklinge aus einem sterbenden Tzaangor. »Weiter, Brüder und Schwestern. Werdet nicht langsamer. Zögert nicht. Wir sind die Klinge Azyrs und wir suchen das Herz des Feindes.«

Die Hallowed Knights rückten als ein Ganzes vor und folgten dem Pfad der Zerstörung, den Feros und seine Retributoren hinterlassen hatten. Die Kluft weitete sich zu einem immensen Tal, das wie eine Wunde im Herzen des Hanges war. Bäume drängten sich so dicht wie der Pelz eines Ghyrochs und erhoben sich in Hainen und Gruppen. Zwischen ihnen erhoben sich Steine, die dicht mit phosphoreszierendem Moos bewachsen waren.

In der Mitte des Tals erhob sich ein gigantischer Kreis aus kristallinen Formen aus dem verdorbenen Boden. Sie ragten wie die Zacken einer grässlichen Krone auf und das Licht, das von ihnen abstrahlte, verzerrte alles, was es berührte. Ein glühender Nebel erhob sich aus der aufgerissenen Erde, in dem sich Gesichter und Gestalten formten und wieder auflösten. Jene Bäume, die ihm am nächsten waren, waren zu albtraumhaften Gewächsen aus Fleisch und Schuppen statt aus Rinde geworden. Ihre Wurzeln wanden sich und peitschten umher wie Schlangen und ihre Äste krallten wie Klauen durch die Luft. Serena hatte so etwas bereits früher gesehen – ein Wandelsteinmann, errichtet von den Tiermenschen über Orten großer Magie. Geisterhafte Dämonen tollten durch den verzerrten Hain, der die Steine umgab, und sangen ihre abscheulichen Hymnen. Sie gaben keine Anzeichen, dass sie irgendetwas außer den grässlichen Farben wahrnahmen, die tief in den milchigen Facetten des Wandelsteinmannes flackerten. Noch schien der Kreis aus Tzaangortrommlern und Flötenspielern sich des Feindes bewusst zu sein, der so plötzlich über sie gekommen war. Aber das Tal verfügte über mehr Verteidiger als bloß bestialische Musiker und Dämonen. Tzaangore schwärmten durch die Bäume. Sie stießen kreischende Kriegsschreie aus, als sie heranrasten, um die Invasoren dieses heiligsten ihrer Orte abzufangen.

Als die Hallowed Knights das Tal betraten, sah Serena, dass Feros und seine Retributoren bereits in Kämpfe verwickelt waren. Sie fochten mit einer Gruppe aus schwer gepanzerten Tzaangoren, die größer waren als die anderen und von einem augenlosen Hünen angeführt wurden. Feros und die Kreatur maßen ihre Kräfte mit gekreuzten Waffen.

Gardus stürmte auf sie zu und schlug jegliches Biest zur Seite, das versuchte seinen Weg zu versperren. »Wer wird Azyrs Licht in die Dunkelheit tragen?«, rief er.

»Nur die Gläubigen!«, rief Serena, während sie an seiner Seite kämpfte.

Sie waren in der Unterzahl. Das Tal war voller Tiermenschen, aber die Kreaturen nutzten ihren Vorteil nicht aus, wie man es erwarten würde. Stattdessen warf sich nur das absolute Minimum in die Schlacht, das nötig war, um den Vormarsch der Stormcasts zu verlangsamen. Der Rest der Tzaangore sprang in die gleißenden Facetten der Monolithen, als ob sie Durchgänge wären. Die Oberfläche der großen Kristalle wogte wie ein Strudel und verschlang die Tiermenschen begierig, als sie sich in sie stürzten.

»Wo gehen sie alle hin?«, rief Serena und schlug ein Biest aus ihrem Weg. »Wo schicken sie sie hin?«

Gardus antwortete nicht. Der Lord-Celestant bahnte sich beständig seinen Weg in das Zentrum der Lichtung und auf den Wandelsteinmann zu. Er machte nieder oder schlug zur Seite, was sich ihm in den Weg stellte. Feros und die verbliebenen Retributoren kämpften darum, einen Pfad durch die schwer gepanzerten Tzaangore zu bilden, aber es waren einfach zu viele von den Tiermenschen. Selbst mit der Hilfe von Serena und den anderen war ihr Vorankommen fast zum Erliegen gekommen.

Dann löste sich der augenlose Tzaangor von Feros und machte einen Satz auf Gardus zu. Der Retributor-Primus brüllte vor Zorn, fand seine Verfolgung aber durch eine der anderen Kreaturen blockiert. Der Speer des Tzaangors zog eine schwarze Furche über die Seite des Lord-Celestants und ließ ihn wanken.

»Kezehk hat dich gesehen, Helle Seele«, brüllte die Kreatur. »Habe dich in Träumen und Zeichen gesehen. Kezehk wird dich nun im Namen der Gefiederten Herren erschlagen.«

Die Kreatur wirbelte ihren Speer mit unglaublicher Geschwindigkeit herum und führte Hieb um Hieb, die Gardus Schritt für Schritt zurücktrieben. Aus dem Gleichgewicht gebracht, absorbierte der Lord-Celestant die Treffer und drehte sich mit ihnen.

Serena und Ravius kämpften sich an seine Seite vor. Ravius erreichte ihn als Erster und schaffte es, seinen Schild zwischen sich und seinen Angreifer zu bringen und einen Hieb abzufangen. Die Wucht trieb ihn auf ein Knie und bevor er sich wieder erheben konnte, war der Tzaangor über ihm. Er trat ihm gegen die Brust, schleuderte ihn zu Boden, trieb seinen Speer durch seinen Körper und nagelte ihn am Boden fest. Ravius schrie. Blitze schossen gen Himmel und trennten den Tzaangor von Gardus. Er stolperte zurück und verlor den Halt um seinem Speer.

Wutentbrannt trieb Serena den Rand ihres Schilds in seinen Hinterkopf und schleuderte ihn auf Hände und Knie. Es lag keine Finesse in dem Schlag, nur Zorn. Als der Tiermensch seinen Kopf schüttelte und versuchte wieder auf die Füße zu kommen, rammte Serena ihre Klinge durch seinen Hals.

Die Kreatur wankte würgend von ihr weg. Sie schwang ihre Faust nach hinten und traf sie an der Schläfe. Sie fiel zu Boden und ihr Helm rollte davon. Der Tzaangor stolperte ihr nach, die eine Hand gegen seine zerstörte Kehle gepresst. Er starb, während er auf beiden Beinen stand, war jedoch dazu entschlossen, sich zu rächen. Sie zog sich auf die Beine und sprang auf ihn zu, um sich ihm zu stellen. Sie schleuderte den Tzaangor zurück und schlug nach ihm. Er kratzte an ihrem Schild und gurgelte ihr Verwünschungen entgegen, als sie ihn zurückdrängte und wieder und wieder ihr Schwert in ihn stieß. Sie verlor Gardus – verlor alles – aus den Augen, mit Ausnahme der Kreatur vor sich. In jenem Moment schien er die Summe all dessen zu sein, was im Fluchwald schlecht war.

Er fiel plötzlich von ihr ab und zog ihr den Schild vom Arm. Tot fiel er rückwärts in eine der Facetten des Wandelsteinmannes und verschwand mit dem Geräusch eines Steins, der in Schlamm fiel. Sie blickte sich verwirrt um und erkannte, dass sie es irgendwie geschafft hatte, sich einen Weg durch das Nahkampfgetümmel zu bahnen. Das Licht des Wandelsteinmannes zog ihren Blick an und sie blickte in das perlmuttartige Schimmern in seinen Tiefen.

Sie konnte breite Pfade aus verzerrtem Holz sehen, die sich rückwärts in eine kaleidoskopartige Leere erstreckten. Die Pfade hoben und senkten sich ohne Sinn und Verstand, wie ein Wirrwarr aus dunklen Fäden. Dämonen und Tiermenschen eilten viele von ihnen entlang und auf einen Fleck aus grünem Licht in der Ferne zu. Fliegende Monstrositäten rasten durch die Leere über ihnen. Ihre Reiter trugen verderbte Standarten gebeugt auf ihren Rücken. Sie konnte das Kreischen infernalischer Hörner und das Donnern von Kriegstrommeln hören. Eine Armee war auf dem Marsch, aber wohin?

Es ergab alles nun Sinn. Die Tzaangore hatten niemals vorgehabt, sie aus dem Wald zu vertreiben. Dies hier war keine Armee, sondern eine Nachhut, deren Zweck es war, das schreckliche Portal zu verteidigen, bis die letzten ihrer Streitkräfte auf dem Marsch waren. Aber … es war noch etwas anderes hier. Etwas, das gleichzeitig unglaublich weit weg und doch in Griffweite war.

Gebannt starrte sie in das Herz des Steinflussmannes und sah … *Licht.* Ein reineres Licht, als sie erwartet hätte. Silberne Formen pulsierten in jenem Licht. Formen, die alle Dinge aber auch nichts waren. Es fanden sich Gesichter dort, kindlich und androgyn, die nach Hilfe riefen. Sie konnte das verzweifelte Trillern ihres Liedes in ihren Knochen spüren und machte einen unbewussten Schritt vorwärts. Die Oberfläche der Facette wellte sich, als ob sie begierig wäre.

Der Lärm der Schlacht verstummte zu einem dumpfen Geräusch. Blitze flackerten auf und warfen ihr Leuchten über die Lichtung. Serena machte einen weiteren Schritt auf das Licht zu. Sie konnte fühlen, wie das Lied in ihr wuchs. Aus dem Augenwinkel sah sie dürre Gestalten, unmenschlich aber dennoch wunderschön, die sie zwischen den Bäumen beobachteten. Nein – aus dem *Inneren* der Bäume. Auch sie sangen, sangen zu den silbrigen Gestalten, riefen nach ihnen, beruhigten sie.

Gefangen. Sie waren Gefangene. Nein … Sie waren Geiseln. Sie schüttelte den Kopf in einem Versuch, ihn freizubekommen, und hob ihr Schwert. Falls sie sie befreien könnte …

Schmerz durchflutete sie und sie wankte. Mehr Schmerz – Flammen züngelten über ihre Rüstung und verwandelten das heilige Sigmarit in glühend heiße Schlacke. Sie fuhr herum, ihre Klinge vom Instinkt geleitet, und durchschlug das Ende eines Stabes in den Klauen eines Tzaangors. Von den primitiven Dekorationen zu urteilen, die er trug, ein weiterer Schamane. Die Kreatur kreischte sie an, als sie ihren zerstörten Stab zur Seite warf und ihr Messer zog. Der Schamane sprang auf sie und warf sie zu Boden. Ihr Schwert wirbelte aus ihrer Hand. Der Tiermensch war stärker, als er aussah, und seine Augen brannten vor Zorn.

»Das wirst du nicht!«, schrillte er in einer krächzenden Parodie einer menschlichen Stimme. »Die verschlungenen Pfade werden offenbleiben. Offen!«

Sein Messer bohrte sich in ein Gelenk ihrer Rüstung und fand das Fleisch darunter. Sie schnaubte schmerzerfüllt auf und schlug nach der Kreatur. Sie stolperte zurück, ihr Schnabel von ihrem Schlag zerschmettert. Sie stieß die Kreatur zurück und kam taumelnd auf die Füße. Blutend und ohne Waffe sprang sie auf den Tiermenschen zu und griff nach seiner Kehle. Der Schamane stieß ein kreischendes Lachen aus, als sie ihn zurückwarf. Warum lachte er?

Das Lied in ihrem Kopf wurde zu einem trauervollen Heulen. Furcht fand sich dort und Verzweiflung. Schmerz. Sie blickte zu dem Wandelsteinmann und den Gestalten in ihrem Inneren. Sie begannen sich aufzulösen.

»Zu spät«, zischte der Schamane und griff nach ihr. »Sie werden den Pfad mit ihrem Tod nähren. Er wird offenbleiben.« Sie wusste nicht, was seine Worte bedeuteten. Wessen Tod?

Die Klinge seines Messers wand sich durch eine Lücke und fand ihren Unterleib. Sie schnappte nach Luft. Der Rand ihrer Welt wurde azur und sie fragte sich, ob dies war, was Ravius und die anderen gefühlt hatten. War dies, wie es war, eins mit dem Blitz zu werden, wieder zu sterben und neugeschmiedet zu werden? Ihre Hände und das Innere ihrer Rüstung waren voller Blut. Sie wankte zurück und ihr Blick verdunkelte sich.

Das Lied wandelte sich. Es durchstieß den Nebel des Schmerzes. Sie schüttelte den Kopf und hörte hin – hörte zum ersten Mal wirklich hin – und machte einen weiteren Schritt zurück, näher an den schimmernden Wandelsteinmann. Der Tzaangor-Schamane setzte ihr nach und kreischte Verwünschungen. Sie ignorierte ihn. Drehte sich um. Und sah, wie himmelsblaue Blitze plötzlich aus dem Inneren des Steinflussmannes hervorschossen. Sie stachen von irgendwo innerhalb des grünen Lichtes am anderen Ende der Pfade nach oben und ergossen sich in einer Kaskade über das kristallene Bauwerk. Sie ließen die Steine bersten und unterbrachen das Licht.

Serena schirmte ihre Augen ab und fühlte den vertrauten Puls von Azyr innerhalb der Blitze. Sie wusste irgendwie, dass sich am anderen Ende des dämonischen Weges etwas Schlimmes für den Feind ereignet hatte. Instinktiv handelte sie, sprang vorwärts und stürzte sich in die von Blitzen umhüllte Facette vor sich.

Es fühlte sich an, wie in die sturmbrausende See zu tauchen. Von allen Seiten stürmten ungesehene Kräfte auf sie ein, als sie die fahle Leere betrat. Verwirrende Farben waberten in der Ferne durch eine große Leere, die nur von unzähligen faserigen Pfaden durchbrochen wurde, die sich wie Mangrovenwurzeln von ihr fort und in die grüne Weite wanden. Die silbernen Partikel hingen im Herzen des wurzelähnlichen Netzes und sie stolperte auf sie zu. Der Pfad heulte unter ihren Füßen, als ob die Blitze, die ihn entlang krochen, ihm Schmerzen bereiten würden.

Sie stürzte mehr als einmal beinahe aufgrund ihrer Verletzung oder des Windens des Pfades, aber sie schaffte es irgendwie auf den Füßen zu bleiben. Sie fühlte sich, als ob irgendjemand an ihrer Seite wäre und ihr beim Laufen half. Blitze sickerten aus der Wunde in ihrer Seite, die knisterten und über die silberne Oberfläche ihrer Rüstung krochen und den Schmutz fortbrannten. Sie hörte ein leises Rauschen und dachte, es könnten Worte sein, die sie ermutigten.

Sie streckte ihre Hände nach den silbernen Partikeln aus und kämpfte gegen die stillen Winde an, die durch die Leere peitschten. Sie wusste nun, was sie waren. Seelenkapseln – die Zukunft der Sylvaneth. Sie schrien nach Hilfe und etwas antwortete durch sie. Ihre Wärme umhüllte sie; ihr Lied hieß sie willkommen. Von einem Instinkt getrieben, den sie nicht benennen konnte, zog sie sie zu sich und schützte sie vor den reinigende Wellen aus Blitzen, als sie den hohlen Raum zwischen Momenten füllten.

Sie ignorierte den Schmerz und hielt die silbernen Kapseln. Sie lehnte sich vor, um den Aufprall der Blitze zu absorbieren. Er fuhr über sie und sie sank auf der schwammigen Oberfläche des hölzernen Pfades auf ein Knie. Aus dem Augenwinkel sah sie, wie viele der sich windenden Pfade zerfielen, einer nach dem anderen, als die himmelsblauen Energien durch die Reihen der Armee peitschten, die versuchten sie zu durchqueren. Schreie erklangen wie Glockengeläut und das Geräusch von berstendem Holz war für sie ohrenbetäubend.

Serena kauerte sich mit halbgeschlossenen Augen hin und fragte sich, wann es zu Ende sein würde. Der Schmerz in ihrer Seite wuchs, breitete sich durch sie aus und krallte am Rande ihres Blickfeldes. Sie hörte das klagende Lied der ungeborenen Geister in ihrer Obhut und die Stimme des Blitzes, die in ihrem Kopf flüsterte. Sie konnte die wässrigen Reflexionen der Realität sehen, zurück in der Richtung, aus der sie gekommen war. Sie erhob sich auf ihre Füße und stolperte dorthin, dazu entschlossen ihre Mündel in die Freiheit zu tragen. Um sie herum verkrampfte der leere Ort zwischen den Momenten wie ein lebendes Ding. Blitze flackerten durch seine unmöglichen Dimensionen, verbrannten weitere Pfade und peitschten in die schimmernde Leere davon.

Die Essenz der Leere hielt sie wie Treibsand gefangen und verlangsamte sie. Selbst als sie von Blitzen verzerrt wurde, versuchte sie zu verhindern, dass sie mit ihrem Preis entkam. Serena stolperte und fühlte die Panik ihrer Bürde. Der Freiheit so nahe und doch ... so weit entfernt.

Dann durchbrach ein Lichtstrahl die farblose Finsternis. Die Stimme des Blitzes donnerte wortlos in ihrem Kopf und in ihrer Seele und trieb sie in Richtung des strahlenden Lichtes. Ein silberner Panzerhandschuh tauchte aus seinem blendenden Herzen auf und griff nach ihr. Sie packte ihn und wurde aus der Leere gezogen, noch während die Blitze den Pfad hinter ihr kollabieren ließen.

Gardus zog sie mit einem triumphalen Schrei in das Tal. Als sie auf den blutigen Boden stürzten, fielen ihr die Mündel aus den Händen. Die Seelenkapseln erhoben sich über dem Tal in die Luft und ihr Strahlen wuchs mit jedem Moment an. Wo es den gemarterten Boden berührte, wurde die Fäulnis gereinigt. Verzerrte Bäume loderten vor reinigenden Flammen auf, als der dampfende Boden das Übel in seinem Inneren ausspie. Dämonen schrien auf, als sie sowohl von Licht als auch Blitzen verzehrt wurden. Sie waberten und verschwanden wie geplatzte Seifenblasen.

»Auf, Tochter von Azyr. Nun ist nicht die Zeit für Rast.« Gardus ergriff Serenas Hand und zog sie auf die Füße. »Es gibt noch Arbeit zu tun und einen Krieg zu gewinnen.«

»Mein Schwert«, begann sie. Ihr Körper schmerzte, aber sie fühlte keine Schwäche. Es war, als ob die Blitze ihr neue Kraft eingeflößt und sie zurück von der Schwelle des Todes gebracht hätten.

»Nimm meins«, sagte Gardus. Er zog seine Runenklinge und reichte sie ihr. Er schaute sie an. »Du hast dich wacker geschlagen, Schwester. Wisse dies, was auch immer sich daraus ergeben wird.«

Sie nickte dankend, auch wenn sie sich nicht sicher war, was genau sie vollbracht haben könnte. Es war so, als ob eine wesentlich größere Macht als sie ihre Handlungen gelenkt hatte. Sie konnte immer noch ihr heftiges Pulsieren spüren, wie es durch ihre Adern pochte.

Die Schlacht lief um sie herum weiter. Es waren nun wenige ihrer Brüder und Schwestern übrig – von den zwanzig, die Gardus begleitet hatten, standen nur noch weniger als die Hälfte aufrecht. Feros war unter ihnen und brüllte Flüche, während er Tzaangore von ihren Füßen schmetterte. Die Blitze tanzten über sie und verliehen ermüdenden Gliedmaßen neue Kraft. Serena blockte einen Hieb und spaltete ihren Angreifer von seinem gehörnten Kopf bis zu seinem mit Edelsteinen besetzten Gürtel.

Über all diesem wurden die silbernen Formen deutlicher, als sie an Helligkeit zunahmen. Sie enthielten eine Vielzahl an Möglichkeiten. Einige enthielten hohe, sich windende Stiele mit federigen Blättern, während andere voller goldener, glühender Kokons waren. In wieder anderen befanden sich schimmernde pilzartige Kugeln, die von Kreisen aus durchsichtigen Samen umgeben waren. Hunderte von Formen, eine jede seltsamer und glorreicher als die letzte. Sie alle sangen mit derselben Stimme: eine rauschende Flutwelle der Freude strömte über das Tal und ließ die Piniennadel rauschen.

Serena hörte ein ablehnendes Heulen und sah den Tzaangor-Schamanen, wie er sich seinen Weg durch das Getümmel auf sie zubahnte, umringt von einer Leibwache seiner bestialischen Sippe. Während die Kreatur ihre Klauen in mystischen Gesten bewegte, rannte sein Gefolge auf Gardus zu. Er wandte sich mit dem Hammer in der Hand um, um sich ihnen zu stellen. Bevor er aber auch nur einen einzigen Hieb landen konnte, ließ eine Masse an Bewegungen sie innehalten.

In dem blendenden Licht sah Serena unglaublich schnelle, dünne Gestalten, die aus den Bäumen um sie herum hervorbrachen. Die Sylvaneth waren gleichzeitig humanoid und vollkommen anders als andere lebende Dinge. Die Baumgeister tauchten auf allen Seiten des Tales auf und fielen vereint über die verbliebenen Tzaangore her.

In Rinde gehüllte Klingenglieder fuhren durch Tzaangorfleisch. Wurzelähnliche Krallen brachten schlanke, baumstammartige Leiber in die Schlacht. Zackige Münder öffneten sich in einem gemeinschaftlichen Zischen, als mit Zweigen durchsetzte Schädel wild nach vorne stoben. Der Klang der Sylvaneth pulsierte durch die Luft wie das Krachen eines umstürzenden alten Baumes. Tzaangore fielen und jene, die es nicht taten, flohen.

»Was ist das?«, fragte Serena.

»Etwas, von dem ich wetten würde, dass sie darauf schon eine ganze Weile warten«, sagte Gardus.

Der Schamane wurde vollkommen überrascht. Sylvaneth stürzten sich von allen Seiten auf ihn und ihre splitterigen Klauen fuhren in die entsetzte Kreatur. Ihre Schreie waren rachsüchtig und raspelnd und ließen Serena erschauern. Der Tzaangor ließ einen verzweifelten Schrei erklingen und fiel, alle Gedanken an Rache vergessen. Wurzeln und Ranken hielten die Kreatur gefangen und zerrten sie zu Boden.

Überall in dem Tal spielten sich ähnliche Szenen ab. Alle der überlebenden Tiermenschen wurden von greifenden Wurzeln bestürmt. Einige wurden außer Sichtweite tiefer in den Wald gezogen, andere wiederum zappelnd in die Bäume hinauf. Aber die meisten wurden flach auf den Boden gezogen und dann langsam in ihn hinein. Ihre Schreie hallten durch das Tal wider.

Serena schaute zu, wie der Schamane versuchte sich mit seinem Messer aus der ihn umhüllenden Vegetation freizuhacken, aber es half nichts. Langsam und unaufhaltsam wurde der Schamane in den aufgewühlten Boden gezogen, wobei er Gebete und Flüche brabbelte. Dann waren er – und alle seiner Sippe – verschwunden und hinterließen nichts als eine leichte Spur aus Blut auf dem Boden.

Ihr Zorn nun gestillt, blickten die Sylvaneth auf, als die silbernen Seelenkapseln mit einem finalen Brüllen nach oben und von dannen in den grünen Himmel rasten. Dort verteilten sie sich wie schimmernde Pollen auf dem Wind und waren nicht mehr zu sehen. Als das Licht ihres Aufbruchs abebbte, begann der erste Stein aufzubrechen und sich zu bewegen. Auch die Blitze waren verblasst, aber sie hatten ihre Aufgabe erfüllt: Der Wandelsteinmann lag im Sterben. Seine glühenden Facetten waren trübe und rissig geworden. Eine nach der anderen begannen sie in glitzernde Fragmente zu zerfallen.

Als die letzte von ihnen zu Staub geworden war, wandten sich die Sylvaneth um, und musterten Gardus und Serena. Ihre nüchternen, unmenschlichen Blicke ließen sie zögern. Sie konnte immer noch ihr Lied in ihrem Geiste hören, wenn auch nur noch leise. Ein Baumgeist wankte näher und streckte eine gezackte Kralle aus, um ihr Schwert zur Seite zu schieben. Er tippte mit seiner Klaue gegen ihre Brustplatte. Als sie an sich herabblickte, sah sie ein seltsames, knotiges Muster – es ähnelte den sich windenden Formen der Seelenkapseln – das sich in das Sigmarit gebrannt hatte. Von den Schmerzen in ihrer Brust zu urteilen, vermutete sie, dass ähnliche Zeichen nun auch ihr Fleisch vernarbten.

»Was …?«, begann sie. Sie blickte zu Gardus.

»Ein Zeichen der Anerkennung«, sagte er und neigte sein Haupt in Richtung des Sylvaneth. »Von einem Verbündeten zum anderen.« Der Baumgeist zögerte und ahmte dann die Geste nach. Sie waren keine Menschen, aber einige Dinge waren universell.

Sie brachen einen Moment später auf und nur das Rascheln loser Blätter kündete davon. Sie verschwanden in die Schatten zwischen den Bäumen und waren fort. Serena wandte sich um und blickte den zerstörten Steinmann an. »Was ist hier passiert?«

»Ich habe dir doch gesagt, manchmal braucht selbst der stärkste Krieger Hilfe, auch wenn er nicht direkt darum bitten kann.« Er zog seinen Helm vom Kopf und klemmte ihn sich unter den Arm. Sein Haar war weiß und auch wenn das Gesicht, das es einrahmte, das eines jungen Mannes war, so waren seine Augen doch alt und müde. Aber immer noch lebendig. Immer noch gläubig.

»Aber diese Steinmänner ... Ich habe Pfade gesehen ...« Sie starrte die Trümmer an.

Gardus nickte. »Vielleicht waren die Sylvaneth nicht die Einzigen, die Hilfe brauchten. Sigmars Wege sind unergründlich.« Er blickte zu den Sternen auf. »Ein Reich zu verteidigen bedeutet, alle zu verteidigen. Wir stehen zusammen oder fallen einzeln.« Er formte mit seiner freien Hand eine Faust. »Wir sind mehr als Sigmars Zorn, Schwester.« Er öffnete sie wieder. »Wir können auch seine Hand sein, die in Freundschaft gereicht wird. Heute waren wir beides.«

»Und was ist mit morgen?«

»Wir sind die Gläubigen und wir werden standhalten, was es auch kosten möge.« Er schaute sie an. »Zweifele niemals daran, Schwester. Was auch immer die Zukunft bringt, was auch immer uns dort erwartet – erinnere dich an diesen Moment. Erinnere dich daran, was ihr vollbracht habt. Dies ist noch vor allem anderen unser Zweck. Viel wird verlangt …«

»Von jenen, denen viel gegeben wird«, sagte Serena. Sie straffte die Schultern und fuhr mit ihren Fingern die neuen Muster entlang, die in ihre Rüstung gebrannt worden waren. Nur die Zeit würde zeigen, was sie bedeuteten.

Gardus ergriff ihre Schulter. »Was uns erwartet, wenn der letzte Krieg gewonnen ist und der letzte Marsch nach Hause beginnt, ist ein Mysterium. Ich bezweifle, dass selbst der Gottkönig es weiß. Aber du hast uns heute einen Schritt näher gebracht.« Er lächelte. »Und ich glaube daran, dass wir morgen noch einen Schritt näher sein werden.«

KAPITEL NEUN

Das große Spiel

Aek öffnete die Augen. Das Heulen der unheimlichen Winde war verstummt und ließ seine Ohren klingeln und seinen Schädel vor Echos widerhallen. Es war ein Risiko gewesen, in die rituellen Flammen zu springen. Es gab keine Garantie, dass sie mehr tun würden, als ihn bloß zu verzehren. Aber Tzeentch liebte Wesen, die Risiken eingingen, und Aek hatte keine andere Option gesehen.

Der Schicksalsmeister kam stolpernd auf die Beine, die Windklinge fest in seiner blasenübersäten Hand gehalten. Die dämonische Klinge knurrt leise, wie zur Warnung. Stöhnend benutzte er die Klinge, um sich aufzurichten. Alles schmerzte, aber die Gefiederten Herren hatten ihn mit einem Durchhaltevermögen gesegnet, das weit über das eines jeglichen Sterblichen hinausging. Ein Durchhaltevermögen, das heute hart auf die Probe gestellt worden war …

Der Stormcast war stärker gewesen als alle bisherigen, bei denen er das Pech gehabt hatte, ihnen gegenüberzustehen.

Und ein passabler Schwertkämpfer dazu. Aek fuhr sich mit der Hand durch das schweißnasse Haar und zog angesichts des pochenden Schmerzes in seinem Kopf eine Grimasse. Wenn der Helm nicht gewesen wäre, wäre sein Kopf gespalten worden und die Windklinge wäre in den Händen eines neuen Meisters.

»Aber nicht heute«, murmelte er und hielt den Griff des Schwertes fester. Es zitterte in seiner Faust, ob aus Freude oder Ärger, vermochte er nicht zu sagen.

Er blickte sich um. Er stand auf einem steinernen Podest inmitten eines Kreises aus Flammen. Mit Masken verhüllte Akolythen betrachteten ihn von jenseits seines Flackerns. Sie stanken nach Furcht. Einige trugen Wunden, andere wiederum waren auffallend unverletzt. Er schnaubte zufrieden – einige von ihnen waren weise genug gewesen, sich nicht der Schlacht anzuschließen. Vielleicht hatte Tzeentch in ihre Ohren geflüstert und sie vor der kommenden Niederlage gewarnt. Der Große Ränkeschmied wob Pläne um Pläne; auf jede Eventualität wurde sich vorbereitet.

Besonders auf die Niederlage.

»Wo ist der Großwesir?«, krächzte er, als er aus dem Kreis stolperte und die Flammen ignorierte, die nach seiner geschundenen Form leckten.

Er erkannte seine Umgebung. Es war ein weiteres Warenhaus, irgendwo im Flussbezirk – eine von Tarns vielen Liegenschaften, die innerhalb der Stadt verstreut waren. Der Geruch von Sägemehl und verrottetem Fisch lag schwer in der Luft. Leere Paletten lagen auf dem hölzernen Boden verstreut. Er konnte Wasser hören, das irgendwo in der Nähe gegen einen Landungssteg schlug. Dort würden Boote warten, um die Überlebenden in Sicherheit zu bringen, von wo aus sie neue Pläne und Ränke schmieden konnten.

»H-Hier, Zirkelbruder.« Die Stimme erklang aus der Dunkelheit. Schwach. Voller Schmerzen. Die Akolythen machten ihm Platz und Aek trat zwischen ihnen hindurch. Einige verbeugten sich und murmelten unterwürfige Höflichkeiten. Andere blickten den Schicksalsmeister finster an, als ob sie ihn für den Rückschlag verantwortlich machten.

Das war zu erwarten. Jeder Plan rief Wellen im Ozean des Schicksals hervor. Der Zirkel würde sich aufspalten und die Unzufriedenen würden ihre eigenen Zirkel gründen und ihre eigenen Ränke schmieden. So wurde die Glorie Tzeentchs weitergetragen. So würde sich die Infektion durch die Städte der Menschen ausbreiten. Selbst in der Niederlage fand sich auf gewisse Art ein Sieg. Für jeden großen Plan, der scheiterte, würden hundert kleinere erfolgreich sein und in jedem von ihnen lag die Saat größerer Pläne.

Tarn lag auf einer Matte, sein Körper eine verbrannte Hülle seiner selbst. Seine Roben hatten sich mit seinem Fleisch verbunden und seine Maske war ein geschmolzener Käfig für seinen Kopf. Seine Hände waren nässende, geschwärzte Klauen. Mehrere der Akolythen saßen bei ihm und kümmerten sich so gut es ging um ihn; einige aus ihren Reihen waren Apotheker und Kräuterkundige.

Einer von ihnen blickte auf, als Aek sich zu ihnen gesellte. »Er hat nicht mehr lange. Wir haben getan, was wir konnten.« Er wischte sich seine blutigen Finger an seinen Roben ab. »Die Wunden sind magisch und unsere Künste können sie nicht heilen.«

Aek nickte. Das war zu erwarten. Abgesehen von Tarn besaßen nur wenige im Zirkel das Wissen, um rückgängig zu machen, was die mystischen Flammen angerichtet hatte. Und er war in keinem Zustand, um es zu tun.

»Eure Gewissenhaftigkeit ist zu schätzen. Geht jetzt.« Aek gestikulierte. »Die Diener des Sturms werden die Stadt nach jedem Anzeichen von uns durchkämmen.« Er blickte sich um. »Nehmt eure Masken ab. Schlüpft wieder in alte Tagesabläufe hinein, bis der Ruf sich zu treffen wieder erschallt.«

»Wird er das?«, fragte jemand halb herausfordernd.

»So sicher, wie die Sonne aufgeht und das Schicksal die Unachtsamen holt«, sagte Aek mit Nachdruck. Er stellte die Windklinge mit der Spitze voran in den Boden. »Geht. Jetzt. Ich möchte mit meinem Zirkelbruder sprechen, bevor sein Faden sein Ende findet.«

Er beschwor einen leichten Wind, um seiner Aussage Nachdruck zu verleihen. Er seufzte durch das Warenhaus, wirbelt Papier umher und zupfte an den Roben der Akolythen. Sie machten sich geschwind aus dem Staub und verschwanden in verschiedene Richtungen, darauf bedacht, dass niemand sah, wohin sie gingen.

Aek wartete, bis der letzte von ihnen fort war. Dann hockte er sich neben Tarn. »Du hast schon einmal besser ausgesehen«, sagte er.

»Genau wie du«, krächzte Tarn. Er griff nach oben und packte Aeks Handgelenk. »Tzanghyr ist tot. Ich kann fühlen, wie seine Seele in mir verrottet. Sie raubte, was mir an Kraft noch bleibt. Und wenn ich sterbe, werden wir beide wahrhaftig tot sein.«

Aek nickte. »Ich habe so etwas vermutet. Der Stormcast hat etwas getan. Der verschlungene Pfad ist uns verschlossen und alle auf ihm verloren.«

Tarn schloss die Augen. »Verloren«, murmelte er. »Alle verloren.«

»Reue ist die Würze eines gut gelebten Lebens«, sagte Aek sanft. Ein Teil von ihm – der Teil, der nach all diesen Jahrhunderten im Dienste des großen Ränkeschmiedes noch immer menschlich war – trauerte um das Wrack eines Mannes vor ihm. Tarn hatte viel geopfert und mit jedem Wagnis den Einsatz erhöht und nun war es hierzu gekommen. Irgendwo lachten die Götter.

»Du hast das bereits zuvor gesagt«, hustete Tarn. »Vetch ist tot.«

Aek nickte. »Er hat das Ende seines Fadens erreicht. So wie Tzanghyr. So wie wir alle es beizeiten tun werden.« Die Namen jener, die auf dem Pfad der Ambitionen strauchelten, waren zahlreich. Tzeentchs Spiele waren komplex und immer im Wandel und jedes Wagnis hatte seine Bauernopfer. Dieser Plan war gescheitert, aber neue würden aus seiner Asche geboren werden.

»Und wann wird das Ende des deinen kommen, Aek?«

Aek schwieg. Er hatte sich oft dasselbe gefragt. Aber es war sinnlos, sich zu sorgen: Tzeentch würde ihn bewahren, bis er sich entschied es nicht mehr zu tun und keinen Tag länger. Sein Griff um die Windklinge wurde fester und das Schwert stöhnte.

Tarn lachte schwach. »Schon gut.« Er tätschelte Aeks Hand. »Du musst deinen Pfad nun alleine beschreiten, so wie du es getan hast, bevor du dich uns angeschlossen hast.«

Aek stand auf. »Ja«, sagte er. »Auf Wiedersehen, Zirkelbruder.«

»Auf Wiedersehen, Aek. Und viel Glück.« Tarn schloss die Augen.

Aek hob die Windklinge mit beiden Händen. Sie stöhnte begierig, als er sie in Tarns Herz gleiten ließ. Der Magister erschauderte und starb. Die glimmenden Partikel seiner zweiteiligen Seele, verwoben mit der von Tzanghyr, erhoben sich mit der Windklinge, als Aek das Schwert herauszog. Er griff nach ihnen und zog die Partikel zu sich, wie er es schon so oft getan hatte.

Neunhundert Mal oder mehr. Er hatte inzwischen den Überblick verloren. Mit jedem Rückschlag wuchs seine Stärke, so wie Tzeentch es geplant hatte. Pläne in Plänen. Für jede Eventualität wurde geplant. Besonders für die Niederlage. Bald schon würde seine Stärke groß genug sein, um auf dem Spielbrett den Ausschlag zu geben und den Sieg zu sichern, wenn er am meisten gebraucht wurde.

»Du liegst falsch«, sagte er zu den flackernden Partikeln. »Ich bin seit vielen Jahrhunderten schon nicht mehr alleine. Und das werde ich auch nicht sein, solange du und all jene, die vor dir kamen, bei mir sind.« Er drückte die Partikel gegen seine Brust und fühlte ihre Wärme, als sie eins mit ihm wurden. »Zusammen.« Ein Rausch der Möglichkeiten, der ungeschriebenen Schicksale füllte ihn und seine Schmerzen verschwanden. »Wir sind alle nur Facetten eines großen Ganzen. Steine in einem Spiel, das größer ist als jeder von uns.«

Er hob die Windklinge und fühlte die Hände seines Zirkelbruders auf der Klinge. Sie war leichter als je zuvor und er fragte sich, welchem Zweck sie als Nächstes dienen würde. Nur Tzeentch konnte das sagen. Für den Moment würde Aek einfach dorthin gehen, wohin ihn der Wind trug.

»Das größte Spiel.« Er lächelte. »Und eines, das wir beizeiten gewinnen werden.«

EWIGE VERGELTUNG

Matt Westbrook

Sie versammelten sich zu Hunderten, um den Worten ihres Gottkönigs zu lauschen. Azyrheim war ein verwandelter Ort, seitdem der gesegnete Hammer Ghal Maraz, das Symbol von Sigmars Macht, zurückerobert worden war. Es war stets eine Stadt der Wunder gewesen, himmelhoher Torbögen und kristallener Wendeltreppen, grenzenloser Schätze, die eine Zeit widerspiegelten, als das Licht der Menschheit in jede Ecke der Reiche gestrahlt hatte. Doch nun schien ihre Pracht noch herrlicher. Als die erste Reichspforte vom Heldenmut des Vandus Hammerhand geöffnet wurde, hatten sich zuerst Erleichterung und Freude verbreitet, und dann ein Schauer nervöser Anspannung, als die Sturmscharen in die Reiche der Sterblichen strömten. Mit der unermüdlichen Glut der Rechtschaffenen trugen sie den Krieg dem großen Feind entgegen.

Doch es waren symbolische Siege, die ein Volk im Krieg anspornten, wie es sonst kaum etwas vermochte, und nichts konnte den Wandel der Zeiten so versinnbildlichen, wie dem

Gottkönig beizuwohnen, als er einmal mehr zu seiner sagenumwobenen Waffe griff.

Der Hammer war zurückerobert worden, und bei diesem Triumph schallte abermals Entschlossenheit durch die Hallen Sigmarons. Sterbliche Diener und Arbeiter eilten hierhin und dorthin, erfüllten friedliche Hallen und ruhige Kammern mit einem Durcheinander aufgeregten Flüsterns. Sturmscharen wurden in immer größeren Zahlen ausgesandt, marschierten mit donnernden Fanfaren in den Krieg, schmetterten ihre Hymnen der Treue in einem gewaltigen Tumult, den man überall in der großen Stadt hören konnte. Dazu gesellte sich der rhythmische Klang der Schmieden, der wahrlich niemals nachließ; Azyrs Rüstkammern waren das Wunder, welches das unaufhaltsame Tempo der Getriebe der Rückeroberung aufrechterhielt.

Der Klingensturm, ein Kriegerbanner der Celestial Vindicators, hatte seit seiner Rückkehr von der Düsterfeste kaum geruht. Dort hatten sie bei ihrer Jagd auf Ghal Maraz zahllose neue Legenden geschmiedet, und nun wurden sie in Sigmars Thronsaal gerufen. Von dort aus würde der Gottkönig persönlich sie ein weiteres Mal aussenden. Sterbliche Krieger mochten sich davor scheuen, so schnell zurück ins Gefecht geschickt zu werden, doch diese Halbgötter waren nicht sterblich; sie waren Giganten, für den Krieg geschmiedet, für die Schlacht bestimmt.

Die Stiefel der Stormcasts schlugen einen perfekten Rhythmus auf dem glänzenden Boden von Sigmars Thronsaal, einem wunderbaren Gewölbe, das von makellos geschnitzten Skulpturen und kunstvoller Ikonografie erfüllt war, die die unzähligen Legenden des Gottkönigs feierten. All diese Herrlichkeit war jedoch nichts im Vergleich zum Anblick Sigmars selbst.

Er saß auf seinem Thron und betrachtete stolz die Versammlung seiner loyalen Krieger, ein Avatar der Rechtschaffenheit und Stärke. Seine strahlende Rüstung funkelte, Entschlossenheit loderte in seinen Augen.

Lord-Castellant Eldroc ging angesichts der Pracht seines Herrn das Herz auf. Es fühlte sich wie eine Ewigkeit an, seitdem sie das letzte Mal nach Azyr zurückgekehrt waren, und begierig nahm er jeden wundersamen Anblick erneut in sich auf, von den atemberaubenden Statuen bis hin zu den meisterhaften Gemälden und Gobelins an den Wänden. Dies war, wofür sie kämpften, ermahnte er sich; das Licht der Zivilisation in jeden Winkel der Reiche der Sterblichen zurückzutragen, eine Welt zu begründen, in der Schmiede und Kunsthandwerker solche Meisterwerke erschufen, wo einfache, aufrichtige Leute sich in deren Herrlichkeit sonnen konnten. Diese Zukunft würden sie erschaffen, schwor er sich, als er seinen Platz in der vordersten Reihe der Krieger einnahm. Mit einer Rüstung, die unter dem Gewicht von Knochenrelikten und heiligen Pergamenten ächzte, stellte sich Lord-Relictor Tharros Seelenwächter neben ihn.

»Ich kann nicht umhin, über diesen Ort zu staunen, ganz gleich, wie häufig ich ihn sehe«, sagte Eldroc leise.

»Ihm haftet zweifellos eine gewisse Erhabenheit an«, sagte der Lord-Relictor und warf kurz einen Blick auf die gewölbte Decke über ihnen, die mit prächtigen Bildern großer Helden bemalt war, im Augenblick ihres Triumphs festgehalten.

»Du trägst keine Kunst in deinem Herzen, mein Freund«, sagte Eldroc mit einem Grinsen. »Du wärst genauso zufrieden, wenn wir uns in irgendeiner alten, staubigen Krypta versammelten, um Sigmars Worten zu lauschen.«

»Meiner Erfahrung nach kann man häufig eine Menge von alten, staubigen Krypten lernen.«

Sie beendeten ihre Unterhaltung, als Lord-Celestant Thostos Klingensturm vorbeischritt und der Blick seiner kalten blauen Augen flüchtig über sie hinwegschweifte. Ihr Anführer bahnte sich seinen Weg zum Fuß der Treppe, die zum Thron hinaufführte, und nahm seinen Platz an der Spitze seines Kriegerbanners ein. Dort stand er, so regungslos wie die Statuen, die den großen Saal säumten, und wartete das Wort des Gottkönigs ab.

»Wie geht es ihm?«, fragte Tharros.

Eldroc verspürte einen Anflug von Traurigkeit und Frustration. Die Welt wäre besser, einfacher, wenn er eine Antwort auf diese Frage wüsste.

»Er ist … immer noch nicht er selbst«, sagte er. Damit untertrieb er die Dinge bis ins Lächerliche, doch Eldroc fand keine Worte, um seine Gefühle zu beschreiben, wenn er seinen verlorenen Freund betrachtete.

»Nein«, sagte Tharros. »Und das wird er niemals. Neugeschmiedet zu werden …«

Tharros hielt einen Moment lang inne, dann wandte er Eldroc sein Totenschädel-Antlitz zu.

»Den Tod zu überlisten hat immer seinen Preis, Bruder. Wir alle werden ihn zahlen, früher oder später. Zu viele von uns vergessen das. Sie denken, dies ist ein Spiel, das wir spielen.« Er schüttelte den Kopf. »Nein. Wir führen einen Krieg, der den Verstand der Sterblichen übersteigt. Alles hat seinen Preis.«

Mit einem Ächzen öffnete sich die große Flügeltür zum Thronsaal. Wieder erbebte der Boden unter den Schritten Hunderter Krieger. An der Seite ihrer Brüder marschierte ein zweites Kriegerbanner der Celestial Vindicators in Position. Diese Krieger trugen dieselbe türkise Rüstung wie der Klingensturm, mit goldenem Sigmarit und tiefrotem Leder abgesetzt, doch wo Thostos' Offiziere violette Helmbüsche und

Federn trugen, die ihren Rang bezeichneten, trugen die Neu-
ankömmlinge ein tiefes Königsblau.

Ihr Anführer war selbst für einen Stormcast hochgewach-
sen und trug einen Zweihänder auf seinem Rücken. Die riesige Waffe reichte beinahe bis auf den Boden.

»Lord-Celestant Argellon und seine Argelloniter«, murmelte
Eldroc. »Sein Stern steigt, sagt man.«

»Er steigt ihm zu Kopf, meinst du«, sagte Tharros.

Mykos Argellon nahm seinen Platz an der Spitze seines Banners ein, direkt vor dem Thron. Seine Miene hätte der von
Thostos nicht unähnlicher sein können. Während der Klingensturm stockstill stand, brannte der andere Lord-Celestant
vor Stolz und Rechtschaffenheit, seine Fäuste ballten und entspannten sich, sein Körper zitterte geradezu vor Eifer.

»Allem Anschein nach hat er bisher Großes geleistet«, sagte
der Lord-Castellant. »Vielleicht sollten wir ihm eine Chance
geben.«

»Vielleicht«, antwortete Tharros.

Der Gottkönig erhob sich von seinem Thron und beendete die Unterhaltung. Seine Gestalt war so herrschaftlich
wie immer, doch sie verströmte eine noch größere Macht mit
Ghal Maraz in seiner gewaltigen Faust. Seine Ausstrahlung war
so blendend hell, dass es beinahe schmerzte ihn anzublicken,
doch nicht einer der Stormcast Eternals wandte seine Augen ab.

Und Sigmar sprach.

»Die Reiche erzittern unter unserer rechtschaffenen Gerech-
tigkeit!«, dröhnte er, und der Thronsaal brach in einen schal-
lenden Chor aus Hochrufen und Jubel aus. Sigmar lächelte
grimmig, als er auf seine Krieger hinabblickte, und ließ den
Jubel einige Augenblicke lang den Saal erfüllen, bevor er fortfuhr. »An allen Fronten läutern eure tapferen Brüder den Makel
des Chaos mit Hammer und Sturm, und dank der Legenden,

die ihr selbst durch die Jagd nach Ghal Maraz geschmiedet habt, können wir uns nun auf die nächste Etappe des großen Krieges vorbereiten.«

Atemlose Stille breitete sich aus, als die Celestial Vindicators darauf warteten zu erfahren, wohin sie das Licht Sigmars tragen würden.

»Ihr werdet nach Ghur reisen, dem Reich der Bestien, in eine wilde Region, die man die Donnerebene nennt«, verkündete der Gottkönig. »Dort befindet sich eine verderbte Bastion des Chaos, die als Hort der Mantikore bekannt ist. Diese Festung bewacht eine Reichspforte, die für unsere nächste Offensive von entscheidender Bedeutung ist. Zerstört die Grauensfeste und sichert diese Pforte. Erschlagt ihre verfluchten Verteidiger und schickt ihre erbärmlichen, kreischenden Seelen zurück zu ihren dunklen Meistern. Dies ist euer Auftrag.«

Erneut hallte dröhnender Jubel durch den Saal. Sigmar gebot mit einer erhobenen Hand Schweigen.

»Ihr werdet vielen Gefahren begegnen«, sagte der Gottkönig. »Die Donnerebene ist eine ungezähmte Wildnis und ihre Gefahren haben bereits viele meiner loyalen Krieger zurück in die Schmiede gesandt.«

Seine Augen bohrten sich in Thostos hinein, dessen eigene blau-lodernd und unerbittlich zurückstarrten. Eldroc spürte, wie Sigmars eiserner Blick einen kurzen Moment lang sanfter wurde, als er seinen Kämpen musterte.

»Seht euch eure Brüder an«, sagte Sigmar, die Augen von Stolz erfüllt, als er seine siegreichen Helden betrachtete. »Vertraut den Gaben, die ich euch geschenkt habe, und erinnert euch an eure Eide. Erinnert euch an das, wofür wir kämpfen.«

Er hob Ghal Maraz und das Licht fiel auf die aufwendige Handwerkskunst des legendären Hammers und wurde von den türkis glänzenden Reihen der Celestial Vindicators reflektiert.

Es gab keine Finsternis, keine Grausamkeit oder Niedertracht, die im Angesicht dieser heiligen Brillanz bestehen konnte.

»Vergeltung für die Verlorenen«, brüllten die Celestial Vindicators. »Ruhm für Sigmars Auserwählte!«

Lord-Celestant Mykos Argellon parierte den wilden Angriff eines Rattenwesens und ließ seine Faust in die Augenhöhle der Kreatur krachen. Sie jaulte und stürzte rückwärts, und er stieß seinen Zweihänder *Mercutia* in ihre keuchende Brust. Der Schrei brach abrupt ab. Mykos zog seine Klinge heraus und schwang sie zur Seite, um eine rote Linie über die Kehle einer weiteren Kreatur zu ziehen. An seiner Seite hackten seine Krieger sich einen Weg durch die letzten versprengten Skaven.

Liberatoren schmetterten die Kreaturen mit ihren schweren Schilden zu Boden und durchbohrten sie dann mit ihren Schwertern oder zermalmten sie mit ihren Hämmern. Retributoren scherten sich nicht um solche Präzision; mit schweren Hämmern stürmten sie in die Menge, durchbrachen die schwache Verteidigung der Rattenmenschen und zertrümmerten mit jedem Schwinger Knochen. Keine Lücke zeigte sich in der Linie der Stormcasts, keine Schwäche, die die Skaven ausnutzen konnten. In jeder Richtung, in die die Kreaturen sich wandten, trafen sie auf geschärften Stahl und eine unpassierbare Mauer sturmgeschmiedeten Metalls. Der Lord-Celestant spürte Stolz in sich aufwallen, als er seine Männer bei der perfekten Kriegsführung beobachtete.

Mykos blickte sich in der Höhle um. Kein Zeichen von Thostos und seinem Banner, doch nach den zertrümmerten und gebrochenen Körpern zu urteilen, die sich hier bereits häuften, als die Argelloniter eingetroffen waren, hatten sie sich eindeutig hier hindurchbewegt. Mykos runzelte die Stirn, nicht zum ersten Mal besorgt um das unbedachte Vorgehen des anderen Lord-Celestant.

»Sigmar gießt uns in gesegnetes Sigmarit, schleudert uns in die Reiche hinaus, und dort finden wir unsere wahre Bestimmung«, brüllte Heraldor-Ritter Axilon und schüttelte das Blut von seinem Breitschwert. »Wir sind vergoldete Tavernenkatzen, betraut mit der Mausjagd!«

Die Krieger lachten und Mykos konnte sich ein Lächeln nicht verkneifen. »Bitte, schweig, Bruder Axilon«, flehte er mit vorgetäuschtem Ernst. »Sonst stürzt du noch diese Mauern auf uns herab.«

Der Heraldor-Ritter bedeckte seinen Mund mit einem Panzerhandschuh und nickte eifrig. Das brachte ihm ein weiteres Schmunzeln der anderen ein. Axilon war der unerbittliche Herold der Argelloniter und seine Stimme ein ohrenbetäubender Donner, der über ein ganzes Schlachtfeld hörbar war und seine Brüder zu immer größeren Heldentaten anspornte. Untereinander scherzten die Krieger, dass Axilon sich nicht mit seinem Kriegshorn aufzuhalten brauchte – dem strahlenden Instrument, das alle Heraldor-Ritter trugen –, denn seine Stimme allein reichte aus.

»Kein gutes Gelände hier«, sagte Axilon, trat auf Mykos zu und deutete auf die rauen Steinwände und die sich windenden, ausgenagten Tunnel. »Es begünstigt die stinkenden Ratten. Voraus können wir nichts sehen und wir können unsere Flanken nicht schützen. Ich kann ihnen nicht einmal eine Kostprobe des Donners unseres Gottkönigs geben, sonst lasse ich noch dieses verfluchte Labyrinth auf unsere Köpfe stürzen.«

»Bruder«, sagte Mykos, schüttelte den Kopf und deutete mit einem Finger auf den Boden. »Der Grund ist unter uns und die Decke oben. Denk an unseren letzten Feldzug und danke Sigmar, dass wir uns nicht durch die verzerrte Geometrie des Turms der Verlorenen Seelen kämpfen, einmal mehr von den mutierten Sprösslingen des Gebrochenen Prinzen verfolgt.«

»Ein gutes Argument, mein Lord.« Axilon lächelte, doch seine Heiterkeit hielt nicht lange an. Er senkte seine Stimme und trat näher. »Lord-Celestant Thostos ist zu weit ohne uns vorgedrungen. Sie werden ihn einkesseln.«

»Ich bin sicher, dass die taktische Lage des Lord-Celestant sich verändert hat«, sagte Mykos mit warnendem Unterton in der Stimme, »und er gezwungen war, unseren Schlachtplan zu korrigieren.« Es wäre unangemessen gewesen, hätte der Rest des Banners angefangen, seine eigenen Bedenken angesichts von Thostos' Verhalten zu äußern.

»Wie du meinst, Herr«, sagte Axilon.

Naserümpfend trat der Heraldor-Ritter gegen einen der toten Rattenmenschen und drehte ihn mit der Spitze seines Stiefels um. Die Kreatur war von Geschwüren und Ausschlägen übersät und in mit obszönen Symbolen bemaltes schwarzes Leder gehüllt, das Mykos lieber nicht näher betrachtete.

»So schnell stoßen wir auf die Schlacht«, sagte Axilon. »Kaum traten wir aus der Reichspforte, da trafen wir auch schon diese verderbten Kreaturen an.«

»… die am einzigen Pass Stellung bezogen haben, der auf die Donnerebene hinunterführt«, sagte Mykos und nickte ernst. »Es ist mir nicht entgangen, mein Freund. Es fühlt sich unbehaglich danach an, als wären diese Kreaturen hierher geschickt worden, um uns bluten zu lassen.«

Das war kein angenehmer Gedanke. Sie hatten auf das Überraschungselement gebaut, doch wenn der Feind bereits wusste, dass sie kamen … Er schüttelte den Kopf. Es hatte keinen Zweck, ihre Mission nun infrage zu stellen. Ihnen blieb nichts anderes übrig, als vorzudringen und einen Weg aus diesem Labyrinth zu finden, was bedeutete, dass seine Streitmacht sich so schnell wie möglich mit der von Thostos zusammenschließen musste.

»Wir werden in den zentralen Gang vordringen«, sagte Mykos und deutete mit einem gepanzerten Finger auf den breitesten der drei Tunnel, die sich von der beengten Gabelung abspalteten, an der sie sich gerade befanden.

Prosecutor-Primus Evios Goldfeder trat an den Tunneleingang.

»Wir haben die Schlacht erreicht, mein Lord-Celestant«, sagte er in seiner knappen, vornehmen Stimme. Goldfeder hatte seinen Namen dem legendären goldenen Federkiel zu verdanken, den er in seinen Kriegshelm trug. Wenn man ihn danach fragte, und auch wenn niemand gefragt hatte, verkündete der geflügelte Krieger lauthals, dass er ein Geschenk vom ›Vater der Greifen‹ sei, als Dank dafür, dass er einen tobenden Mantikor getötet hatte, und erzählte die Geschichte in quälendem Umfang und Detail. Mykos betrachtete das als geringen Preis im Austausch gegen die geschärften Sinne des Mannes.

»Sie sind auf schweren Widerstand gestoßen«, fuhr er in ernstem Tonfall fort. »Es sind nicht nur Schwarmratten – ich höre die schwereren Waffen des Ungeziefers auf dem Feld. Verderbtes, magisches Belagerungsgerät.«

Mykos näherte sich und selbst ohne die überlegenen Sinne des Prosecutors konnte auch er es hören. Das ratternde Heulen der schmutzigen Magie der Skaven und das bellende Krachen ihrer bizarren Waffen. Unterhalb dieses fremdartigen Lärms konnte man, schwach aber unverkennbar, die Schlachthymnen seiner Vindicator-Brüder vernehmen, das Trampeln schwerer Stiefel und den reinigenden, himmlischen Donner von Sigmars Sturm.

»Wir müssen schnell handeln«, murmelte Mykos und hob seine Runenklinge in die Höhe. »Zu mir, Argelloniter. Auf zum Ruhm!«

* * *

Thostos Klingensturm schwenkte seine Runenklinge in großen Bögen auf und ab und hackte sich seinen Weg durch Dutzende kreischender Ratten. Köpfe flogen. Gliedmaßen brachen. Der Bau stank nach Angst, dem sauren Entsetzen des Rattengesindels und dem faulen Geruch ihres verseuchten Bluts. Einer der Verkommenen, der kühner war als seine Brüder, stieß Thostos einen primitiven Kurzspeer entgegen. Der Hieb prallte von seiner gesegneten Sigmaritrüstung ab und hinterließ kaum eine Delle im gottgeschmiedeten Metall. Klingensturm antwortete mit einem Rückhandschwung seines Schwerts, der die unglückselige Kreatur entzweite und ihren Torso über die Köpfe ihrer Gefährten hinwegschleuderte. Heißes Blut spritzte auf Thostos' Kriegsmaske und er brüllte triumphierend auf.

Triumphierend? Nein, das setzte Freude an der Tat voraus. Zorn? Schon eher, doch dem fehlte die reinigende, befriedigende Hitze wahrer Rage. Er begnügte sich mit seinem Gefühl, was immer es war, denn er fühlte etwas, und das reichte.

In Wahrheit waren die schmutzigen Skaven dürftige Ziele für seine Wut. Zu Dutzenden fielen sie vor ihm, in Stücke gehackt und gemetzelt. Jene, die ihm am nächsten waren, versuchten kaum, seine Angriffe abzuwehren. Stattdessen huschten sie so weit weg, wie es in der Enge des Labyrinths möglich war, kratzten und zerrten aneinander und rissen andere in den Weg der Hiebe, die auf sie zielten. Undeutlich wurde er sich seiner Brüder bewusst, die ihm folgten und sich in einer ozeangrünen Woge auf die Skaven stürzten.

Angesichts von Thostos' Ansturm brach die Meute auseinander. Die Skaven ließen ihre Waffen fallen, gaben jeden Versuch eines organisierten Rückzugs auf und schwärmten wie eine wilde Flut braunen und grauen Fells aus der Höhle. Etwas tief in Thostos Verborgenes mahnte ihn zur Vorsicht; die Skaven waren unberechenbare und heimtückische Gegner und diese

Tunnel eigneten sich hervorragend für ihre abartige, hinter-
hältige Form der Kriegsführung. Diese Vorsicht traf auf die
erbitterte Kriegslust, die ihn beherrschte, und verflog im Nu.

»Vergeltung«, toste er, seine Stimme hasserfüllt, »Vergeltung
im Namen Sigmars!«

Der Lord-Celestant stürmte dem fliehenden Ungeziefer hinterher. Lobeshymnen auf den Gottkönig brüllend, folgte ihm
das Klingensturm-Kriegerbanner in die Schlacht.

Die Celestial Vindicators folgten den Skaven durch einen grob
gehauenen Korridor, der nicht höher als ein sterblicher Mensch
war, und verloren Anschluss an ihre Beute, als sie sich vorn-
überbeugten, um sich durch die Enge zu zwängen. Es gab viele
Gründe, aus denen die Stormcasts dankbar für ihre gesegneten Rüstungen waren, doch hier, im von den Skaven bevorzugten Terrain, verlangsamte sie sie und machte ihre Bewegungen
schwerfällig.

Thostos schmetterte sich einfach seinen Weg durch die tro-
ckene Erde und sein Schwung wurde von der maroden, be-
helfsmäßigen Beschaffenheit der Grabungen der Skaven kaum
gebremst. In einem Trümmerregen brach er aus dem Tunnel
hervor, Schwert und Hammer in die Höhe gereckt.

Er trat in eine zentrale Kammer des Labyrinths, knapp zehn
Meter hoch und etwa viermal so breit. In der Mitte befand
sich ein aufgeschütteter Erdhügel, mit Rattenkot und anderem
Schmutz übersät, um den sich Hunderte fliehender Rattenmenschen drängelten. Auf der Erhöhung standen mehrere größere
Bestien. Beinahe dreimal so groß wie ihre vielgestaltigen Verwandten, waren diese Skaven muskelbepackt. Bizarre, arkane
Geräte waren mit ihrem Fleisch verschraubt, sowie seltsame,
zylindrische Metallrohre, die mit mehreren kleinen Düsen besetzt waren. Als Thostos in die Kammer stürmte, kreischten die

Kreaturen wie aus einem Munde, und einstimmig drang ein entsetzliches, fremdartiges Licht aus ihren seltsamen Waffen und sie entfesselten wiederholt Blitze, die wie Donner grollten.

Retributor Arodus war der erste Stormcast, der seinem Lord-Celestant in die zentrale Kammer folgte, und wurde mit einem Kugelhagel belohnt, der ihn rückwärts in seine Kameraden schleuderte. Blut schoss aus unzähligen Löchern in seiner Rüstung. Retributor Wulkus sprang nach vorn, erzürnt über den Tod seines Bruders, und schmetterte einen einäugigen Skaven-Fußsoldaten mit einem wilden Überkopfschwung seines Hammers in den Dreck. Als er die Waffe wieder aufhob, ertönte ein lautes Knacken. Ein Loch tat sich in der Mitte seines Gesichtsschutzes auf und setzte einen feinen rosafarbenen Nebel frei. Er brach zusammen und beide Stormcast-Körper verschwanden in einem blassen Leuchten. Als die Hauptstreitmacht der Celestial Vindicators hereinströmte, um der Infanterie der Skaven entgegenzutreten, wurden sie von einem brüllenden Feuersturm getroffen.

Brutales grünes Licht blitzte in der Höhle auf, und die seltsamen Vorrichtungen schossen ununterbrochen. Jene unglückselige Skaven, die sich in nächster Nähe der Stormcasts befanden, explodierten in Schwallen aus Blut, andere gingen heulend zu Boden, als Querschläger auf Oberschenkel, Knöchel und Finger trafen.

Selbst der verheerende Kugelhagel konnte den Zorn der Celestial Vindicators nicht zurückhalten, die in die Hauptkammer brachen und sich auf den Feind stürzten. Thostos ignorierte die Kreaturen, die nach seinen Fersen schnappten, dann raste er in das Gedränge von Körpern und versuchte, die Anhöhe zu erreichen. Dolche stießen nach ihm, als er sich seinen Weg durch die Reihen der Skaven freikämpfte, und schabten in einem Stakkato über seine Rüstung. Mit seinem Kopf zertrümmerte er die Nase eines größeren Rattentiers, dessen Fell rau wie Draht war, rammte dann seinen Hammer in dessen Bauch und trampelte über seine quiekende, blutüberströmte Gestalt. Auf zum nächsten, einem dickbäuchigen Feind, der in pockennarbiges Eisen gerüstet war. Dieser starb schnell, als sein Schwert sich in dessen Schädel fraß und gesegnetes Sigmarit Knochen und Gewebe durchstieß, als wären sie nichts als Pergament. Der nächste, ein in Roben gehülltes kümmerliches Geschöpf, kostete den stumpfen Kopf seines Hammers und barst in einem Sprühnebel aus Eingeweiden.

Und auf zum nächsten …

Lord-Castellant Eldroc erkannte mit entsetzlicher Klarheit, dass man sie geschickt in die Falle der Skaven gelockt hatte. Gefangen in ihrem Zorn waren sie zu weit von ihren Brüdern entfernt vorangedrängt, und nun schleuderte ihnen der Feind aus allen Winkeln neue Truppen entgegen. An seiner Seite knurrte und fauchte Eldrocs Gryph-Hund Redbeak, seine zuverlässigen Sinne vom Gestank der sie umringenden Skaven überwältigt. Rattenmenschen ließen sich aus Löchern in der Höhlendecke fallen, wühlten sich ihren Weg aus geschickt getarnten Öffnungen in den Wänden und sprangen auf die ungeschützten Flanken des Klingensturms. Plötzlich waren die Stormcasts eine türkisfarbene Insel in einem Meer aus widerwärtigem grauem Fell.

Eldroc verfluchte ihre Vermessenheit und sich selbst, dass er seine Vorsicht der Freude an der rechtschaffenen Schlacht geopfert hatte, und suchte in den dicht gedrängten Reihen der Celestial Vindicators nach seinem Lord-Celestant. Er fand ihn, selbstverständlich, an vorderster Front der Schlacht.

Ungeziefer bestürmte diesen von allen Seiten, doch sie konnten sein grimmiges Vorandrängen nicht bremsen. Eldroc wusste nur zu gut, wie gewaltig Thostos im Gefecht war, doch selbst er war schockiert über die ungeschlachte Brutalität, die sein Kommandeur an den Tag legte. Der Klingensturm hatte Zorn immer mit Vorsicht ausgeglichen; deshalb war er als Anführer auserwählt worden, weil er die Rage und Rachelust der Celestial Vindicators – selbst die aggressivsten von Sigmars Söhnen, stets die Ersten, die sich in die Schlacht stürzten – zu wahrer Leistung inspirieren konnte.

Nun schien er seine Brüder kaum wahrzunehmen. Er blickte sich nicht um und raste einfach wie ein freigelassener gepeinigter Jagdhund in die dichten Reihen der Feinde.

In dieser Anzahl forderten selbst die primitiven Waffen der Skavenklans allmählich ihren Tribut. Stormcasts wurden von Dutzenden Kreaturen in die Knie gezwungen, die in einer wilden Metzelorgie auf sie hieben und einstachen. Dolche trafen Augenhöhlen, die Lücken zwischen Ringekragen und verwundbare Punkte, wo das Trommelfeuer selbst die mächtigen Rüstungen aus Sigmarit geschwächt hatte. Es war ein ehrloses Morden, die Art, mit der die Rattenmenschen sich auszeichneten. Eldroc eilte zu einem gefallenen Stormcast, in dem ein halbes Dutzend Klingen steckte und der kraftlos nach einer Schar Wichten hieb, die keckernd über ihn kletterten und mit niederträchtiger Schadenfreude auf ihn einschlugen. Redbeak stürzte sich auf eine der Kreaturen, riss mit seinem scharfen Schnabel und harkte mit vier kräftigen Klauen, doch schnell krabbelte ein weiterer Skaven an dessen Stelle.

Eldroc hob seine Bannlaterne und stimmte den Namen des gesegneten Sigmar an, als er ihre himmlischen Energien entfesselte. Warmes, reinigendes Licht umspülte den verwundeten Stormcast und hüllte seine Gestalt in einen Halo flimmernden Leuchtens. Die Skaven wichen vor der Kraft des heiligen Lichts zurück und kreischten, als es in ihren grausamen, glänzenden

Augen brannte. Der Rücken des gefallenen Kriegers krümmte sich, und als das Leuchten seinen Körper umspielte, schmolz das Sigmarit und floss wie Wachs. Es schloss die Risse in seiner Panzerung und seine geweihte Rüstung glänzte, als wäre sie frisch geschmiedet. Der Stormcast stand auf, die Klinge in der Hand, und brüllte mit neuem Elan seinen Hass auf den Feind heraus.

Und doch konnte Eldroc nicht all seine Brüder erreichen. Blitze zuckten über die Höhlenwände, als loyale Krieger nach Azyr zurückgerufen wurden, und tauchten das sich entfaltende Blutbad in blaues Licht. Selbst diese wenigen Verluste waren zu viele; sie hatten ihre heilige Aufgabe gerade erst begonnen und waren bereits geschwächt.

Thostos hatte nun den zentralen Hügel erreicht und hieb sich seinen Weg durch die Sturmratten, die das Feuer auf sie eröffnet hatten. Sein Schwert bohrte sich in den Hals einer Kreatur, dann schwang er seinen Hammer in niedrigem Bogen und zertrümmerte die Beine des Ungeziefers. Es kreischte vor Pein und stürzte zu Boden. Als Eldroc ihn betrachtete, ließ Thostos das gebrochene Tier allein durch die Schwerkraft von seiner Klinge gleiten, dann zermalmte er mit einem weiteren mächtigen Hieb seines Hammers dessen Brustkorb. Vorne kauerte hinter hochgewachsenen Leibwächtern eine drahtige, grau gefleckte Kreatur, deren Kläffen und Kreischen selbst den allgemeinen Lärm und das Schlachtchaos übertönte. Auf ihrer brünierten Rüstung trug sie ein Schultergestell, an dem mehrere seltsame Symbole, zerfetzte Banner und Schrumpfköpfe befestigt waren. Der Skavenkommandant, vermutete Eldroc.

Thostos, der bereits aus einem Dutzend Wunden blutete, schlachtete sich seinen Weg auf den Kriegsherrn zu. Weitere Stormcasts erklommen den Hügel, doch die Skavengeschütze loderten noch immer und wurden nun von Flankenfeuer von

rechts unterstützt. Die Skaven hatten einen schweren Holz-
schild zutage gebracht, hinter dem mehrere Gewehre mit langen Läufen hervortraten und heftiges Kreuzfeuer entfesselten.
Ein weiterer Liberator ging zu Boden, eine blutrote Fontäne
spritzte aus seinem zerstörten Ringkragen und er fiel unter
heftigem Zucken. Eldroc spürte einen dumpfen Einschlag auf
seinem Oberschenkel und knurrte, als sengende, weißglü-
hende Pein folgte. Nicht der scharfe, ehrliche Schmerz einer
Fleischwunde, sondern etwas Unheilvolles, ein sich schnell aus-
breitendes, toxisches Ziehen, das sich durch sein Bein brannte.
Er senkte seine Bannlaterne und badete die rauchende Gliedmaße im gesegneten Licht.

Sie waren zu hart und zu schnell vorgedrungen und waren
in die Falle des Feindes getappt …

Dann erschütterte das Schmettern eines Kriegshorns die
Höhle.

Kaum krachten die Argelloniter in die Flanken der Skaven-
horde, war die Schlacht vorbei. An der Spitze des Speers zerschmetterten Heraldor-Ritter Axilon und sein Gefolge, zähe
Retributoren mit mächtigen, zweihändig geführten Hämmern,
die schändlichen Geschützplattformen der Skaven, schlach-
teten die Schützen und beendeten deren wildes Kreuzfeuer.
Weitere Celestial Vindicators folgten ihnen, ihre Schilde eine
dichte Linie gesegneten Sigmarits, die in die geschwächten Reihen des Feindes donnerte und gebrochene Rattenmenschen
zu Boden schmetterte, wo sie entweder unter den Stiefeln der
hereinbrechenden Stormcasts zermalmt oder von flinken Hieben erledigt wurden.

Als die erste Welle nach links drängte, um die Flanke des
belagerten Klingensturms zu befreien, führte Mykos Argellon
den Rest seiner Krieger geradewegs hindurch auf den Hügel

und Thostos zu. Der Lord-Celestant der Argelloniter war das Ebenbild der Pracht ihres Gottkönigs in seiner reich verzierten Rüstung, die selbst in der Finsternis der Höhle strahlte, als er sich eine blutige Schneise durch die feindliche Horde schnitt.

»Vorwärts, Argelloniter!«, rief er, und seine Stimme übertönte selbst den chaotischen Schlachtlärm. »Zeigt ihnen den Zorn der Celestial Vindicators.«

Er schwang *Mercutia* herum, stieß, schlitzte und schmetterte mit dem schweren Knauf wie ein Wirbelsturm, so schnell, dass es unmöglich erschien, er könnte irgendein Maß an Kontrolle darüber behalten. Und doch landete kein einziger Hieb daneben und der Lord-Celestant hinterließ bei seinem Vormarsch riesige Haufen gebrochener und zerstückelter Skaven.

»Nehmt euch die Sturmratten vor«, rief Prosecutor-Primus Goldfeder seinen Männern zu, als er endlich ausreichend Platz hatte, seine Schwingen im Gewölbe der Höhle auszubreiten.

Sein Gefolge fegte über das Schlachtgewühl hinweg und rief donnerumflochtene Wurfspeere in ihre Hände, mit denen sie auf die hochaufragenden Bestien zielten. Eine ging unter einem Raketenhagel zu Boden und feuerte mit ihrer bizarren Waffe weiter, bis sie vom zentralen Hügel kippte. Eine andere drehte sich um und zielte auf die Prosecutoren, und ihre Geschosse fraßen sich ins Dach der Höhle und mähten zwei Herolde in einer Wolke aus blutigem Rauch nieder.

Von der Ankunft ihrer Verbündeten ermutigt, lebte der grausame Angriff des Klingensturms wieder auf. Nun wurde die Überzahl der Skaven zu deren Untergang; eingequetscht zwischen zwei unnachgiebigen Stahlmauern, hatten sie keinen Platz, sich ins Freie zu wühlen, kaum einmal, um verzweifelt nach Luft zu ringen. Tote Skaven steckten im Gedränge fest und wurden von ihren Kameraden aufrechtgehalten, die panisch kratzten und zerrten und doch keinen Ausweg fanden. Jenes Ungeziefer, das das Glück hatte, sich am Rande der Schlacht zu befinden, zauderte, der Schweiß ihrer Angst verdorben und beißend.

Mit der einzigartigen Einsicht der Skaven gesegnet, wann man das Handtuch werfen und sich verziehen sollte, fluchte Kriegsherr Zirix, spuckte aus und wandte sich zur Flucht, zufrieden in der Gewissheit, dass seine schmutzigen Verwandten diese Metallkrieger lang genug beschäftigen würden, damit er in die Dunkelheit verschwinden konnte.

Als er sich umdrehte, traf er auf ein paar lodernd blaue Augen.

Entsetzen entwich ihm in scharfem, saurem Geruch, als der Riese vor ihm seinen Panzerhandschuh hervorschnellen ließ und ihn am Hals packte. Er versuchte, nach seiner Klinge zu tasten, einer rostigen, grün angelaufenen Metallscherbe, deren giftiger Überzug im Laufe seines kurzen, erbärmlichen Lebens das Fleisch vieler menschlicher Kreaturen zerfressen hatte. Die Klinge wurde ihm aus der Pfote geschlagen und schlitterte fort.

Zirix kreischte und keuchte, als er langsam in die Luft gehoben wurde. Der Riese war so stark. Er kratzte und zerrte an dessen Arm, jedoch vergebens. Seine Augen traten hervor und sein Blick verschwamm in einem karminroten Nebel, als Blutgefäße unter dem Druck des eisernen Griffs barsten. Der Riese zog ihn zu sich heran.

»Vergeltung«, knurrte er, seine Stimme die gnadenlose Unvermeidbarkeit einer Lawine. »Ewige Vergeltung.«

Die Kreatur hörte auf zu kämpfen und Thostos schloss einen Panzerhandschuh um ihren Hals. Mit einem Ruck und einem abscheulichen Knirschen drehte er ihr den Hals um und schleuderte das tote Tier in das Meer von Rattenmenschen, das um den Fuß der Anhöhe wogte, von dem es hinweggefegt wurde wie ein Blatt von einem rauschenden Fluss.

Der Tod des Kriegsherrn läutete das Ende jeglichen Anscheins vom Widerstand der Skaven ein. Die Rattenmenschen huschten davon, hasteten verborgene Gänge und Höhlen hinab und kletterten in erschrockener Verzweiflung übereinander hinweg. Die Celestial Vindicators merzten alle aus, die zu langsam waren, um wegzurennen, und Mykos' Krieger umwogten die Aufstellung des Klingensturms und bildeten für den Fall eines Gegenangriffs an jedem Eingang zur Höhle eine Mauer aus Stahl.

Der Lord-Celestant der Argelloniter überblickte das Gemetzel. Der Klingensturm hatte bei den Skaven einen verheerenden Tribut gefordert. Die Höhle war eine Leichengrube toten Ungeziefers, ihr stinkendes Blut bedeckte jede Oberfläche und besudelte die Rüstungen der Celestial Vindicators von Helm bis Stiefel. Die gottgegebene Unsterblichkeit der Stormcasts bedeutete, dass es schwierig war, die Verluste abzuschätzen, doch es lagen einige verwundete Krieger inmitten des Durcheinanders von Leichen. Sie wurden von Lord-Relictor Tharros Seelenwächter versorgt, der von Mann zu Mann ging und ihre Wunden mit der Kraft seines heiligen Sturms salbte.

Im Herzen der Zerstörung stand Thostos allein, umringt von den gebrochenen und zerstückelten Leichen der Sturmunholde, die Waffen schlaff an seiner Seite. Beinahe reglos starrte er auf die toten Kreaturen. Mykos näherte sich ihm, und als der Lord-Celestant sich umwandte und dessen erbarmungsloser Blick sich in ihn hineinbohrte, spürte er, wie ihm ein kalter Schauer über den Rücken lief.

»Ihr Anführer ist tot«, sagte Thostos. »Das Ungeziefer wird uns nicht länger behelligen, während wir durch dieses Labyrinth vordringen.«

Mykos räusperte sich. »Du hast heute viele dieser verderbten Bestien erlegt, Bruder«, sagte er vorsichtig. »Du und deine Männer habt eine ehrvolle Schlacht gekämpft.«

Er hielt inne und hätte beinahe noch mehr gesagt. Es entstand ein Schweigen, das sich zu lange hinzog und nur vom Ächzen der Verwundeten und dem tiefen, dumpfen Gesang des Lord-Relictors bei seiner Arbeit unterbrochen wurde. Der Klingensturm hatte eine Art, die ihm die Sprache verschlug.

»Du möchtest mich wegen meines Leichtsinns schelten«, sagte Thostos. »Weil ich mich nicht mit deinen Argellonitern zusammengeschlossen habe, bevor ich in die innerste Kammer vorstieß.«

»Ich …« Mykos blinzelte überrascht.

»Die Bewegung der feindlichen Streitkraft legte Koordination nahe, was bedeutete, dass es einen Anführer geben musste, der das Ungeziefer lenkte. Die höchste Konzentration kam aus einer einzigen Richtung, wo ich schätzte, dass sich wahrscheinlich der Anführer befand. Mir blieb keine Zeit, euch über meine Entscheidung zu informieren, also verließ ich mich darauf, dass der Schlachtlärm euch zu uns führen würde.«

Mykos lächelte hinter seiner Maske und schüttelte den Kopf. »Du bist mit meinem Handeln nicht einverstanden?«

»Nein, nicht ganz. Ich wünschte, unsere Kommunikation wäre etwas offener, aber ich verstehe den Wert des Risikos im Krieg. Dies ist die Art der Celestial Vindicators.« Der Lord-Celestant zuckte mit den Schultern. »Es ist bloß, dass wir, seitdem unsere Streitkräfte sich für diese Mission zusammengeschlossen haben, nicht so viele Worte gewechselt haben.«

Falls er gehofft hatte, dass ein wenig kameradschaftliches Geplauder die eisige Gemütslage des Klingensturms auftauen würde, wurde Mykos enttäuscht. Sein Kamerad starrte ihn bloß an und sagte nichts. Mykos lauschte beinahe erleichtert, als sich die Schritte von Lord-Castellant Eldroc näherten.

»Die Männer sind bereit vorzurücken«, sagte er. Auf einem Bein hinkte er leicht. Redbeak war an seiner Seite, Blutflecken auf seinen edlen Zügen, die stolzen Augen zusammengekniffen. »Wir haben sechsundzwanzig Krieger verloren, darunter Liberator-Primus Lucos.«

Thostos nickte ohne ein Anzeichen von Bedauern. »Dort ist die Luft frischer«, sagte er und deutete auf das nördliche Ende der Höhle, gegenüber dem Eingang, durch den sie eingedrungen waren. »Es könnte zu einem Weg aus diesem Labyrinth führen. Man kann den Wind spüren. Zieh deine Männer ab.«

»Du bist verwundet, Herr«, sagte Eldroc mit besorgter Stimme. Mykos erkannte, dass der Lord-Castellant recht hatte. Thostos' Arm blutete stark und er sah, dass die Rüstung des Lord-Celestants von mehreren kleinen Löchern übersät war, wo Kugeln eingedrungen waren.

»Ich … hatte es nicht bemerkt«, sagte Thostos leise und starrte auf sein Blut.

Eldroc trat an die Seite seines Lord-Celestant und badete Thostos im regenerierenden Glühen seiner Bannlaterne. Der Klingensturm neigte seinen Kopf und die blaue Flamme hinter seinen Augen flackerte und verdunkelte sich. Nicht wenig überrascht dachte Mykos, er könnte ein entkräftetes Seufzen vernehmen – doch der Klingensturm schien jenseits solcher sterblicher Anzeichen von Erschöpfung. Während er diesen betrachtete, schlossen sich die Wunden des Lord-Celestant und Sigmarit floss über die gerissenen Stellen in seiner Rüstung.

Thostos nickte seinem Lord-Castellant zu und rollte seine Schulter, bewegte das Gelenk und streckte seinen Arm.

»Zieh die Männer ab«, sagte er erneut, und die Leere kehrte

zurück. Er warf Mykos einen letzten Blick zu, nickte beinahe unmerklich mit dem Kopf, und schritt davon.

Die Stormcasts traten aus dem stinkenden Bau auf eine breite Felsbank, die die Donnerebene überblickte. Blassgelbes Gras erstreckte sich bis zum Horizont und bog sich so stark im rastlosen Wind, dass es beinahe wie Flammen zu wogen schien. Wolken fegten über den Himmel, verwirbelten und verwandelten sich in einem endlosen, aufgewühlten Unwetter. Es war ein übellauniger Wind. In dieser Höhe riskierten sterbliche Menschen, einfach vom Berggipfel geweht zu werden – nur das Gewicht und die Kraft der Stormcasts hielt sie an Ort und Stelle verwurzelt. Eine einzelne, steile Treppe war in den Rand des Plateaus gehauen und wand sich zu den Gebirgsausläufern hinab, die sich in erhabenen Adern geschwärzter Felsen bis ins Grasland erstreckten, zerfurcht, gewunden, beinahe skelettartig.

»Die Donnerebene«, sagte Eldroc, trat an den Rand des Felsvorsprungs und spähte auf den Ausblick, der sich unten ausdehnte. Er hob seine Stimme, als ein Donner losbrach und so laut über den Himmel hinwegrollte, dass der Berg selbst unter ihnen zu beben schien. »Scheint doch ein gemütlicher Ort zu sein«, sagte er mit nicht wenig Sarkasmus.

»Hinter dieser Ebene liegt die Mantikor-Grauensfeste«, sagte Thostos, seine Stimme ein steinernes Poltern. »Wir müssen uns eilen. Die nächste Phase von Sigmars Plan kann nicht stattfinden, bis wir sie gesichert haben und halten.«

Mykos beobachtete den Lord-Celestant. Thostos zeigte kein Interesse am großen Spektakel der Ebene, noch mühte er sich, nach ihrem Kampf durch das Labyrinth den Geist seiner Krieger zu stärken. Seine Fäuste an seinen Seiten geballt, starrte er teilnahmslos auf den fernen Horizont, während sich die Celestial Vindicators hinter ihm aufstellten. Die Glut und und der Zorn waren lange fort und an ihre Stelle war eine Stille getreten, aber keine Ruhe. Seine Rüstung und Kriegsmaske verbargen jegliche Mimik, doch selbst über die Entfernung hinweg konnte Mykos dessen Anspannung spüren. Er war gestrafft wie eine Feder, bereit, bei der geringsten Gelegenheit zu springen.

»Goldfeder«, rief Mykos und richtete sein Augenmerk wieder auf unmittelbarere Angelegenheiten. Der Prosecutor-Primus stieß sich elegant von dem Felsen ab, auf dem er sich niedergelassen hatte, und glitt zur Stelle herab, wo die Argelloniter noch immer dabei waren, sich aufzustellen.

»Mein Lord?«, fragte er.

»Nimm deine schnellsten Männer und erforsche die Gebirgsausläufer und die direkte Umgebung. Ich möchte keine Überraschungen mehr erleben. Beim geringsten Verdacht, egal was, wirst du mir Bericht erstatten. Dieses Land hat bereits viele gebrochene Brüder zurück nach Azyr gesandt und ich beabsichtige nicht, seine Gefahren auf die leichte Schulter zu nehmen. Los.«

Der Prosecutor-Primus nickte und ging, um die anderen Herolde zu versammeln. Der Rest der Argelloniter und des Klingensturms hatte begonnen, die sich windende Treppe hinabzumarschieren, obgleich sie so schmal war, dass nur zwei nebeneinander gehen konnten. Es würde mehrere Stunden dauern, die Gebirgsausläufer zu erreichen und sich wieder zu ordentlichen Schlachtreihen aufzustellen. Das bereitete Mykos Sorgen. List gehörte nicht zu den vielfältigen Tugenden der Stormcasts; hier waren sie ungeschützt, und die Skaven hatten das Potenzial eines Überraschungsangriffs umfassend bewiesen.

Als die Argelloniter begannen, die gewundene Treppe hinabzusteigen, trat Eldroc an Mykos' Seite. Seine Rüstung war frisch repariert und die Spur seines Hinkens, die sich im Bau gezeigt hatte, war verschwunden. Einmal mehr war er ein Bild der Kraft und unerbittlicher Stärke. Von allen Klingensturm-Kriegern war Eldroc der entgegenkommendste, und dafür war Mykos dankbar. Er mochte die schlichte Ehrlichkeit und Besonnenheit des Mannes.

»Du scheinst beunruhigt, mein Freund«, sagte Eldroc.

»Es ist nichts, Lord-Castellant. Bloß die Sorge, dass wir so schnell auf ein Gefecht gestoßen sind. Ich hatte gehofft, unser Ziel ohne Zwischenfälle zu erreichen.«

»Wie schön das wäre«, schmunzelte Eldroc. »In Zeiten wie diesen wäre das ein rarer Segen, egal in welcher Ecke der Reiche.«

Er legte seine Hellebarde an seine Schulter und lehnte sich auf den Schaft. Einen Moment lang schwiegen sie, lauschten dem Trampeln der Stiefel und dem Heulen des Windes, der über den Bergpass peitschte.

»Er kann schwierig sein, ich weiß«, sagte der Lord-Castellant leise.

Mykos sagte nichts. Es war deutlich, dass Eldroc seine Worte mit Bedacht wählte und er ließ dem Mann Zeit, seine Gedanken zu sammeln. Es war nicht einfach für einen Stormcast, einen Kriegsgefährten zu hinterfragen, geschweige denn seinen Anführer. Uneingeschränkte Loyalität und Bruderschaft waren genauso Teil von ihnen wie ihre Rüstung, ihre Waffen und ihre Furchtlosigkeit.

»Ich habe mit vielen unserer neugeschmiedeten Brüder gesprochen«, seufzte Eldroc, »und der Wandel tritt bei Thostos deutlicher zum Vorschein als bei allen anderen. Früher war er ein so nachdenklicher Mensch. Ich denke, dass er deshalb als Anführer auserwählt wurde. Wir sind eine zornige Horde und brauchen solch einen Mann, um uns zu mäßigen.«

Eldroc wandte sich Mykos zu. In seiner Stimme schwang ein flehender Unterton mit, und Mykos erkannte, dass der Lord-Castellant nie zuvor einer anderen Seele von seinen Sorgen erzählt hatte.

»Gib ihm Zeit, mein Lord«, sagte Eldroc.

Prosecutor-Primus Evios Goldfeder genoss die tückische Kraft der Winde auf der Donnerebene, die ihn gnadenlos hin und her warfen. Es war zwar angenehm, durch die ruhige Luft der Singenden Gärten zu segeln, oder gar über die himmlischen Täler von Erianos, doch wenn es eine Sache gab, die Goldfeder schätzte, war es die Herausforderung. Der Wind hier hatte keine Richtung; ein Zephir wehte aus Westen, erlaubte ihm, auf seiner sanften Brise zu gleiten, dann warf eine gewaltige Wand ihn zurück in die andere Richtung, schlug ihn so hart, dass er mehrere Meter absackte, und wirbelte ihn so heftig, dass er seinen Abstieg kaum kontrollieren konnte.

Zuerst war es beunruhigend, doch schon bald ertappte er sich dabei, wie er die unerbittliche Natur des Orts auskostete. In all diesem Wahnsinn fand sich dennoch ein Muster. Er erwischte eine ansteigende Böe und ließ sich von ihr anheben, spürte, wie sie schwankte und nachließ, suchte eine starke Westbrise, die seine strahlenden Schwingen mit Luft erfüllte, und ließ sich von ihr in einem weiten Bogen über das wogende Gras der Donnerebene tragen. Seine Prosecutor-Kameraden folgten ihm, doch er bemerkte ohne Überraschung und mit nicht unerheblicher Genugtuung, dass die stürmischen Winde ihnen weitaus mehr Schwierigkeiten bereiteten. Galeth und Harion waren bereits vom Kurs abgekommen, trotz der Kraft ihrer Himmelsschwingen. Er würde später mit ihnen sprechen; schließlich verlangte er ein gewisses Maß an Bravour von seinen Männern.

Er wandte seinen Blick zurück auf die Ebene. Sie bot einen atemberaubenden Anblick, das musste der Prosecutor-Primus einräumen. Das weite Grasmeer erstreckte sich meilenweit in alle Richtungen, durchsetzt von zerklüfteten, gewundenen Felsspitzen und vom Wind abgeschliffenen Tafelbergketten, die durch die Oberfläche der Erde brachen und sich gen Himmel reckten. In all dieser Weite sollte man ein Maß an Stille erwarten können, doch das war nicht der Fall; wo immer Goldfeder hinblickte, sah er Bewegung. Das Gras am Fuße des Felsvorsprungs wuchs höher, klammerte sich an die wilden Formationen und wand sich wie abschnürende Ranken darum. Der Wind drehte und zerrte an den Kletterpflanzen und straffte sie wie einen Galgenstrick. Die sich wandelnden Wolken zogen am Himmel vorüber und verdunkelten die Ebene für einen Augenblick, und Goldfeder dachte, er sehe eine große Felsklaue aufzucken und von einem dicken Dornengürtel auf die Erde hinabgezerrt werden, der ihn umrankte. Dann stach einmal mehr Sonnenlicht durch die Wolken und alles wurde still. Nur eine optische Täuschung, vermutete er.

Er wurde von einem leisen, grollenden Geräusch abgelenkt, das zu einem Tosen anwuchs. In der Ferne tat sich der Erdboden auf. Erde wurde in die Höhe geschleudert und eine gewaltige Furche riss die Ebene auf, als versuche etwas Monströses, sich zu befreien. Kaum hatte der Grund aufgehört zu beben, da zeigte sich ein zweiter Riss, der der Bahn des ersten folgte. Eine Erschütterung kündigte eine Reihe großer Spalten an, die den Boden aufwarfen, dann breitete sich eine unbehagliche Stille aus.

Als er in die Höhe stieg, erblickte Goldfeder weitere entsetzliche Wunder. Ein Fleischteppich rollte weit zu seiner Linken über die Ebene, eine sich kräuselnde Masse wilder Bestien, so dicht gedrängt, dass er den Grund unter ihnen nicht sehen konnte. Es war flachköpfiges, vierbeiniges Weidevieh mit mächtigen Hörnern, die sich nach hinten um ihre Schädel wanden. Da waren Tausende ... Hunderttausende davon.

Der Prosecutor-Primus sank näher und sah eine weitere Herde von Kreaturen, geschuppt und echsenartig, doch mit leuchtend-bunten Federn an Flügeln und Hinterbeinen. Jede war größer als ein Mensch, beinahe so groß wie ein Stormcast, und während Evios zusah, schoben und drängten sie sich in den Ansturm, sprangen in die Flanken der Bestien und versuchten sie zusammenzutreiben. Er beobachtete eines der größeren Vogelwesen dabei, wie es eine unglückselige Kreatur ins Straucheln brachte; eine verheerende Welle von Hufen und kreischendem Fleisch brach los und ein Großteil der heranbrausenden Flut brach in sich zusammen. Nichts konnte solch ein Blutbad überleben und Evios sah weiter zu, unwillkürlich vom Einfallsreichtum der geflügelten Kreaturen beeindruckt, as ein Berg zerquetschter Bestien sich aufhäufte, unter dem schieren Gewicht der wogenden Masse zermalmt. Sie würden gut speisen, sobald der Ansturm weitergezogen war.

Eine der fliegenden Kreaturen bemerkte seine Anwesenheit und stieß einen gellenden Schrei aus, und Goldfeder entschied, dass es Zeit wurde weiterzuziehen. Er signalisierte seinem Gefolge und gemeinsam entfernten sie sich vom Gemetzel.

Er ließ sich wieder hinabsinken, fand eine weitere Böe und ließ sich von ihr zurück gen Süden tragen, auf die Stellung der Stormcasts zu. Der Prosecutor-Primus hatte sich beinahe davon überzeugt, dass er ein klares Bild von der Region hatte, als er etwas aus dem Augenwinkel wahrnahm. In seitlicher Richtung und auf die Gebirgsausläufer hinzu, auf die sich auch die Stormcasts zubewegten, sah er mehrere Flecken. Er bedeutete seinen Männern, ihm zu folgen, und segelte auf die Front zu.

Als er darauf zusauste, sah er, dass eine große Meute von

Kreaturen eine kleinere, versprengte Schar über die Ebene jagte. Die Jäger bezifferten etwa zweihundert, und ihre Größe, ihre schwerfällige Gangart und die unförmigen, derb gearbeiteten Rüstungen kennzeichneten sie als Orruks.

Prosecutor Omeris schloss endlich mit ihnen auf. »Sie bewegen sich auf unsere Brüder zu«, sagte er und musste sich anstrengen, um sich über das Heulen des Windes Gehör zu verschaffen. »Wir sollten umkehren und die Lord-Celestanten informieren.«

»Orruks«, sagte Goldfeder. »Gemeiner Schmutz, der ganze Haufen.«

»Bald haben sie ihre Beute«, sagte Omeris.

»Kaum überraschend«, entgegnete Goldfeder. »Die verfluchten Wüstlinge können stundenlang rennen, wenn ihr Blut kocht.«

Sein Blick fiel auf die fliehende Schar. Sie waren dürr und übel zugerichtet und trugen zerlumpte Lederfetzen, die nicht viel kultivierter waren als die primitiven Wilden, die sie jagten, doch eines war unverkennbar.

Es waren Menschen.

Die Stormcasts wanden sich ihren Weg durch die Klippen, achteten auf jedes Heulen, jedes Knacken der Erde. Eldroc marschierte an der Spitze der Reihe, einige Schritte hinter Thostos. Er betrachtete seinen Herrn, der ungeachtet der Geräusche um sie herum voranschritt. Eldroc und all seine Brüder der Celestial Vindicators hatten mitangesehen, wie ihre Familien und Freunde von den niederträchtigen Horden des Chaos abgeschlachtet wurden. Als die Klingen schließlich auch nach ihnen hieben, hatten sie ihren Trotz gen Himmel gebrüllt und zum mächtigen Sigmar dafür gebetet, eine Gelegenheit zu erhalten, Rache an den verhassten Günstlingen der Dunklen Götter zu nehmen. Diesen Eid hatten sie bereitwillig geleistet, und er war jeden Preis wert gewesen.

Und doch, als er sah, was aus seinem Lord-Celestant geworden war, wurde Eldroc von Zweifeln erfüllt. Der Mann war leer, eine gefühllose Hülle, die von nichts als dem unstillbaren Verlangen erfüllt war, seine Vergeltung einzufordern. Verschwunden war der nachdenkliche, rechtschaffene Mann, mit dem Eldroc so viele Jahre lang im Vorfeld des großen Vorstoßes in die Reiche gekämpft und trainiert hatte. Sie hatten sich einst ausgetauscht, gemeinsam von einer neuen Ära der Hoffnung und des Ruhms für die Nachkommen Sigmars geträumt, in der Gewissheit, dass sie jenen Frieden niemals selbst erleben würden. Sie hatten diese Tatsache bereitwillig hingenommen, doch es war eine Sache, einen unvermeidbaren, ehrvollen Tod in die Arme zu schließen, und eine andere, ewig zu sterben, denn jede weitere Neuschmiedung bescherte ihnen eine Symphonie der Pein, die die Seele schwächte und aufzehrte.

Und was riskierten die Stormcasts außerdem mit jedem Mal, das sie für den Gottkönig in den Krieg zogen? Die Wahrheit kannte nur Sigmar allein. Jeder Krieger kehrte auf andere Art gewandelt zurück. Es gab einen Liberator im Klingensturm, der sich an keinen seiner früheren Freunde erinnern konnte, und doch mit völliger Klarheit Hunderte historischer Sonnete in einer archaischen Sprache rezitieren konnte, die kaum zu entschlüsseln war. Andere erinnerten sich bloß an Fragmente ihres früheren Lebens, als sähen sie es durch die Augen einer anderen Person.

Eldroc hatte die Pein der Neuschmiedung selbst erlebt. Und doch war er ohne die Traumata daraus hervorgegangen, die seine Freunde und Brüder erlitten hatten. Seine Erinnerungen waren verblasst, ja, wie ein reich verzierter Wandteppich, der zu lange in der lodernden Sonne gehangen hatte, doch tief drinnen kannte er sich selbst; er erinnerte sich an den Mann, der er gewesen war, und wofür er kämpfte.

Er verspürte auch Schuldgefühle, wenn er in das gequälte Antlitz seines Lord-Celestants blickte, die gebrochene Hülle, zu der Thostos geworden war. Weshalb hatte er nicht so brutal gelitten wie sein Freund? Dies ängstigte ihn mehr als jedes Leiden und jede Geisteskrankheit. Ein nagender Gedanke hallte durch Eldrocs Kopf: Hatte er noch nicht entdeckt, was er geopfert hatte – und wenn er es tat, würde es das, was Thostos durchgemacht hatte, unbedeutend erscheinen lassen?

Uneingeschränkte Loyalität und Hingabe zu seinem Gottkönig durchströmten Eldroc wie eine reiche Ader einen unnachgiebigen Stein, doch noch immer konnte er seine Bedenken nicht beiseiteschieben. Genauso wenig fand er nachts Schlaf.

Das Schlagen von Schwingen rüttelte ihn aus seinen düsteren Gedanken. Der Prosecutor-Primus der Argelloniter war zurückgekehrt und ein Stück vor seinen Scout-Gefährten eingetroffen. Er sank behände vom Himmel und landete leichtfüßig vor Lord-Celestant Argellon.

»Mein Lord«, sagte er, seine Stimme gepresst und drängend. »Eine Meute Orruks bewegt sich auf uns zu. Sie verfolgen eine Schar Sterblicher.«

Mykos spannte sich sichtbar an. »Sind sie gefallen? Tragen sie das Mal der Dunklen Götter?«

Der Prosecutor-Primus dachte einen Augenblick darüber nach und zuckte dann die Schultern. »Sie sehen wild aus, primitive Rohlinge, in Tierhäute gehüllt«, antwortete er, und Eldroc hörte die Geringschätzung in seinem Tonfall, »doch ich habe keins der niederträchtigen Symbole oder Male des Chaos gesehen. Ich kann es nicht mit Sicherheit sagen, doch ich weiß, dass sie nicht viel weiter kommen werden, bevor sie ermüden und die Orruks sie überrennen.«

»Wie viele Orruks?«, fragte Thostos, und Goldfeder zuckte ob der plötzlichen Anwesenheit des Lord-Celestants zusammen.

»Ungefähr zweihundert«, antwortete er.

Mykos wechselte einen Blick mit Thostos. »Wir brauchen keinen Kampf mit den Orruks«, sagte er. »Unsere Mission wird auch ohne ihre Einmischung schwierig genug sein. Doch diese Sterblichen könnten uns wertvolle Informationen über diese Region liefern. Wir sollten unsere Stärke zeigen.«

Klingensturm starrte Mykos eine lange Zeit an, dann nickte er beinahe unmerklich, wandte sich um und überblickte ihre gegenwärtige Position. Sie befanden sich kurz vor der Mündung der Gebirgsausläufer und das Terrain fiel zur Ebene hin ab. Der Grund war noch immer uneben, zerklüftet, hitzeverbrannt und trocken, doch er bildete eine natürliche Verteidigung gegen Infanterieangriffe. Die Böschungen, die sie säumten, waren etwa so hoch wie zwei Stormcasts und der Boden dazwischen war schmal genug, dass vierzig Krieger die Linie halten konnten, ohne Gefahr zu laufen, an der Flanke umrundet zu werden. Knapp tausend Meter voraus neigte sich der felsige Grund ein letztes Mal hinab und jenseits davon konnte Thostos die offene Ebene erspähen.

»Retributor-Primus Hyphon«, rief er, »versammle deine Krieger. Lord-Celestant Argellon, wir nehmen hundert Mann und eilen unserer Hauptstreitkraft voraus auf den Kamm zu.«

Liberatoren erstürmten den Scheitel des Kamms, stellten sich in Reihen auf und rammten ihre gewaltigen Schilde in die Erde, um so einen undurchdringlichen Ring aus Stahl zu bilden. Hinter ihnen schätzten Judicatoren ihre Reichweite ab, hielten ihre Bögen gespannt und bereit, als die Orruks auf sie zupolterten. Man konnte sie nun gut hören, wie sie johlten und ihr Kriegsgeschrei herausbrüllten, während sie sich immer stärker vorantrieben und erbittert versuchten, die fliehenden Sterblichen zu fangen.

Wankend wie erschöpfte Beute erspähten die bedrängten Menschen die Aufstellung der Stormcasts und blieben abrupt stehen. Einige fielen entkräftet auf die Knie.

»Bewegt eure trägen Hinterteile«, brüllte Goldfeder und schwebte über der verwilderten Schar. Er durchkämmte die Gruppe, um den Anführer auszumachen, und entschied sich für eine drahtige Frau, die sich auf einem Knie abstützte, eine gebogene Klinge in ihrer Hand. Sie schien diejenige zu sein, auf die die anderen sich verließen.

Er stieß hinab, um sie zu treffen. »Bring deine Leute hinter diese Schilde oder wir überlassen euch den Grünhäuten«, sagte er.

Die nervösen Augen der Menschen richteten sich auf die Frau, die mit einer Vertrautheit und einem Mangel an Furcht zum Prosecutor-Primus aufschaute, was ihm ein überraschend unangenehmes Gefühl bereitete. Von Sterblichen war er kaum etwas anderes als unterwürfige Ehrerbietung gewohnt. Schließlich nickte sie, steckte zwei schwielige Finger zwischen ihre Lippen und stieß einen schrillen Pfiff aus. Zweifellos hatte sie entschieden, dass eine geringe Chance auf Überleben besser war als der sichere Tod. Die Menschen sammelten ihre letzten Energiereserven und schleppten sich vorwärts, kletterten die leichte Steigung auf den Schildwall der Stormcasts zu, der sich öffnete und ihnen Einlass bot. Als sie hindurchgeschlüpft waren, nahmen die Celestial Vindicators mit geübten Bewegungen wieder ihre Position ein.

»Sie sind ein wilder Haufen«, sagte Heraldor-Ritter Axilon, als die Menschen vorbeischritten. Mykos konnte kaum widersprechen.

Sie waren drahtig und verwittert und ihre magere Gestalt

legte nahe, dass viele Nächte ohne ordentliche Mahlzeiten verstrichen waren. Rituelle Narben und Tätowierungen in roter Tinte bedeckten ihre sonnengegerbte Haut; sie trugen wenig Rüstung, wenn man von den dünnen Hemden und Kniehosen aus Tierhäuten und den Lederbandagen an ihren Händen und Füßen absah. Die hochgewachsene Kriegerin mit rabenschwarzem Schopf, die sie anführte, hatte ihr Haar an einer Seite mit Lederfetzen hochgebunden und die andere Seite kahlrasiert. Als ihre Gruppe vorbeistolperte, heftete sie ihren Blick auf den Lord-Celestant. Ihre Augen waren kalt, grau und hart – die Augen eines Jägers, eines Wolfs. Er konnte darin keine Angst, keine Überraschung und keine Ehrfurcht erkennen. *Dies sind Mörder*, dachte Mykos. Er gab Liberator-Primus Julon ein Zeichen, woraufhin dieser nickte, und begann die Sterblichen zu sichern. Er nahm ihnen die Waffen ab, die sie bei sich trugen, und untersuchte sie auf offenkundige Anzeichen von Korruption.

Ihrer Beute verwehrt, heulten die Orruks auf und donnerten in einem weiten, losen Halbkreis vorwärts, bis etwa zwanzig Meter vor den Stormcasts. Sie grunzten und knurrten, spuckten und schnaubten, doch für den Augenblick schienen sie ausreichend neugierig, sich nicht in die Linie der Stormcasts zu stürzen. Seine Kameraden aus dem Weg stoßend, stapfte ein schwerfälliges Exemplar nach vorn und kratzte sich träge am dicken Hals, eine grausam anmutende Großaxt locker an seiner Seite. Ein paar stämmige Krieger folgten ihm, jeder mit einem verschmierten, roten Kratzer auf der eisenschwarzen Brustplatte.

»Was nun?«, fragte Goldfeder und kam sanft auf dem Boden neben seinem Lord-Celestant auf, einen Sturmruf-Wurfspeer bereit in einer gepanzerten Faust.

»Nun verhandeln wir«, sagte Mykos grimmig und blickte

zum anderen Lord-Celestant, der die Orruks leidenschaftslos anstarrte. Thostos sagte nichts, obgleich er seine Waffen gezogen hatte und ruhig in den Händen hielt. »Die Menschheit hatte schon einmal ein gemeinsames Ziel mit den Orruks. Vielleicht können wir ein Scharmützel vermeiden, dass uns nichts einbrächte.«

Er gab Axilon ein Zeichen und der Heraldor-Ritter nickte und wählte fünf breitschultrige, eifrige Retributoren aus. Wenn es zu einem Handgemenge kam, wollte er die Orruks so schnell wie möglich tot am Boden haben. Gemeinsam trat das Gefolge aus dem Schildwall hervor.

Mykos packte *Mercutia*; der wundersame Zweihänder reflektierte die Sonne und badete seine Rüstung im Licht. Er bedeutete seinen Männern stehen zu bleiben und trat vor, das Schwert erhoben. Die Orruks schauten zu, die affenartigen Stirnen gerunzelt. Mit bedachter Langsamkeit senkte der Lord-Celestant die Waffe und ließ sie sicher in die Scheide an seinem Oberschenkel gleiten.

Die Orruks blickten zu ihrem Anführer und bewegten sich zentimeterweise nach vorn. Dieser hielt eine fleischige Hand in die Höhe, um ihnen Einhalt zu gebieten, und hob seine eigene Waffe. Seine Zunge ragte in vorgetäuschter Konzentration aus seinem Mund, als er die Großaxt anhob und ihr Heft in eine imaginäre Scheide steckte. Seine Krieger lachten brüllend. Er feixte und bellte seinen Kriegern etwas Unverständliches zu. Acht traten vor, während die anderen sich bedrohlich im Hintergrund drängten.

»Das, denke ich, kommt einer formellen Waffenruhe wohl am nächsten«, sagte Eldroc hinter dem Schildwall.

»Folg mir«, sagte Mykos. »Und halte deine Hand bei deiner Klinge.«

* * *

Mykos und Eldroc gingen voraus. Ihre Rüstungen glänzten leuchtend türkis in der Mittagssonne und bildeten einen scharfen Kontrast zu den stumpfen, kruden Metallteilen und Ketten, die die Orruks um sich gewickelt hatten. Thostos schritt hinter ihnen, seine Augen auf den Anführer der Kriegerbande gerichtet. Die Orruks lachten und grölten untereinander in ihrer primitiven Sprache, und einer begann spöttisch auf seine Brustplatte zu trommeln. Seine Kameraden brüllten bei diesem geistlosen Komikversuch vor Lachen.

Hinter seiner Kriegsmaske konnte Mykos sich ein Grinsen nicht verkneifen. Es erstaunte ihn immer wieder, dass eine so wilde, stumpfsinnige, selbstzerstörerische Rasse so unverwüstlich war. Sie besaßen keine Ehre, keine Disziplin und keinen Ehrgeiz, die darüber hinausgingen, die nächste Rauferei zu finden, und doch verbreiteten sich diese verdorbenen Kreaturen in alle Ecken der Reiche. Eine der ersten Aufgaben der Stormcast Eternals nach ihrer Schmiedung in den Hallen Azyrs war gewesen, die Wildnis des Reichs des Himmels von den Orruks zu befreien. Sie hatten die kruden Ikonen und Totems heruntergerissen, die diese ihren bestialischen Göttern errichtet hatten, und die Bestien mit dem Schwert gerichtet. Die Grünhäute hatten sich einen brutalen Kampf geliefert – das taten Orruks immer – doch angesichts der gepanzerten Faust von Sigmars Rachekriegern war der Tod ihr einziges Schicksal. Mykos erinnerte sich nur ungern an jene Schlachten. Es war eine grauenvolle Aufgabe gewesen, ehrlose Metzelei, die notwendig war, bevor die Stormcasts ihren Krieg zum wahren Feind trugen.

Trotz seiner Geringschätzung kam Mykos nicht umhin, den Unterschied zwischen diesen ungeschlachten Kreaturen und dem erbärmlichen, ungezähmten Abschaum festzustellen, den sie in Azyr unter ihren Stiefeln zermalmt hatten. Zum einen war da ihre Rüstung. Diese Orruks hatten sich dicke Platten aus schwarzem Eisen umgebunden, mit scharfen Stacheln an den Gelenken. Während die Sigmarit-Rüstungen der Sturmschar handwerkliche Perfektion darstellten, waren die Platten der Orruks abgenutzt, verkratzt und verbeult. Sie waren willkürlich mit Klecksen roter Farbe beschmiert, die an den Arm- und Beinschienen Reißzähne und Kiefer nachbildeten. Die Qualität war krude und der Effekt wäre grotesk gewesen, doch die muskelbepackten, vernarbten Gestalten der Orruks sprachen von ungehobelter Effizienz und deren primitiver, unkultivierter Liebe zum Krieg.

Sie waren außerdem größer, breiter und muskulöser und von Kopf bis Fuß von Narben, Verbrennungen und all den anderen Trophäen gezeichnet, die die Schlacht der Haut eines Kriegers verlieh. Die meisten trugen Topfhelme, die mit Hörnern oder weiteren scharfen Stacheln geschmückt waren, andere hingegen waren barhäuptig. Der Anführer, ein Monster mit einem Kiefer wie ein Amboss und einer grausamen Narbe, die sich in einer zornigen roten Linie über sein rechtes Schweinsauge zu seinem Kiefer hinabzog, war so groß wie die Stormcasts. Er grinste die Celestial Vindicators an und stolzierte auf sie zu. Seine Krieger stellten sich in einem Halbkreis um ihn auf, ihre Hände ruhten auf schartigen Äxten und stachelbesetzten Streithämmern. Mykos spürte seine Hand zu *Mercutia* hinabwandern, der sich danach sehnte, aus seiner Scheide zu springen. Bedeutungsvolles Schweigen entstand, das nur vom Heulen des Windes unterbrochen wurde. Dann sprach der Anführer der Orruks.

»Euch noch nie gesehen«, polterte er in einem ungehobelten Dialekt, den die Stormcasts verstehen konnten, und leckte sich wie ein verhungernder Mensch die Lippen, dem man ein üppiges Festmahl darbot. »Glänzt ganz schön, was?«

Seine Kriegsbande grölte belustigt und ihr Anführer schenkte ihnen ein zahnlückiges Grinsen, während Mykos dem starken Drang widerstand, ihm den Kopf abzuschlagen. Eldroc trat vor.

»Wir sind die Celestial Vindicators, das gesegnete Schwert Sigmars«, sprach er in seiner tiefen, klangvollen Stimme. »Wir haben keinen Zwist mit euch und eurer Art, aber diese Menschen unterstehen nun unserem Schutz.«

»Ach so?«, knurrte der Orruks und kratzte sich mit einem gelbkralligen Finger an seinem dreckigen Ohr. »Hier«, wandte er sich an seine Krieger und legte seinen riesigen Kopf schief, »wem gehört's Land hier, Jungs?«

»Ironjawz!«, brüllten sie wie aus einem Munde.

»Un wer's Bestimmer hier?«

»Drekka! Drekka! Drekka!«

Der Orruk lehnte sich verschwörerisch vor. »Siehste also«, grinste er. »Nehm doch kein Befehl von som Blechschädel, der wo vom Himmel plumpst. Wir nehm die Menschlein da mit un direkt n–«

Ein Schwert zuckte funkelnd durch die Luft und grub sich zwischen die Augen des Orruk-Anführers.

Die Wucht des Stoßes schleuderte die Kreatur rückwärts in den Orruk direkt hinter ihm und warf beide mit einem Scheppern zu Boden. Mykos drehte sich um und sah, wie Thostos seinen Hammer zog, eine leere Scheide an seiner Seite.

Schweigen. Mit einem schrillen Dröhnen brach Goldfeder in erstauntes Gelächter aus. Dann griffen die Orruks an.

Ihr Brüllen zeugte eher von Kriegslust als einem Gefühl des Verrats ob des Todes ihres Anführers, und die Orruks drängten nach vorn. Die Retributoren traten ihnen entgegen und schwangen ihre gezogenen Hämmer. Die Nähe raubte der Mehrheit die Angriffswucht, doch Mykos sah Stormcasts unter den Stiefeln und Klingen der Grünhäute untergehen, zertrampelt und gebrochen. Als ein brüllender Orruk, der zwei Äxte schwang, auf ihn zustürmte, zog er sein Schwert, wirbelte zur Seite und nutzte den Schwung für einen kräftigen Seitenhieb. *Mercutia* schnitt sauber durch den Torso der Kreatur, öffnete ihren Bauch horizontal und ergoss ihre Innereien über Mykos' Stiefel. Der sterbende Orruk hieb wild nach dem Lord-Celestant, doch er wich ihm problemlos aus, platzierte seinen Stiefel auf dessen Brust und stieß ihn mit einem Krachen zurück, woraufhin dieser in einem Haufen zusammensackte.

Die vordersten Reihen der größeren Orrukmeute hatten das Gefecht nun erreicht, doch Mykos vernahm auch das Trampeln schwerer Stiefel und die Schlachthymnen der Treuen, als der Schildwall der Liberatoren seine Verteidigungsposition aufgab und nach vorn stürmte, um seine Anführer zu beschützen.

Eldroc hatte seine Hellebarde angesetzt und Mykos sah, wie er einen Orruk zwischen den Schulterblättern aufspießte, seine Waffe herumdrehte und die Kreatur zu Boden schleuderte. Ein anderer griff ihn von der Seite an und der Lord-Castellant zog die Hellebarde heraus, stieß erneut zu und trieb ihre schwere Spitze tief in den Bauch der Bestie. Sie quiekte vor Zorn und schleuderte ihre Axt in einem letzten verzweifelten Akt von Bosheit. Sie segelte an Eldroc vorbei und schlug in den Brustpanzer eines unglückseligen Stormcasts ein, der reglos zu Boden ging. Redbeak knurrte und stürzte sich auf den sterbenden Orruk, riss ihm die Kehle heraus und beendete dessen Widerstand.

Der Bergkamm war blutgetränkt, von Orruks und Stormcasts, doch die Auswirkung vom Tod des Orruk-Anführers hatte der Wucht der Celestial Vindicators Rückenwind gegeben. Ohne sein Gebrüll und seine Prügel wurde die seltsame Bandenmentalität, die die Orruks in der Schlacht verband, von der Rage der Stormcast Eternals zunichtegemacht. Sie waren schlicht zu stark und zu geschickt für die kunstlose Form der Kriegsführung, die die Orruks bevorzugten. Liberatorschilde fingen Axthiebe ab und wurden dann zur Seite genommen, um dem tödlichen Stoß eines Schwerts oder dem vernichtenden Hieb eines Kriegshammers Platz zu machen. Retributoren schwenkten ihre schweren Hämmer von einer Seite zur anderen, brachen Knochen und zertrümmerten Schädel.

Thostos war ein Wirbel türkisen Zorns im Herzen des Gedränges. Er hatte sein geworfenes Schwert durch einen Gladius ersetzt und hielt die kurze Klinge in einem umgekehrten Griff. Er stach damit nach den Grünhäuten, die ihm am nächsten waren, zerrte sie zu sich heran und knüppelte sie mit seinem Kriegshammer zu Boden.

Es verwandelte sich schnell in ein Schlachtfeld. Kein einziger Orruk verließ den Kamm lebendig.

Die Runenklinge steckte immer noch im dümmlichen Grinsen der verdorbenen Kreatur. Thostos platzierte seinen Stiefel auf der Stirn des toten Orruks und riss seine Waffe mit einem Ruck heraus. Sie befreite sich in einer Fontäne aus Blutklumpen, gelben Zahnsplittern und Fleischfetzen.

Er hörte Stiefel über den harten Boden auf sich zustapfen. Zwei Paar, eines schnell und zornig, eines langsamer, zaghafter.

»Was im Namen Sigmars war das, Klingensturm?«, bellte Mykos Argellon so laut, dass er die Blicke mehrerer Stormcasts auf sie lenkte, die Sigmars Gnade unter den verwundeten Orruks verteilten. »Wir wollten verhandeln. Sie haben uns nicht bedroht.«

»Sie haben Kinder Sigmars getötet«, sagte Thostos. »Damit allein haben sie den Tod verdient.«

»Sie sind grausame, gedankenlose Wilde, doch sie sind hier nicht unser Feind. Sigmar gab uns diese rechtschaffene Aufgabe, und die riskierst all das, um deinen Blutdurst zu stillen«, fauchte Mykos. »Wir hätten all dies vermeiden können. Männer sind für nichts gestorben.«

Thostos drehte den Orruk mit seinem Stiefel um. »Sieh ihn dir an«, sagte er, und in seiner Stimme schwang keine Spur von Anspannung mit. »Er dekoriert sein Fleisch mit Trophäen. Menschliche Knochen, Hände, Ohren. Seine Rüstung ist ein Kerbholz, siehst du?«

Es stimmte. Das Kettenhemd des toten Orruks war schwer behangen mit Gelenkknochen, gestohlenen Juwelen und anderen Andenken, alle unverkennbar menschlichen Ursprungs. Thostos streckte die Hand aus und griff nach einer Trophäe am Gürtel des Wüstlings. Es war ein Panzerhandschuh aus stachelbesetztem schwarzem Eisen, auf der Handfläche der achtzackige Stern des ewigen Feindes. Eldroc fluchte und Thostos warf Mykos den Panzerhandschuh zu.

»Hast du jemals so dreiste Orruks gesehen?«, fragte er. »Sieht dir ihre Rüstungen an, ihre Waffen. Ein ganz anderes Kaliber als die Stöcke und Steine des Grünhautgesindels, das uns im Amaris-Vorgebirge entgegengetreten ist. Diese hier sind kräftiger, lebendiger. Sie sind blutig und kampferprobt. Sie sind im Kampf auf die Mächte der Dunklen Götter getroffen und haben gesiegt.«

»Sie haben uns nicht angegriffen«, beharrte Mykos, »nicht, bis du ihnen Grund dazu gabst. Dies ist nicht das erste Mal, dass dein rücksichtsloser Zorn uns Leben gekostet hat.«

»Ihre Neugier war das Einzige, was ihre Klingen zurückgehalten hat, und das hätte kaum einen Moment länger vorgehalten. Deine Unentschlossenheit hätte uns in Gefahr gebracht, und so habe ich an deiner Stelle gehandelt.«

Mykos machte einen Schritt nach vorn, doch Eldroc trat zwischen die beiden Lord-Celestanten und rammte seine Hellebarde in die Erde.

»Genug«, zischte er. »Die Männer schauen zu. Beherrscht euch.«

Mykos blickte zurück. Dort standen Thostos' Männer und sahen teilnahmslos zu. Seine eigenen Krieger blickten sich einander beklommen und verwirrt an. Er konnte die Gesichter seiner Krieger hinter ihren Kriegsmasken nicht erkennen, doch er spürte ihre Anspannung und verfluchte sich selbst, die Kontrolle verloren zu haben.

Thostos steckte seine Waffe in die Scheide.

»Du hast recht, Bruder«, sagte er und starrte auf die zerstückelte Leiche des Orruk-Anführers. »Sie sind hier nicht unser Feind.«

Er wandte sich wieder zu Mykos um, der seinen blau-lodernden Blick ohne mit der Wimper zu zucken erwiderte, obgleich er das Ziehen jenes vertrauten Unbehagens spürte.

»Aber sie sind niemals Verbündete«, knurrte Thostos. »Sigmars Licht war an diesem Ort zu lange erloschen und diese Wilden sind in dessen Abwesenheit tollkühn geworden. Wir werden wieder in der Schlacht auf sie treffen, kein Zweifel.« Er marschierte fort.

Mykos Argellon hatte nie zuvor echte Wut auf einen anderen Stormcast verspürt. Er versuchte, seinen Atem zu beruhigen und sein Gemüt zu beschwichtigen, doch er war von weißglühendem Zorn und einem stechenden Gefühl von Verrat erfüllt. Wie konnte er diesen Feldzug an der Seite eines Mannes befehligen, der nur seiner eigenen Kriegslust vertraute? Mit Thostos konnte man nicht vernünftig reden, und sein Leichtsinn hatte sie bereits Leben gekostet, die sie sich angesichts solch einer langwierigen, gefährlichen Aufgabe nicht leisten konnten. Seine Wut war so stark gebündelt, dass er Lord-Castellant Eldroc kaum wahrnahm, der noch immer neben ihm stand, bis er spürte, dass der Mann zum Reden anhob.

»Sag nichts, Bruder«, warnte Mykos ihn. »Ich möchte es nicht hören. Sag mir nicht, dass er Zeit braucht, oder wie sehr er gelitten hat. Erzähl es den anderen Stormcasts, die hier gefallen sind, wenn sie aus der Schmiede zurückkehren.«

Er wandte sich zu Eldroc, forderte ihn dazu heraus, seinen Herrn zu verteidigen. Man musste dem Krieger zugutehalten, dass er dem zornigen Blick des Lord-Celestants nicht auswich. Noch sprach er. Stattdessen nickte er traurig, schritt in Richtung des Klingensturms davon und ließ den Herrn der Argelloniter auf seinem blutgetränkten Bergkamm zurück, umgeben von den Toten.

DER GEFANGENE DER SCHWARZEN SONNE

Josh Reynolds

Ich bin immer noch da.

Ich stehe immer noch.

Das Reich gehört mir.

Spinnen haben ihre Netze über meinen Augen gewoben, und Würmer bohren sich durch meine Brust. Ich bin aber immer noch am Leben. Ich kämpfe immer noch gegen meine Feinde. Auf ewig wird das so sein, denn ich kenne keine anderen Unterfangen. Mein Wille flackert und lodert wie ein frisch geschürtes Feuer. Der Große Nekromant erwacht.

Ich bin immer noch da.

Der Dreiäugige König hat meine Diener vernichtet. Seine Dämonenklinge meine Knochen zerschlagen und mein Herz in zwei Stücke geteilt. Meine Riten und Magie wurden entzweit und meine Macht auf dem Altar des Schicksals zerbrochen. Mein Körper wurde dem Staub überlassen und ich bin zu Staub geworden. Meine Seele fiel wie ein schwarzer Komet mit einem

Schrei durch die Dunkelheit, zog durch die Unterwelt und ihr Einschlag zerbrach die Wurzeln dieser Welt.

Ich bin immer noch da.

Nagashizzar ist gefallen. Ihre großen Türme und Basaltsäulen sind nur noch Staub. Wo sie einst stand, ist nur noch gebrochene Erde. Auf den Straßen, auf denen tausend Krieger marschierten, ist das einzige Geräusch das von heulenden Schakalen.

Aber ich bin immer noch da.

Ich habe die Sonne vom Himmel geholt, die Siegel der Unterwelt gebrochen, die Meere ausgedörrt und das Gras verbrannt. Ich habe meine Feinde gedemütigt und die Erde in den Himmel geschleudert, ich bin in den tiefsten Orten hin und her gewandelt und trotzdem bin ich zurückgekommen.

Nagash ist auferstanden.

Etwas erwacht an den wilden Orten, die mir gehören. Eine Macht, die nach dem Sturm riecht, kommt in meine Reiche geschlichen. Ich sitze auf meinem Thron im sternenlosen Stygxx und spüre, wie sie um mich herum wächst und lockt, was mein ist. Seelen schlüpfen mir durch die Hände, Geister fliehen vor meiner Stimme. Diebe und Invasoren pirschen sich durch mein Reich. Sie denken, ich bin nicht mehr.

Ich bin aber immer noch da.

Beachtet mich. Hört auf meine Worte, ihr, die ihr den Verstand zum Hören habt. Das Reich des Todes ist mein Körper. Seine Höhlen sind meine Knochen, seine Gipfel meine Krone. Das Reich ist so groß wie mein Wort und so klein wie mein Begehren. Ich beherrsche die Meere im Osten und zerschlage die Berge im Westen. Mein Thron steht im Norden und mein Schatten liegt im Süden. Wo auch immer du suchst, ich bin dort. Wo auch immer du betest, dort schreitet Nagash.

Wer auch immer an mich glaubt, wer auch immer meinem Willen gehorcht, dem Willen von Nagash, der wird gedeihen.

Ich bin erwacht und meine Feinde sollen meinen Namen wieder fürchten. Findet meine Feinde und macht sie zu den euren. Findet diese Diebe und nehmt von ihnen, wie sie von mir genommen haben.

Hört mich. Beachtet mich.

Hört zu und frohlockt.

Nagash ist alles und alle sind in Nagash eins.

Nagash ist auferstanden.

Tarsus, der Lord-Celestant der Hallowed Knights, ließ ein Brüllen hören, das aus den Tiefen seiner Kehle kam. Er ließ seinen Kriegshammer auf den blutroten Helm eines heulenden Blutjägers krachen und der Krieger fiel mit zerschmettertem Schädel zu Boden. Tarsus wirbelte herum, um einem zweiten Gegner den Bauch aufzuschlitzen. Das Schwert in seiner anderen Hand schnitt in einem tödlichen Bogen durch die Luft. Seine Waffen versprühten heilige Blitze, als er mit ihnen nach links und rechts austeilte und mit jedem Hieb seine Feinde niederstreckte.

»Wer wird siegreich sein?«, brüllte er.

»Nur die Gläubigen«, kam die Antwort von dem kleinen Trupp der Stormcasts, die ihm folgten. Liberatoren, Prosecutoren, Judicatoren und Retributoren – sie alle trugen das sterngeschmiedete Sigmarit und Waffen aus demselben Material. Ihre Rüstungen glitzerten silbern, wo sie nicht aus sattem Gold gefertigt waren. Auf ihren Schulterpanzern war ihr Wappen zu sehen – die in weißer Farbe stilisierten Hörner eines Stiers. Die Panzer selbst waren genau wie ihre Schilde königsblau gehalten. Ihre Waffen schimmerten mit dem heiligen Feuer. Nun schlugen sie mit ihnen um sich, um alle Feinde zu erledigen, die ihrem Lord-Celestant entgangen waren.

Tarsus trat über die Leiche eines Blutjägers und sah nach vorn.

Durch die Reihen des Feinds konnte er den Pfad ausmachen, dem sie seit ihrer Ankunft vor einigen Tagen folgten. Sigmar hatte seine Blitze über der zertrümmerten Ruine einer einst stolzen Zitadelle einschlagen lassen, die jetzt von grauem Moos und verkrüppelten Bäumen mit tief eingegrabenen Wurzeln überwuchert war. Ein Teppich aus vertrocknetem Gras hatte sich an den zersplitterten Steinen des Innenhofs festgekrallt und die Knochenhaufen verdeckt, die überall reichlich vorhanden waren. Die Ankunft mit Blitz und Donner der Stormcasts im Tal des Leids hatte dafür gesorgt, dass sich eine schwarze Wolke in die Luft erhob, die aus tausenden Krähen bestand. Seitdem waren die krächzenden Vögel ihre ständigen Begleiter.

Der Pfad vor ihnen war offensichtlich einst eine Straße gewesen, war nun aber von dem hölzernen, gelben Gras überwuchert, das die ganze Region zu bedecken schien. Zu beiden Seiten des Pfads lagen uralte Ruinen und eingestürzte Hütten in der Landschaft verstreut. Einst hatte es hier eine Stadt gegeben. Nun war es aber nur noch eine Wildnis voller Feinde, in der das Kreischen der Aasfresser erklang.

»Wer wird Sigmars Gunst erringen?«, rief Tarsus und schwang seinen Kriegshammer über dem Kopf. Er schwang ihn mit einer Kraft auf einen Blutjäger herab, die Knochen zum Splittern brachte. Mit seinem Schwert hackte er durch die erbärmliche Ikone, die der Anhänger des Blutkults getragen hatte. Anschließend zertrampelte er sie unter seinen Füßen.

»Nur die Gläubigen«, antworteten die Stormcasts um ihn herum im Chor.

»Nur die Gläubigen«, wiederholte Tarsus ihr Gebrüll, als er sein Schwert in einem tödlichen Tanz herumwirbeln ließ und die Kehlen der Feinde aufschlitzte, die sich um ihn drängten. Er stieß die sterbenden Blutjäger zur Seite und benutzte sein größeres Gewicht, um sie unter sich zu zerquetschen.

Tarsus' Krieger nannten ihn Stierherz. Es war ein Name, den er während der Schlacht am Himmelsblauen Ufer errungen hatte. Er hatte sich mit einer Wildheit auf die feindlichen Reihen gestürzt, die ihresgleichen suchte. Es war ein passender Kriegsname für ihn und sein Kriegerbanner, die ihn ebenfalls mit Stolz trugen. Ihre Schwerter waren wie Hörner, ihre Kriegshämmer wie Hufe. Sie setzten beides gleichermaßen effizient gegen Sigmars Feinde ein.

»Zerschmettert sie«, rief er. »Zermahlt sie im Namen Sigmars und des Reichs des Himmels!«

Als er mitten unter die Feinde stürmte, war sein Weg mit Leichen gepflastert. Die Blutjäger waren Fanatiker, aber sterblich. Kein Sterblicher konnte es aber mit Tarsus aufnehmen. Er war ein Stormcast Eternal. Er war von Sigmar Heldenhammers Macht erfüllt. Er brüllte, trampelte und schlug Feinde zur Seite, als er sich einen Weg zu den schwer gepanzerten Blutkriegern bahnte, die das wilde Herz der gegnerischen Kampflinie bildeten. Diese wilden Krieger stürmten auf ihn zu, um ihm den Weg zu verwehren. Dabei skandierten sie den Namen des Blutgotts, als sie in ihrem Eifer, den Hallowed Knights beizukommen, sogar ihre eigenen Anhänger aus dem Weg stießen.

»Wer wird in Erinnerung bleiben?«, rief Tarsus.

»Nur die Gläubigen«, donnerten seine Stormcasts, als sich die führenden Gefolge der Liberatoren auf die Blutkrieger stürzten. Sie waren in einer Reihe angetreten und folgten der Vorhut der Retributoren und Decimatoren, die von ihrem Lord-Celestant angeführt wurden.

Tarsus rammte einem der Blutkrieger die Schulter in den Magen. Er warf den Berserker, dem Schaum vor dem Mund stand, über die Schulter und stürmte weiter, ohne langsamer zu werden. Der Kriegshammer eines Retributors eines der Gefolge, die hinter ihm marschierten, raste nach unten und stellte sicher, dass der Blutkrieger dortblieb, wo er zu Boden gefallen war. Tarsus erwischte mit seinem eigenen Hammer einen zweiten am Kopf und rammte sein Schwert bis zum Griff in den Bauch eines dritten. Seine Klinge verhakte sich in der grotesken Rüstung des Blutkriegers und zwang ihn dazu, wertvolle Momente damit zu vergeuden, sie wieder herauszureißen. Während er noch damit beschäftigt war, traf ihn eine mit Sägezähnen besetzte Axt auf seinem Schulterpanzer.

Die Kraft, mit dem der Schlag geführt wurde, zwang ihn auf ein Knie. Ein zweiter Hieb traf seinen Kopf. Er verlor das Gleichgewicht und taumelte zur Seite. Gestalten umzingelten ihn, die in Messing und Gold gewandet waren. Äxte, die mit dämonischen Siegeln bedeckt waren, droschen auf ihn ein. Für jede, die er zur Seite ablenkte, trafen ihn zwei weitere in einem Funkenregen auf seiner Rüstung aus Sigmarit. Keiner der Hiebe hatte sie bis jetzt durchschlagen. Das war aber nur eine Frage der Zeit.

»Halte aus, Stierherz«, donnerte eine Stimme.

Blitze stießen aus dem Himmel und zuckten über Tarsus und seine Angreifer. Tarsus grinste grimmig, als die Blutkrieger in den Fängen des entfesselten Sturms zu zittern und zu zucken begannen. Rauch wallte aus ihren Mündern und Augenhöhlen. Die unter ihren Rüstungen sichtbare Haut war schwarz verbrannt.

Tarsus kam rasch auf die Füße und traf einen der in Rauch gehüllten Blutkrieger mit seinem Kriegshammer am Kinn. Der Krieger kippte nach hinten und bewegte sich dann nicht mehr. Anschließend schlug er einen weiteren Feind nieder, bevor er sich umdrehte, um seinen Retter zu grüßen. »Gut gemacht, Ramus«, sagte er. »Einige Augenblicke länger und ich hätte in der Tat ernste Probleme bekommen.«

»Wenn du dich das nächste Mal auf den Feind wirfst, dann

denke daran, dass du schneller als der Rest von uns bist«, sagte der Lord-Relictor der Stierherzen. »Es gibt nicht so viele von uns, als dass wir auf dich verzichten könnten, Tarsus.«

Wie alle anderen seines Rangs trug Ramus Schattenseele Waffen und eine Rüstung, die reichlich mit Siegeln des Glaubens, des Todes und des Sturms versehen waren. Es war seine Aufgabe, mit Worten und Feuer die Seelen der Hallowed Knights seines Kriegerbanners vor der Dunkelheit der Unterwelt zu bewahren.

Tarsus nickte. »Das werde ich. Jetzt zeige ihnen aber deine Macht, mein Freund.«

Ramus hob seinen Reliquienstab und murmelte ein Gebet. Seine Worte verloren sich im Lärm der Schlacht. Der Himmel über ihnen war bereits von brodelnden Wolken bedeckt. Gezackte Blitze trafen ihre Feinde und verbrannten sie zu Asche oder verwandelten sie in taumelnde Fackeln, die laute Schreie ausstießen. Tarsus hob seinen Kriegshammer und brachte seine Stormcasts damit zum Stehen, während die Blitze immer und immer wieder einschlugen, bis außer dem leisen Knistern der Flammen nichts mehr zu hören war.

»Wer wird siegreich sein?«, fragte Tarsus, als er seinem Lord-Relictor sanft mit seinem Hammer auf die Schulter klopfte.

»Nur die Gläubigen«, stimmte Ramus die Litanei mit einem Blick auf Tarsus an. »Der Weg vor uns ist frei, Lord-Celestant. Wir können ungehindert weitermarschieren.«

»In der Tat. Wir sollten uns hier nicht länger aufhalten«, sagte Tarsus. Er gab seinem Gefolge einen Wink, sich in Marschordnung zu formieren.

Die Stormcasts nahmen mit der Gewohnheit aus hunderten Jahren Ausbildung fließend ihre Positionen ein. Die Liberatoren positionierten sich vorne und an den Flanken und nahmen die Judicatoren in die Mitte, während die Prosecutoren über ihren Köpfen kreisten. Die Gefolge der geflügelten Krieger würden der marschierenden Heerschar vorausfliegen und wachsam Ausschau nach weiteren Feinden halten, die sie vielleicht in einen Hinterhalt locken wollten.

Diese Taktik ihrer Feinde hatte bisher noch keinen Erfolg gehabt und das würde sie auch in Zukunft nicht. Zumindest wenn es nach Tarsus ging. Wäre er irgendetwas anderes als ein Stormcast Eternal, hätte er die andauernden Angriffe als Omen angesehen. Die Angst war aber vor langer Zeit aus ihm herausgebrannt worden. An ihrer Stelle gab es nur noch Platz für den Glauben. Er und seine Krieger waren Helden. Ihr Heldentum war in Schlachten bewiesen worden, die bereits seit Langem im Dunst der Neuschmiedung vergessen waren. Die Hallowed Knights waren die vierte Sturmschar, die geschmiedet worden war. Die Reihen der Kriegerbanner waren mit den Gläubigen der Reiche der Sterblichen gefüllt. Ihre einzige Gemeinsamkeit war, dass jeder in der Schlacht Sigmars Namen angerufen hatte – und erhört worden war. Jeder von ihnen hatte seine sterbliche Hülle im Namen einer gerechten Sache abgelegt.

Tarsus konnte sich nur noch schwach der Tage seiner eigenen Sterblichkeit entsinnen. Er erinnerte sich noch an das Gewicht seines Schwerts und das seiner Rüstung. Und an das Rascheln seines Schlachtumhangs in tiefstem Violett. Er erinnerte sich daran, wie er sich auf der steinernen Festungsmauer einer brennenden Zitadelle heiser geschrien hatte, als rote Dämonen mit schlanken Gliedmaßen die Mauern erklommen hatten und über die Zinnen auf ihn und seine Männer zugekommen waren. Er konnte sich noch an einen Namen erinnern – *Tarsem* – und an ein Word – *Helstein. Und an den Moment, als ein gewaltiger Schatten über ihn gefallen war und die Luft unter dem Schlagen riesiger Schwingen gezittert hatte.*

Dann war ein Brüllen gekommen und dann nichts mehr. Nichts mehr, bis er in Sigmaron neugeschmiedet wieder erwacht war.

So war es eben. Und Tarsus war froh darüber. Seine Feinde waren immer noch dieselben. Jetzt verfügte er aber über die Macht, sie zu bekämpfen und zu brechen. Er war ein Stormcast und sie würden vor ihrem Ende lernen, diesen Namen zu fürchten. Seine Gedanken wurden jäh von Ramus unterbrochen.

»Dies ist ein schauerlicher Ort«, sagte Ramus, der die Schar gemeinsam mit Tarsus anführte.

»Teilweise, ja«, gab Tarsus zur Antwort. Er dachte an die Dinge, die sie seit ihrer Ankunft gesehen hatten: Unheimliche Berge am fernen Horizont, die wie Sanduhren geformt waren, und Büschel fahler Blumen, die sanft seufzten, wenn man an ihnen vorüberging.

»Ein Land der Endlinge und des langsamen Verfalls«, sagte der Lord-Relictor. »Dies ist ein Ort der geflüsterten Worte, wo vergessene Geister auf Straßen und Pfaden wandeln, die ins Nirgendwo führen. Ein Ort, an dem Berge einstürzen, nur um beim Sonnenaufgang erneut erschaffen zu werden, und mit Vögeln und Tieren, die am selben Tag geboren werden und auch sterben. Hier herrscht überall der Untergang. Ich weiß aber nicht, ob dies von unseren Feinden oder dem Schreckensmeister zu verantworten ist, der über dieses Reich herrscht.« Er sah Tarsus an. »Glaubst du, er wird uns zuhören?«

»Ich weiß es nicht«, kam Tarsus' Antwort. »Nagash hat Sigmar bereits einmal verraten. Vielleicht wird er es erneut tun. Das soll aber nicht unsere Sorge sein. Unsere Aufgabe ist, eine Audienz mit ihm zu erhalten und unsere gemeinsame Sache vorzutragen, auf dass wir dem Feind dieses Reich entreißen können.«

»Wir müssen ihn in dieser Wildnis aber zuerst einmal finden«, sagte Ramus.

Sie hatten seit ihrer Ankunft nach einem Zugang in die Unterwelt gesucht – nach einem der legendären Neun Tore, die in die Unterwelt von Stygxx führten. Der Große Nekromant war verschwunden, abgetaucht in den Tiefen, wo ihn niemand aufspüren konnte. Sigmar hatte seinen Gelehrten aber die hundertjährige Aufgabe gegeben, die alten Aufzeichnungen zu durchsuchen, die lange vor dem Allpforten-Feldzug entstanden waren. Sie sollten jeden Hinweis danach aufspüren, wo sich die Neun Pforten befinden mochten. Dieses Wissen war an die Stormcasts weitergereicht worden, die den Auftrag hatten, Nagash zu finden. Die Neun Pforten hatten sich in neun Zitadellen befunden. Einige davon waren gewaltig und gut verteidigt gewesen, andere waren so klein, dass sie ewig vor den Augen des Feinds verborgen blieben. Neun Kriegerbanner waren ausgesandt worden, diese Bauten und die in ihren Mauern verborgenen Pforten aufzuspüren.

Bis jetzt hatten sie keinen Hinweis auf die Pforten gefunden. Tarsus hatte aber die Hoffnung, dass Sigmar ihn nicht an diesen Ort geschickte hätte, wenn der Sieg nicht errungen werden konnte. Irgendwo hier war eine Pforte in ihrer Reichweite. Und sie würden sie finden.

Der Pfad wurde beschwerlicher und steiler, als die Stormcasts weitermarschierten. Er ließ die Überreste der Schlacht hinter sich. Sie wanden sich durch grüne Felder, die im Mondlicht verwelkten, nur um mit dem Sonnenaufgang wieder zu erblühen, und um Bäume, die beim geringsten Luftzug zitterten und ächzten. Der Himmel über ihnen war blass und matt, sogar mitten am Tag. Es schien, als fürchtete die Sonne, im Reich des Todes ihr Gesicht zu zeigen. Noch immer waren die Krähen über ihnen. Sie kreisten und schwirrten zwischen den Prosecutoren, die auf ihren Lichtschwingen am Himmel standen.

»Aye«, sagte Tarsus. »Und das werden wir, auch wenn wir uns

unseren Weg durch dieses Land kämpfen müssen, um unser
Ziel zu erreichen.« Sie waren seit ihrer Ankunft mehr als nur
einmal mit den Dienern der Verderbten Mächte aneinander-
geraten. Die Jünger des Blutgotts steckten wie Schmeißflie-
gen überall in den Felsen um sie herum. Das Reich des Todes
wurde belagert. Jeder Gipfel und jedes Tal war mit den Anhängern des Dunklen Gotts verseucht. Er schüttelte den Kopf.
»Ich würde aber in dieser Beziehung keine Hilfe ablehnen, die
mir angeboten wird.«

Ein Ruf aus der Höhe erregte seine Aufmerksamkeit und
Tarsus sah auf. Einer der Prosecutoren stieß herab und deutete auf eine felsige Erhebung, die unvermittelt über die kahlen Bäume der Umgebung aufragte.

»Da vorn ist etwas – irgendein ein Bauwerk auf dem Gipfel«,
rief er. Tarsus winkte sie nach vorn. Die geflügelten Krieger
rasten in die Ferne in Richtung der Ruine, die als Dach eine
Kuppel zu haben schien und auf der Erhebung vor ihnen stand.

»Eine weitere Ruine«, sagte Ramus.

»Und vielleicht ein Zugang in die Unterwelt«, entgegnete
Tarsus. Er hob seinen Kriegshammer und gab damit seinen
Gefolgen ein Zeichen. »Liberatoren an die Flanken, die Schilde
bereit«, rief er. Seine Stimme hallte über die glänzenden Reihen seines Kriegerbanners.

Die Gefolge der Liberatoren begaben sich an die Flanken der
Formation. Sie hatten die Schilde gehoben, falls sich dies als
ein weiterer Hinterhalt herausstellen sollte. Wenn es aber der
Ort war, nach dem sie suchten, dann konnte er leicht verteidigt werden. Er mochte Truppen wie jenen als Unterschlupf
dienen, die sie seit ihrer Ankunft unablässig angegriffen hatten. Auf eine einfache Geste von Tarsus hin verwandelte sich
die Sturmschar der Stormcasts mit Schilden über den Köpfen
und auf den Seiten in eine Schlange aus Sigmarit. Ihr Schutz

ermöglichte es ihnen beim Vorrücken Pfeilen, Felsbrocken und sogar Hexerei standzuhalten. Zufrieden schwenkte Tarsus seinen Hammer in Richtung der Ruinen.

»Vorwärts«, rief er.

Ein breiter Pfad wand sich um die Erhebung und führte zu deren Spitze. Tarsus ging voran und sah, als er den Hang umrundete, dass der Pfad vor ihnen mit Schädeln gesäumt war. Sie waren auf Messingspießen befestigt und bewegten sich und ihre gelben, zerbrochenen Zähne klapperten, als haderten sie mit ihrem Schicksal. Unter ihnen lagen Knochen und Teile verrosteter Rüstungen sowie zerbrochene Waffen auf Haufen, die neben dem Pfad wie Schneeverwehungen wirkten. Tarsus starrte die Schädel an. In ihm kämpfte Mitleid mit Abscheu.

»Sie leben«, murmelte Tarsus. »Auch jetzt noch.«

»Nein, Tarsus«, sagte Ramus. »Das tun sie nicht. Das ist das Schreckliche daran. Nichts in diesem Reich stirbt jemals wahrhaftig, sogar jetzt nicht«, sagte er und blickte auf die Schädel. »Ihre Seelen sind hier mit Ketten aus Magie der dunkelsten Art gefesselt.«

Tarsus schüttelte den Kopf. »Geht weiter«, rief er über seine Schulter.

Auf der Kuppe der Erhebung erwarteten sie noch mehr Knochen. Sie lagen einzeln und zu Haufen geschichtet umher. Einige waren intakt, die meisten aber hatten Risse und waren zerbrochen. Zwischen den Haufen hüpften Krähen umher und krächzten einander zu. Überall steckten qualvolle und widerliche Standarten in dem felsigen Hang. Auf sie waren Sigillen des Mordens und Schlachtens gemalt worden. An vielen hingen Kiefer- und Fingerknochen, die leise in der Brise klapperten.

»Wir sind nicht die ersten Besucher hier«, sagte Ramus.

»Nein«, kam Tarsus' Antwort.

Vor ihnen lag das Gebäude. Es war teilweise in einen riesi-

gen Felsen gebaut, der wie ein Reißzahn aussah und die Kuppe
der Erhebung beherrschte. Es sah überhaupt nicht wie eine
Kuppel aus. Die Mauern umgaben den Felsen in einem gewaltigen Halbkreis nach außen und dominierten den Hang
darunter, obwohl sie gewaltige Lücken aufwiesen. Eine ge-
schwungene Decke überragte die Mauern. Sie lehnte sich an
den Felsen und in ihr kreiste eine große Anzahl Krähen. In
die Außenmauern waren gewaltige Symbole gemeißelt worden – die Symbole der Sonne, des Monds, der Sterne und anderer, esoterischerer Formen.

»Dies hier ist so groß wie jede Zitadelle, die ich je gesehen
habe«, sagte Tarsus. »Sie ist aber in einem schlechteren Zustand
als die meisten.« Trotzdem konnte er erkennen, dass großes
handwerkliches Geschick notwendig gewesen war, um den Fels
zu formen. Der Vorhof war mit Sonnenuhren und ausgetrock-
neten Brunnen verziert. Tarsus glaubte, dass dies ein wunder-
barer Ort gewesen sein musste, bevor das Böse, welcher Art es
auch immer sein mochte, über ihn gekommen war. Als Tarsus
dies alles in sich aufnahm, verspürte er einen Stich in seiner
Brust – Trauer vielleicht oder die Regung einer längst vergessenen Erinnerung, die erneut erwacht war – und seine Hände
schlossen sich fester um seine Waffen.

»Ich habe diesen Ort bereits einmal gesehen«, murmelte er.

»Lord-Celestant?«, fragte Ramus.

Tarsus schüttelte irritiert den Kopf. »Es ist nichts. Dieser
Ort – irgendetwas ist mit ihm.« Über ihnen flogen die Prosecutoren in die Kuppel und vertrieben die Krähen, die vor Aufregung krächzten. Die Stormcasts betraten die Ruine durch
die Überbleibsel eines der äußeren Wälle, der vor vielen Jahren in unregelmäßige Haufen aus Steinen und zerbrochenen
Säulen zerborsten war.

Tarsus ließ mehrere Gefolge der Judicatoren und Liberatoren

als Wachen auf dem Vorhof zurück und führte den Rest der Krieger in die Ruine. In der gigantischen Eingangshalle wurden sie von noch mehr zerbrochenen Knochen begrüßt, die wie zufällig zerstreut herumlagen. Der Eingang selbst bestand aus massiven Steinplatten, die mit weiteren Symbolen verziert waren – Sonnen und Monde, Kometen und Sternschnuppen. Alle waren kunstfertig in den Fels gemeißelt worden.

Tarsus zeichnete im Vorübergehen eine von ihnen mit dem Finger nach und fragte sich, warum dies alles so vertraut wirkte.

»Was war dies für ein Ort?«, fragte er, als er zu der ausgeblichenen Wandfreske auf dem Rund des Dachs über ihnen aufblickte. Sie zeigte ein weites Sternenfeld und eine Gestalt in einem schwarzen Umhang, die mit einer Sense in der Hand die kosmische Ernte einfuhr.

»Ein Observatorium vielleicht«, sagte Ramus und sah sich um. »Es gibt Orte im Nihiliadgebirge, an die mich dieser hier erinnert. Es waren einst Stätten der Meditation für Sternenseher und Himmelsanbeter. Vielleicht ist dies auch ein solcher Ort. Diese Erhebung ist der höchste Punkt des Tals. Ein perfekter Platz, um den Nachthimmel zu beobachten.«

»Vielleicht. Wonach sollte man dort aber Ausschau halten?«, fragte Tarsus. »Die Sterne in diesem Reich sind alle verschoben und der Nachthimmel ist in Aufruhr.«

»Das war aber nicht immer so«, sagte Ramus. Er deutete auf die seltsamen Muster, die in die Wände gemeißelt waren. Tarsus war der Meinung, dass sie den Sternenfeldern des Wandfreskos über ihnen ähnelten. »Ich vermute, dass dies die Sternenmuster sind, wie sie einst vor der Ankunft des Chaos waren.«

»So, wie sie wieder sein könnten«, gab Tarsus als Antwort. Er zeigte mit seinem Kriegshammer tiefer in den Korridor. »Dort. Die zentrale Kammer.« Er ging durch den Torbogen am Ende der Halle und in das Herz des Observatoriums. Trotz des äußeren Anscheins war das Observatorium in Wirklichkeit ein einziger, riesiger Raum.

Sie war gewaltig. Sie war gut und gerne groß genug, um einhundert Mann Platz zu bieten. Gewölbedecken streckten sich in die Höhe und vereinigten sich an einem offenen Oberlicht aus Stein. An den Rändern des Oberlichts saßen Krähen und starrten auf die Stormcasts unter ihnen herab. Ein massives Podium stand im Zentrum der Kammer, direkt unter dem Oberlicht. Angewinkelte, runde Stufen führten zu einer gigantischen Planetenmaschine, die aus Schwarzeisen geschmiedet und zu einer Sonne geformt worden war. Sie war größer als drei Menschen und die kolossalen Ringe waren nach außen gebogen. Das blasse Licht von oben strömte durch die Löcher in ihnen nach unten und warf seltsame Schatten auf die Wände und den Boden der Kammer.

Ramus starrte auf die Planetenmaschine. »Noch mehr Sterne«, sagte er. Seine Stimme hallte dabei durch die Kammer. »Die Löcher in den Eisenringen entsprechen den Mustern auf den Wänden. Dies war einst eine Stätte des Lernens und des Nachsinnens.« Er hörte sich beinahe wehmütig an.

»Nun ist es nichts mehr als eine Kuriosität«, sagte Tarsus und sah sich um.

Genau wie bei den felsigen Hängen im Freien war auch hier der Boden mit gebrochenen Knochen und umherliegenden Rüstungsteilen bedeckt. Alle Wände waren mit verblichenen Fresken und hartnäckigen Flechten überzogen. Nur an einer Wand war lediglich ein Schwert mit einem Korbgriff zu sehen, dass tief im Stein versunken war. Auf dem Boden unter dem Schwert lagen Klumpen toter Flechten und der Stahl der Waffe war schartig und pulverig, wo er den Stein berührt hatte. Irgendetwas störte ihn an dem Schwert. Er fröstelte, konnte aber nicht sagen, warum.

»Wir sollten gehen. Ich habe mich geirrt. Hier ist nichts für uns«, sagte er.

»Tarsus, warte. Sieh dir die Planetenmaschine an«, rief Ramus ihm zu. Tarsus drehte sich zu dem großen Podest und starrte auf die Planetenmaschine. Er blinzelte überrascht. In den Ringen war etwas eingeklemmt. *Nein, nicht eingeklemmt*, erkannte er. *Gefangen*. Er hatte es zuvor nicht gesehen, weil es von den Ringen verdeckt gewesen war. Jetzt aber konnte er es deutlich erkennen.

Schnell kletterte er auf das Podest. Ramus war nur einen Schritt hinter ihm. »Es ist ein Mann«, sagte Tarsus.

»Ist er am Leben?«, fragte Ramus. Die Stormcasts verteilten sich derweil rund um das Podest in der ganzen Kammer. Obwohl sie vorsichtig waren, so waren sie dennoch auch neugierig auf dieses Reich und alles, was es zu bieten hatte. Viele von ihnen mochten ja vielleicht in vergangenen Jahrhunderten in eben dieser Kammer gestanden haben. Sie waren vielleicht sogar bei ihrer Verteidigung gestorben. Oder bei der Verteidigung der großen und zerstörten Zitadellen, die wie verstreute Grabsteine aus der trockenen Kruste dieser Länder aufragten.

»Das glaube ich nicht«, sagte Tarsus leise. Das Planetenmodell bewegte sich, wenn auch nur sehr langsam. Es klickte und krächzte auf seinem Laufring und ermöglicht es dem Sonnenlicht, durch die Löcher im Eisen zu fluten. Der Körper des Manns wurde von Messingstacheln in der Luft gehalten, die durch seine Handgelenke und in einen der Bögen der Planetenmaschine gehämmert waren. So war er in seinem notdürftigen Gefängnis hängengelassen worden. Getrocknetes Blut bedeckte die bleiche Haut seiner nackten Arme und seinen Kopf. Es befleckte die kunstvoll gestaltete Rüstung, die er am Oberkörper und den Beinen trug. Auf seinen Armen und im Gesicht waren Wunden zu sehen. Seine Rüstung trug ebenfalls Kampfspuren, die von vielen Waffen stammten. Ein ausgefranzter blutroter Umhang lag zerknäult auf dem Boden zu seinen Füßen. Es schien, als wäre er ihm abgerissen und dann einfach weggeworfen worden. Der Körper stank nach Blut und Tod und seine Gesichtszüge, die an einen Adler erinnerten, waren schlaff und leblos.

Irgendetwas im Gesicht des toten Manns zog Tarsus' Aufmerksamkeit auf sich. Er war ihm unbekannt, und dennoch … *Warst du dort, in dieser letzten Schlacht, als ich mich für Sigmar als würdig erwiesen habe? Aber wie kann das sein, es liegt jedoch bereits Jahrhunderte zurück*, dachte der Lord-Celestant.

»Hilf mir, diese Ringe zu bewegen.« Tarsus packte den äußeren Ring und begann ihn zurückzuschieben, damit sich die anderen in ihn falten konnten. Das Metall gab ein Quietschen von sich, als verrostete Gelenke und Scharniere in Bewegung gesetzt wurden. »Wir müssen ihn befreien«, sagte er und sah zu Ramus. »Wer immer er auch sein mag, kein Mensch verdient ein solches Schicksal.«

Ramus stellte seine Anordnung nicht infrage. Gemeinsam gelang es den beiden Stormcasts, den uralten Mechanismus zu bewegen, damit der Körper nicht mehr länger außerhalb ihrer Reichweite gefangen war.

Ramus griff nach dem Kiefer des Toten und sah zu Tarsus. »Diese Wunden auf seiner Haut – die Anhänger des Blutgotts sind für ihre Brutalität gegenüber ihren Gefangenen bekannt. Vielleicht war er unglücklich genug, lebend gefangen genommen zu werden …«

»Kommt … näher … und vielleicht … sage ich … es euch.«

Als der Gestank nach altem Blut über sie wusch, zog Tarsus sein Schwert. »Ramus, sei vorsichtig«, sagte er.

Der Körper begann in seinen Fesseln zu zucken. Metall kratzte über Metall und der misshandelte Kopf ruckte in die

Höhe. Die roten Augen waren mit einem furchtbaren Verlangen erfüllt. Schneller noch, als einer der Stormcasts reagieren konnte, glitten die Beine plötzlich in die Höhe, um sich gegen die Wölbung des Rings zu stemmen. Der Körper warf sich nach vorn und wurde nur durch die festgenagelten Handgelenke zurückgehalten.

Knochen brachen und bewegten sich auf abscheuliche Weise, als lange Reißzähne kurz von Ramus' Gesicht zusammenschlugen. Der Lord-Relictor trat zurück. Er hatte den Kriegshammer bereit, als das Ding wild zu zucken begann und im Rausch nach der Luft biss. Rund um das Podest nahmen die Stormcasts mit gehobenen Waffen Abwehrhaltungen ein. Ein Gefolge der Decimatoren bewegte sich auf das Podest zu. Sie hielten ihre Äxte bereit, um die Kreatur in Stücke zu hacken. Tarsus winkte sie zurück.

»Halt«, grollte er. »Bleibt stehen.« Was auch immer dieses Ding sein mochte, er war sich sicher, dass er und der Lord-Relictor genügen würden, um mit ihm fertig zu werden.

»Das genügt«, sagte Ramus. Er zog seinen Kriegshammer und schlug dem Ding damit in den Magen und löste es von seiner Aufhängung. Es schrie beim Fallen und die Spieße bohrten sich in sein Fleisch. Es hing dort, zitterte, hustete dann und sah auf.

»Haaaa …« Der fuchsartige Kiefer wurde schlaff und wieder wurde Tarsus von einem widerlichen Gestank nach Blut umspült. Das Leuchten der roten Augen verblasste zu einem Orange, dann zu einem Gelb und dann verließ die Spannung die hängende Gestalt. »Bitte … bitte vergebt mir, ich bin … ich bin nicht in bester Verfassung«, krächzte das Ding.

Tarsus streckte seinen Kriegshammer aus und benutzte ihn, um den Kopf der Kreatur zu heben. »Was bist du?«

Im selben Moment, als er die Frage aussprach, wusste er, dass er die Antwort bereits kannte. *Vampir.* Das Wort wurde aus den Tiefen seiner Erinnerung befreit. Er hatte solchen Kreaturen bereits gegenübergestanden. In seinem vorherigen Leben?

Verwelkte Lippen zogen sich von langen Reißzähnen zurück und der Vampir ließ ein Lachen hören, das sich wie rostige Ketten anhörte. »Eine bessere Frage wäre vielleicht … was seid ihr?« Ein eingesunkenes Auge verengte sich. »Ich kann … Stürme und sauberes Wasser riechen. Ihr seid keine Sterblichen.«

»Schon seit Langem nicht mehr«, sagte Tarsus.

»Ich glaube, dasselbe gilt auch für mich«, kam die geröchelte Antwort des Vampirs.

»Wie heißt du?«

»Was nutzt schon ein Name, wenn man so gefesselt ist?« Die Kreatur wackelte mit ihren dünnen Fingern und brachte die Messingstacheln dazu, gegen den Eisenrand des Planetenmodels zu kratzen. Sie zuckte offensichtlich vor Schmerzen zusammen. »Wenn ihr mich freilasst, dann sag ich es euch vielleicht. Na? Wie neugierig seid ihr?«

»Nicht neugierig genug, um ein Monster zu befreien«, sagte Tarsus und ließ seinen Kriegshammer wieder sinken. »Vampiren kann man nicht vertrauen. Lügen kommen so einfach über ihre Lippen wie anderen Menschen der Atem. In ihren Adern gärt der Verrat.« Während er noch sprach, fragte er sich, woher diese Worte kamen. Sie fühlten sich vertraut auf seiner Zunge an, als hätte er sie bereits einmal ausgesprochen. *Helstein* – das Wort bahnte sich erneut einen Weg an die Oberfläche seines Bewusstseins.

»Dann bring mich um«, krächzte der Vampir. »Egal wie, ich will frei sein von diesem Ort.« Die Kreatur starrte Tarsus an und gab dann ein barsches Lachen von sich. »Fehlt dir etwa die Kraft dafür, Stormcast?«

Tarsus' Augen verengten sich. Die alten, verblassten Erinnerungen zogen sich zurück und Misstrauen flackerte auf. Er wechselte einen raschen Blick mit Ramus und antwortete dann: »Ich dachte, du weißt nicht, was wir sind?«

»Habe ich das gesagt?«, kam die Gegenfrage des Vampirs. »Ich habe lediglich eine Frage gestellt. Die Implikationen stammen von euch.« Er zeigte seine Reißzähne. »Ich weiß genau, was ihr seid.«

»Zu welchem Zweck warst du hier?«, wollte Tarsus wissen. »Sprich geradeheraus oder ich überlasse dich den Aasfressern«, sagte er und deutete auf die über ihnen versammelten Krähen.

»Was soll das heißen? Dass du mich befreist, wenn ich wahrheitsgemäß antworte?«

»Es reicht«, sagte Ramus. Er sah Tarsus an. »Wir haben hier genug Zeit damit verschwendet, Worte mit einer sprechenden Leiche zu wechseln. Lass uns diesen Ort verlassen, Stierherz.« Er begann die Stufen hinunterzusteigen. Tarsus wandte sich ab, um ihm zu folgen.

»Warte.«

Tarsus drehte sich wieder um.

»Ich habe nach etwas gesucht.« Der Vampir zog eine Grimasse. »Eine Pforte nach Stygxx.« Er lächelte. In seinen Zügen war aber nur wenig Humor zu sehen. »Ich suchte einen Weg ... um heimzukehren.« Seine Hände zuckten und sein Lächeln verzog sich zu einer Maske des Schmerzes.

»Wo ist sie?«, wollte Ramus wissen.

»Warum interessiert dich das?«

»Wir möchten eine Audienz bei dem Große Nekromanten«, sagte Tarsus.

Der Vampir blinzelte.

»Bei *Nagash*?«, zischte er mit offensichtlichem Unglauben. »Bist du verrückt?«

Tarsus runzelte die Stirn. »Nein. Wir haben eine Aufgabe zu erfüllen. Und wir werden sie erfüllen oder bei dem Versuch sterben.«

»Ja, das eine oder andere ist sehr wahrscheinlich. Wahrscheinlich sogar beides«, sagte der Vampir. Er schüttelte den Kopf. »Ich hatte recht. Du *bist* verrückt. Lass mich allein, Verrückter. Lass mich in Frieden verrotten.«

»Hast du die Pforte gefunden?«, verlangte Tarsus zu wissen.

Der Vampire schnaubte verächtlich und schloss die Augen. »Nein«, sagte der Vampir. »Bevor mir das gelang, wurde ich von einem Diener des Blutgotts überrascht, der sich selbst der Kummerbote nennt. Er und sein Bestienpack, das er einen Kriegertrupp nennt, haben meine Diener ermordet und mich hier eingesperrt. Ob meines Wesens dachten sie, es sei lustig, mich in einer Sonne einzusperren, egal ob sie aus schwarzem Eisen ist oder nicht.«

»Warum haben sie dich nicht einfach umgebracht?«

Das Lächeln des Vampirs wurde breiter. »Wie kann man etwas umbringen, das bereits tot ist?« Das Lächeln verschwand. »Um ehrlich zu sein, ich glaube, dass sie meine Ausdauer als Herausforderung ansehen …«

Tarsus' Blick wanderte zu den vielen Wunden, die die freiliegende Haut bedeckten, und auf das Blut, das auf das Podest getropft war. »Sie haben dich gefoltert«, sagte er.

»Sie foltern mich *immer noch*«, zischte der Vampir. »Alle paar Tage. Das Sonnenlicht, so schwach es auch sein mag, und zu wenig Blut haben mich hier gehalten – ein Gefangener von hirnlosen Bestien. Ich habe nicht den geringsten Zweifel, dass ihr den Suchtrupps des Kummerboten begegnet seid. Er schickt sie auf der Suche nach würdiger Beute aus, während der Rest seiner Krieger in diesen Hügeln herumwandert. Sie kämpfen mit allem und jedem, dem sie begegnen. Auch mit anderen ihrer Art. Wenn ihnen das zu langweilig wird, kommt er her und schnitzt seinen Namen in mein Fleisch.« Der Vampir musste plötzlich grinsen und seine Augen blitzten vor Vergnügen auf. »In der Tat schätze ich, dass er jeden Augenblick hier sein sollte.«

Plötzlich war das Geräusch von Kriegshörnern zu hören, die durch die Kammer hallten.

»Lord-Celestant, der Feind nähert sich«, rief einer der Prosecutoren vom Dom über ihnen.

»Wie viele?«, fragte Tarsus. Innerlich verfluchte er seine fehlende Aufmerksamkeit gegenüber seinen Prioritäten. Er hatte es versäumt, die Prosecutoren auszusenden, um die Umgebung zu erkunden. Und nun war der Feind beinahe bei ihnen.

»Mindestens doppelt so viele wie wir«, kam die Antwort. »Sie steigen den Hang im Osten herauf und haben Schlachtbestien dabei.«

»Khorgoraths«, zischte der Vampir. »Hässliche Viecher. Und schwer zu töten. Der Kummerbote ist sehr von seinen Schoßtieren eingenommen. Er schwärmt von den Biestern.«

»Dann werden wir uns für ihn bereitmachen. Ramus, bereite diese Kammer für die Schlacht vor. Sie ist kein Bergfried, aber sie muss genügen«, sagte Tarsus.

»Und du, Lord-Celestant?«, fragte Ramus.

»Ich will mir selbst ein Bild von der Stärke und dem Aufmarsch des Feinds machen«, sagte Tarsus und ging in Richtung der größten Öffnung in den Außenwänden. Während er dies tat, kamen gleichzeitig die Stormcasts in das Observatorium gerannt, so wie ihre Ausbildung es ihnen diktierte. Der Feind war ihnen mit ihrer schieren Anzahl überlegen und nur eiserne Disziplin würde den Sieg der Stierherzen sicherstellen.

»Stehenbleiben«, sagte Tarsus und brachte seine Stimme dazu, dass sie über das Geklapper der Rüstungen aus Sigmarit zu hören war. »Schilde an die Spitze. Sigmar hat uns diesen Raum gegeben. Nutzt ihn. Wer wird standhalten, wenn der Dämonenwind wütet?«

»Nur die Gläubigen«, schrien seine Stormcasts. Liberatoren drehten sich um und sanken in den Mauerlücken auf ein Knie, bis in jeder eine niedrige Schildreihe entstanden war. Schon bald gesellten sich weitere Gefolge zu ihnen. Sie überkreuzten die Unterkanten ihrer Schilde über denen ihrer Kameraden und erzeugten so einen improvisierten Wall. Tarsus trat durch eine Lücke, die von den Stormcasts für ihn geschaffen wurde, und besah sich die Armee, die vor ihnen aufmarschierte.

»Beim Reich des Himmels«, murmelte Tarsus, als er die lärmende Horde erblickte. Abscheuliche Standarten wehten über Reihen von Barbaren und gepanzerten Blutkriegern, die ein wütendes Heulen von sich gaben. Ihre Zahl ging weit über die der kleineren Trupps hinaus, mit denen sie sich auf ihrer Reise bisher gemessen hatten. Das hier war eine Horde, im wahrsten Sinn des Worts. Das Schlimmste waren die angeketteten Monster – die Khorgoraths. Mitten unter den sterblichen Kriegern bellten und schlugen sie um sich. Bei ihnen waren Krieger, die sie mit Schlägen und Peitschenhieben in die Raserei trieben.

Trotz des Gezeters dieser Monstrositäten wurde Tarsus' Blick von einer hageren Gestalt angezogen, die mit weiten Schritten näherkam. Die Kreatur bestand nicht aus Fleisch, sondern aus dunklem Metall und anderen Dingen, die er nicht kannte. Das Gesicht glich dem einer Fledermaus und trug den verzerrten Ausdruck unmenschlicher Qualen zur Schau. Er sah, dass die Bestie mit Messingketten im Zaum gehalten wurde, von denen Symbole der Verderbnis hingen. Von dem katzenartigen Körper stieg ein fiebriger Dampf auf, als sie sich voranpirschte. Sie wurde von einer ganzen Reihe Bluthetzer angestachelt. Mit Widerhaken besetzte Peitschen und Stachelstöcke droschen ohne Unterlass auf die Kreatur ein.

»Was im Namen des Allmächtigen Drachen ist das?«, flüsterte er.

»Sein Name ist Ashigaroth«, rief der Vampir mit schwacher Stimme. Irgendwie hatte er Tarsus' Worte vernommen.

Tarsus warf einen Blick zurück über seine Schulter. Der Vampir sah ihn nicht an. Er konnte aber etwas in dessen Stimme erkennen. »Was ist los?«, fragte er Ramus.

»Es gehört mir«, zischte der Vampir.

»Das ist eine Abgrundbestie«, sagte Ramus, als er sich zu Tarsus an den Wall gesellte. »Es sind Wesen der Dunkelheit, die durch Nekromantie Form erhalten.« Er sah den Vampir an. »Er ist kein einfacher Pilger.«

»Nein, ich kann euch aber helfen … Befreit mich und ich werde es tun«, sagte der Vampir.

»Wir brauchen deine Hilfe nicht«, setzte Ramus an. Tarsus jedoch brachte ihn mit einer Geste zum Schweigen. Er sah erneut über den Hang der Erhebung hinaus. Die Reihen der Feinde kamen in Bewegung und eine Gestalt schob sich nach vorn, die breit gebaut und mit Muskeln bepackt war. Sie zog einen schreienden Khorgorath hinter sich her. Tarsus wusste auf Anhieb, dass es sich bei dem Krieger nicht um einen einfachen Blutjäger handelte. Nein, er gehörte zur Elite Khornes – er war ein Kämpe der Verderbten Mächte. Über seinem Schädel ragten gewaltige Hörner auf, die in sich verdreht waren. In die Haut seiner breiten Brust waren an jenen Stellen die Symbole des Blutgotts eingebrannt, wo sie nicht von der Rüstung verdeckt wurde. Er trug eine Streitaxt mit gewaltigen Klingen in seiner freien Hand. Der Arm, mit dem er die Ketten des Monsters hielt, wurde von einem schweren Panzerhandschuh geschützt, aus dem klauenartige Klingen herausragten.

»Ich bin Tarka Kummerbote«, brüllte der Kämpe des Chaos. »Ein Erhabener der Todesboten und der Gebieter von hundert Bestien.« Der Khorgorath, dessen Ketten er hielt, begann zu geifern. Der Kämpe zog an der Kette und kämpfte darum, die Bestie davon abzuhalten, sich loszureißen. »Dieser Ort gehört mir. Ich habe ihn mit der roten Münze gebrochener Schilde und gesplitterter Speere erworben. Wer seid ihr, dass ihr ohne meine Erlaubnis auf diesen Steinen steht?«

»Er hört sich gerne reden«, sagte Ramus. Er hatte einen Fuß gegen die zerbrochene Mauer gestemmt und den Schaft seines Kriegshammers über dem Knie liegen.

»Je mehr er spricht, desto mehr Zeit haben wir, um uns vorzubereiten«, erwiderte Tarsus.

»Ich kenne euch, denn ihr stinkt nach Blitzen. Die Kunde verbreitet sich schnell auf den Straßen der Verderbnis«, fuhr der Kummerbote fort. »Der Blutgott wird mir seine Gnade dafür schenken, dass ich ihm eure Schädel bringe. Aye, und auch für den Schädel meines Sklaven, denn ich bin es leid, sein sich immerfort heilendes Fleisch zu zerschneiden.« Der Khorgorath brüllte auf und drängte vorwärts. Dabei zog er Tarka einige Schritte mit sich. Der Kämpe lachte. »Blutsäufer ist begierig, sich an euren Eingeweiden zu laben, Silberhäute. Er und seine Brüder haben sich schon um die knochigen Diener des Vampirs gekümmert, und sie werden sich auch um euch kümmern – auf sie, Blutsäufer!« Tarka ließ die Kette los und trat zurück, als das Monster vorwärts stürmte.

Die Bestie war nicht allein bei ihrem wahnsinnigen Sturm über die Ruinen des Vorhofs, der zwischen den Stormcasts und deren Feinden lag. Hinter dem Kummerboten lösten sich noch mehrere andere Bestien aus den Reihen. Sie stürzten sich nach vorn, als sie von den Kriegern Tarkas, die ebenfalls vorrückten, von ihren Ketten befreit wurden. Die Khorgoraths sprangen durch die Trümmer und überbrückten die Distanz dabei schneller, als jeder Mensch oder Stormcast das konnte. Tarsus' Prosecutoren stießen herab. Ihre Kriegshämmer wirbelten in ihren Händen und schlugen mit der Kraft von Meteoren zu. Einer der Khorgoraths stolperte und schlug auf den Boden. Sein blutrotes Fleisch war mit rauchenden Einschlagkratern übersät.

»Schilde hoch«, brüllte Tarsus, als das erste der Monster auf die Lücken in der Mauer des Observatoriums zuraste. In seiner Gier voranzukommen, fegte es eine Sonnenuhr beiseite.

Liberatoren wurden zurückgeworfen, als der Khorgorath wie ein Geschoss in ihren Reihen einschlug. Kriegshämmer schlugen mit dumpfen Geräuschen in sein Fleisch und Schwerter stießen durch seine Flanken. Das Monster wollte aber nicht sterben. Der Schildwall löste sich auf, als sich der Rest der Bestien auf ihre Feinde stürzte und die Stormcasts in die Luft schleuderte.

»Ramus«, sagte Tarsus.

»Zu Befehl, Lord-Celestant«, rief Ramus und streckte seinen Reliquienstab vor. Entlang der Standarte waberten Blitze. Dann sprang ein blendender Lichtstrahl daraus hervor und traf die Bestie in der Brust. Der Khorgorath versteifte sich und schrie auf.

»Judicatoren«, brüllte Tarsus. Die schweren Repetierarmbrüste schossen und explosive Bolzen schauerten auf das Monster, das in die Knie ging. Dann stürzten sich die Liberatoren darauf. Ihre Hämmer hoben und senkten sich in einem tödlichen Rhythmus. Tarsus sah sich um. Zwei weitere Bestien kämpften in der Kammer mit den Gefolgen der Decimatoren und Retributoren. Eine dritte befand sich noch außerhalb des Observatoriums und schlug mit seinen Klauen blind nach den fliegenden Gestalten der Prosecutoren, die ihre Aufmerksam-

keit banden. Die letzte aber, die Bestie, die der Kummerbote
Blutsäufer nannte, raste über den Boden des Observatoriums
auf Ramus zu. Dieser war mit den Kreaturen beschäftigt, die
mit seinen Leibwächtern kämpften, den Decimatoren.

Tarsus verließ seine Position, um die Bestie abzufangen.
Ramus drehte sich um, als er hörte, wie sich das Monster näherte. Er war aber viel zu langsam. Die Klauen von Blutsäufer stießen herab und rissen den Stormcast Eternal von den
Füßen. Dabei verlor er seinen Reliquienstab aus den Händen.
Ramus rollte sich zur Seite, als der Khorgorath mit den Hufen
nach ihm stampfte. Als er gerade auf die Füße kam und dabei
seinen Kriegshammer hob, erwischte das Monster ihn und
hob ihn in die Höhe.

»Lass in los, Bestie«, knurrte Tarsus, als er die beiden erreichte.

Sein eigener Hammer schmetterte in den Rücken von Blutsäufer. Bevor er aber einen zweiten Schlag ansetzen konnte,
verpasste ihm die Kreatur einen Rückhandschlag, die seine
Rüstung scheppern ließ. Er flog in hohem Bogen rückwärts
und schlug auf dem Podest ein, dessen Steine zersplitterten. Als
ein Decimator versuchte, sich durch das Handgelenk der Klaue
zu hacken, die Ramus festhielt, schrie Blutsäufer auf und riss
den unglücklichen Stormcast in Stücke. Außerdem schmetterte
er den Lord-Relictor hart gegen den Boden und die Mauer.

Ramus' Gegenwehr wurde schwächer. Keiner der Krieger in
der Nähe konnte einen Wirkungstreffer gegen die wilde Bestie anbringen, um ihn zu befreien. Blitzexplosionen zuckten in
Richtung Himmel und zeugten von dem Schicksal derer, die
es versuchten. Das Monster war schneller, als sein Anblick es
vermuten ließ, und stärker als die anderen seiner Art.

Tarsus zog sich auf die Füße und bereitete sich darauf vor,
sich wieder ins Kampfgetümmel zu werfen.

»Ich kann ihn retten«, hörte er jemanden sagen. Er sah auf und in das ernste Gesicht des Vampirs, der von dort, wo er immer noch hing, zu ihm herabsah.

»Ich bin schneller als du und stärker, sogar in meinem jetzigen Zustand«, sagte der Untote. »Du wirst nicht einmal in seine Nähe kommen, bevor es dich oder deinen Freund tötet. Außerdem schuldet mir genau diese Bestie etwas für den Schlag, der mich in diesen würdelosen Zustand gebracht hat. Ich kann ihn retten, Stormcast – befreie mich. Oder stirb. Mir kann es egal sein.«

Tarsus zögerte nicht. Er wirbelte herum und schlug mit seinem Schwert zu. Er durchtrennte die Ringe des Planetenmodels, das nach vorn fiel. Tarsus ließ seine Waffen fallen und fing es auf. Dabei keuchte er vor Anstrengung. Schnell zog er die Messingstacheln aus dem Fleisch des Vampirs und die Kreatur landete in der Hocke auf dem Podest, während Tarsus das Planetenmodell zur Seite warf. Der Vampir blickte zu ihm auf. Dann war er in der Zeit eines Wimpernschlags plötzlich am anderen Ende der Mauer angelangt, wo das Schwert in der Wand steckte, das Tarsus zuvor gesehen hatte.

Schnell wie ein Blitz zog der Vampir die Klinge aus der Mauer und sprang in Richtung von Blutsäufer. Die gewaltige, blutrote Bestie brüllte auf und schlug mit einem Arm zu, der dick mit Muskeln bepackt war. Doch der Vampir duckte sich unter dem Schlag weg. Mit beiden Händen trieb er seine Klinge in das Fleisch zwischen der Schulter und dem Hals des Ungeheuers. Die Schwertklinge blitzte in einem unseligen Licht auf und aus der Wunde spritzte ein blutroter Dunst. Der Khorgorath schrie auf und schlug um sich. Er versuchte, den Vampir abzuschütteln. Das Monster ließ Ramus fallen und Tarsus warf sich vorwärts, die Waffen bereit für den Kampf.

»Worauf wartet ihr noch, ihr Narren«, knurrte der Vampir wütend. »Helft mir, dieses Ding zu töten.«

Tarsus warf sich nach vorn. Sein Kriegshammer schlug gegen eines der knochenbesetzten Knie von Blutsäufer und zersplitterte es. Die Bestie gab ein ohrenbetäubendes Brüllen von sich und sank zu Boden. Sie versuchte immer noch, nach dem Vampir zu schlagen, der sich an seinem Platz auf der Schulter festhielt. Der Vampir ließ ein Zischen hören und drehte das Heft seines Schwerts mit einem brutalen Ruck. Dann riss er es in einer Fontäne aus Blut heraus und sprang beiseite. Der Khorgorath fiel nach vorn. Seine Klauen gruben tiefe Furchen in den uralten Marmorboden des Observatoriums. »Jetzt, Stormcast – schlag jetzt zu!«, rief der Vampir.

Tarsus trieb seinen Kriegshammer in den freigelegten Knochen von Blutsäufers Schädel und zerschmetterte ihn. Ramus, der wieder auf den Füßen war und seinen Hammer wieder in der Hand hielt, gesellte sich zu ihm. Gemeinsam schlugen sie immer wieder zu, bis schwarzer Eiter über den Boden floss und die Bestie sich nicht mehr rührte. Tarsus sah sich um. Die anderen Khorgoraths hatte ein ähnliches Schicksal ereilt. Die Waffen und der göttliche Zorn der Stormcasts hatten sie niedergestreckt. Seine Krieger begannen bereits damit, ihre Reihen neu zu organisieren und sich darauf vorzubereiten, was als Nächstes kam. Er sah den Vampir an, der ihn fragte: »Und was nun?«

»Jetzt? Jetzt bringen wir das hier zu Ende.« Tarsus drehte sich zu der Lücke und zeigte mit seinem Schwert auf die ferne Gestalt des Kummerboten. »Ist das alles, was du zu bieten hast?«, rief er und schlug seine Waffen aufeinander. »Wir sind immer noch hier. Wer wird bestehen?«, bellte er seine rituelle Frage.

»Nur die Gläubigen«, kam die gebrüllte Antwort der Hallowed Knights. Kriegshämmer trommelten gegen Schilde. »Nur die Gläubigen.«

Tarka warf seinen Kopf zurück und schrie vor Zorn. Er hieb

seine Axt in die Luft und seine Krieger wogten vorwärts. Es war eine geifernde Horde, die rote und messingfarbene Rüstungen trug. Blutjäger, Blutkrieger und noch Schlimmeres folgten den Sterblichen mit großen Schritten.

Tarsus trat von der Lücke zurück. »Bleibt standhaft, Stierherzen«, sagte er. »Wir haben eine Galgenfrist erhalten, aber sie kommen erneut, und diesmal in großer Zahl. Judicatoren, dünnt ihre Reihen aus. Zieht euch zurück, sobald sie die Lücken erreichen. Von da an geht es in den Nahkampf. Arbeit mit Hammer und Schild, nicht wahr, meine Freunde?«, sagte er und klopfte mit der flachen Seite seines Schwerts auf das Schild eines Liberators, der in der Nähe stand. »Wer wird siegreich sein?«

»Nur die Gläubigen«, kam die Antwort. Tarsus nickte.

»Nur die Gläubigen«, sagte auch er mit Nachdruck. »Haltet stand und kämpft so, als beobachtete Sigmar euch selbst. Oder als ob Ramus zuschaut, der ist nämlich näher.«

Die Luft begann zu pulsieren, als die schweren Repetierarmbrüste der Judicatoren zu schießen und die Männer zu schreien begannen. Tarsus warf einen schnellen Blick zu den Lücken in der Mauer, wo die Stormcast Eternals sich in zwei Schusslinien formiert hatten: Eine kniete, die andere stand. Gemeinsam schossen sie in die desorganisierte Masse der Feinde, die zu ihnen heraufkletterte. Die Prosecutoren belästigten den Feind ständig und erhöhten damit die Anzahl der von den Judicatoren erschossenen Feinde. Sie hatten einige Momente der Ruhe herausgeholt, bevor die Schlacht voll in Gang kam. Trotz all dem drängte der Feind weiter und schon bald würde er das Observatorium erreichen.

Tarsus sah, wie Ramus den Vampir anstarrte. »Du vertraust ihm nicht.«

»Du hast es selbst gesagt – man kann ihm nicht trauen.«

»Er hat dich gerettet«, entgegnete Tarsus.

»Er hat sich selbst gerettet. Mein Schicksal spielte dabei nur eine untergeordnete Rolle«, kam Ramus' Antwort.

»Das stimmt«, sagte der Vampir und kam zu ihnen. »Im Augenblick beschreiten wir aber denselben Pfad. Sie haben mein Reittier. Ich hätte es gerne wieder. Er ist … mir ans Herz gewachsen.«

Tarsus nickte. »So soll es sein. Wisse aber, dass es meine Hand sein wird, die dich niederstreckt, wenn du dich gegen uns wenden solltest.« Er hob seinen Kriegshammer, um seinen Worten Nachdruck zu verleihen. Der Vampir schmunzelte.

»Verstanden«, sagte er und legte sein Schwert auf seine Schulter.

Das Geklapper von Sigmarit erklang, als die Judicatoren sich zurückzogen und die Gefolge der Liberatoren ihren Platz in der Vorhut einnahmen. »Schilde hoch«, sagte Tarsus, dessen Stimme in der ganzen Kammer zu hören war. Die Schilde wurden gehoben und dann Rand an Rand miteinander verschränkt. Ein Wall aus Stahl entstand.

»Haltet die Linie«, fuhr Tarsus fort. Er packte die Schäfte seiner Waffen fester. »Ausfall auf meinen Befehl.«

»Was wünscht du, das ich tue?«, fragte der Vampir und deutete eine Verneigung an. »Soll ich meinen Platz in der Linie einnehmen und mit deinen Kriegern kämpfen?«

»Kämpfe, wie es dir gefällt«, antwortete Tarsus, der den Aufmarsch des Feinds beobachtete. »Du bist kein Gefangener mehr.« Er warf dem Vampir einen Blick zu. »Du bist frei.«

Der Vampir blinzelte. Dann neigte er sein Haupt. »Wie du wünschst.« Er drehte sich zu der eingestürzten Mauer, als das Heulen der Anhänger des Blutgotts durch die Kammer hallte. Der erste Blutjäger kam durch die Lücke gerannt. In jeder Hand hielt er eine Axt. Andere folgten ihm. Schon bald schwappte eine Welle des blutdürstigen Zorns auf die Liberatoren zu. Sie warteten ab und auf den Befehl ihres Lord-Celestants.

Tarsus trat von dem Podest herunter. Seine Arme waren ausgebreitet und seine Waffen bereit. »Warten, Stierherzen. Warten«, grollte er. »Ramus, ruf den Sturm.«

Ramus hob seinen Reliquienstab in die Höhe und rammte ihn dann nach unten. Das Geräusch, das dabei entstand, bebte durch die Luft wie der Klang einer Glocke. Außerhalb des Observatoriums setzte ein starker Regen ein. Donner war zu hören und die Anhänger des Blutgottes, die noch nicht ins Observatorium gelangt waren, schrien auf, als Bänder aus Licht durch ihre Reihen schnitten, über ihre Rüstungen und die Spitzen ihrer Waffen waberten und in das gebrandmarkte Fleisch einschlugen. Ganze Scharen der Männer starben. Sie wurden in ihren Rüstungen gekocht oder begannen wie Fackeln zu brennen, als sie davonrannten. Der Feind wurde unsicher.

»Senkt eure Hörner«, brüllte Tarsus und bahnte sich durch die Krieger einen Weg bis zur Front. Die Liberatoren beugten sich vor. Ihre Schilde waren vorgestreckt und sie hielten ihre Kriegshämmer in einer tiefen Position. »Und ... vorwärts!« Die Gefolge der Liberatoren rückten gemeinsam vor. Tarsus schritt ihnen voraus und wurde mit jedem Schritt schneller. Seine Krieger taten es ihm gleich. Mit einem dröhnenden Krachen kollidierte der Schildwall mit der vordersten Reihe der Blutjäger. Schilde überlappten einander, als die Liberatoren sich gegen den Feind stemmten und ihn zurückwarfen. Tarsus kämpfte an vorderster Front. Er schuf mit jedem seiner Hiebe Platz, damit seine Krieger weiter vorankamen.

Immer mehr ihrer Gegner kamen durch die Lücken, während gleichzeitig ihre vorderen Reihen zurückgedrängt wurden. Die in einen Rausch verfallenen Blutkrieger metzelten sich durch ihre eigenen Verbündeten, als das Gedränge der

Schlacht immer dichter wurde. Die Liberatoren kämpften extrem effizient. Sie benutzten die zahlenmäßige Überlegenheit ihres Feinds gegen ihn. Kriegshämmer prügelten auf Knie ein und stießen blitzschnell vor, um Brustkörbe zu zermalmen. In jedem anderen Gefecht hätte diese Taktik ausgereicht. Die Stormcasts waren auf ihre eigene Weise so unnachgiebig wie die Anhänger des Blutgotts ihrerseits. Wenn sie marschierten, konnte es kein Feind mit ihnen aufnehmen.

Schon bald begann die überlegene Anzahl das Blatt jedoch gegen die eiserne Disziplin zu wenden. Johlende Blutkrieger verschränkten ihre Schilde und Arme mit ihren Äxten. Sie zogen die Stormcasts tiefer in die Meute und rissen sie in Explosionen aus blauem Licht in Stücke. Die ungeschlachten Gestalten der Khorgoraths lauerten vor dem Observatorium und schlugen im Rausch auf die verbliebenen Mauern ein. Dabei versuchten sie die Lücken in den Mauern zu erweitern. Aus der Höhe rieselten Trümmerstücke herab, als sich Risse an der Decke und Wänden des Gebäudes ausbreiteten. Mit einem Tosen stürzte ein Teil ein und begrub sowohl Stormcasts als auch Blutjäger unter sich.

»Zieht euch zurück«, rief Tarsus und wehrte gleichzeitig einen Axthieb ab. »Aufschließen und von den Wänden zurückziehen.«

Diejenigen Liberatoren, die dazu noch in der Lage waren, zogen sich mit verschränkten Schilden zurück. Andere konnten sich aber nicht von ihren Gegnern lösen. Sie wurden schnell umzingelt und zu Fall gebracht. Weitere Explosionen aus blauem Licht zuckten gen Himmel und Tarsus fluchte. Er blickte sich um und sah, wie Ramus die Retributoren und Decimatoren für einen Gegenangriff sammelte.

Es würde nicht genug sein. Der Feind war ihnen zehnfach überlegen und fürchtete den Tod nicht. Es war ihnen gleich, ob sie zertrampelt, verstümmelt oder aufgespießt wurden. Sie drangen trotzdem weiter vor. Er benötigte eine neue Taktik.

»Verschränkt die Schilde«, rief er und stemmte die Füße in den Boden. Um ihn herum stoppten die Liberatorgefolge ihren Rückzug und befolgten seinen Befehl. Sie bauten sich rund um das Podest herum auf. »Hier verteidigen wir uns. Keinen Schritt weiter.«

Während er sprach, stürzten die Prosecutoren in die Kammer, schlugen blitzartig zu und zogen sich dann schnell wieder zurück. Sie versuchten den Druck zu verringern, der auf ihren Kameraden lastete. Himmelshämmer schlugen in die dichte Meute der Blutjäger und schleuderten zerbrochene Körper in die Luft. Die Übrigen rückten trotzdem weiter vor. Tarsus gab mit einem Winken den Judicatoren das Zeichen zum Vorrücken. Einige der Gefolge hatten das Podest in eine Verteidigungsstellung verwandelt. Sie hatten die schweren Bücherregale und Steinbahren in improvisierte Barrikaden verwandelt. Diejenigen unter ihnen, die nicht von hinter ihren Bollwerken auf den Feind schossen, beeilten sich, ihre Positionen hinter den Liberatoren einzunehmen.

Blitze zuckten über die Köpfe ihrer Feinde. Das grelle Licht blendete und verbrannte sie. Ein Bereich des Schildwalls öffnete sich und Ramus führte die Gefolge seiner Paladine in die Schlacht. Die Decimatoren führten ihre gewaltigen Streitäxte mit beiden Händen und hackten sich mit Leichtigkeit durch die blutroten Rüstungen. Die Donnerhämmer der Retributoren rissen die stärksten Kämpen des Chaos von den Füßen. Der Feind hatte sie jedoch eingeschlossen und nicht einmal die schwer gerüsteten Paladine konnten sich allein gegen diese Flut stemmen. *Es sind immer noch zu viele von ihnen*, überlegte er. Er hatte gehofft, dass das Observatorium ihnen etwas Schutz vor ihrer zahlenmäßigen Übermacht bot. Aber auch das reichte nicht aus.

Über die Köpfe seiner Krieger und die Reihen der Feinde hinweg beobachtete Tarsus, wie sich der Kummerbote einen Weg durch seine eigenen Anhänger freikämpfte. Er zog die Kreatur, die der Vampir Ashigaroth nannte, hinter sich her und schlug jeden zu Boden, der ihm nicht schnell genug aus dem Weg ging. Die Abgrundbestie folgte ihm nur widerspenstig und stemmt sich ohne Unterlass gegen seine Ketten.

Als Tarsus einen Schritt auf sie zuging, konnte er den Vampir sehen, der auf dem zerbrochenen Dom des Observatoriums kauerte. Er hielt seine Arme ausgestreckt und seinen Körper in einem Winkel, der es ihm erlaubte, sich über die Kammer unter ihm zu lehnen. Ein kehliger Gesang kam über seine Lippen, als er seinen Kopf nach hinten warf. Die Abgrundbestie schrie und bockte gegen ihre Fesseln. Der Bluthetzer schlug immer und immer wieder mit seiner Peitsche auf die Kreatur ein. Die Bestie wurde dadurch aber nur noch unruhiger. Ein seltsames violettes Licht flackerte über die Knochenhaufen, die auf dem Boden und in den Ecken der Zentralkammer verstreut lagen. Sie begannen zu zittern und sich zu bewegen. Tarsus' Nackenhaare stellten sich auf.

»Haltet ihn auf«, brüllte Tarka. Als er in das Observatorium eindrang, deutete er mit seiner Axt auf den Vampir. Er zog Ashigaroth an der Kette hinter sich her. Der Bluthetzer folgte ihm und schlug nochmals auf die Abgrundbestie, bevor er die Kette zerriss, mit der das Monster gefesselt war. Anschließend deutete er mit seiner Klinge auf den Vampir. Anstatt aber direkt auf seinen früheren Herrn loszugehen, drehte die Kreatur sich herum und biss mit seinen Elfenbeinzähnen den Kopf des Bluthetzers ab. Tarka schlug mit seiner Axt auf Ashigaroth ein. Das Monster verteidigte sich und stieß mit seinen Klauen nach ihm, kratzte über seine Rüstung und stieß ihn rückwärts zu Boden, als es über ihn auf einen der Stormcasts in der Nähe sprang. Der Krieger Sigmars wurde zu Boden gedrückt. Sein Körper verging in blauem Licht. Die Abgrundbestie brüllte auf und warf sich in das Handgemenge. Sie verheerte ohne Rücksicht alle, die sie erreichen konnte. Blutkrieger und Stormcasts fielen ihrer Raserei zum Opfer.

Tarsus stürmte auf den Kummerboten los. Wie ein Stier rannte er jeden Blutjäger nieder, der töricht genug war, sich ihm in den Weg zu stellen. Er hörte, wie hinter ihm der Gesang des Vampirs lauter wurde. Im Augenblick lag sein Augenmerk aber nur auf dem Kummerboten. Als Tarsus seinen Feind erreichte, wankte der Chaoskämpe auf die Füße und schnitt mit seiner Axt durch die Luft. Hammer, Schwert und Axt trafen sich in einem Todestanz, als Stierherz und Kummerbote umeinander wirbelten.

»Ich werde deine Rüstung auf mein Totem spießen, Krieger. Dein Schädel wird mein Trinkgefäß und deine Waffen gebe ich meinen Sklaven«, grollte der Kummerbote, als er mit seinem Klauenhandschuh Tarsus' Schlachtumhang aufschlitzte. »Wenn ich mit dir fertig bin, ziehe ich dir die Haut von den Knochen und trage sie als Umhang!« Mit seiner Axt hackte er nach Tarsus' Unterleib.

»Bist du hier, um zu reden, oder willst du lieber kämpfen?«, fragte Tarsus und wich dem Schlag aus. Sein Kriegshammer donnerte herab und zersplitterte die rote Panzerung über Tarkas Schulter. Der Chaoskämpe schrie auf und drehte seine Axt herum. Anschließend brachte er sie mit einem kraftvoll geführten Schlag in die Höhe. Tarsus machte einen Ausfallschritt. Er war aber nicht schnell genug. Die Kante der Axt schlug Funken aus seinem Brustpanzer und brachte ihn ins Taumeln. Der Kummerbote warf sich auf ihn und hämmerte einen Ellbogen in das Gesicht des Lord-Celestants. Sein Feind war stark. Stärker als jeder andere, den Tarsus je bekämpft hatte.

Tarsus fiel zu Boden und schaffte es nur eben so, der Axt seines Gegners auszuweichen, die dort in den Boden schlug, wo eben noch sein Kopf gewesen war. Bevor der Kummerbote jedoch einen weiteren Hieb führen konnte, schlug ihm ein gebrochenes Schwert entgegen. Tarsus sah auf und erblickte die fleischlosen Gebeine etlicher Skelette, die sich schützend um ihn scharten. Die untoten Krieger griffen den Kummerboten an. Sie stießen mit zersplitterten Speeren zu und hackten mit stumpfen, schartigen Schwertern auf ihn ein. Noch mehr klammerten sich an ihn, seine Arme oder die gewaltigen Hörner auf seinem bestialischen Kopf. Er brüllte wortlos auf und schlug um sich, um die Skelette abzuschütteln. Die toten Dinge fielen herab, krabbelten aber sogleich wieder zu ihm zurück.

Als die Khorgoraths von den Skeletten überrannt und aufgrund der schieren Masse der vielen Untoten auf den Boden gezogen wurden, schrien sie vor Schmerzen auf. Die Toten richteten sich mitten in dem Handgemenge auf und fielen über die Krieger des Kummerboten her, ohne dabei auch nur ein einziges Wort zu verlieren. Die Jünger des Blutgotts starben, während sie noch gegen die Stormcasts kämpften. Überall warfen sich die stummen Horden in die Schlacht, angetrieben vom Willen des Vampirs und seiner Hexenkunst.

Tarsus kam auf die Füße, als der Kummerbote zu ihm herumwirbelte. Der Riese blutete aus einem Dutzend Wunden, zeigte aber keine Anzeichen von Schwäche.

»Ich habe die Toten bereits einmal besiegt. Ich werde es wieder tun. Zuerst nehme ich mir aber deinen Schädel, Silberhaut«, rief der Anführer der Chaoshorde, als er auf Tarsus zustürmte und dabei die Skelette zur Seite schlug, die ihm den Weg versperrten. Tarsus hob seinen Kriegshammer. Er war bereit, sich gegen den Angriff seines Gegners zu verteidigen, als sich ein schwarzer Schatten über die beiden Kontrahenten legte.

Der Kummerbote sah auf. Tarsus nutzte die Ablenkung seines Gegners aus und traf den Kummerboten mit einem Schlag, der ihn von den Füßen riss. Als er zu Boden fiel, landete die Abgrundbestie mit einem Schrei auf dem Chaoskämpen. Der Vampir saß auf der Kreatur und lachte, als Ashigaroths Klauen sich in den Krieger bohrten, der unter dem Monster am Boden lag. Der Vampir sah zu Tarsus herunter, während die Kreatur die Leiche zerfetzte.

»Ich muss mich entschuldigen, mein Freund, aber ... sowohl Ashigaroth als auch ich waren die Gläubiger einer Blutschuld«, sagte er. Er lächelte mit dünnen Lippen.

Tarsus schüttelte den Kopf und sah sich um. Die Schlacht war geschlagen. Und jetzt starrten sich die Lebenden und die Toten über die Leichen ihrer gemeinsamen Feinde hinweg misstrauisch an. Er sah wieder zu dem Vampir auf.

»Ich danke dir«, sagte Tarsus. Er achtete darauf, seine Waffen gesenkt zu halten, und brachte sich selbst in Erinnerung, *dass man den Toten nicht trauen durfte*. Der Vampir stieß ein leises Lachen aus, als könne er die Gedanken des Stormcasts lesen.

»Mannfred«, sagte der Vampir. »Ich bin Mannfred.«

»Mannfred also«, sagte Tarsus. Er zögerte, streckte dann aber seine Hand aus. Mannfred starrte ihn einen Augenblick lang verwirrt an, griff dann aber nach Tarsus' Unterarm. »Ich bin Tarsus, der Lord-Celestant dieser Krieger.«

»Und ich bin Mannfred von Carstein, Graf von Hangwald«, sagte Mannfred und verbeugte sich tief. Als er sich wieder aufrichtete, fragte er: »Willst du immer noch einen Weg in die Unterwelt finden, Freund Tarsus?«

»Also hast du hier eine Pforte gefunden«, erwiderte Tarsus die Frage.

»Nein«, antworte Mannfred. Sein Lächeln wurde breiter. »Nicht hier.« Er glitt von dem Rücken seines monströsen Reittiers. »Aber ich kenne eine und kann dich hinführen.«

»Warum?«

»Nenne es eine Ehrenschuld«, sagte Mannfred. »Ich schulde dir etwas dafür, dass du mich befreit hast, Tarsus von den Stormcasts.« Er machte eine Pause, als müsste er erst nachdenken, bevor er hinzufügte: »Vielleicht sogar für mehr als nur das.« Er streckte seine Hand aus. »Und wie du sehen konntest, begleiche ich meine Schulden.«

Tarsus zögerte. Er sah auf in Mannfreds starre, gelbe Augen und wägte ab. Irgendwie fühlte er sich, als ob er dies hier bereits einmal erlebt hatte, und fragte sich, ob damals alles gut ausgegangen war. Er hatte das Gefühl, dass dem nicht so war.

Aber er hatte eine Aufgabe zu erfüllen. Tod oder lebendig, er würde sie erfüllen.

Tarsus griff nach Mannfreds Hand.

»Führe mich hin, Mannfred von Carstein. Wohin du auch gehen magst, die Stormcasts werden folgen.«

UNTER DEM SCHWARZEN DAUMEN

David Guymer

I

»Ihr kommt zu mir und bietet den Tod an«, sagte Copsys Bule und stocherte mit seinem langen Dreizack in der weichen roten Erde. Blut oder etwas entfernt Ähnliches quoll langsam um die herabsinkenden Zacken hoch. »Ein königliches Geschenk, Abgesandter, aber der Tod gedeiht dort, wo ich ihn säe. Ich bin ein Schnitter des Todes.«

Kletch Schorfklaue betrachtete ihn mit Augen, die die Schwäche in einem Diamanten erkannt hätten. Sie waren milchig gelb und schauten finster über den schäbigen Fetzen aus Menschenhaut hinweg, den er sich mit den Klauen, denen er seinen Namen verdankte, an die Schnauze presste. Der Ausdruck auf seinem pelzigen, verlausten Gesicht hätte Abscheu sein können, aber was oder *wer* der Auslöser war, behielt der Seuchenpriester für sich.

»Ein neues Zeitalter bricht an, quiek-sagt man.« Der Rattenmensch breitete seine Pfoten aus und schlug entnervt eine herumsummende Blähfliege beiseite. Für Bules verschwommene

Sicht schien er drei Augen zu haben, bis der Skaven mit den Klauen schnippte und seine Sicht sich dadurch wieder klärte.

»Krieg zieht herauf. Auch für euch.«

Bules Kopf ruckte hoch.

Der Skaven trat augenblicklich einen Schritt zurück und kauerte sich für Kampf oder Flucht zusammen. Er stand leichtfüßig mit den Fußpfoten auf dem verfaulten Brei, der bis zu Bules Beinschienen reichte. Seine rechte Tatze hatte nach der Waffe gegriffen, die er unter seiner Robe verbarg, und zischte eine Warnung durch den duftenden Lumpen.

Bule lächelte. Sein verwestes Fleisch zog sich weiter zurück, als es für einen menschlichen Mund möglich war.

Langsam hob Kletch erst seine leeren Tatzen, dann die angenagte Spitze seines Schwanzes. Er zuckte verärgert über dem Kopf des Rattenmannes umher. »Ich bin nicht den ganzen Weg vom Klanbau hierhergekommen-gehuscht, um zu kämpfen-streiten. Der Schwarze Daumen und Klan Rikkit waren während des Zeitalters des Chaos Freund-Verbündete. Es steht geschrieben. Es wird erinnert. Jetzt sollen-müssen wir wieder mit allen Mitteln kämpfen.«

Bule wandte ihm mit einem leichten Kopfschütteln den Rücken zu. Er zog seinen blutigen Dreizack heraus und stach drei neue Lüftungslöcher in den Boden. Diesmal drangen die Zacken einen Zoll tief, bevor sie auf Widerstand trafen. Er ächzte vor Freude und entblößte seine schwarzen Zahnstümpfe, dann stemmte er seinen Fuß auf die Unterseite der Gabel und bewegte den Griff vor und zurück.

Er hebelte den Dreizack gegen seinen aufgeblähten Leibesumfang und wälzte so die unnachgiebige Stelle mit einem Hauch von verrottendem Fleisch um.

Die menschliche Leiche wurde aus ihrer Decke aus Muttererde gerissen und wackelte herum. Ein grauschwarzes Gesicht, wässrig und so hübsch wie die frische Ernte süßer Knollen, starrte mit der Klarheit eines Toten in die langsam kreisenden Sterne. Aufgewühlte Maden und Würmer wanden sich in ihrem Licht, als ob sie unter Folter ein großes Geheimnis preisgeben würden. Bule sah zu, wie sie sich wieder eingruben, eingelullt vom Summen der Milliarden Blähfliegen und dem widerlichen Geschnatter der Krähen.

Ein Schlängeln und Winden.

»Fäulnisbote«, ermunterte der Skaven ihn.

Bule kniff schmatzend die Augen zusammen. Sein Verstand war von Würmern und Vorzeichen durchwühlt. Der Rattenmann fuhr fort.

»Die Blitzmänner haben Klanbauten in Krüppelfang, im ungezähmten Land und Fäulnismoor angegriffen. Selbst Klan-Verwandte aus dem weit entfernten Ghyran kommen-fliehen, indem sie sich durch Reiche graben, um uns vom Krieg zu berichten.«

Bule schulterte seinen Dreizack, dann drehte er sich so plötzlich um, dass dem Seuchenpriester des Rikkit-Klans ein leises, erschrecktes Quieken entfuhr. Der Rattenmensch sprang beiseite und griff erneut nach seiner verborgenen Waffe, aber Bule platschte lediglich dort entlang, wo er zuvor gewesen war, wie ein Zombie, der ganz plötzlich angetrieben wurde, an einen anderen Ort zu gehen.

»Bule. *Bule!*«

Copsys Bule ignorierte ihn. Seine Rüstung gab bei jedem Schritt ein vom Schimmel gedämpftes Klappern von sich. Mehrere der stachelbewehrten Platten waren an den Verbünden eingerissen, doch der Schaden an seiner Rüstung stammte nicht von außen, sondern war von innen verursacht worden. Leichengas blähte seinen Bauch auf und öffnete die Platten von innen wie eine fette Larve, die sich durch einen Eibeutel nach draußen fraß. Überall, wo ihm noch lebendes Gewebe blieb, sorgten Schwellungen, Schwären und Tumore für weitere Ausbeulungen und sprenkelten das einst grüne Metall schwarz.

Seit vor dem Zeitalter des Chaos hatte Bule keinen ebenbürtigen Gegner mehr getroffen und seine Gärten fuhren reiche Ernten von den Ländern der Blutblütenfelder im Süden bis hin zu den avalundischen Eiskönigreichen im Norden ein, von den Torfmooren Murgid Feins bis hin zu den unbezwingbaren Tollwuthöhen und ihren Gargant-Königen.

Seine Domäne war zu riesig für nur einen Namen.

Sie umfasste die Pockenwüsten, den großen Blähsee und die Plantage der Fliegen – Landstücke voller Fleischanbauten durchzogen von Bewässerungsgräben, die Pestdämpfe abgaben und vor laichenden Dämonenfliegen nur so summten. Soweit das Auge in dem Pestdunst blicken konnte, bestellten verkommene, einst menschliche Wesen den Boden mit Harken und Hacken. Manche wateten mit langen Stöcken in Tümpel hinein, um damit die aufgeblähten Leichen zu drehen, die dort schwammen und reiften. Hunderte verfielen in der Zeit, die Bule benötigte, um an ihnen vorbeizugehen, und wurden zu den Zuchtgebieten fortgezerrt, um den Boden nun selber anzureichern.

Aber es war eine Angewohnheit niederer Geschöpfe, großen Dingen kleine Namen zu verleihen.

Sie nannten sie die Leichensümpfe.

Scheinbar zufällig, indem er *fühlte*, wo die Toten nach seinem Messer verlangten, hockte er sich in den Morast. Ein Seufzer einfacher Freude entfuhr ihm. Die gekreuzigten Überreste von Männern, Frauen und Kindern waren in versetzten Reihen über eine Fläche hinweg in den Boden gepfählt, die länger als ein Tagesritt war.

Hier fanden sich Leichen beinahe jedes Volkes wieder, selbst die, die nirgends sonst außer hier existierten. Aus Gründen, die nur wenige andere außer Bule selbst kannten, nannte er sie seinen Lebenden Garten. Eine stinkende Brise raunte durch die Toten und ließ sie rascheln und wogen wie blätterreiche Bäume in voller Blüte. Er zog ein gekrümmtes Messer aus seinem Waffengürtel und schnitt eine Hand ab, die sich durch die Verflüssigung allmählich vom Handgelenk löste. Sie war menschlich. Eine nektarartige Schwärze tropfte von dem Schnitt herab. Er leckte sie von seiner Handfläche und schloss dabei die Augen vor Ekstase.

Es gab keinen Plan in seinem Kopf, wie sein Garten aussehen sollte, aber er wusste, was getan werden musste, um ihn fertigzustellen. Und das würde er bald tun. Schon sehr bald.

Der Gedanke war aufregend für ihn, wenngleich auch ein Teil von ihm, der diese Arbeit genossen hatte, traurig über den bevorstehenden Abschluss war.

»Es sind jede Menge deiner Art hier«, sagte Bule, der bemerkt hatte, dass der Rattenmensch ihm gefolgt war und nun auf einer alten Mauer hinter ihm hockte. Er wahrte die Distanz. »Dein Pelz. Deine Gedärme. Du wimmelst von Leben wie kaum jemand anderes.« Er schlitzte eine weitere nachgebende Gliedmaße mit einem eiskalten Schnitt ab. »Nichts verrottet so schnell wie ein Skaven. Nichts nimmt Großvater Nurgle so vollständig an wie euch.«

»Ist es das, was ihr meinen Meistern mitzuteilen wolltwünscht?«

»Frag mich noch mal, wenn es Vollmond ist.«

»Warum-warum? Was ändert sich dann?«

Bule leckte mit einem breiter werdenden Lächeln über sein Messer. Vögel schrien fieberhaft auf, aus krankem, tierischem Scharfsinn, den er mit Glück vielleicht eines Tages zur Hälfte verstehen würde. »Du kommst in einer vielversprechenden

Nacht. Zum ersten Mal seit tausend Jahren werden die Sterne meine Reichspforte auf eine andere ausrichten.«

»Und dann?«, zischte Kletch, plötzlich auf der Hut.

»Frag mich noch mal, wenn es Vollmond ist.«

II

Fistula, erster Pestkönig des Schwarzen Daumens, der sich an Krankheit und Tod ergötzte, schlitzte den Orruk der Hüfte entlang mit einem sägenden Rückhandschlag seiner Klinge auf. Ein überraschtes Schnauben erklang aus dem mit Stoßzähnen bewehrten Helm der Grünhaut, aber der Krieger hielt sich aufrecht, so zäh wie abgestorbenes Fleisch und ebenso immun gegenüber Schmerzen. Mit einer Faust groß wie ein Buckler hielt er seine hervorquellenden Eingeweide fest, während er mit seiner Axt brüllend nach dem Pestkönig schlug.

Widerstandsfähig und bösartig – Orruks waren berüchtigt. Doch das Fieber, das von der infizierten Bauchwunde aus Feuer durch seine Adern sendete, machte ihn träge. Fistula wich dem unbeholfenen Hieb mit Leichtigkeit aus und brach dann sein Schienbein mit einem Stoß seiner Ferse. Der Orruk schwitzte. Die meisten Menschen würden nie erfahren, dass ein Orruk so leiden konnte, wie es dieser hier nun tat. Aber er wollte dennoch nicht aufgeben.

Fistula wusste das zu schätzen.

Er schlug den schwächelnden Rückwärtshieb mit der flachen Seite seines Schwerts beiseite und trat hinter den fuchtelnden, baumstammdicken Arm, nah genug heran, um die dämonischen Seuchlinge zu riechen, die durch seine Adern wüteten. Dann stieß er ihm seinen Parierdolch durch den Hals.

Die Mammutkiefer des Orruks schnappten spasmisch, als Fistula den Dolch wieder herauszog und den Unhold von sich trat. Blut aus der durchtrennten Arterie sprühte in einem aufsteigenden Bogen durch die Luft und tünchte das offene Visier von Fistulas Helm grün. Er keuchte. Teils, um die Feuchtigkeit aus der Luft zu trinken, teils nur wegen des bloßen Vergnügens, das es ihm bereitete.

Fistula schaute auf den geschlagenen Orruk hinab. Er schnappte immer noch mit seinen Kiefern, selbst als er an seinen eigenen Körperflüssigkeiten ertrank und seine Augen weiß wurden. Fistula hätte es schnell beenden können, hätte es vielleicht auch gesollt, aber wie vorherrschend die Orruks im Schatten der Tollwuthöhen auch waren, gab es nie genug von ihnen. Er schaute auf.

Die Orruks kämpften immer noch in versprengten Scharen entlang der schmalen Schlucht, in die sie der Schwarze Daumen verfolgt hatte, aber sie waren zerrüttet. Nicht auf die gleiche Art wie ein menschliches oder Fäulnisbotenheer. Sie rannten nicht davon. Viel eher kämpften sie mit der hirnlosen Verbissenheit von kranken Tieren weiter. So zäh sie als Volk auch waren, sie alle trugen Anzeichen von Infektionen: nässende Geschwüre und verkrustete Schnitte, die nicht heilen wollten. Auf alle hundert, die an offensichtlichen Verletzungen gestorben waren, kamen weitere hundert, die zuckend auf dem Boden lagen und blutigen Schaum vor ihren Mäulern sowie Fliegen auf dem faulenden Fleisch hatten.

Gors und Bestigors stürzten sich kopfüber ins Getümmel, wo sie nach wilder Herzenslust um sich hackten und stachen. Fäulnisbotenritter auf madenübersäten Rössern galoppierten die steil ansteigende Wand der Schlucht hinauf, um den Kriegshäuptling der Orruks anzugreifen. Die riesige Bestie war von seinen größten und brutalsten Kriegern umgeben, wurde jedoch bereits schwer vom Heer des Tzeentch bedrängt, das von der gegenüberliegenden Seite der Kluft auf sie einstürmte.

Das Wechselbalgheer war eine misstönende Legion aus Farben und Formen. Gold glitzerte. Fremdartige Stimmen flüsterten. Flammen jeder Form, jeden Geruchs und jeder Konsistenz tanzten entlang der Querstäbe ihrer Bannerstangen. Und beinahe lebendige Rüstungen flüsterten dem tiefsten Unterbewusstsein aller Umstehenden, die über einen geeigneten Verstand verfügten, Geheimnisse zu. Dämonenfliegen summten über allem und jedem. Pesthunde rannten entlang der Flanken und zerrten Versprengte und Verletzte zu Boden. Riesige Schnecken gruben sich unter dem harten Boden hindurch, um die Krieger des Tzeentch mit Haut und Haar zu verschlingen, während Seuchendrohnen und geschmeidige dämonische Kreischer in einem erbitterten Gefecht um den Himmel aufeinander losgingen.

Die Orruks waren beinahe nebensächlich geworden.

Fistula sah die gleiche Stimmung bei seinem Gegenüber, den Hunger, der von irgendwo dort aus der Schlucht kam. Sie waren beide hierhergekommen, um ihre Beute zu quälen, aber jetzt warfen sie ihre Krieger mit größerer Wildheit als je zuvor gegeneinander, da sie nach einer wahren Herausforderung dürsteten.

Das war etwas, für das Copsys Bule zu fett und zu alt geworden war, um es zu erkennen. Selbst die räuberischsten Seuchen konnten gezähmt werden, sodass sie nur noch auf den Abfällen derer verblieben, die sie zu Millionen verheert hatten.

Das Stampfen von Höllenstahl und ein überschwänglicher Schrei rissen Fistula aus den Gedanken über die Schlacht. Durch ein dichtes Getümmel zwischen den Pestkönigen und erkrankenden Orruk-Kriegern, die halb so groß waren, stürmte ein Chaoskrieger in voller Plattenrüstung in Azurblau und Gold auf ihn zu. Sein Helm bestand vollkommen aus Metall und trug nur die Ätzung von halbgeschlossenen Augen, durch die ihm vielleicht ein Zauber zu sehen gestattete. Aus den Seiten wanden sich goldene Hörner nach innen. Der Tzeentchkrieger schlug einen Orruk beiseite und brüllte bei seinen letzten Schritten, das Breitschwert hoch über dem Kopf erhoben.

Mit einem Schrei drehte sich Fistula auf der Stelle und schlug seine gezackte Klinge mit voller Wucht in das herabsausende größere Schwert. Es war kein Versuch zu parieren. Er traf das Breitschwert des Tzeentchkriegers, als wollte er ihn verletzen. Der Aufprall warf seinen Arm hoch. Er spürte die Vibration noch in seinen Zähnen. Eine Reflexhandlung ließ ihn die Hand aus Schock öffnen und hätte ihn sein Schwert fallen lassen, wären da nicht das Blut und der Eiter gewesen, die aus entzündeten Schwielen ständig in seine Hand liefen und den Knauf mit seiner Hand verklebten.

Der Tzeentchkrieger taumelte zurück, als hätte er einen donnernden Schlag auf den Helm erhalten. Sein schweres Schwert zog er hinter sich her, die Ellbogen durch Krämpfe starr, alles ein Resultat davon, dass er das Schwert festgehalten hatte.

Fistula schlug den Kopf des Kriegers mit einem einzigen Schlag durch den Hals herunter und lachte.

In vielen Belangen war er das Gegenteil von Copsys Bule. Wo der Herr der Seuchen zu einem aufgeblähten Wrack eines Mannes geworden war, war Fistulas Körper abgemagert und die Gunst, in der er stand, zeichnete sich in Läsionen auf abgeschälten Knochen und in schäbiger, dauerhaft tropfender Muskulatur ab. Er war ein Krieger. Ein Fieber wütete in seinem Verstand, das kein Ausmaß des Krieges je tilgen konnte. Seine leichte Rüstung, die er bevorzugte, war mit den Kerben der Seuchen bedeckt, die er selbst gekostet hatte, ebenso wie der Zivilisationen, die er zu Fall gebracht hatte.

»Bergt die Toten«, grölte ein ausgemergelter, gelblicher Pestkönig, der einen grausamen Harnisch aus sichelförmigen Klingen und herabhängendem Kettenpanzer trug. Er machte sich mit einem Paar identischer Messer über die Orruks her und stellte das blutige Können in seiner bevorzugten Tötungsmethode unter Beweis. Fistula war einer der wenigen, die ihn als Vitane kannten. Für die meisten war er der Blutsauger. Der Pestkönig drehte sich um und machte eine *Jetzt-kommt-schon*-Geste. »Bringt die Wagen her. Wenn wir bis Vollmond nicht zurück sind, wird es euch schlecht ergehen.«

Ein Dutzend Wagen kam begleitet von einem Mief aus Krankheiten herbeigerattert. Ein jeder wurde von einem Gespann aus sechs schnaubenden Pferden gezogen, die losen Räder waren mannsgroß, ihre hohen Seitenwände waren mit Messerschnitten einzelner Krieger zerkratzt und hatten eine zersplitterte Brüstung aus altem Holz. Aussätzige Erntearbeiter in Kapuzen und Wickeln beugten sich mit Haken über die Brüstung, um die Toten heraufzuziehen. Die Treiber ließen anhalten. Die Pferde schnüffelten an ihren Spuren, keuchten, erbrachen sich, und bissen einander in das flohverseuchte Fell.

Vitane kämpfte sich an Fistulas Seite vor und schaute hinab auf den Orruk, der immer noch langsam vor den Füßen seines Lords verendete. Das ledrige Gewebe verkümmerte nach und nach und die verflüssigten Überreste versickerten um die Knochen herum.

»Er wird unzufrieden sein. Der hier ist nutzlos.«

Fistula lächelte spöttisch. Vitane war alt genug, um von Anfang an zusammen mit Copsys Bule gekämpft zu haben, und es mangelte ihm genug an Ehrgeiz oder Gunst, um den Mann in den Schatten zu stellen, dem er nun in die Schlacht folgte.

»Ich bin nicht hier, um zu plündern, und auch nicht wegen Bule«, sagte Fistula.

Sie konnten nicht alle vom Ruhm vergangener Tage zehren.

Fistula suchte das Chaos rasch nach dem Kämpen des Tzeentch ab. Krieger jeder Art füllten die Schlucht zur Gänze mit einem Sturm aus Farben und Geräuschen. Selbst der Himmel spiegelte die tosende Schlacht wider, denn der Pestdunst, der Bules Reich überzog, wandelte sich durch die heranwalzenden Wolken aus tzeentchischem Feuer, die der Kriegerhorde aus dem Norden gefolgt waren, zu einem kränklichen Türkis. Verdrehte Bäume, die von offenen Wunden bedeckt waren und schwarzes Laub verloren, klammerten sich an den Kamm der Schlucht. Sie wiegten sich unter den gegensätzlichen Winden hin und her.

Fistula schauderte, auch wenn er nicht sagen konnte warum. Er kniff die Augen zusammen.

Da war etwas, verborgen unter dem herabhängenden Laubdach. Fistula erhaschte einen Blick auf eine Gestalt oder eine Andeutung von ihr. Sie war mehr ein Gefühl als etwas, das er später beschreiben und bei dem er mit Sicherheit behaupten konnte, dass sie echt gewesen war. Er nahm den Eindruck einer Robe wahr, ausgemergelt, skelettartig und groß, aber sein vorrangiger Eindruck war der von Wachsamkeit, von vielen, vielen Augenpaaren, die auf jeden einzelnen Aspekt dieses einen Moments gerichtet waren. Nur einen Bruchteil eines Augenblicks später war die Gestalt verschwunden. Die Andeutung ihrer vorherigen Anwesenheit war ein unterschwelliger Glanz, der sich weigerte, völlig zu verblassen, als hätte er zu lange einen Dämonen angestarrt, sodass sich dessen Korona der Macht in seinem Verstand eingeprägt hatte.

Er schüttelte den Kopf und setzte seinen Helm ab. Es fühlte sich wie das wohltuende Ablösen einer sich pellenden Kruste an. Dann wischte er das Blut des Orruks von seinem kahlen Schädel.

Das Gefühl der Wachsamkeit haftete ihm jedoch an, wie eine quälende Frage in seinem Unterbewusstsein. Er fühlte sich beurteilt, doch Fistula bezweifelte, dass er sagen konnte, wofür. Es interessierte ihn auch nicht. Er bleckte die Zähne vor Vorfreude und hob sein Schwert als Zeichen zum Angriff. Sein eigener Ruhm war das Einzige, was zählte.

Sollte man ihn doch beobachten. Sollte man doch über ihn urteilen.

III

Kletch Schorfklaue spreizte seine Arme zu beiden Seiten, während ein Skavensklave den schweren Botschaftermantel des Rikkit-Klans über seine Schultern legte. Er war etwas überzogen für die extreme Luftfeuchtigkeit der Leichensümpfe und juckte an all den schwer zu erreichenden Stellen, wo kein so erhabenes Gewand eigentlich jucken sollte. Seine Flöhe waren seit zweihundert Jahren von Priester zu Priester weitergegeben worden und waren nun die zähen Nachkommen derer, die das vollständige Arsenal der Pesthexerei des Klans überlebt hatten.

Sein Ankleider duckte sich unter seinem Arm hindurch und schlurfte zur Vorderseite herum.

Der Sklave war bis auf seinen eigenen löchrigen Pelz und die Brandmale von Klan und Eigentümer nackt, aber Kletch fühlte sich dadurch nur bedingt sicher. In seiner Vorstellung gab es eine ganze Reihe innovativer Orte, an denen ein entschlossener Attentäter eine Waffe schmuggeln könnte. Sein gelber Blick bohrte sich in die Seite des Sklavenkopfs. Der Wicht entblößte wimmernd seine Kehle und stieß sich mehrmals den Daumen bei dem panischen Versuch, den Mantelkragen aus Rattenknochen zu befestigen. Kletch zappelte herum, als der Sklave jammerte.

Es war zu heiß. Das grellbunte, grüne Licht der Warpsteinkohlebecken um das niedrige Zelt herum war zu hell. Der würzige Geruch, den sie abgaben, um den Gestank fortzuhalten, war zu süßlich.

»Wie viel-lange noch bis Vollmond?«, fragte er den Seuchenmönch, der an der Wand des Pavillons hinter ihm saß.

»Bald-bald.«

Scurfs scheckiger Pelz war pockennarbig und so von seinem eigenen unablässigen Kratzen enthaart, dass er an Wildgeflügel erinnerte, das man zurückgelassen hatte, bevor es vollständig gerupft war. Der harsche Wortüberlieferer setzte seinen Klauenkiel auf einen Stapel aus Menschenhautpergamenten. Auf ihnen hatte er die vielen Krankheiten katalogisiert, denen sie seit ihrer Ankunft in den Leichensümpfen begegnet waren. Er zuckte mit den Schultern. »Eine Stunde noch, glaube-schätze ich.«

Kletch wand seine Schultern unbehaglich. »Etwas wird geschehen-kommen. Ich kann es in meinen Klauen spürenfühlen.«

»Ich fühle-rieche es ebenfalls«, sagte Scurf, stets begierig, ihm beizupflichten.

Der Sklave huschte zu der messinggeriffelten Truhe herüber, die offen an der Zeltwand aus Haut stand, und kehrte mit Kletchs warpsteinbesetztem Stab zurück. Kletch schnappte ihn dem Sklaven mit einem geknurrten Verweis ab. Jetzt, da er sich etwas besser fühlte, schnüffelte er erneut die Luft und öffnete sein Maul, um sie zu schmecken. Außer dem Gestank der Fäulnis und seinen eigenen Anstrengungen, ihn im Zaum zu halten, gab es kaum etwas anderes zu riechen, aber dennoch wusste er, *wusste er*, dass da mehr als nur sie drei im Zelt anwesend waren.

»Willst-möchtest du nach Hause zurückkehren?«, fragte Scurf.

»Nein«, sagte Kletch und meinte ja. »Die Klanlords werden uns nicht dafür belohnen, wenn wir mit leeren Pfoten zurückzukehren. Die Blitzmänner haben sie häufig-schwer an vielen-mehreren Stellen getroffen. Die Klanlords verzweifeln allmählich. Sie ... treffen schlechte Entscheidungen, wenn sie verzweifelt sind.«

Der Sklave huschte wieder heran und trug eine mit einer grünlich-roten Spirituose gefüllte Flasche bei sich, die er in einen Kelch goss. Dampf zischte aus dem Becher, als die Flüssigkeit auf den Lack traf. Der Sklave senkte sein Haupt tief und überreichte das Getränk. Kletch beäugte den Nager streng. Mit einem schweren Schlucken führte der Sklave den Becher an die Lippen und nahm ein winziges Schlückchen.

Kletch nahm den Kelch von seinem würgenden Sklaven, raffte seinen Mut zusammen und stürzte dann den Inhalt herunter. Er verzog das Gesicht, als seine Kehle sich verengte und die Moschusdrüsen sich verkrampften, dann streckte er die Zunge heraus.

»*Bah!*«

»Die best-besten Tränke schmecken am schlimmsten«, sagte Scurf weise.

Der Rikkit-Klan war einst Teil des Pestilenz-Klans gewesen, bevor ein Tunneleinsturz in den Pfaden zwischen den Welten sie von ihren Brüdern abgeschnitten hatte. Sie bewahrten viele der alten Immunitäten, aber eine vorsichtige Ratte war nun mal eine gesunde Ratte.

»Das ist alles ohnehin Zeitverschwendung«, sagte Scurf, griff erneut zu seinem Kiel und tauchte ihn in die Schale des Tintenkäfers, der immer noch auf dem Tisch zuckte. Während er damit auf dem Pergament herumkratzte, fuhr er fort. »Er hat viele Krieger, aber das ist nicht mehr der Copsys Bule, der meinen Wurf in Schrecken versetzte, als ich noch klein-jung war.«

Kletch war nicht überzeugt. Bule konnte es sich erlauben, die Welt für ein oder zwei Jahrtausende an sich vorbeiziehen zu lassen, wenn er es wollte, da war er sich sicher. Und sollte Bule nicht der Tyrann sein, wie es die Klanlegenden besagten, war Kletch froh darüber, nicht der Abgesandte zu sein, der ausgeschickt worden war, um mit *jenem* Lord der Seuchen zu verhandeln.

»Eine Stunde mehr können wir warten. Lass uns das zu Ende-hinter uns bringen, aber halte meine Krieger für den Abmarsch bereit.«

»Ja-ja«, sagte Scurf, klappte behutsam seinen Kiel ein und packte ihn weg.

Kletch zupfte die Zelttür beiseite und schlüpfte mit gerümpfter Schnauze und gesenktem Blick hinaus in die schwüle Nacht. Zwei der zwei Dutzend Seuchenmönche, die draußen vor dem Zelt auf dem geschundenen Boden ihre Lobpreisungen schnurrten, fassten hinter ihm Tritt.

Einst hatte hier ein gewaltiger Festungstempel gestanden, erbaut von einem Volk, das die Sterne angebetet und Türme von unvorstellbarem Ausmaß errichtet hatte, um den fernen Zielen ihrer Anbetung näher zu sein. Doch auch wenn ihre Augen so fest auf den Himmel gerichtet waren, waren sie zugleich auch Meister über den Stein gewesen. Viele der großen Gebäude standen noch, auch wenn sie nun nur noch Ruinen waren, vertebrale Säulen aus Stein, der von der Pest, dem Wetter und dem Krieg vergilbt war. Copsys Bule nannte diesen Ort seine Hängenden Gärten, benannt nach den Abertausenden von Toten und Sterbenden, die von seinen in Moos gehüllten Schutzwällen herabhingen. Ihre Münder bewegten sich, aber wegen all der Fliegen war kein Anzeichen ihrer Pein zu hören.

Der Versuch, die Fliegen zu zählen, war ein Spiel mit dem Wahnsinn selbst. Sie waren endlos, Schwärme über Schwärme, die in solchen Mengen über die verdorbene Festung waberten, dass sie ab und zu wie die Chitin-Außenflügel eines Käfers wirkten, die über der Welt geschlossen wurden und den Himmel ausblendeten. In solchen Momenten nagte das Summen an den Grenzen zwischen Erde und Himmel, zwischen Echtem und Unechtem. Zu anderen Zeiten trieb es einen schlichtweg in den Wahnsinn. Es machte einen nervös.

Der Lagerpavillon des Rikkit-Klans war auf dem Geröll errichtet worden, wo einst das innerste Tor eingestürzt war. Dies hatte einen mit Messerschilf überwachsenen Steingarten geschaffen, welcher jeden Tag mit dem Blut von seit Jahren toten Menschen gewässert wurde. Er würde genau wie jedes andere Tor einen Sturmangriff vereiteln, vorausgesetzt ein Feind war standhaft genug, um bis zur innersten Verteidigungslinie von Bule zu überleben.

Von diesem Aussichtspunkt aus hatte Kletch einen ungehinderten und zutiefst unerfreulichen Ausblick.

Die Leichensümpfe waren monströs. Sie erinnerten ihn nur bedingt an die bienenstockartigen Pockenhöhlen von Murgid Fein, wo Krankheiten von Sklaven jeder Rasse geschaffen, mutiert und geerntet wurden. Aber hier war das Ausmaß weitaus epischer. Das bloße Gebilde der Welt fühlte sich verdorben, verendet an, soweit ihn seine trüben Augen blicken ließen. Die Rückmeldungen all seiner Sinne huschten in seinem Verstand umher, um sie Lügen zu schimpfen, und selbst er, ein Meister der Industrialisierung des Verfalls, fühlte sich dadurch krank.

Ein Geysir aus Leichengas stieg aus einem Dreckloch unterhalb des Tores auf und breitete sich aus. Schmutz spritzte zurück auf die verrottenden Tore und die Kriegerschar, die über seine Splitter heimmarschierte. Eine Kolonne aus Seuchenbestien und Fleischwagen folgte ihnen. Kletch erkannte Fistulas Meute: der nützlichste unter Bules Kriegern, aber zugleich nur ein Tropfen im eitrigen Ozean seiner Horde.

Er lehnte sich auf seinen Stab und beschloss zu warten.

»Ein weiterer Tag, den ihr mit Kniefällen verbringt, um unseren Lord sanftmütig zu stimmen, Abgesandter?«, fragte Fistula, als er den Hang hinaufstapfte. Er war offensichtlich auf dem Weg zum selben Ort wie Kletch. Der Champion war mit Blut bespritzt und strahlte Verachtung für jedermann aus. Auf Kletch wirkten seine blutunterlaufenen Augen besonders lebendig.

Der Pestkönig ging zu ihm herüber. Die beladenen Wagen, die von verkümmerten, verseuchten Tieren gezogen wurden, knarzten hinter ihm weiter. Kletch versteifte sich. Er war augenblicklich argwöhnisch und schnüffelte nach den Fliegen, die träge hinter der Fracht der Karren hersummten. Die Experimente des Burrzik-Klans, lauschende Mücken zu züchten, waren als Folge der Inkompetenz des Klans ins Stocken geraten, aber man konnte nie wissen. Man konnte nie wissen.

»Vielleicht«, sagte er, dann schnurrte er versöhnlich und deutete mit seinem Schwanz auf die Hügelkuppe.

Dort befand sich ein marmorner Torbogen, der von einem Ring aus leuchtend weißen Säulen umgeben war, die in ihrer Reinheit ein Gefühl von Macht und Bedeutung ausstrahlten. Er war mit astrologischen Konstellationen und Runenzeichnungen behauen. Das Tor stand unter einem freien Sternenhimmel, als würde es nur auf ihren Ruf warten, und selbst in seinem inaktiven Zustand ließ sein Anblick einen Schauer aus eingebildetem Grauen bis zu seiner Schwanzspitze laufen. Er konnte verstehen, warum die Alten hier dem Himmel ein solches Denkmal gesetzt hatten.

Er leckte sich nervös über sein Zahnfleisch. »Was will-glaubt Bule, was heute Nacht geschieht?«

»Ich kann dir sagen, was *ich* glaube, das geschehen wird.«

Kletch bemerkte den Blick des Pestkönigs und erkannte darin, wonach er dürstete. Kampf, Überleben. Ziele, die nicht mit seinen übereinstimmten, die jedoch durch Arglist, Worte und genug Willenskraft die seinen ergänzen könnten. Er blickte kurz hinauf, um sich zu vergewissern, wie viel Zeit noch bis zum Vollmond blieb. Sein Nacken, der an Tunnel und Höhlen gewöhnt war, schmerzte bereits vom andauernden Blick nach oben. Und da erkannte er, was ihn bedrückt hatte, seitdem er sein Zelt verlassen hatte.

Die Sterne bewegten sich.

IV

Seit sieben mal sieben mal sieben mal sieben Jahren hegte Copsys Bule seinen Garten. Er wusste nicht, wie viele Millionen er seit jenem ersten Tag aus dem Boden gezogen hatte. Anders als manche pflegte er keine Listen, keinen Bestand, außer dem, den er in seinem Verstand geschaffen hatte. Er wusste nur, dass sein Gott es für gut hielt.

Er drehte sein Messer so, dass die Klinge nach unten zeigte, dann schob er sie in die matschige Brust des Körpers, der über die Holztafel vor ihm ausgebreitet lag wie weicher grauer Käse über trockenem Brot. Er bot keinen Widerstand. Es war, als würde man in Knochenmarkgelee schneiden.

Das Fleisch trennte sich in einer großen Geschwulst aus Maden, als Bule vom Schlüsselbein bis zum Steißbein schnitt. Eine Mischung aus Organen und Körperflüssigkeiten tropfte aus dem Schlitz. Der Geruch war reinste Ambrosia. Sein Bauch knurrte. Verfall war eine meisterliche Delikatesse. Er löste das Fett, verweichlichte Fasern und zog das Fleisch von den Knochen. Er brachte eine Fülle und Tiefe an Geschmäckern hervor, die die ungeduldigen Fleischfresser des Khorne oder die verweichlichten, die ihr Fleisch mit Feuer verbrannten, nie kennenlernen würden.

Er leckte die Säfte von seiner Messerklinge und sein Mund dehnte sich, um der gesamten Faust Platz zu bieten. Die Palette aus Geschmackseindrücken und Gerüchen ließ ihn erschauern und die Augen schließen.

Die zusätzliche Würze der Seuchenmagie, die Kraft neuen Lebens, prickelte auf seiner Zungenspitze und verteilte sich dann wie Wärme in ihm. Er zog die saubergelutschte Hand zurück, dann hing er das Messer an einen der Trockenhaken, die aus seiner Rüstung hervorragten.

»Alles. Bereit«, schnaubte Gurhg, während der Schamane mit seinem schädelgekrönten Stab auf den Boden schlug, als er um die sich rührende Reichspforte herumging. Hinter den durchhängenden Tafeln standen Pestkönige und Kämpen in einem Achteck um die Reichspforte herum und sahen feierlich zu. Der Schamane hob seine Bullenschnauze und schnaubte. Die Knochenfetische und Federn an seinen mit Blasen bedeckten Hörnern klimperten. Er schloss die Augen und gab ein tiefes Seufzen von sich, das die herabhängende Haut an seiner Kehle beben ließ. »Fühle. Ihn. Sich regen.«

Bule breitete lächelnd die Arme aus. Fackellicht flackerte aus den Wandleuchten, die in die Säulen eingelassen waren. Messingglocken, die von kapuzenverdeckten Sklaven mit Drahtbürsten geschlagen wurden, brummten in einem volltönenden Chor.

»Schlemmt, meine Kinder.«

Unter lautem Schmatzen von Fleisch und dem Bröckeln vom Verfall aufgeweichten Knochen schlugen die versammelten Helden der Fäulnisboten hungrig zu. Bule, der seine Hände auf seinen geschwollenen Leib gelegt hatte, sah ihnen allen zu. Da war Fistula, ewig hochmütig, ehrgeizig, der sich den Mund ebenso leidenschaftlich vollstopfte wie die anderen. Neben ihm saugte der alte Blähhund Votane Gallert von seinen Fingern und lachte über einen Witz. Ihr so hochgeschätzter Gast des Rikkit-Klans war über eine Holztafel in der Ecke gebeugt und knabberte höflich an einem Stück Knochen, während er besorgte, rasche Blicke auf den Himmel über ihnen warf. Copsys Bule sonnte sich im Glanz seines väterlichen Ruhms.

Es war beinahe soweit. Die Magie nahm zu und Bule konnte fühlen, wie die Reichspforte reagierte. Einen Moment lang konnte er die Verbindungen *spüren*, die durch die Achtzacken zu einem anderen Ort, einem anderen Reich verliefen, wo jemand, der weitaus mächtiger war als er, seinen ganz eigenen Garten hegte. Er schaute hinauf. Der Mond stand kurz vor seinem Zenit. Die Sterne hatten sich ausgerichtet, heller und klarer, als Bule sie je zuvor gesehen hatte. Einer von ihnen schien für einen kurzen Augenblick heller.

Bule begutachtete die sich bewegende Konstellation mit weit aufgerissenen Augen.

Ja. *Ja.*

Der Stern wurde immer heller, überstrahlte die anderen um sich herum und projizierte einen Strahl aus Sternenlicht direkt auf die Reichspforte. Bule ächzte unter dem hellen Glanz und bedeckte seine Augen mit dem Arm. Als das Licht wieder verschwand, schaute er sofort zurück auf das Tor.

Eine Echse mit schlankem Körper, die einen Speer und etwas, das wie ein Blasrohr aussah, bei sich trug, stand nun auf dem Podest vor dem Tor. Sie stand auf ihren Hinterbeinen, wie ein Mensch, war aber noch kleiner als Kletch Schorfklaue und viel drahtiger. Die schwarze Färbung ihrer Schuppen durchzog sich mit Weiß, während er sie ansah, und passte sich so beinahe nahtlos an die marmorfarbenen Töne des Tores hinter sich an. Während sich seine Augen weiterhin von dem Lichtblitz erholten, bemerkte Bule vielleicht hundert oder mehr von den kleinen Geschöpfen, die sich in den Schatten um die versammelten Fäulnisboten verteilten.

Eine angespannte Stille fiel über sie alle. Selbst Gurhg bemerkte es und stoppte seinen Singsang.

Der Echsenmensch senkte sein Haupt und legte die Rückengrate an, um einen strahlenden Nackenschild zu heben. Er stieß ein trillerndes Zwitschern aus, dann hob er das Blasrohr an seine Schnauze.

Für jemand so großen konnte sich Bule schnell wie Gift durch die Adern eines in Panik geratenden Mannes bewegen, wenn er dazu angeregt wurde. Dass er seit mehr als einhundert Jahren nicht mehr dazu gezwungen gewesen war, war bedeutungslos. Er war Copsys Bule, der Schwarze Daumen. Dann lag sein Messer in seiner Hand und plötzlich steckte sie eine Handbreit im noch brechenden Brustkorb der Echse, bevor die Kreatur überhaupt Luft holen konnte.

Die Augenlider der Echse zuckten vor Schock. Ihre schuppige Haut überzog sich bereits mit Blasen und Schwären durch Nurgles gesegnete Fäule. Dämonenfliegen verpuppten sich in der Brustwunde, aber zu Bules Überraschung war es nicht Blut, was aus der Wunde sickerte, sondern reines, reinigendes Sternenlicht.

Es verbrannte ihn dort, wo es auf seinen Arm traf. Bule riss seine Hand heraus und damit auch ein Stück der Echsenbrust. Sie schauderte und stürzte, aber löste sich dann in eine Kaskade aus schimmernden Funken auf, bevor sie überhaupt auf dem Boden aufschlug.

Er ballte und löste die Faust um den Messergriff herum und spürte, wie das verbrannte, *gereinigte* Gewebe spannte. Als er den kaum spürbaren Aufprall eines Blaspfeils mit metallener Spitze wahrnahm, der in seinen Hals drang, gab Bule einen Grunzlaut von sich. Er spürte, wie das Gift in seine Blutbahn eindrang und hätte über seine lausbübische Ineffizienz gelacht, wenn sich in ihm nicht immer mehr und mehr Wut angestaut hätte.

Dies war sein Augenblick, seine Zeit. Die Zeichen hatten ihn seit Jahrhunderten auf diese eine Nacht hingeleitet.

Mit einem Knurren, das tief aus seinem monströsen Bauch erklang, drehte er sich und schleuderte das Messer. Es wirbelte so schnell, dass es wie ein kreisrunder Diskus aussah und warf eine Chamäleonechse in einer Explosion aus Licht und Knochen von den Beinen.

Blaspfeile und Wurfspieße summten um ihn herum wie Hornissen. Sie löschten durch ihren Flugwind die Fackeln aus und stürzten auf die Fäulnisboten herab. Sie sträubten sich aus dem unempfindlichen Fleisch heraus, prallten klappernd von schweren Rüstungen ab und fällten sogar eine Handvoll der mächtigen Krieger, bevor diese überhaupt reagieren konnten. Der Tiermensch, Gurhg, ging in die Hocke und wich, den Kopf unten haltend, zu einer Holztafel zurück. Dort fand er Kletch vor, der sich bereits darunter verbarg.

Die Luft kräuselte sich im Bogen der Reichspforte.

Es war kaum wahrnehmbar, aber dennoch da, das Erwachen der Macht eine direkte Reaktion auf die Seuchenmagie, die Bule seit zweitausendvierhundertundeinem Jahr in seinem Garten genährt hatte. Diese Macht stieg weiter an. Nichts würde sie nun aufhalten.

Copsys Bule schaute wieder auf seine Hand, zum ersten Mal von der Pest befreit seit einer Zeit, an die er sich nicht mehr erinnern konnte.

»Tötet sie alle!«, kreischte er. »Lasst niemanden von ihnen meinen Garten berühren!«

V

Fistula war vielmehr desorientiert als wütend. Er war berauscht vom Fleisch und Krebsbeerenwein, aber ebenso von einer Macht, die er nicht genauer einordnen konnte, ihn aber mit einem fiebrigen Strudel aus Gedanken füllte. Das misstönende Wehklagen von Glocken dröhnte in seinem Verstand, auch wenn sie jetzt einen Schlachtrhythmus statt ein Zeremoniell spielten. Der Geschmack von Fleisch lag ihm auf der Zunge, aber er war frisch, also nicht der Umklammerung von Copsys Bules Boden entrissen, sondern von den sich wehrenden Körpern der Lebenden.

Er spie einen Mundvoll glühenden Sternenlichts aus. Oder versuchte es. Seine Kehle brannte, ganz gleich, wie sehr er würgte und röchelte.

Vom messerscharfen Schmerz in die Klarheit zurückgeleitet, schlug er den Echsenmenschen nieder, der aus kaltblütigem Entsetzen darüber zischte, dass er ihm ein Stück aus dem Handgelenk gebissen hatte. Er verschwand in einem Schauer aus schimmerndem Staub. Zwei weitere nutzten den Vorteil des Lichtschocks, um ihn unvorbereitet zu erwischen. Sie rückten mit Speeren im Anschlag vor.

Fistula fing das Heft des ersten Speerstoßes ab und hieb es mit seiner Schwerthand entzwei. Die Echse stolperte. Indem er sich an ihr vorbeiwand, drückte er sie zu Boden und stieß dabei sein Schwert auf Armlänge hervor, um die zweite aufzuspießen. Licht explodierte um die Schwertspitze herum aus ihrem Rücken. Diesmal war er auf das Gleißen vorbereitet. Mit bereits zusammengekniffenen Augen wirbelte er schnell aus dem Weg, stampfte auf die erste Echse und zermalmte das Licht, das aus ihrem geborstenen Schädel hervorquoll, unter seinem Stiefel.

Etwas Kleines, Metallisches prallte auf seinen Schulterpanzer. Mit Sternenmetall besetzte Pfeile zischten vorbei. Er sah einen korpulenten Fäulnisboten mit einem Mantel aus faulender Haut unter einer ganzen Salve von ihnen zu Boden gehen. Ein weiterer wurde zufällig getroffen, als ein Pfeil direkt durch sein Ohr schoss und den Krieger wie einen Sack toten Fleisches zu Boden gehen ließ.

Von irgendwoher ertönte Geschrei. Schmelzendes Fleisch und Sternenlicht.

Ein jeder dieser Krieger war ein Meister der Kriegskunst, die mächtigsten unter den sterblichen Kämpen, die vom Herrn des Zerfalls in einen beinahe dämonengleichen Stand erhoben worden waren. Doch sie hatten vergessen, was es bedeutete, herausgefordert zu werden. Nach Jahrtausenden sinnlosen Krieges hatten sie vergessen, was es bedeutete, wahrhaftig zu kämpfen.

Fistula griff mit seiner freien Hand nach seinem Bauch.

Er fühlte sich krank, geschwächt, und eine große Schwellung drückte sich von seiner Brust aus nach oben. Der Druck stieg seinen Hals hinauf, als wäre er eine Schlange, die versuchte, einen Mann hochzuwürgen, der zu groß gewesen war, um ihn zu verschlingen. Ein galliger Geschmack spülte in seinen Mund, dann ließ ihn ein unbewusster Reflex sich vornüberbeugen und einen Schwall aus Fäule und Verdorbenheit erbrechen.

Die Echsenmenschen, die von der herausströmenden Masse erfasst wurden, starben augenblicklich unter Qualen. Die Fäulnisboten, die auf gleiche Weise in Kontakt kamen, wurden geheilt, als ob sie strahlende Fürsprache von Großvater Nurgle selbst erhalten hätten. Maden wanden sich über ihre Verletzungen. Neue und herrliche Infektionen ließen die Haut sich kräuseln, die so widerlich vom Licht der Echsen gereinigt worden war.

Nachdem er mehrmals geschluckt hatte, um sich zu vergewissern, dass er wieder ganz war, schaute er sich nach weiteren Feinden um. Es gab keine. Alle um ihn herum waren bereits in fortgeschrittenen Stadien des Verfalls oder zu dem Himmelskörper zurückgekehrt, der sie ausgespuckt hatte.

Er keuchte, sein Herz raste. War das alles?

»Tötet sie alle!«, hörte er Copsys Bule rufen. Ein schriller Hauch von Zorn schnürte ihm die Stimme ab. »Lasst keinen von ihnen meinen Garten berühren!«

Fistula wirbelte herum, um den Hang hinabzuschauen. Sein Herz hämmerte vor Freude.

Licht schoss wie wild aus dem Himmel herab. Lichtblitze blühten im Dunst aus Fliegen auf, wandelten sich zu einem Glühen und brachten dann weitere Krieger hervor. Viele von ihnen waren größer als die Echsenmenschen, die er gerade umgebracht hatte. Einige von ihnen waren viel größer. Diese erste Welle schien eine Vorhut gewesen zu sein. Kundschafter. Attentäter vielleicht. Das hier war eine Armee, die sich in üblichen Verbänden sammelte.

Begleitet von Klingeln und Glocken sowie dem Gebrüll nach Ruhm versammelten sich die Fäulnisboten entlang der alten, mit Leichen behangenen Ringmauern, um sich ihnen entgegenzustellen. Bule befehligte die Seelen von einhunderttausend Kriegern, und auch wenn mehr als die Hälfte weit über die Leichensümpfe und darum herum verstreut waren, war der verbleibende Rest dennoch ein mächtiges Heer.

Er bleckte geschärfte Zähne zu einem wilden Grinsen. Jetzt ging es darum, beachtet zu werden. Jetzt ging es um Ruhm. Dies würde eine richtige Schlacht werden.

»Ihr wollt Krieg?«, brüllte Bule zu den Sternen hoch. Der Boden selbst schien bei seinen Worten zu erbeben.

Jemand hatte dem Herrn der Seuchen seinen Helm gereicht und seine Stimme dröhnte aus dem Stahl hervor. Mit beiden Händen umklammerte er das Heft seines Dreizacks, mit dem er sonst seinen Garten pflegte, und die Adern traten aus seinem prallen Bizeps hervor, als er wortlos aufheulte. Gottgegebene Macht strömte aus ihm heraus und ließ die Luft um ihn herum süßlich braun werden. Dann nahmen kränkliche, riesige Figuren darin Gestalt an. Sie hatten Hörner, waren in Schleim getränkt und standen leicht nach vorn über ihre gezackten Schwerter, die nach Seelenfäule stanken, gebeugt. Nurgles Schuldeneintreiber. Seuchendämonen. Der Anstrengung in Bules Haltung nach schien es, als würde er sie aus seinem eigenen Körper hervorbringen. Auf gewisse Weise tat er das auch.

Fistula heulte auf, von den Seuchen und der Schlachtlust beinahe wahnsinnig.

Bule rammte den Messingringbeschlag seines Dreizacks in den Boden und schrie.

»Ich werde euch Krieg geben!«

VI

Kletch Schorfklaue lief in der Mitte des Gegenangriffs der Fäulnisboten, wo er sich naturgemäß am sichersten fühlte, während er sich duckte, hindurchschlängelte und zwischen Bereichen festen Bodens hin und her sprang. Nicht, dass er sich dort wirklich sicher fühlte. Die Tiermenschen donnerten wie tollwütige Tiere den Hügel hinunter, während Chaoskrieger, ein jeder davon einen eigenen wahnsinnigen Schrei auf den schwarzen Lippen, miteinander rangen, um als Erster dem Feind gegenüberzustehen. In ihrer Ungeschicktheit brachten sie Kletch mehr als einmal beinahe zu Fall. Natürlich konnten die Seuchenmönche des Rikkit-Klans ebenso fanatisch in der Schlacht sein, allerdings nur, wenn sie die inspirierenden Worte ihrer Priester hörten und die Dünste ihrer geweihten Rauchfässer in den Schnauzen rochen. Die hier waren nicht nur unbändig, die Horde war auch zahlenmäßig nicht so groß, wie er es sich gewünscht hätte. Und es wurde nicht besser dadurch, dass immer wieder einige ausscherten, um auf die

Echsenmenschen-Plänkler loszugehen, die von den Flanken auf sie herabschossen.

Die Echsen hüpften beinahe ungestraft über die Wälle und Pockengräben, die, dem Mangel an Verteidigern nach zu urteilen, die Fäulnisboten für unüberwindbar gehalten hatten. Die Fäulnisboten waren Narren gewesen.

Selbst aus Kletchs Sicht waren die Echsen behände. Ihre Knochen schienen hohl zu sein und da sie aus nichts anderem als Licht zu bestehen schienen, sprangen sie so problemlos über die schwimmenden Leichen, als ob sie fester Grund wären. Nur die Gräben selbst ließen sie innehalten – fruchtbare Brutstätten für Krankheiten, die vor tödlichen Dämonenfliegen schwärmten – aber sie dienten nur dazu, die tollwütigen Fäulnisboten durch ihre eigenen Verteidigungsanlagen zu kanalisieren, wo sie leichte Beute für die Blasrohre der Echsen wurden.

Skinks.

Kletch schauderte, als irgendein tief verwurzelter verbleibender Instinkt, zu erstarren und sich totzustellen, ihn inmitten der vorstürmenden Kolonne aus Chaoskriegern, Tiermenschen und verstandsverseuchten Fanatikern beinahe das Leben kostete.

Er rannte weiter, ohne hinzusehen, sein Vorbewusstsein spielte wieder und wieder Eindrücke von Dschungeln ab, die er nie zuvor gesehen hatte, von Stufenpyramiden, die er nie betreten hatte und vom Schrecken, die Beute in einem Land zu sein, dass er nie sein eigen genannt hatte. Er hatte diese Echsenmenschen, diese Seraphon, noch nie zuvor gesehen oder von ihnen gehört, aber tief in seinem Inneren *kannte* er sie. Es war Wissen, das tausend Generationen neuer Länder und neuer Feinde nicht aus seinem Rassengedächtnis löschen konnten.

Er sprang von einem Flecken festen Bodens zum nächsten, dann zu einem weiteren und überholte so einfach die Tiere und einstigen Menschen, die um ihn herumströmten. Sein schwerer Mantel verlangsamte ihn nur wenig, als er sich bei einem langen Sprung hinter ihm ausbreitete. Dann landete er auf dem schiefen Sockel einer Säule. Er ließ sich um seinen Stab herum auf alle Viere nieder und schnüffelte in der Luft nach dem Geruch seiner Truppen.

Nutzlos. Die gesamte Burg war vom Gestank des Verfalls erfüllt. Knurrend griff er auf seine Augen zurück.

Trotz des Erfolgs der Echsen – der Skinks – die Fäulnisboten in schwierigeres Gelände zu locken, stürmte der Großteil von Bules Horde immer noch über festen Boden, wo die eigentlichen äußeren Ringmauern mit der Zitadelle des Torhauses zusammenliefen. Er konnte die Trommeln und Hörner der Untiere hören, ihre Rufe und ihr Brüllen. Die Sicht der Skaven trübte sich auf Entfernung und heute war er dafür dankbar.

»Umgeht ihn doch!«, quiekte er und deutete wütend von seinem Podest auf die Gruppe Fäulnisboten, die in einen stinkenden, braunen Teich wateten, um an die buntgeschuppten Skinks auf der anderen Seite heranzukommen. »Geht-holt sie euch! Tötet-tötet sie. Los!"

Kaum überraschend für ihn stürzte sich der Kämpe der Fäulnisboten nur tiefer ins Wasser. Der Krieger war ein Idiot. Er hatte den Pfeil in die Kehle verdient, der ihn einen Augenblick später mit dem Gesicht voran in den Morast stürzen ließ.

Die Skinks hielten die schwer gepanzerten Pestkönige zum Narren und ließen sie träge aussehen. Die Dämonen waren da ein ganz anderer Fall.

Jede Wunde an Kletchs Körper nässte, jeder Schmerz krampfte und erfüllte seinen drahtigen Körper mit weiteren Schmerzen, als zehn von Nurgles Tallymännern in den Pockengraben schritten. Scheinbar gewichtslos gingen sie über den Abschaum, der auf seiner Oberfläche schwamm, und durch die stechenden Dämonenfliegen hindurch. Die kaltblütigen Sternengeschöpfe reagierten darauf kaum. Kletch sah, wie ein Skinkschamane seinen Federmantel aufplusterte, dann über die Köpfe der Seuchenhüter flog und in einem Wirbel aus Rot und Gold auf einem Mauerstumpf hinter ihnen landete. Dort schüttelte er seinen Stab und forderte so einen Hagel aus Pfeilen seines Gefolges ein, der auf die herannahenden Dämonen niederging.

Kletch kicherte. Jeder wusste, dass Dämonen so nicht getötet werden konnten. Aber die Tallymänner fielen zuhauf, scheinbar waren sie sogar anfälliger für die vergifteten Pfeile der Seraphon als die Sterblichen, an deren Seite sie marschierten.

Mit einem Knurren griff Kletch in seinem Mantel nach den Waffen, die Augen fest auf den Schamanen gerichtet.

»Schauen-riechen wir mal, wie zäh du bist. Kletch hat keine Angst vor dürrem Schuppenfleisch.«

Nur ein schwacher Hauch Reptiliengeruch warnte ihn vor der Gefahr, bevor ein ohrenbetäubender gellender Schrei von oben jeden seiner Instinkte, zu erstarren, wegzurennen und sich zu verstecken erneut auslöste. *Terradon*. Das riesige Reptil stürzte von oben herab, kurvte elegant durch die mühelose Führung seines Skinkreiters und ließ dann einen Felsbrocken aus seinen hinteren Klauen fallen. Er stürzte herab wie ein Meteor. Es *war* ein Meteor.

Kletch quiekte entsetzt und sprang mit kreisenden Armen und Beinen von seiner Säule herab, als der Ort, an dem er gerade gestanden hatte, vernichtet wurde. Die Luft hinter ihm wurde von der Explosion aus Sternenlicht elektrisch aufgeladen. Sein Schwanz pellte sich. Sein Mantel fing Feuer. Er landete in einer Rolle, das Fell und seine Kleidung dampften, auch von der versehentlichen Absonderung seines Angstsekrets, welches ihm das Bein herunter lief.

»Kratz und schnüffel mich doch«, fluchte er.

Er tastete sich von oben bis unten ab und wischte eine Reihe Pfeilen von der Rückseite seines Mantels. Er schluckte den üblen Geschmack in seinem Maul herunter. Dann ließ er sich auf alle Viere herab, um ein geringeres Ziel für die Skinks zu bieten, die die Überlebenden ausschalten wollten, und huschte vom Pfad herunter. Er rannte im Zickzack durch einen Rand aus Blutgras, das aus einem kleinen Hügel toter Menschen und Pferde wie Nadeln aufragte, und tauchte dann in einen wilden Fleck aus blutergussfarbenem Gebüsch ab, das an einem Vorsprung an der Ringmauer wuchs. Einige Schwanzlängen weiter drinnen streckte er den Kopf zwischen den kratzenden Zweigen heraus.

Unter ihm mündete ein klirrender Strom aus Chaoskriegern in einen schwammigen Klumpen aus Geschrei und Stahl. Der Gestank von Blut und Echsen strömte mehr als eine halbe Reisestunde über die Herzlande der Hängenden Gärten hinaus. Er brauchte nicht die Augen eines Oberflächenbewohners, um zu sehen, wie ganze Blöcke aus massigen Echsenkriegern – *Saurus* – unter goldenen Standarten heranmarschierten. Er konnte die riesigen Reptilien gut genug sehen, die mit schwankenden Sänften auf ihren Rücken über alles um sich herum aufragten, auch wenn er vielleicht nicht die Hörner auf ihren knöchrigen Kopfschilden zählen konnte.

Die Seraphon konnten bislang in Schach gehalten werden. Nichts widerstand Zermürbung so sehr wie ein Krieger des Nurgle, und außerdem befehligte Copsys Bule seine ganz eigenen Monster. Kletch schnüffelte in der Luft und schauderte über den strengen, unverwechselbaren und widerwärtigen Geruch.

Der Herr der Seuchen war dort unten. Auf Nimmerwiedersehen.

»*Schorfklauen-Meister!*«

Kletch zischte wütend, um seine eigene Überraschung zu verbergen, aber hielt diesmal sein Sekret zurück. Scurf huschte in Begleitung von einem Klauenrudel aus mit bösartigen Hellebarden bewaffneten Sturmratten-Söldnern in schmutzig-schwarzer Plattenrüstung durch das bluttrinkende Gras. Mehrere hundert zerlumpte Seuchenmönche folgten ihm. Einige davon hielten immer wieder an, um in der Luft zu schnuppern, ängstlich mit dem Schwanz zu peitschen und dann weiterzueilen.

»Blitzmenschen!«, kreischte Scurf.

Der Wortüberlieferer trug den gleichen fleckigen Leinentalar, den er noch vor einer Stunde getragen hatte, aber hatte sich scheinbar in großer Eile eine Kettenhaube angelegt und umklammerte einen rissigen Folianten, den er wie einen Schild trug. Er wedelte mit einem rostigen Krummsäbel in Richtung der Sterne. Fliegen wirbelten und schwärmten herum, eine Abermilliarde, aber die Sterne dahinter bewegten sich nicht mehr. Eine ungewöhnlich starke Konstellation in Form einer hockenden Kröte starrte finster mit rot gefärbten Augen herab.

»Narr-Narr«, schnaubte Kletch. »Das ist etwas anderes.«

»Etwas Neues?«

Kletch schüttelte seine Schnauze. »Etwas Altes.«

»Die Klauenrudel sind bereit zu gehen-verschwinden«, fügte Scurf hinzu. Er blickte kurz hinab auf die Schlacht und schluckte. »Sehr-sehr viel-bereit.«

Kletch fletschte die Zähne, seine gelben Augen leuchteten. All dies würde vielleicht doch noch funktionieren. Sollte Copsys Bule bezwungen werden, was wahrscheinlich aussah, konnten die Klanlords kaum ihm die Schuld daran geben, dass er versagt hatte, eine Allianz zu bilden, die der Herr der Seuchen von vornherein nicht zu wollen schien. Und was, wenn der geschwächte Herr der Seuchen irgendwie doch einen teuer erkauften Sieg erringen sollte? Vielleicht würde ihm die großzügige Unterstützung des Rikkit-Klans dann besser gefallen.

»Hier lang«, zischte Kletch.

Nachdem er zurück in das Blutgras gestürzt war, wand er sich hindurch und steuerte absichtlich vom Hauptangriff der Seraphon weg. Leichen in unterschiedlichen Fäulniszuständen schwankten unter seinen Pfoten oder kippten, versanken und verfielen zum Teil, bevor er wieder fortspringen konnte, sodass er in das stinkende Wasser stürzte. Er prustete ein stilles Gebet an die verseuchte gehörnte Ratte, auf dass das Elixier, das er getrunken hatte, weiterhin seine Wirkung zeigen würde. Während er seinen Kopf unten und die Nase freihielt, huschte er weiter. Er bewegte sich in den Kreis der inneren Mauern auf der entlegenen Seite des Festungstempels. Von dort würde er mit Glück herunterklettern und ohne große Schwierigkeiten entkommen können. Er beschleunigte seine Schritte und wurde zu einem verschwommenen Fleck aus Pelz und Bewegung.

In all den Reichen gab es nichts Flinkeres als einen Skaven, der einer Schlacht entkommen wollte, aber Kletch war nicht so begierig zu entfliehen, als dass er sich zu weit von seinen Mönchsbrüdern entfernte.

Nicht zum ersten Mal – und er hoffte sehnlichst, auch nicht zum letzten – rettete gesundes Skavendenken seinen Pelz.

Als er durch die Überdachung aus herabhängenden Toten brach, schnappte sich ein schwerfälliges Reptil, das so massig wie ein gerüstetes Kriegsross war, die vorderste Klanratte mit ihren Kiefern und trampelte drei weitere tot, bevor der Saurus, der auf ihrem Rücken saß, sie wieder in den Griff bekommen konnte.

Ihr raubtierhafter Schädel war riesig und flach, getragen von einem monströsen Hals, dessen Gegengewicht ein dicker

Schwanz bildete, welcher bedrohlich als Vorbote ihrer Bewegungen wendete, als sie sich zu drehen begann. Der Skaven in ihren Kiefern kreischte. Es gab einen brutalen Ruck von Hals und Kiefer, dann biss das Untier das bedauernswerte Geschöpf entzwei, sodass die Beine und Oberkörper getrennt über seine Schultern flogen. Ein Kratzer mit den verkümmerten Vorderklauen forderte ein weiteres Opfer.

Scurf stieß ein aufmunterndes Quieken aus und wich zurück in das Klauenrudel der Sturmratten, als das Untier seine Drehung vollendete und mit seinen Nüstern schnaubte. Er riss sein Buch des Leids mit einem ängstlichen Fiepsen hoch, als der Streitkolben des Saurus herabrauschte.

Das Buch bestand aus zerfallendem Pergament, gebunden in rissiges Leder.

Der Streitkolben bestand aus Meteorgestein.

Die Sturmratten zogen sich eilig von dem zermalmten Wortüberlieferer zurück, senkten ihre Hellebarden und schufen damit eine Wand aus gekrümmten Klingen zwischen sich und dem Untier. Das Reptil – eine Kampfechse – schnappte verächtlich nach ihnen, biss eine der Klingen ab und fraß sie.

Der Saurus hob seinen blutigen Streitkolben und schaute mit kalter Gelassenheit über die Skaven, die vor ihm über das Gras verstreut waren. Jede Schuppe, die seinen mächtigen Körper panzerte, war eingerissen und vernarbt. Seine Augen waren alt. Wunderschöne goldene Plattenteile bedeckten seine verwundbaren Punkte wie den Hals und die Handgelenke. Sie glänzten wie das Licht am Ende aller Skaventunnel.

Er reckte seinen Streitkolben hoch in die Luft und stieß ein Brüllen aus, das die Luft erbeben ließ. Mehr Gebrüll erklang als Antwort, dann marschierte eine ganze Kohorte aus glitzernden Sauruskriegern ins Freie.

Kletch quiekte nach Ordnung, nach Kampfreihen und bahnte

sich dabei seinen Weg an ihr hinteres Ende. Diese Saurus waren Fußtruppen, bewaffnet mit Speeren und Schilden, aber das war kaum wichtig. Denn jeder von ihnen war doppelt so groß wie eine gepanzerte Sturmratte und sah aus, als könnte er es mit sechs von ihnen aufnehmen.

Mit rasendem Gekreische stürmten die Seuchenmönche los. Die Saurus zerstampften sie, scheinbar ohne sie überhaupt zu registrieren, und rammten dann in die Reihen der Sturmratten.

»Seid standhaft. Kämpft! *Tötet-tötet!*«, rief Kletch, dessen Stimme immer schriller wurde, je weiter die brachialen Fußtruppen der Echsen sich durch seine eigenen mahlten.

Ein Rascheln aus dem hohen Gras zu seiner Rechten ließ ihn den Mut verlieren. Da kamen noch mehr.

Pestkönig Fistula, der wild auf die gehängten Körper um sich herum einschlug, kam herausgerannt und fiel über einen Saurus von hinten her, bevor das kaltblütige Vieh überhaupt bemerkt hatte, dass er da war. Im Schutze eines Fliegenschwarms stießen seine fauligen Pestkönige zu ihm.

Jetzt war es ein ausgeglichenerer Kampf. Die Pestkönige waren Bules Elite und Kletch wusste, dass Fistulas die Besten waren. Er war überhaupt nicht überrascht, dass der erste Pestkönig zu den waghalsigen paar gehört hatte, die sich auf der Jagd nach Skinks in den Sumpf hatten locken lassen.

»Auf sie! Auf sie!«, quiekte Kletch, um seine Krieger anzutreiben.

Als sie Blut witterten, rückten die Klauenrudel und überlebenden Seuchenmönche erneut vor und keilten die Saurus so zwischen zwei Fronten ein.

Nachdem er die Schicksalswendung mit einem distanzierten, kalkulierenden Abstand beobachtet hatte, richtete der Saurus seine Kampfechse auf Fistula und brüllte ihm eine Kampfansage entgegen. Der erste Pestkönig rannte mit einem Schrei auf ihn zu, die beiden Waffen bereit und seine Rüstung vor Galle triefend.

Der Saurus schlug zuerst zu. Der leichendürre Pestkönig parierte den Streitkolben der Echse mit einem Hieb, der die Arme beider gebrochen hätte, wären sie geringere Geschöpfe gewesen. Dann wich er dem Schnappen der Kampfechsenkiefer aus. Sein Messer schlitzte an der Halsseite des Untiers entlang und trennte Schuppen ab. Er wich zurück und wehrte so mit seiner Armschiene einen knirschenden Tritt des alten Saurus ab, dann stürmte er wieder auf ihn zu.

Der Saurus wendete gerade sein aufgebrachtes Reittier, als Fistula auf den zermalmten Körper eines Seuchenmönchs stieg, ihn als Sprungbrett nutzte und über das wilde Schnappen der Kampfechse hinwegsprang. Er rutschte den stacheligen Hals der Bestie herunter und donnerte mit aller Wucht in den Saurus, wo er mit seinem Messer nach dessen Hals stieß. Der bewegte sich gerade schnell genug aus dem Weg, sodass es stattdessen seine Schulter traf. Sollte er Überraschung oder gar Schmerz gespürt haben, zeigte er es nicht. Ein markerschütternder Kopfstoß ließ Fistulas Kopf zurückschnappen und dann über die Flanke der Kampfechse herab auf den aufgeweichten Boden stürzen. Die Kampfechse stampfte auf seinen Brustharnisch und drückte ihn weiter herunter.

Dann verdorrte Kletch den Kopf des Saurus mit einem Geschoss aus Seuchenmagie.

Die Kampfechse gab ein trotziges Brüllen von sich, das die Trommelfelle noch lang, nachdem sie in der gleichen Wolke aus Licht wie sein Herr verschwand, erzittern ließ.

Zittrig vom schwindelnden Prickeln der Warpsteindämpfe aus seinem Seuchenrauchfass, versteckte Kletch das Relikt wieder in seiner Tasche unter den Roben. Er hatte die Waffe aus den Klan-Schatzkammern genommen, um mit Copsys Bule

fertig zu werden, aber es schien, als wäre diese Vorsichtsmaß-
nahme nicht länger nötig.

»Er hatte mich.« Fistulas Gelächter blubberte verrückt aus
ihm heraus, als dieser allmählich von seinem Adrenalinhoch
herunterkam.

»Wir sollten gehen-verschwinden. Bevor noch mehr wie er
kommen.«

»Gehen?« Fistula setzte sich mit gerötetem Gesicht, das von
einem rasiermesserscharfen Lächeln entzwei geteilt wurde, auf.
»Ich will mehr von euren Blitzmännern bekämpfen.«

»Das hier sind keine Blitzmänner«, fauchte Kletch, dem mittlerweile alle Geduld für Dummheit abhandengekommen war.
»Die Blitzmänner sind ... sind weitaus schlimmer.«

»Schlimmer?«

»Kommt mit mir«, zischte Kletch, als er sich näher heranschl-
lich. Sein Schwanz zuckte hin und her. »Bule ist alt. Lasst ihn
in seinem Garten verrotten. Kommt und tötet-schlachtet gemeinsam mit dem Rikkit-Klan.«

Fistula blickte zu seinen Kriegern. Kletch fletschte seine
Reißzähne mit einem Grinsen. Er würde letzten Endes doch
nicht mit leeren Händen zu den Klanlords zurückkehren.

VII

Copsys Bule war unantastbar.

Nur den Mächtigsten der Echsenmenschen gelang es, in Reichweite seiner Waffe zu kommen, bevor Nurgles Fäule sie gelähmt und blind zurückließ. Und dennoch kamen die Sternenechsen weiterhin und fürchteten weder Tod noch Krankheit.

Sein Dreizack stieß zu wie eine Natter, durchbohrte den Hals einer stark vernarbten Echse und explodierte wieder aus ihrem Nacken heraus. Sie rang mit einer riesigen, schuppigen Hand nach dem Griff, während sie mit der anderen eine glühende Sternenmetallaxt schwang. Bule riss seinen Dreizack zurück und zog den aufgespießten vernarbten Veteranen stolpernd zu sich, sodass der Axthieb harmlos an seiner Schulter vorbei drosch. Mit einem Fausthieb in den Magen schlug er den vernarbten Veteranen von den Zacken seiner Waffe, ließ ihn zwei Fuß durch die Luft und auf den Rücken fliegen. Bule überbrückte die Distanz blitzschnell, wirbelte den Dreizack einmal, zweimal über seinen Kopf und rammte ihn dann durch die Brust des Echsenmenschen. Mit einem Hauruck zog er den Dreizack wieder hoch und stieß die Waffe auf volle Stangenlänge über seinen Kopf zurück und durchbohrte so den Speerkrieger, der aus seinem vermeintlich toten Winkel angestürmt kam.

Obwohl der Rest seiner Horde sich mühte, die Schlachtreihen zu halten, trat Copsys Bule einen Schritt nach vorn.

Eine mächtige Echse in goldener Rüstung blockierte seinen Weg. Die blendende Macht von Azyr schoss aus den Verbünden ihrer Schuppen. Das Gebrüll ihrer Kampfherausforderung klang wie das Tosen eines Schmelzofens. Sternenweißer Speichel zischte aus ihren Kiefern, als sie eine primitiv aussehende zweihändige Klinge hob.

Bule wehrte den herabhackenden Hieb mit dem Schwung seines Dreizacks ab, dann umfasste er den Griff mit beiden Händen und stieß den Ringbeschlag in den Schoß der Sonnenechse. Der Krieger gab ein Ächzen von sich und taumelte unverletzt zurück, dann schlug er mit der Faust nach dem Heft von Bules Waffe. Der getroffene Dreizack sprang aus Bules Fingern und landete im Matsch hinter ihm. Das war der geschickte, listenreiche Schlag eines Meisters im unbewaffneten Kampf.

Mit einem Brüllen schwang die Sonnenechse ihre Waffe über den Kopf.

Bule wirbelte herum und ließ sich fallen, dann setzte er ein Knie auf den Ringbeschlag und schlüpfte die Hand unter den Schaft des Dreizacks. Auf halbem Weg ließ eine Fingerbewegung ihn hochspringen und umgekehrt in der Schulterbeuge zum Liegen kommen, gerade als der Sonnenkrieger heranstürmte, um ihm den Todesstoß zu versetzen.

Es gab ein lautes Knirschen, ein Seufzen, dann spürte er das Brennen von Sternenlicht auf seinem Rücken.

Bule drehte sich um, als er aufstand, und schwang die Waffe im großen Bogen wie eine Sense. So schleuderte er den sterbenden Sonnenkrieger wie eine Kanonenkugel auf den Kopf des monströsen Echsenriesen, der gerade herangeschritten kam. Beide gingen mit lautem Getöse zu Boden. Die Sonnenechse verschwand in einem Blitz aus Sonnenstrahlen. Der Riese war lediglich benommen, erhob sich nicht wieder.

»Ist das alles?«, rief Bule, als er mit seiner Waffe ein blutrünstiges Siegel aus überlappenden Achten wirbelte. »Ist das alles, was ihr habt?« Wieder zu töten und schnell zu töten, fühlte sich herrlich an. Die Farben waren lebhafter, Gerüche schärfer, Schreie klangen wie Glocken. Er war ein Mann, der aus dem Koma erwachte und sich daran erinnerte, wie wütend er war. »Wisst ihr überhaupt, wem ihr hier gegenübersteht?«

Er schlug einen weiteren Echsenkrieger mit der flachen Seite seiner Zacken nieder und wandte sich dann rasch um, da ein kribbelndes Gefühl, dass sich ihm etwas von hinten näherte, ihn gewarnt hatte.

Eine in Roben gehüllte Gestalt stand dort auf dem sich windenden Teppich aus erkrankenden Echsen. Sie beäugte ihn durch den Dunst aus Fliegen, weder erkennbar menschlich noch eindeutig reptilienhaft. Möglicherweise dämonisch, vielleicht aber auch nicht. Ihr Kopf war wie eine Hacke abgeknickt und eine Reihe Augen verlief entlang ihres Kopfs. Einige davon begutachteten Bule schelmisch, andere mit Mitgefühl, Freude und Verachtung. Ungeachtet dessen, wer, was und wo er war, schauderte Bule.

Eine Kohorte aus Echsenkriegern, die ihren Besucher nicht sehen konnten, stürmte durch die störenden Fliegen. Sie starben einer nach dem anderen. Die unmenschliche Erscheinung reagierte nicht darauf, aber auch wenn sie keinen klar erkennbaren Mund hatte, hatte Bule den Eindruck, dass sie ihn anlächelte, als wäre er ein Blähhund, der eine Belohnung verdient hatte.

Ein gewaltiges Todesgebrüll zog seine Aufmerksamkeit auf sich.

Der mächtige Seuchenmaggoth, der über die Vorhut der Echsen mit einem Keil aus Fäulnisboten hinter sich hinweggerollt war, brach in einer Lawine aus Hautfalten zusammen. Ein Sonnenstrahl spaltete das Monster von der Schulter bis zum Bauchnabel und der gepanzerte Kopf eines riesigen Reptils stieß es beiseite. Auf dem Rücken der Echsenkreatur war das Gehäuse einer unergründlichen Göttermaschine aus Silber und Sternenmetall angebracht, die ein Klicken von sich gab und sich dann mit einem Energieglühen zurücksetzte. Die Fäulnisboten zogen sich zurück, ihr Vormarsch war vereitelt. Bule war sich der Feinde bewusst, die an allen Fronten vorstürmten, während seine eigene Abwehr allmählich zusammenbrach. Knurrend nahm er seinen Dreizack wie einen Wurfspeer in die Hand und machte sich auf, die Unverwundbarkeit des gepanzerten Reptils auf die Probe zu stellen.

»Er sucht nach einem Kämpen.«

Die Robe der Erscheinung raunte, als sie ihm folgte. Ihre Kleidung war nicht aus Häuten oder Stoff gemacht, sondern aus Augen. Und das Wispern, das sie von sich gab, war der Klang von Hunderten blinzelnder Augenlider, ein Kräuseln aus Weiß, Grün, Schwarz und jeder anderen Farbe, die Haut tragen konnte. Die Gestalt bewegte sich, ohne sich wirklich zu bewegen. Sie sprach, ohne zu sprechen.

»Such ihn auf, Kämpe.«

Sie drehte sich, und ohne auch nur mit etwas so Fantasielosem wie einem zeigenden Finger zu gestikulieren, lenkte die Gestalt Bules Blick auf die Reichspforte. Die Oberfläche darin spannte sich. Die Sterne darüber kreisten. Selbst von Weitem konnte Bule sehen, dass der Ausblick darin nicht länger den Garten zeigte, mit dem sie zuvor verbunden gewesen war. Sein Zorn kehrte doppelt so stark zurück. Unglaube. Es war nicht nur Pech, dass die Seraphon zeitgleich mit der Sternkonstellation zu ihm gebracht hatte. Sie waren wegen seiner Reichspforte gekommen.

Irgendwie war es ihnen gelungen, die Achtzacken zu manipulieren und damit seine Ausrichtung zu ändern. Wie? Die Magie, die für eine solche Tat notwendig war, war göttergleich!

Die Erscheinung zischte plötzlich vor Qual. Ihr Mantel schimmerte in vielen Farben, jedes der Augen kniff sich zusammen, als ob sie alle gleichzeitig erblindet wären. Und dann verschwand sie in einem gleißenden Augenblick umfassenden Lichts.

»Großvater!«, rief Bule. Seine Augen leuchteten, als wären sie von Feuer erfüllt. »Hilf mir!«

Er beschattete seine Augen mit einem schweren Arm und spähte auf das eintreffende Heer.

Auf einem Kraftfeldpolster über den goldenen Speeren seiner Krieger schwebend, traf die Quelle des Lichts ein. Es war, als wäre ein Stern vom Himmel herabgeholt und in einem spröden Gefäß aus knochenbraunen Binden und trockener Haut kondensiert worden. Seine Präsenz allein war gewaltig. Von seiner Sänfte aus beäugte die mumifizierte Kreatur die Schlacht mit der entrückten Abneigung eines unmenschlichen Gottes. Bule begriff instinktiv, dass hier ein Geschöpf eintraf, das schon mächtig gewesen war, bevor einige Dämonen überhaupt entstanden waren. Er fühlte sich geistig zu ihm hingezogen, die goldene Grabmaske, die ihre amphibischen Züge mit Juwelen hervorhob, schwoll in seinem Geist immer weiter an, bis sie ihn ausfüllte und das Universum sich unterschwellig darum neuanordnete.

Sie sagte nichts und rührte sich nicht, doch irgendwo im Kosmos gab etwas nach.

Der Himmel öffnete sich.

Bule heulte vor ohnmächtigem Zorn auf, als die Sterne schimmerten und herabfielen, vom Himmel gepflückt und in seine Horde geschleudert.

Der erste Meteorit schlug in einem Winkel ein, löschte Dutzende Chaoskrieger völlig aus und schuf einen Hunderte Fuß breiten Krater. Dann kam der Rest. Der Boden bebte unter dem Zorn. Der Himmel wurde weiß, Licht und Geräusche erreichten eine Intensität, in der sie eins wurden, eine einzelne tosende Farbe vor Bules innerem Auge. Selbst die Dämonen verbrannten in diesem Feuer.

Bule mühte sich keuchend auf Hände und Knie hoch und brachte einen Echsenkrieger, der hinter ihm angerannt kam, mit einem Tritt nach hinten zu Fall und rutschte auf ihm herab in den Schmutz. Er begrub dessen Gesicht darin, bis er aufhörte, um sich zu schlagen. Er stand auf, die Sinne betäubt vom Donner. Wellen aus Macht peitschten aus der vorrückenden Sänfte heraus. Es war nahezu unmöglich, sich ihr entgegenzustellen, aber mit einer gewaltigen Willensanstrengung blieb er stehen. Er schüttelte den Kopf.

»Hilf mir!«

Nichts. Nichts außer der ehrfurchtgebietenden Gegenwart dieses Meisters der Sterne.

Mit Mühe und Not wandte er sich um und stolperte den Weg zurück, den er gekommen war. Nie zuvor in seinem Leben war Copsys Bule davongelaufen, aber Großvater Nurgle kannte keine Niederlagen.

Durch jeden Verfall würde er wieder zunehmen.

VIII

Der erste Pestkönig Fistula trat aus der Reichspforte heraus und in eine andere Welt.

Die Luft war stickig, heiß und gesüßt vom Schweiß fetter, nach Zitronen duftender Blätter und von den glockenförmigen blauen Blumen, die er und seine Krieger zertraten. Er sah sich voller Erstaunen um und drehte sich schwerfällig. Er fühlte sich … schwerer, als ob der Himmel selbst ihn unter sich herabdrücken wollte. Und die Sonne – wenn er außer Acht ließ, dass es Nacht sein sollte – war viel zu groß und butterblumengelb. Geflügelte Geschöpfe raschelten durch die Blätter über ihm. Und von irgendwoher erklangen Schreie.

Er setzte seinen Helm ab, wischte sich die laufende Nase und atmete tief ein.

»Neues Land.«

Schon bald würde all das, was grün war, eine unreife Collage aus Gelb- und Brauntönen sowie herbstlaubgleichen Rottönen sein. Hier würde der Ursprung für die Pest eines neuen Landes entstehen, die Metastase, aus der ein neues Krebsgeschwür wachsen würde. Und alles davon war seins.

»Hier drüben«, knurrte Vitane, als er durch das Unterholz in die ungefähre Richtung der Schreie stapfte.

Fistula folgte dem Instinkt für Schmerz des alten Pestkönigs und folgte ihm. Nach wenigen Minuten unerwartet schweren Marschs durch das dichte Blattwerk dieses fremden Landes keuchten die Krieger bis auf den letzten Mann schwer und ihre Rüstungen hingen schlaff an ihren Gurten herab. Die Schreie klangen näher. Noch erbärmlicher. Als er einen Zweig mit der Brust beiseiteschob, zu erschöpft, um seinen Arm dafür zu bemühen, drang Fistula auf eine sonnengebadete Lichtung vor.

Verschiedenfarbige Moose und Pilze bedeckten die gerissene Rinde des umgestürzten Baumstamms, der die Lichtung dominierte. Die Schreie kamen von der anderen Seite des Stamms.

Er schattete seine Augen vor der starken Helligkeit der Sonne ab, dann sah Fistula den Tiermenschen-Schamanen, Gurhg, der leicht genug mit seinem Totemstab und dem Mantel mit eingewobenen Knochen zu erkennen war, selbst in dem Knäuel seiner Anhänger. Es befanden sich vielleicht zwei Dutzend von ihnen dort. Sie stampften herum und stießen ihre Hörner aneinander – so stellten sie ihre Herrschaftsrangfolge wieder her und erhoben Anspruch auf das neue Gebiet. Gurhg stand gebeugt und schwankend in ihrer Mitte, sein Ziegenkopf nickte zustimmend, als sechs Männer und eine Frau, die an eine Reihe aus hastig errichteten Folterbänken angebunden waren, schrien. Die Wehklagen des siebten Mannes waren von anderer Natur. Ein Tiermensch mit dem Gesicht eines Pferdes und einer Reihe aus furchtbar entzündeten Eisenpiercings in seiner Oberlippe häutete gewissenhaft einen Menschen mit einem stumpfen Messer.

Fistula lächelte. Es gab hier Menschen. Gut. Es war schon viel zu lange her.

»Pestkönig.« Mit ausgebreiteten Armen und der Schnauze zur Seite gewandt, um seinen Hals in dieser ihm eigenen merkwürdigen Geste zu entblößen, trottete Kletch Schorfklaue durch den Wald auf ihn zu. Der Skaven-Abgesandte nestelte an der Schnalle seines Mantels, aber trotz des offensichtlichen Unbehagens, die dieser ihm bereitete, schien er nicht gewillt, ihn abzunehmen. Am Waldrand hielt er inne und zog sich zischend zurück, die Augen von der Sonne abgewendet.

»Wo sind eure Krieger?«, fragte Fistula.

»Im Wald. Die Ratten, die nicht so tapfer sind wie ich, müssen dort kauern, wo der Himmel weniger hell-stark ist.«

»Gut.«

Fistula schaute über die Lichtung zu den kämpfenden Tiermenschen und den Pestkönigen, die sich über das Moos verteilten, um sich dort fallen zu lassen und auszuruhen. Es war nicht viel, aber es war ein Anfang. Und noch mehr würden sich ihm schon bald anschließen.

»Ich werde sie augenblicklich nach einem Heimweg suchen-buddeln lassen«, sagte Kletch und stampfte nervös mit der Fußpfote.

»Gut ...«

Fistula stemmte die Hände in die Hüften und wandte sein Gesicht vollständig der Sonne zu. Dies gehörte ihm. Es gehörte alles ihm.

Etwas Schweres und Feuchtes stapfte durch den Wald hinter ihm heran. Der keuchende Atem in seinem Nacken stank stark nach abgestandenem Fleisch.

»Ich habe meine Queste mit weniger begonnen. Ich kann von Neuem beginnen.«

Fistula wirbelte herum.

Bule.

»Ich erkenne jetzt«, sagte Copsys Bule, der keinen Helm

mehr trug, mit düsterem Lächeln. »Ich erkenne jetzt, was ich verpasst habe.«

»Das hier gehört mir«, knurrte Fistula und zückte die Klingen. Ein verkümmerter Selbsterhaltungstrieb bewahrte ihn davor, sie einzusetzen, eine trübe Erkenntnis, dass auch die Götter ihre Lieblinge hatten. Er wich auf die Lichtung zurück. Bule folgte ihm, während Fistula sich weiterhin zurückzog, bis der umgestürzte Baum ihn daran hinderte, weiter zu gehen. Er begab sich in Kampfhaltung. »Ich lasse nicht zu, dass du meine Eroberung in einen weiteren Garten verwandelst. Du hast vergessen, wie alles andere funktioniert!«

Der Herr der Seuchen breitete die Arme versöhnlich aus, als er aus dem Waldrand ins Sonnenlicht trat. Seine Augen pressten sich wegen der plötzlichen Helligkeit zusammen, aber Fistula dachte gar nicht erst daran, anzugreifen. Das Moos bekam Flecken und starb ab, wo auch immer Bule hintrat. Insekten fielen tot aus der Luft, als er sie atmete. Überall auf der Lichtung hielten Tiermenschen, Skaven und Pestkönige inne und knieten nieder.

Er kam auf Schwertlänge, Messerlänge, Armlänge heran. Fistula senkte die Waffen. Er fühlte sich träge. Seine Haut glühte.

Copsys Bule ließ sich auf ein Knie herab, beugte sich vor und umarmte ihn.

Fistula versuchte dagegen anzukämpfen, aber er fühlte sich so schwach. Sein Atem fühlte sich flüssig an. Er zitterte vor Schüttelfrost, als sich der Fieberschweiß auf seiner Haut verteilte. Mit der Absicht, zu kämpfen, wand er sich zuckend, als der Herr der Seuchen ihn an sich drückte und auf den Boden legte. Fistula versuchte, ihn hasserfüllt anzustarren, aber selbst das gelang ihm nicht. Das Delirium trübte seinen Blick, öffnete aber seinen Verstand für eine Flut aus Wissen.

Hexer, die Roben aus Augen trugen. Ein Heer aus Kämpen. Das Chaos vereint. Ein dreiäugiger König. Immer und immer wieder.

»Ich werde. Dich bekämpfen. Auf ewig«, schwor er.

»Großvater Nurgle will nicht, dass wir uns fügen«, sagte Bule lächelnd. »Er will, dass wir toben.«

Das Letzte, was Fistula sah, bevor Nurgles Fäule seinen Verstand völlig beanspruchte, war Bule, wie er sich Kletch Schorfklaue zuwandte, die Arme zur Segnung und in Freundschaft ausgestreckt.

IX

Copsys Bule wühlte die Erde mit seinem Dreizack auf. Ein Gewirr aus Wurzeln durchzog sie und machte sie widerstandsfähig. Schon kurz darauf atmete er schwer, während sich ein Brennen durch seine Schultern zog. Es fühlte sich gut an. Die einfache Arbeit beruhigte seinen Verstand und seine Muskeln. Die monotone Arbeit bot ihm Gelegenheit, nachzudenken und seine Gedanken zu ordnen.

Er musste über vieles nachdenken.

»Dort«, sagte er und stocherte ein letztes Mal energisch im Boden herum, dann rammte er seinen Dreizack an der Seite in den Boden. Er fuhr sich mit dem Arm über die mit strähnigen Haaren bedeckte Stirn, dreht sich um und nickte.

Vitane schob seinen Fuß unter Kletch Schorfklaues Leichnam und rollte den Körper in die Furche, die Bule für ihn vorbereitet hatte. Fliegen krabbelten über die Lippen des Rattenmenschen. Seine Augen waren schwarz wie verfaulte, eingelegte Eier und der Geruch hatte eine ähnlich beißende Würze.

»So viel Leben.« Wie viele Skaven er auch begrub, die Tatsache versetzte ihn immer noch in Erstaunen. »Mein Garten wird hier gedeihen. Es ist genau so, wie ich es euch gesagt habe, Abgesandter, keine anderes Volk gibt so viel von sich an Großvater Nurgle.«

Der Skaven antwortete nicht und Bule hatte es auch nicht erwartet. Er würde natürlich wieder leben. Das war Nurgles Versprechen an jedermann. Das Fleisch des Rattenmenschen würde viele Millionen kurzer und erstaunlicher Leben nähren, seine Verwesung würde den Boden, in dem er lag, in Fülle bereichern, aber er würde nie wieder reden, denken, oder die Bestrebungen des Herrn der Seuchen behindern.

Er zog seinen Dreizack heraus, dann bettete Bule den Skaven ein.

Die Menschen würden hierhin und dorthin kommen, auf beide Seiten, wo ihre Zersetzung durch die Nähe zum Skaven beschleunigt würde. Für einen der anderen Rattenmänner würde er drüben beim südlichen Waldrand ein Beet ausheben, wo seine Überreste die Pappeln dort versorgen könnten. Sie wuchsen schnell und die Fäule würde sich so rasch verteilen. Ihre Blätter hatten bereits angefangen, zu verwelken und an den Rändern braun zu werden. Die Vögel dort spien schon einen dünnen und kränklichen Schleimchor auf die Laube.

Er konnte es nun erkennen. Er wusste nicht, wie es enden würde, das hatte er nie, wusste aber, wie es beginnen würde.

»Archaon.«

Fistula lehnte gegen den Baumstamm und zitterte wie ein Mann, den man gerade in voller Rüstung aus einem Eiskübel gefischt hatte. Er murmelte unzusammenhängendes Zeug vor sich hin, augenblicklich erschöpft davon, sie in den Wald zu brüllen. Seine Augen rollten in den Höhlen, wie Knochen, die von einem fiebrigen Schamanen geworfen worden waren, und seine Begegnung mit Nurgles Fäule hatte ihm einen Stirnreif aus runzligen Blasen beschert, der seinen kahlen Kopf wie eine Krone umgab. Bule untersuchte die Male. Sie waren ein Zeichen, das wusste er, aber wofür?

»Er wird klarer«, merkte Vitane an.

»Nurgle begünstigt ihn sehr.«

»Ein Herr der Fliegen«, murmelte Fistula bibbernd. »Ein König mit drei Augen.«

Ein Zeichen. Eindeutig.

Copsys Bule griff sich seinen Dreizack, stach ihn in die Erde und begann von Neuem.

Er musste über vieles nachdenken.

STURM AUF DIE ALRAUNENFESTUNG

Josh Reynolds

»Vorwärts! Für Sigmar, für Azyrheim und für das Reich des Himmels!«, brüllte Orius Adamantine, als er sich mit den Stormcasts seines Kriegerbanners die verbrannten Hänge des Tefrakraters hinaufkämpfte. Die Schlacht tobte zwischen den verfallenen Hügelgräbern eines ausgelöschten Volkes und den Aschewolken, die der Säureregen aufwirbelte, der aus dem unheilvoll dunklen Himmel auf sie einprasselte. Die zischenden Tropfen hinterließen schwarze Streifen auf den goldenen Rüstungen der Stormcasts. Gezackte, blaue Blitze zerrissen die Unterseite der Wolken. Der Sturm wurde immer stärker, als sich das Banner der Hammers of Sigmar in den Kampf stürzte.

Die Runenklinge aus Sigmarit des Lord-Celestants zuckte vor und trennte den Kopf von den Schultern eines Blutjägers. Im selben Augenblick schlug er mit seinem Kriegshammer den Schädel eines anderen ein. Mehre feindliche Kämpfer kamen auf ihn zu. Sie rasten durch den beißenden Regen mit wilder Hingabe die Hänge herunter. Primitive Äxte und schartige

Klingen hackten auf ihn ein und schlugen Funken auf seiner goldenen Rüstung.

»Vorwärts, meine Adamantiner«, brüllte er und zerschmetterte einen Blutjäger, der in seinem Weg stand. »Lasst euch von keinem Feind den Weg verstellen und eure Hand nicht aus Barmherzigkeit zögern – *zermalmt sie!*«

Am nördlichen Hang des Tefrakraters rückten Liberatoren in einer dicht geschlossenen Formation vor. Ihre Schilde überlappten einander und sie stemmten sich gegen die Flut der Angreifer, die in einem Blutrausch gefangen waren und versuchten, sie von ihrem Weg abzubringen. Langsam marschierten sie im Gleichschritt bergauf und kamen dabei nie ins Stocken. Hinter ihnen kam das Gefolge der Judicatoren, deren Donnerbögen sangen. Sie verschossen knisternde Energiepfeile in einem Bogen über die vorrückenden Liberatoren. Die Geschosse explodierten beim Aufschlag zwischen den Feinden. Reihe über Reihe der Blutgebundenen starben, aber es kamen immer mehr von ihnen. In ihrer Gier, die Stormcasts anzugreifen, kletterten sie über die eigenen Toten.

Das Gefolge der Adamantiner kämpfte sich zu den primitiven Palisaden vor, die am Hang des Kraters errichtet waren. Sie bestanden aus Vulkangestein und aus Bäumen, die vom viele Meilen über ihnen liegenden Rand des Kraters stammten. Diese Palisaden waren größer und robuster als diejenigen, die Orius' Banner weiter unten am Hang zerstört hatte. Ganze Stämme der Blutjäger hielten diese kruden Bollwerke besetzt und verteidigten sie für das Monster, das in den Krater gekommen war, um ihn in Blut zu ertränken.

»Anhur«, knurrte Orius. Er war nicht in der Lage, das Gefühl des Zorns zu unterdrücken, das plötzlich in ihm aufwallte, als er an den Kriegsherrn des Khorne dachte. Im selben Augenblick schlug er einen Blutjäger zu Boden. Der Scharlachrote

Gebieter hatte sich einen Namen gemacht, als er sich einen Weg über die Felsitebenen metzelte. Es gab genügend Monster, die Aqshy plagten. Er war aber kein einfacher, blutrünstiger Räuber oder Kriegstreiber. Er verfolgte ein bestimmtes Ziel. Und genau das machte ihn zu einem tödlichen Feind.

Du warst immer schon einer, der Pläne schmiedete, dachte Orius. Aus seinen Erinnerungsfragmenten tauchte das Gesicht eines Mannes auf, dem er einst gedient hatte. Zornerfüllt verbannte er diese Erinnerung. Der Mann war jetzt genauso tot, wie einst Orius selbst. Nur der Scharlachrote Gebieter war noch übrig.

In den ersten blutroten Tagen, als der Sturm über Aqshy ausgebrochen war, hatten sie bereits zweimal miteinander gekämpft. Beim Sturm auf die Unheilsschmiede, in der die Blutgebundenen ihre fürchterlichen Waffen schmiedeten, war Orius ein Teil der Vorhut gewesen. Anhur war einer der Kriegsherren, die dort versammelt waren, um den verdorbenen Schmiedekönigen zu huldigen und dafür Waffen und Rüstzeug zu erhalten. Der Scharlachrote Gebieter hatte sich aus den Schmiedeländern zurückgezogen und dabei all die grausamen Werkzeuge mitgenommen, um die er in den Schmieden mit ihm geschachert hatte.

Kriegerbanner aus drei Sturmscharen hatten den Kriegsherrn bis zu der Fauchenden Pforte verfolgt und ihn bei den brennenden Geysiren zum Kampf gestellt. Dort war Orius seinem Feind zum ersten Mal von Angesicht zu Angesicht gegenübergestanden. Er war eine blutrote Gestalt, die hinter dem kochenden Atem der unzähligen Geysire auf ihn wartete. Als sich ihre Klingen kreuzten, gab es einen Augenblick des Wiedererkennens. Er schüttelte den Kopf und schob diese Erinnerung beiseite. Damals hatte Anhur die Stormcasts besiegt und derart übel zugerichtet, dass sie ihn nicht verfolgen konnten, als er seine Krieger über die Felsitebenen führte.

Warum Anhur nach Klaxus und zum Tefrakrater gekommen war, wusste Orius nicht, aber er würde die Kreatur rücksichtslos dem göttlichen Strafgericht Sigmars überantworten. Er rammte seine Schulter in das Brustbein eines Barbaren. Die Knochen des Kriegers brachen und er starb augenblicklich. Er warf den Körper beiseite und drang weiter vor. Hinter ihm markierte ein Pfad zermalmter und gebrochener Blutjäger seinen Weg und mehrere Gefolge von Retributoren wateten durch die Schlacht. Ihre schweren Donnerhämmer schlugen mit der ganzen Kraft des Sturms zu. Bei jedem Schlag brachte ein lauter Donnerhall die Luft zum Zittern und knisternde Himmelsmagie zerriss die Körper ihrer Feinde.

Sie kämpften im Gleichklang. Ihre Kriegshämmer hoben und senkten sich in einem brutalen Rhythmus. Die Retributoren machten den Weg für ihre Gefährten frei – die Paladine. Die Gefolge der Decimatoren und Protectoren würden eine Lücke in die Reihen der Blutgebundenen schlagen und den Sturm auf die Palisaden anführen. Auf Orius' Signal hin stürmten die Decimatoren an ihm vorbei und tief in die feindlichen Linien. Ihre Donneräxte fuhren eine blutige Ernte ein, als abgetrennte Gliedmaße und Köpfe in Richtung Himmel geschlagen wurden.

Durch den Gegenangriff kamen die Blutjäger ins Wanken. Orius und die übrigen Paladine folgten den vorrückenden Decimatoren. Die Sturmschlag-Gleven der Protectoren woben gleißende Muster in die Luft, mit denen sie die Liberatoren vor Angriffen schützten. Die Donnerhämmer der Retributoren rissen gewaltige Lücken in die gegnerische Kampflinie. Schon bald danach waren die Stammeskrieger auf dem Rückzug. Sie waren in Pelze gekleidet und mit Bronzerüstungen ausgestattet und taumelten durch die wirbelnden Aschewolken und den brennenden Regen zurück, woher sie gekommen waren.

Die Stormcasts legten keine Pause während ihres Vorstoßes ein. Orius gab seinen Unterkommandeuren den Befehl, ebenfalls vorzurücken. Sie mussten die Palisade erreichen, bevor der Feind sich wieder sammeln konnte. Er wusste, dass sich überall im ganzen Krater ähnliche Szenen abspielten. Auf jedem Hang. Kriegerbanner von einem Dutzend Sturmscharen, von den Hallowed Knights, den Astral Templars, den Celestial Vindicators und anderen, kämpften sich die mit Asche bedeckten Hänge hinauf. Sie fegten die Bastionen und Bollwerke aus Stein des Feindes weg, um die Kante des Tefrakraters zu erreichen.

Sie verfolgten alle dieselbe Absicht. Jedes Banner hatte aber ein eigenes Angriffsziel. Im Süden kämpfte das Banner der Sturmgeschmiedeten der Hallowed Knights darum, die riesigen Basalttore aufzubrechen, die den Weg zur Grenzfeste Ytalan versperrten. Am westlichen Hang führte Lord-Celestant Zephacleas die Astral Templars vom Banner des Bestienfluchs gegen die schreienden Horden, die eine uralte Straße der Duardin bewachten, die durch die Lavatunnel von Raxulia führten. Orius und seinem Banner war die Aufgabe zugefallen, die Alraunenfestung von Klaxus zu besetzen und dieses Reich vom Makel des Blutgottes zu säubern.

Mein Reich, dachte Orius, als er vor seinen Kriegern vorandrängte. Obwohl er, wie die meisten anderen Stormcasts auch, sich nur an wenig aus den sterblichen Tagen vor seinem Tod und der Neuschmiedung erinnern konnte, so war es dennoch genug. Er erinnerte sich noch an den berauschenden Moschusgeruch des Kraterdschungels nach Regenschauern. Und an die gewaltigen Wurzeln der Riesenbäume, die sich durch die Mauern und Straßen von Uryx zogen. Der Dschungel und die Stadt waren eins. Ihre Bewohner fühlten sich in beiden wohl. Er hatte sich in beiden wohlgefühlt. Klaxus war seine Heimat gewesen.

Und jetzt war er, der sich einst Oros von Ytalan nannte, zurückgekehrt, um sie zu retten.

Obwohl er sich an einige Dinge erinnerte, so blieben ihm doch Erinnerungen an andere verschlossen. Zum Beispiel an den Tag seines Todes. Er konnte sich an den Krieg erinnern – nein, an eine Revolte – mit der das Volk versucht hatte, die Fesseln der Unterwerfung abzustreifen. Ansonsten aber an nichts. Anhur war damals auch dort gewesen. Er hatte die schwarze Rüstung von Ytalan getragen, genau wie Orius selbst. Er wusste noch nicht einmal, auf welcher Seite er gekämpft hatte. Nur, dass es die Richtige gewesen war. Ansonsten hätte Sigmar ihn nicht auserkoren.

Seine Erinnerungen wurden durch die Stimme seins Lord-Relictors unterbrochen.

»Dies ist die dritte dieser dreckigen Bastionen in genauso vielen Tagen, Orius«, sagte Moros Calverius, als er sich zu seinem Lord-Celestant an die Front drängte. »Wie viele dieser Misthaufen müssen wir auf diesen Hängen noch niederreißen?«

Heilige Blitze flackerten über Calverius' goldene Mortisrüstung. Sie flossen um seine Gliedmaßen und bildeten einen knisternden Nimbus um seinen Kriegshelm, der wie ein Totenkopf geformt war. In einer Hand hielt er seinen Reliquienstab, in der anderen einen Kriegshammer aus Sigmarit, dessen Kopf mit den Runen des Lebens und des Todes gezeichnet war. »Das macht mir natürlich nichts aus, verstehst du, aber ich würde es lieber sehen, dass wir Fortschritte erzielen. Auch wenn deine Strategie das nicht erfordert.«

Orius gab nur einen Grunzlaut von sich. Zwischen den Adamantinern und der Alraunenfestung lagen noch viele Meilen. Bei jeder der von ihnen eingenommenen Palisaden hatte es den Anschein, dass sich die Stärke des Feinds verdoppelte. Das hatte er aber erwartet – er hatte ja früher bereits gegen die

Blutgebundenen gekämpft. Er wusste, dass sie auf monomanische Weise den Angriff der Verteidigung vorzogen. Der einzige Weg, sie vollständig zu brechen, war, sie zu täuschen. Er hatte die Gefolge des Angeloskonklave der Adamantiner ausgesandt, um den Feind zu überraschen. Sie wurde von Kratus angeführt, dem Azyros-Ritter des Banners. Kratus würde die schwachen Kräfte angreifen, die zur Verteidigung der Alraunenfestung zurückgeblieben waren. Orius und der Rest des Banners lenkten derweil den Großteil der Kräfte des Feindes ab. »Du bist mit meinem Plan nicht einverstanden, Lord-Relictor?«

Moros lachte leise auf. »Nein, mein Lord-Celestant. Ich mache nur eine Feststellung.« Er hob seinen Stab. »Die Palisade rückt näher. Es hat den Anschein, das Tarkus uns wie immer zuvorgekommen ist.«

Orius blickte zu der Palisade und sah mehrere Gefolge Liberatoren, die vor dem Rest des Banners rannten. Sie folgten der strahlenden Gestalt von Tarkus, dem Heraldor-Ritter der Adamantiner, der sich einen blutigen Weg durch den Feind hackte. Sie sahen zu, wie Tarkus sein Kriegshorn hob und einen kriegerischen Ton hören ließ, der seine Brüder zu den Toren und der Palisade rief.

»Er war schon immer begierig, den Kampf zum Feind zu tragen«, sagte Orius verärgert. Tarkus war so tapfer und wild wie ein Gryph-Hund. Ihm fehlte aber anscheinend eine Spur des gesunden Verstands dieser Tiere. Mehr als nur einmal hatte sich der Heraldor-Ritter von seinen Brüdern getrennt und von Feinden umzingelt wiedergefunden. Und dennoch, er harrte aus. Wo sein Horn erklang, folgte bald der Sieg.

»Wenn wir nicht zurückbleiben wollen, sollten wir uns zu ihm gesellen«, sagte Moros.

»Das werden wir auch. Galerius, vorrücken«, befahl Orius. Die stark gerüstete Gestalt des Vexillor-Ritters der Adamantiner bahnte sich ihren Weg durch die marschierenden Protectoren. In einer gepanzerten Hand trug er die Kriegsstandarte des Banners. »Moros, du und deine Krieger folgen mir – wir werden uns Tarkus anschließen. Galerius, führ unsere Brüder an.«

Galerius nickte. Er reckte die Kriegsstandarte der Adamantiner hoch empor, damit die himmlischen Energien, die sie umspielten, für jeden Stormcast gut zu sehen waren. Auf sein Signal rückten die Liberatoren vor und hielten ihre Schilde in einem steilen Winkel vor sich, als sie zu der Palisade aufstiegen. Ihnen folgten die Judicatoren, die über die Köpfe ihrer Brüder schossen und versuchten, die Blutgebundenen zu vertreiben. Während die Masse der Streitkräfte des Banners den stetigen Aufstieg fortsetzte, führten Orius und Moros ihre Paladine an, um wie zuvor den Weg freizumachen.

Die Blutgebundenen befanden sich vollständig auf der Flucht. Alle außer den gerissensten der Häuptlinge der Blutjäger waren bereits tot. Die Verbliebenen zogen ihre Krieger teilweise an den Haaren aus der Schlacht. Orius kämpfte sich den Weg zu den primitiven Toren frei, als er sah, wie diese an Seilen aus gewebtem Haupthaar und Messingketten aufgezogen wurden. Wilde Stammesangehörige zogen sie auf den gebellten Befehl eines Kriegers in die Höhe, der mit einer Peitsche um sich schlug. Aus den Toren strömten Blutjäger. Sie brüllten ihre Kriegsgesänge heraus, als sie über die eigenen Kameraden trampelten, die sich auf der Flucht befanden. Inmitten des Gemetzels kam es zu brutalen Duellen, als Häuptlinge und Stammesangehörige miteinander um ihr Leben kämpften.

Die Gefolge der Decimatoren wateten mitten in den Wahnsinn hinein. Sie zerschmetterten die Kämpfer mit weit ausholenden Hieben ihrer Waffen. Schon bald rannten die verbliebenen Blutjäger wieder zurück durch das Tor. Ihr wilder Mut war gebrochen. Orius wurde schneller und er begann zu rennen, als die Tore sich wieder zu schließen begannen. Von der Palisade prasselten primitive Speere auf sie herunter. Sie waren aus Knochen und Holz gefertigt und zersplitterten auf ihren Rüstungen aus Sigmarit. Die Blutgebundenen mochten solche Waffen nicht, setzten sie aber ein, wenn es notwendig war.

Gerade als er die Palisade erreichte, schloss sich das Tor mit einem dumpfen Schlag. Auf dem Hang befanden sich immer noch einige Blutjäger. Sie waren aber isoliert und seine Krieger machten bei ihrem Vormarsch kurzen Prozess mit ihnen. Tarkus traf mit ihm an der Palisade zusammen. An seiner Rüstung klebten Blut und Asche. Seine Begeisterung war aber ungetrübt.

»Ein unfreundliches Pack, nicht wahr, mein Lord?«, rief er ihm zu. Er ignorierte die Felsbrocken und die mit Knochenspitzen versehenen Speere, die um ihn herum niedergingen. »Mir steht der Sinn danach, dieses schmutzige Nest einfach wegzublasen.«

»Wenn ich mich recht erinnere, hast du das bereits mit dem Letzten getan«, sagte Moros. Er schlug mit seiner Reliquie um sich und einen Speer aus der Luft.

»Na und? Bin ich nicht der Herold? Ist es nicht meine Pflicht, mein Lord-Relictor?«, fragte Tarkus. Von seinem Helm prallte ein Brocken aus Vulkangestein ab.

Orius brachte Moros mit einer Geste zum Schweigen. »Es ist deine Pflicht, uns anzukündigen, Heraldor. Blase in dein Horn und lasse sie wissen, dass wir bald unter ihnen sein werden.« Er winkte die Gefolge der Paladine nach vorn. Die Liberatoren hoben ihre Schilde über den Kopf, um den Regen aus Felsbrocken, Wurfgeschossen und Speeren abzuhalten. Dann warfen sich die schwer gerüsteten Retributoren und Decimatoren vor. Er sah den Lord-Relictor an. »Diesmal gehört die

Ehre dir. Öffne das Tor, o Herr der Himmlischen Blitze. Lass sie den Zorn der Ätherenergie spüren.«

Moros wirbelte seinen Stab herum und rammte das Band aus Sigmarit nach unten in die harten schwarzen Steine. Dabei sprach er grimmig und schnell. Er schoss die Worte wie mit einem Donnerbogen ab. Sie schimmerten in der Luft, als sie seine Lippen verließen. Orius konnte die Macht spüren, die in ihm widerhallte. Der Lord-Relictor rief Sigmar an. Das hatte noch immer diejenigen Stormcast angestachelt, die seine Worte vernahmen. Das Glühen um ihn herum nahm immer mehr an Helligkeit zu. Mit einem Grollen, das den Boden zum Beben brachte, krachte ein gewaltiger Lichtblitz durch die Palisade. Er zerriss das Tor und einen Großteil der umgebenden Palisadenwand. Staub wirbelte in die Luft, als die Stormcasts sofort vorrückten, um die Bresche einzunehmen.

Die Decimatoren und Retributoren erweiterten das rauchende Loch. Sie schlugen brennende Knochen und ganze Bereiche verbrannter Steine zur Seite, damit die Liberatoren mit überlappten Schilden vorrücken konnten. Vor der Bresche bildeten sie einen Schildwall und marschierten anschließend langsam vorwärts. So schafften sie Raum für die anderen Stormcasts. Die Leichen der unglücklichen Blutgebundenen, die zu nah am Tor gestanden hatten, als Moros es zerschmetterte, lagen überall verteilt umher. Mit den wenigen Überlebenden wurde kurzer Prozess gemacht, als die Stormcasts in das Innere der Palisade eindrangen.

Als sich der Rauch verzog, sah Orius, dass die Blutgebundenen ihre Festung auf den geplünderten Überbleibseln hunderter Höhlengräber erbaut hatten. Grausame Altare aus Messing und Eisen, aus denen roter Rauch quoll, waren unter primitiven Steinmenhiren errichtet worden. Die riesigen Säulen waren mit den abscheulichen Runen der Verderbten Mächte bedeckt.

Standarten und dämonische Bildnisse steckten willkürlich in dem felsigen Boden. Sie waren so weit das Auge reichte den Hang hinauf zu sehen. An einigen von ihnen hingen Leichen. Sie waren von den wilden Stammesangehörigen, die sich unter ihnen versammelten, gehäutet, verbrannt und zerschmettert worden. Aasfressende Vögel saßen auf Eisenbalken und krächzten. Sie hackten an den menschlichen Überbleibseln oder blickten stumm von den Menhiren herunter.

»Als würde der Blutgott seinen Anspruch über die Schlachtfelder erheben«, murmelte Moros. Blutjäger krochen durch den Wald aus Bildnissen und hängenden Leichen und sangen den Namen ihres verdorbenen Gottes. Hinter ihnen bewegten sich größere Gestalten. Es waren keine Blutkrieger, sondern etwas anderes, etwas Furchtbares. Es waren riesige Krieger. Ihre Körper waren mit den Narben bedeckt, die aus ihrer körperlichen Veränderung stammten. Sie stürmten in schweren Halbrüstungen in der Farbe frisch vergossenen Bluts vorwärts. Götzenbilder und Blutjäger, die ihnen nicht schnell genug aus dem Weg gingen, fegten sie einfach beiseite.

»Schädelräuber«, murrte Tarkus. »Die Kopfjäger von Khorne.« Mit einem Lachen fügte er hinzu: »Sie müssen gehört haben, dass wir hier sind.«

Hinter den Schädelräubern sah Orius eine schwergewichtige Gestalt, die auf einem zusammengebrochenen Hügelgrab stand. Sie trieb die Blutjäger mit Gesten und dem Kuss einer Peitsche vorwärts, die er geschickt einsetzte. Er trug eine Rüstung, die deutliche Kampfspuren aufwies. Die Rune des Khorne prangte auf ihr. Der Helm bestand aus dem gespaltenen Kieferknochen irgendeiner wilden Bestie. Die Haut zeigte die Färbung eines frischen Blutergusses. Eine seiner Hände war durch einen grausamen Dreizack ersetzt worden, der an dem rohen Stumpf seines Handgelenks befestigt war.

»Der Fette da – ich kenne diese Wesen. Ein Bluthetzer. Er peitscht die anderen in einen Rausch«, sagte Moros. »Sie werden uns allein mit der Wucht ihres Ansturms zurückwerfen, wenn wir sie jetzt nicht brechen.« Die Blutjäger begannen mit ihrem Sturm, noch während er diese Worte aussprach. Sie brandeten wie eine brüllende Welle an und umschlossen den Schildwall der Adamantiner von allen Seiten.

»Dann werden wir sie jetzt brechen. Hisse deine Standarte, Galerius«, sagte Orius. »Wir werden keinen Schritt zurückweichen. Wir werden sie aufreiben oder von ihnen aufgerieben. Es wird keinen Rückzug geben. Du wirst die Stellung hier halten, bis es nichts mehr zu halten gibt.«

»Aye, mein Lord«, sagte Galerius und rammte die Maststange seiner Standarte in den Boden. »Lasst sie kommen und an unseren Schilden zerbrechen. Niemand kann uns widerstehen.«

Einen Augenblick später krachten die Blutgebundenen in den Schildwall. Orius und seine Unterkommandeure wurden von einer Staubwolke eingehüllt, die von dem Ansturm ihrer Feinde aufgewirbelt wurde. Das Klirren von Sigmarit auf Messing und Eisen erfüllte die Luft.

»Anscheinend hat niemand unseren Feind darüber informiert«, sagte Moros, als er seine Protectoren zur Verstärkung des Schildwalls nach vorne befahl. »Sie scheinen aber eine ziemlich primitive Bande zu sein. Vielleicht verstehen sie einfach nicht, was und wer ihnen gegenübersteht.«

»Sie verstehen es«, sagte Orius und beobachtete, wie die Liberatoren ihre Schilde zusammenbrachten und den Feind zurückwarfen. »Mittlerweile kennen sie uns, Moros. Sieh, wie eifrig sie auf uns zurennen und wie freudig sie unsere mitgebrachten Geschenke annehmen.« Er hob seine Runenklinge und zeigte damit auf einen brüllenden Stammeskrieger. Der Krieger hatte es geschafft, über die Schilde der Liberatoren zu klettern, und war hinter dem Schildwall zu Boden gefallen. Sein Körper war mit schmerzhaften Wunden übersät, aber seine Wut war ungetrübt. Er bemühte sich gerade aufzustehen, als Orius seinen Kopf abtrennte.

»Moros, Galerius. Haltet die Linie«, brüllte Orius. »Tarkus, folge mir. Formation bilden. Bildet eine Formation, meine Brüder – die Feinde der Reiche stehen vor uns.« Er hob seinen Kriegshammer und die Retributoren folgten ihm, als er vorzurücken begann. Tarkus war an seiner Seite und führte sie an. »Macht einen Weg frei, Brüder«, rief er und der Schildwall trennte sich mit einem Krachen von Sigmarit. Orius führte Tarkus und die anderen durch die Bresche.

Die Retributoren schlugen wie eine gepanzerte Faust in die Blutjäger ein. Sie drangen tief in die Reihen der fanatischen und tätowierten Krieger vor. Das schwer gerüstete Gefolge der Paladine streckte brüllende Häuptlinge und Klankämpen nieder und stampften sie in den Boden. Die Stormcasts erschlugen die Verteidiger schauerlicher Kriegsstandarten, die sie anschließend achtlos beiseite warfen.

»Der Fette gehört dir, mein Heraldor«, sagte Orius, als er einen Barbaren abwehrte. »Wir werden sie hier brechen – du siehst ja, dass sie nicht wieder auf die Beine kommen.«

Tarkus lachte rau und brachte sein Kampfhorn mit einem wilden Ton zum Klingen. Darauf sammelten sich seine Liberatoren hinter ihm. Er stürzte sich vorwärts in Richtung des Bluthetzers und schlug sich einen Weg durch den Feind. Es war das Vergnügen und die Pflicht des Heraldors, sich den Kämpen des Feinds zu stellen und sie im Namen Sigmars niederzustrecken. Orius richtete seine Aufmerksamkeit wieder auf den Kampf. Er erhaschte einen Blick auf die Götzenbilder aus Messing und Knochen der Schädelräuber, die sich auf die Retributoren warfen.

Donnerhämmer trafen auf Dämonenklingen, als die beiden Gruppen aufeinanderprallten. In ihrer Hast in den Kampf zu kommen, vertrieben sie geringere Krieger. Der Knall der Blitze und die gebrüllten Gebete der Schädelräuber klangen in Orius' Ohren, als er sich unter einem verwegen geführten Schlag weg-duckte. Als er wieder nach oben kam, rammte er seine Ru-nenklinge durch die Brust eines der mörderischen Berserker. Er drängte den Schädelräuber zurück, während sein sterbender Gegner noch auf seinen Kopf und seine Schultern einschlug.

Orius riss seine Klinge in einem Regen aus Blut heraus, wir-belte herum und wehrte nur mit äußerster Not einen weite-ren Hieb ab. Er trat mit seinem Fuß zwischen die Beine seines Angreifers nach oben und wurde mit einem schrillen Schmer-zensschrei belohnt. Mit seinem Kriegshammer zertrümmerte er den Kopf des Schädelräubers und wandte sich erneut um. Einer seiner Retributoren stolperte, als ein weiterer Schädelräu-ber, der größer als die anderen war, auf den Krieger einschlug.

Die gezackte Klinge des Schädelräubers durchschlug das hei-lige Sigmarit. Der Retributor begann zu torkeln und sank zu Boden, als ein zweiter Schlag seinen Rücken traf. Sein Don-nerhammer fiel aus seinen Händen, als er auf die Knie sank. Der ungeschlachte Schädelräuber heulte triumphierend auf, als sein dritter Schlag den Kopf des Stormcasts vom Hals trennte.

Die Freude des Kriegers war aber nur von kurzer Dauer. Der Körper des Retributors verdampfte in einem brennenden, azurblauen Blitz, der in die Höhe schoss. Die Stormcasts star-ben nicht wie andere Wesen. Stattdessen kehrten die Gefalle-nen nach Azyr zurück, um dort von Sigmar neugeschmiedet zu werden. *Unsere Pflicht begann mit dem Tod*, dachte Orius, als er vorrückte, *und er wird unsere Hand nicht zurückhalten.*

Der Schädelräuber schwankte und brüllte vor Zorn auf. Einen Augenblick lang war er von der Energieentfaltung geblendet. Orius griff durch die verblassenden Funken des blauen Lichts hindurch an, die den Fall seines Kriegers markierten. Er rammte seine Schulter in den Wanst des Schädelräubers. Der Blutgebundene torkelte rückwärts und Orius gab ihm keine Gelegenheit, sich zu erholen. Sein Kriegshammer zuckte vor und traf den wütenden Krieger an der ungeschützten Kehle. Knorpel knirschten und der Schädelräuber umklammerte seine Kehle und beugte sich nach vorn. Orius' Runenklinge fuhr herab und der Kopf seines Feindes rollte vom Genick befreit über den Boden.

Der Lord-Celestant drehte sich um, als er das Knirschen von höllengeschmiedetem Eisen auf Stein vernahm. Ein weiterer Schädelräuber sprang auf ihn zu. In jeder Hand hielt er eine riesige Henkersaxt. Orius brachte seine Runenklinge in letzter Sekunde in die Höhe und hielt die herabschwingende Axt in einem Funkenregen auf. Er war aus dem Gleichgewicht gekommen und torkelte rückwärts. Der ascheübersäte Boden gab unter seinen Füßen nach, als er gegen eines der Hügelgräber gedrückt wurde. Aus den Augenwinkeln nahm er wahr, dass Tarkus sein Ziel, den Bluthetzer, erreicht hatte. Der aufgedunsene Krieger drosch mit seiner Peitsche auf den Heraldor-Ritter ein. Tarkus stürmte trotzdem weiter vor. Orius machte einen Grunzlaut und schob den Schädelräuber von sich.

Der ungeschlachte Krieger erholte sich schnell und schlug auf Orius ein. Der Lord-Celestant drehte sich zur Seite weg. Die schartige Axt schlug eine Furche in die Seite des Hügelgrabs und riss es auf. Steine fielen herab und ascheverschmierte Knochen verteilten sich auf dem Boden, als Orius sich nach vorn warf. Ein Hagel aus Schlägen trieb den Schädelräuber zurück. Er knirschte frustriert mit seinen zerbrochenen Fangzähnen. Orius parierte einen weiteren ungestümen Schlag mit seiner Runenklinge und trieb seinen Kriegshammer in das Knie des

Chaoskriegers. Dabei zertrümmerte er die blutrote Rüstung und die Knochen darunter.

Der Schädelräuber bellte vor Schmerz auf und begann zu schwanken. Orius erlöste ihn einen Augenblick später, indem er seinen Schädel spaltete. Orius wurde auf die Knochen des Hügelgrabs aufmerksam, als er seine Klinge herauszog. Sie waren grau und verfallen. Die aus dem Krater aufsteigende Hitze hatte sie dünn und hohl werden lassen. Als er sich wegdrehte, dachte er darüber nach, wem sie wohl gehört hatten. Nur die Armen und unbeanspruchten Toten von Klaxus waren auf diesen entfernt liegenden Hängen begraben worden. Ihr Knochen waren in Aushöhlungen geworfen und mit loser Erde und Gestein bedeckt worden.

Schlaft in Frieden, wer immer ihr auch sein mögt, dachte er. *Möge der Sturm an euch vorüberziehen.*

Der letzte der Schädelräuber war gefallen. Sein Kopf war von einem Donnerhammer zermalmt worden. Die verbliebenen Retributoren stiegen über ihre Feinde hinweg und würdigten sie keines Blicks, als sie die fliehenden Blutjäger den Hang hinauf verfolgten. Orius sah sich um und machte sich ein Bild über die Lage. Moros und Galerius rückten mit dem Rest des Banners vor. Sie warfen Menhire um und zerfetzten die Standarten, die vom Feind bei der Flucht den Hang hinauf zurückgelassenen worden waren. Die Retributoren und Decimatoren würden dafür sorgen, dass der Feind sich nicht neu formieren konnte. Wenn nötig, würden sie ihn den Hang bis hinauf zur Alraunenfestung treiben. Die Blutgebundenen würden sich dort umdrehen und Widerstand leisten. Genau darauf baute Orius.

Wenn Kratus Erfolg hatte, konnten die Adamantiner ihren Feind zwischen Hammer und Amboss vollständig aufreiben. Dann konnten die Stormcasts ungehindert in die Kraterstadt

Uryx eindringen. Das würde aber ein ganz anderer Kampf werden. Kein mörderischer Aufstieg ins Herz des Feindes, sondern ein Kampf von Haus zu Haus, von Straße zu Straße. Eine Schlacht der kleinen Schritte. *Die Art Krieg, die ich früher bereits geführt habe*, dachte er. Er nahm seine Waffen fester in die Hand, als er einen Augenblick lang wieder in Uryx war. Er führte seine Krieger bei einem letzten, verzweifelten Versuch, die Priesterkönige abzusetzen. Er hatte versagt. Er hatte für sein Volk und Klaxus versagt. Das würde nun anders sein.

Tarkus trat zu ihm. In seiner Hand hielt er an den Haaren den Kopf des Bluthetzers.

»Ein weiterer für den Aschehaufen«, sagte er und deutete auf den Kopf. »Wenn das die Qualität unseres Feinds ist, dann frage ich mich, warum die Hammerhände solche Probleme im Vulkandelta hatten.«

»Deine Arroganz wird eines Tages dein Verderben sein. Das hier ist erst der Anfang«, sagte Orius. Zum Tadel klopfte er mit seinem Kriegshammer auf Tarkus' Schulterpanzer. »Wir haben die Überraschung auf unserer Seite – der Feind wendet seine Aufmerksamkeit einem anderen Ort zu. Das wird nicht so bleiben. Wenn wir die Alraunenfestung erreichen, wirst du den wahren Wert des Feindes erkennen. Es sei denn, Kratus ist erfolgreich.«

»Das kann ich nur hoffen.« Der Heraldor warf seine grausame Trophäe zur Seite. »Kratus wird dort auf uns warten, mein Lord-Celestant. Darüber musst du dir keine Sorgen machen. Und auch Gorgus wird dort sein. Möge das Licht Sigmars uns zum Sieg führen.« Der Heraldor führte erneut sein Kriegshorn an die Lippen und lies einen einzelnen, silbrigen Ton erklingen.

»Sein Wille geschehe«, murmelte Orius, als die schwarzen Wolken weit über dem Kraterrand weit aufrissen und wieder und immer wieder blaue Blitze in den Boden hämmerten. *Sigmar sei mit euch*, dachte er. Dann hob er seinen Kriegshammer und brüllte: »Vorwärts!«

Wie ein Mann setzten sich die Adamantiner wieder in Bewegung. So unerbittlich und unerschöpflich wie der Sturm selbst.

Die Steine der Schwefelzitadelle hatten begonnen, Blut zu schwitzen. Der Geruch der Flüssigkeit mischte sich mit dem bitteren Gestank des weitläufigen Schwefelsees, von dem die Zitadelle ihren Namen erhalten hatte. Sie ragte wie eine knorrige Steinfaust über dem See auf. Der See verpestete die Luft und verbrannte das Fleisch der Krieger, die die gewaltigen Prophyrstufen der Tempelfestung erklommen. Sie führten zu dem großen, vergoldeten Dom am höchsten Punkt der Zitadelle.

Die Schwefelzitadelle bestand aus Hunderten flachen Platten aus gelbem Stein. Jede war größer als die Vorherige. Sie strebten wie ein schiefer Stapel aus dem blassen, dampfenden Wasser des Sees empor. Diese gigantischen Platten waren mit dicken Brustwehren und riesigen, hohen Statuen verkrustet, die aus dem Fels geschnitten worden waren. Die höchsten Ebenen waren zu einem Palast aus Hunderten Säulen gemeißelt worden, in dem die Priesterkönige von Klaxus geherrscht hatten.

Jetzt beherbergte der Palast nur noch Monster und Wahnsinnige. Das Blut war ein Zeichen. Der Wind trug den Leichengeruch zu ihnen. Es war ein Ruf zu den Waffen. Sie kamen schweigend. Nur das mannigfaltige Klirren des Kriegs war zu hören. Standarten aus Häuten, die roh und bluttriefend von den Körpern von Gefangenen und Feinden abgezogen worden waren, raschelten in dem stinkenden Lufthauch. Rote Rüstungen, die von Axt- und Schwerthieben verbeult worden waren, klapperten, als sie die Stufen erklommen.

Sie waren achtundachtzig aus achtundachtzigtausend ausgewählten Kriegern, die dem Scharlachroten Gebieter durch den Kraterdschungel nach Uryx gefolgt waren, und erklommen die breiten Stufen zur Hochfeste, als die rote Sonne hinter dem Horizont versank und der blasse, orangene Mond aufstieg, um ihren Platz einzunehmen. Einige bluteten immer noch aus den Wunden, mit denen sie sich ihren Platz verdient hatten. Andere umklammerten blutbefleckte Waffen, die noch immer mit dem Blut ihrer Gefährten befeuchtet waren. Khorne war es egal, welches Blut floss. Ihnen ging es genauso. Der scharfe Wind stieg vom Schwefelsee nach oben und peitschte um sie herum, als sie durch das Blut wateten, das in einer Kaskade über die Stufen der Zitadelle herabstürzte.

Ein Kriegswind, dachte der Scharlachrote Gebieter, als er die Stufen an der Spitze der Blutgeweihten erklomm. Er war ihm vertraut, aber auf keinen Fall tröstlich. Er brachte den Gestank der Schlacht, von vergossenem Blut und brennenden Knochen. Es war ein Geruch, den derjenige, der einst Anhur, der Prinz von Ytalan gewesen war, viel zu sehr mochte. Der Gott, dem er jetzt diente, hatte ihm versichert, dass der Sieg nur mit Gemetzel erworben werden konnte. *Göttern konnte man aber nicht vertrauen, sondern nur gehorchen*, dachte er. Das war eine wichtige Lehre. Zudem eine, die schnell und frühzeitig von denjenigen gelernt werden sollte, die ihre Seelen den Verderbten Mächten verschrieben hatten.

Er hatte diese Wahrheit auf den Schlachtfeldern der Schmiedeländer erkannt, als er sich von seinem alten Leben verabschiedet hatte und im Kessel des Krieges neu geboren worden war. Einst hatte er gehofft, für sein Volk zu kämpfen. Doch es hatte sich gegen ihn gewandt. Nun kämpfte er für einen anderen. Einen, der mehr verlangte als jeder Sterbliche, dafür aber auch mehr Anerkennung zeigte. Die Götter waren mit ihren Geschenken nicht selbstsüchtig.

Trotzdem sind einige Geschenke nützlicher als andere, dachte er. Er hatte gesehen, wie andere Menschen zu Bestien wurden. Sie wurden zu sabbernden Schreckensgestalten, als sich die Hand von Khorne auf sie legte. Egal in welcher Form, sie kämpften im Namen von Khorne. Das war alles, was der Blutgott verlangte.

Aber nicht alle Schlachten waren gleich. Nicht alle Kriege verdienten diesen Namen.

So viel hatte er gelernt, als er sich seinen Weg zum Ruhm bahnte. Khorne bevorzugte die Verwegenen sogar in der Niederlage. Der Sieg aber – Ah! Anhur hatte bereits zu lange und zu hart gekämpft, als dass er die Möglichkeit einer Niederlage überhaupt in Betracht zog. Er hatte eine Spur des Feuers und des Todes zurückgelassen. Er würde aber mehr als nur ein einfaches Gemetzel anrichten, bevor er fertig war.

Anhur hielt an, als er die Treppen bis ganz nach oben erklommen hatte, und richtete seinen Blick auf die Stadt, die ihm seinen Niedergang gebracht hatte. Uryx war ein in sich verschlungener Irrgarten aus Mauern, Palästen und Plätzen. Sie lag mitten im Herzen des Kraterdschungels an den ausgedehnten Hängen des Kraterinneren und dehnte sich bis hinauf zum nördlichen Kraterrand aus, wo die wilde Alraunenfestung aufragte. Die Stadt glich einem Halbmond aus Stein und Holz, der sich wie ein Fleck über den Felsen ausdehnte. Unzählige Millionen hatten hier gelebt, gearbeitet und waren hier gestorben. Generation auf Generation hatte den Dschungel und den Abhang des Kraters in etwas mehr, in etwas Größeres verwandelt. Uryx der Neunhundert Säulen, die großartigste der Kraterstädte. Das Kriegsbollwerk der gerechten Herrscher – das Juwel von Klaxus.

Ja, Uryx war einst die großartigste Stadt von Klaxus und das Herrlichste der Königreiche des Kraters gewesen. Nun war sie dank ihm nichts mehr. Er sah hinab auf die achtundachtzig Blutgebundenen, die ihm über die Brücke des Rauchs und die weinenden Stufen hinauf zur Schwefelzitadelle gefolgt waren. Etwas in seinem Inneren flüsterte: *Ist es, wie du es dir vorstelltest, Prinz von Ytalan? Ist dies der Tag, von dem du während deines langen Exils träumtest?*

Nein, dachte er. Einst hatte er gehofft, hier weise und gütig zu herrschen. Die Stadt lag aber in Träumern, genau wie seine Hoffnungen. Nur ein einziger, fürchterlicher Zweck war noch vorhanden.

Wenn er ehrlich war, war es so etwas wie eine Erleichterung.

Hinter ihm ragte die große Steintür auf, die in den Palast führte. Sie war sogar höher als die Schwefelgarganten in den Feuerfeldern. Rechts und links davon standen zwei gigantische Statuen in der Form abscheulicher Krötendrachen. In den Jahrhunderten, bevor Menschen den Kraterdschungel des Tefrakraters beherrschten, hatten sie den Schwefelsee für sich beansprucht. Die Bestien waren von seinen Vorfahren erschlagen worden. Sie hatten die Zitadelle auf den Knochen der Kreaturen errichtet.

»Uryx der Neunhundert Säulen«, knurrte er, als er seine Arme ausbreitete. »Und keine Einzige steht noch.« Anhur, der in dämonisches Eisen gehüllt war, stellte sogar inmitten seiner barbarischen Gefolgsleute eine imposante Gestalt dar. Seine Rüstung trug die Farbe getrockneten Bluts, genau wie die ausgefransten Seidengewänder darunter. Sein Helm und der ramponierte Kettenpanzer waren genauso schwarz wie die Axt, die er gelassen in einer Hand hielt. Aus den Seiten seines Helms kamen große Flachhörner hervor, die sich über seinem Kopf kreuzten und so die verzogene Rune des Blutgotts bildeten. Seine freie Hand lag auf dem Knauf des Schwerts, das er an seiner Seite trug.

»Acht Tage«, sagte er etwas sanfter. »Hat es nur acht Tage gedauert?«

Bist du enttäuscht, dass es so lange gedauert hat – oder dass es nicht länger dauerte?, murmelte die Stimme in seinem Kopf als Antwort. *Ist es das, wovon du geträumt hast, Anhur von Klaxus?*

Anhur ignorierte die Stimme und brachte sie mit seiner Erfahrung zum Schweigen. Jetzt war nicht die Zeit für Zweifel, nur für Kühnheit. Er blickte auf und sah, wie etwas Großes über den Himmel zog und dabei die Sterne verdunkelte. Eine monströse Form aus Rauch, Schreien und dem Licht des wahnsinnigen Mondes, der sich in den Klingen der Blutgebundenen spiegelte. Auf der Suche nach Auseinandersetzung schritt Khorne über die rote Straße durch den brennenden Himmel von Aqshy. Allesschlächter lag in seiner Hand und seine Legionen folgten ihm auf dem Fuß. Er trug eine seltsam anmutende Rüstung und fletschte die Zähne wie ein Kriegshund.

Einen Augenblick dachte Anhur, dass der Blutgott ihn gesehen hatte, und packte seine Axt fester. Er vermochte nicht zu sagen, ob ihn Furcht oder Eifer packte. Der Moment verging und er sah auf seine Blutgeweihten – diejenigen Krieger, die sich als würdig erwiesen hatten, an seiner Seite zu kämpfen, und fragte sich, ob einer von ihnen den Gott so gesehen hatte wie er. Er suchte den Blick von Volundr, dem groß gebauten Schädelschleifer. Der grässlich anzusehende Kriegerschmied nickte. Der glühende Amboss, den er trug, drehte sich langsam an der Zackenkette, als er die Glieder anzog. Die Waffen der Krieger, die hinter ihm standen, glühten kurz auf.

»Riechst du das?«, fragte Apademak der Hungrige, ein weiterer der Blutgeweihten. »Es ist eine Schlächterbrise.« Der hochaufragende Schlachtpriester streckte seine langen, mit Narben übersäten Arme aus, als wollte er den Gestank festhalten und zu sich ziehen. »Ein gutes Omen. Khornes Gunst ist mit uns, Brüder.«

»Hast du jemals daran gezweifelt, Hungriger?«, fragte Hroth Schildbrecher. Wo Apademak groß gewachsen war, war der erhabene Todesbote breit und dort haarig, wo der andere nackte Haut zeigte. Über seiner breiten Brust hing ein langer Bart, der mit Knochen und Knorpeln zusammengeflochten war. Von seinem Kampfgeschirr hingen Waffen aller Art, die er zärtlich streichelte, während er sprach. »Er hat uns mit vielen Siegen gesegnet. Sogar Blutzorn selbst hätte Schwierigkeiten gehabt, die Kraterfesten von Vaxtl zu stürmen. Wir haben das in zwei Wochen erledigt.«

»Aye, Bruder. Zweifel ist für die Schwachen. Khorne ruft uns zum Gelage, Hroth, und dahin müssen wir gehen«, sagte Apademak. Sein Lächeln war wie ein roter Schlitz, denn seine Zähne waren mit der Farbe vergossenen Bluts gefärbt. »Klaxus ist unser, meine Brüder«, sagte er in einem etwas lauteren Tonfall. Er drehte sich um und reckte seine Axt in die Luft. Ein zustimmendes Murmeln wogte durch die Reihen der Blutgebundenen.

»Nein, Apademak«, sagte Anhur. »Klaxus gehört mir. Genau wie die anderen Reiche des Tefrakraters. Sie sind mein Opfer an den Blutgott.« Er hob seine Axt und das Licht des Mondes spiegelte sich in der schwarzen Kante der breiten Klinge. »Mit dieser Axt herrsche ich. Vergiss das nicht, oder ich werde meine Sammlung mit deinem Schädel vergrößern, Schlachtpriester.«

»Ich wollte dich nicht kränken, mein Lord«, sagte Apademak und verneigte sich spöttisch. »Nimm meinen Schädel, wenn es dir Spaß macht. Aber spieße ihn bitte auf deinem Schild auf, damit ich sogar im Tod deinen Feinden gegenübertreten und dich beschützen kann.«

Anhur streckte seine Axt aus und brachte das stumpfe Ende unter Apademaks Kinn. Er drückte das Gesicht des Kriegers nach oben und sagte: »Unterwürfigkeit steht dir nicht zu Gesicht, Hungriger.«

Apademak grinste. »Freut mich, das zu hören.«

Anhur schnaubte verächtlich und trat zurück. Er richtete seinen Blick nach oben. Der Himmel war dunkler geworden. Stumme Blitze zuckten durch schwarze Wolken. Die Luft war herb und sauber geworden.

»Ein Sturm, mein Lord«, sagte Berstuk, der wildeste der Blutgeweihten. »Er bringt das Wüten des Krieges. Warum bleiben wir hier, wenn anderswo Blut vergossen werden kann?« Er schlug mit dem Ringbeschlag seines Schädelportals auf die blutverschmierten Stufen. »Der Feind ist nah – lass uns zu ihm!« Der Blutbeschwörer war eine tödliche Kriegsmaschine, die von kommenden Schlachten angetrieben wurde. Sein Brustpanzer war mit Schädeln bedeckt, die er bei den Verteidigern von Vaxtl, Ytalan und Klaxus von Helden und Kriegern geerntet hatte, die durch seine verhexte Axt gefallen waren.

»Wir zögern nicht, Schädelträger. Und unser Kampf ist noch nicht vorbei. Eigentlich hat er noch gar nicht richtig begonnen«, sagte Anhur. Ein Verlangen machte sich plötzlich in ihm breit, als in der Ferne Donner grollte. Der Feind – der wahre Feind – war ganz nah.

Er führte seine Krieger schnell in die Säulengänge der Schwefelzitadelle. Seine Blutgeweihten folgten ihm und führten die übrigen Krieger in einer schweigenden Prozession an. Unter ihren Füßen knirschten Knochen. Sie fühlten es ebenso wie er. Es lag in der Luft. Es war in den blutenden Steinen, auf denen sie marschierten. Es hing an den blutbefleckten Statuen, die den Weg in das Herz des Palasts säumten und sie aus den Schatten anstarrten.

Das unheimliche Verlangen nahm zu, als Anhur seine Krieger in die riesige Thronhalle führte, in der die Priesterkönige von Klaxus einst über Ketzer und Kriminelle gerichtet hatten. Jetzt war sie ein Schlachthaus. Hunderte Leichen waren in großen Haufen wie Klafterholz gestapelt. Abgezogene Häute hingen zerrissenen Bannern gleich von Säulen. Schädel waren auf jede nur mögliche Oberfläche genagelt oder zu makabren Pyramiden gestapelt worden. Fliegen schwirrten in großen Wolken durch die Luft und schlängelten sich zwischen den Säulen.

Als Anhur und seine Krieger das Zentrum der Halle erreichten, zeigten sich massige Gestalten, die zielstrebig auf sie zukamen. Die Krieger waren aufgedunsene Imitationen von Menschen mit Fleischlappen, die von ihnen herunterhingen und in verrostete Rüstungen gestopft waren. Sie hielten schartige Klingen in den Händen, von denen Eiter troff. Von ihnen ging ein Gestank aus, der schlimmer war als der eines Schlachtfeldes. Die Pestkönige hielten inne, als Anhur seine Axt hob. Sie ächzten und stöhnten, als sie vor ihm auf die Knie sanken.

Er schritt durch die Reihen der Pockenkrieger. Der Boden der Halle senkte sich und wurde zu einer weiten, flachen Mulde. Er war mit einem gesteppten Teppich aus Fleisch bedeckt, der die aufwendig in den Boden gemeißelte Karte des Tefrakraters bedeckte. Sie zeigte die Reiche, die sich in ihm von einem Rand zum anderen ausdehnten. Jeder Zentimeter der abgezogenen Häute war mit blutigen Runen und Siegeln bedeckt, die seinen Pulsschlag beschleunigten. Das Leichentuch aus Fleisch war aus den Häuten der letzten Verteidiger der Zitadelle gefertigt und wand sich jetzt durch eine mächtige Magie, die es durchfloss.

Seine volle Aufmerksamkeit wurde aber von dem gefesselt, was über dem Leichentuch hing. Über dem Zentrum der Halle schwebten acht riesige Platten aus poliertem Obsidian. Sie wurden durch Hexerei in der Luft gehalten und rotierten mit einer schwerfälligen, maschinengleichen Genauigkeit. Jede der Platten war so groß wie die Tore des Palasts, aber so dünn wie Seide und mit gestochenem Messing eingefasst, auf denen die Runen von Khorne zu sehen waren. Ihr langsamer Tanz war beinahe hypnotisch. Bei jeder Rotation glaubte Anhur, dass er verschwommene Gestalten und Gesichter sehen konnte, die sich gegen die tiefschwarze Oberfläche pressten.

Die Platten waren von den verdorbenen Artisanen der Unheilsschmiede in Form gebracht worden. Sie hatten ihrer Schöpfung den Namen Schwarzkluft gegeben. Anhur war der Meinung, dass der Name aufgrund ihrer Aufgabe so gut wie jeder andere war. Die Schmiedekönige hatten den Obsidian mit all den furchtbaren Fertigkeiten ihrer Art in die polierte Glätte gemeißelt und geschabt und die Messingrahmen hergestellt, die jede der Platten einfasste.

Es hatte Monate gedauert, um die Platten von den Obsidianfeldern des Vulkandeltas über die Felsitebenen und den Krater hinauf zu transportieren. Anschließend waren sie in den Dschungel im Inneren eingetaucht und mehr als einmal beinahe durch Unglücke oder Angriffe ihrer Feinde verloren gegangen. Der Verlust einer einzigen Platte wäre katastrophal gewesen.

Anhur sah sich um. Hier hatten die Adelsfamilien von Klaxus ihr letztes Gefecht geschlagen. Und hier, unter der gewaltigen und vergoldeten Decke der Halle, zu der er an den Platten aus Obsidian vorbei aufschaute, hatte er sie abgeschlachtet. Die Innenseite des Doms war wie ein großes, unmenschliches Antlitz gestaltet, das einen Bart trug und streng blickte. Er erinnerte sich daran, dass es eine Arbeit der Duardin war. Sie war in den längst verblassten und weit zurückliegenden Tagen vor der Herrschaft des Chaos ein Geschenk für die ersten Könige von Klaxus gewesen und zeigte das Gesicht von –

»Sigmar«, sagte er. Er dachte an die Blitze, die er in den Wolken gesehen hatte.

»Ja. Er ist wahrhaftig einer, der finster schauen kann«, sagte eine Stimme. Anhur stieß ein hartes Lachen aus. Eine hagere Gestalt gesellte sich bei seiner Betrachtung des Doms zu ihm. Das Gesicht war von einer Kapuze bedeckt und sie war in eine Robe gehüllt, unter der rostige Rüstungsteile sichtbar waren. »Das tut er schon, seit ich mit dem Ritual begonnen habe«, fuhr die Gestalt unter der Kapuze fort.

Bevor Anhur antworten konnte, begann der Obsidian schneller zu rotieren. Die in die Ränder geschnittenen Runen begannen weiß aufzuglühen und die Luft wurde dick und verbreitete einen widerlichen Gestank. Anhur konnte faulendes Fleisch und Schwefel, saures Blut und brennende Knochen riechen. Der Obsidian begann zu flattern und sich auf die Seite zu neigen. In der sternenlosen Dunkelheit wurden rote Punkte sichtbar. Das Leichentuch aus Fleisch begann wie unter Schmerzen zu wogen. Die abgezogenen und verzerrten Gesichter der Toten verzogen sich zu stillen Schreien.

Das Blut, das die Steine der Halle bedeckte, begann Blasen zu werden, als ob darunter etwas zum Leben erwachte. Halb gebildete Gestalten erhoben sich und spritzen darin herum. Sie schoben sich unter dem getrockneten Blut hervor und strebten zum Licht. Krallen aus Messing und schwarze Hörner brachen durch die Oberfläche. Aber nur für einen kurzen Augenblick. Eine Litanei aus frustriertem Geschrei ließ Anhur beinahe taub werden, bevor sie wieder abklang, als das Blut wieder still und ruhig wurde.

»Achte nicht auf sie, mein Lord. Im Moment verdienen sie das nicht«, sagte die hagere Gestalt, als sie sich von der Kristallfläche des Obsidians abwandte, die wieder langsam rotierte. Sie warf ihre Kapuze zurück und legte ein zerfallendes, leichenartiges Antlitz frei. Ein Auge trat aus seiner Höhle hervor. Es war ein glitzerndes Facettenauge, wie das einer der Fliegen, die in der Halle schwärmten.

»Bald also?«, fragte Anhur. »Wird es *bald* geschehen, Pazak?«

»Es wird geschehen, wenn die Götter es wollen, und keinen Augenblick früher«, sagte Pazak Facettenauge. Der Hexer sah Anhur an und rümpfte die Nase. »Es wird aber nicht schneller geschehen, weil du mich anstarrst.«

Anhurs Hand fiel auf das Schwert, das an seiner Seite in der Scheide steckte. »Sei vorsichtig, Pazak. Ich habe dich einmal verschont. Ich werde das nicht noch mal tun, wenn du meine Geduld auf die Probe stellst.«

Pazak sah erst das Schwert und dann Anhur an. »Wenn ich glaubte, dass du das Schwert tatsächlich ziehen würdest, dann hätte ich vor so einer Drohung Angst«, sagte der Hexer. »Aber das hast du noch nie getan. Sogar wenn du in Not bist, willst du es nicht benutzen.«

»Na und? Was geht es dich an, welche Waffen ich verwende?« Anhur hob seine Axt. »Soll ich vielleicht meine Axt testen? Wenn ich mich recht erinnere, hat sie dich im Alkalibecken zum Schweigen gebracht. Soll ich zu Ende bringen, was ich damals begonnen habe, und deinen Kopf vollständig abhacken, anstatt nur deine Kehle zu ritzen?«

Pazak hob seine Hände als Zeichen seiner Unterwerfung. »Vergib mir, mein Lord. Es war eine dumme Frage, ich weiß. Neugierde war schon immer mein größtes Laster«, sagte er. Anhur lachte.

»Das bezweifle ich«, sagte er. Er sah sich um. »Weißt du, dass ich in all den Jahren, die ich hier verbracht habe, diesen Ort nie selbst gesehen habe? Diese Zitadelle durfte nur von den Priesterkönigen und ihrem Gefolge betreten werden.«

»Aus gutem Grund«, sagte Pazak. »Ich kann mir die Verheerung gut vorstellen, die du angestellt hättest, wenn dir und deinen Verbündeten der Zugang zu diesem Ort und seinen Geheimnissen gelungen wäre.« Der Hexer legte seinen Kopf auf die Seite. »Und weil du außerdem nur knapp deinem Henker entkommen bist, glaube ich, dass du trotzdem einen ziemlichen Aufruhr veranstaltet hast.«

»Ich habe eine Rebellion angeführt, Pazak«, sagte Anhur und blickte in die Facetten des einzigen Auges.

»Dann eben ein Durcheinander.« Pazak gab ein pfeifendes Lachen von sich. »Ich schätze, es wird schon gut so gewesen sein. Am Ende stand der Sieg.«

»Wir haben noch nicht gewonnen.« Anhur sah den Hexer an. »Der Sturm tobt in diesem Moment vor unserer Tür.« Anhur hob seine Axt und zeigte auf Pazak. »Wir müssen ihn willkommen heißen«, sagte er und lächelte. Er dachte an den kommenden Ruhm. Kommt, ihr Sturmläufer, kommt Blitzmänner, kommt, ihr Hunde von Azyr – kommt und begegnet eurem Untergang.«

Kratus der Schweigende fiel auf Schwingen aus knisternden Blitzen aus den Wolken in Richtung der Alraunenfestung. Er stürzte aus der Höhe durch den Sturm und durchschlug ihn wie ein Pfeil. Die mit den Wurzeln durchwachsenen Mauern der Kraterstadt Uryx wurden größer. Sie dehnten sich unter dem Azyros-Ritter aus, als er gedankenschnell in die Tiefe stürzte. In einer Hand hielt er seine Sternenklinge, in der anderen das himmlische Leuchtfeuer. Seine Stormcast-Brüder waren in Azurblau und Gold gekleidet und fielen mit ihm durch den Regenvorhang. Ihre schimmernden Flügel waren angelegt, damit sie mehr Geschwindigkeit bei ihrem Abstieg aufnehmen konnten.

Bei seinem raschen Abstieg konnte Kratus den weitläufigen Bogen der Innenseite des Hangs am nördlichen Rand des Tefrakraters sehen, in dem ein Großteil von Uryx lag. Der riesige Felshang war in allen Richtungen von gewaltigen Bäumen bewachsen, die aus dem aschebedeckten Boden sprossen. Die Stadt schmiegte sich in die Umarmung des Dschungels und dehnte sich von der Krümmung des Kraters bis hinunter in den wuchernden Dschungel aus. Uryx lag immer noch im Todeskampf. Aus der Stadt stieg Rauch auf, in der gewaltige Feuersbrünste ungehindert tobten. Sogar aus seiner Höhe konnte er das Klirren der Waffen und die Schreie der Sterbenden hören.

Unter ihnen wartete die Alraunenfestung. Je mehr er sich ihr näherte, desto größer erschien sie ihm. Die gewaltigen Brustwehren aus Stein und lebenden Wurzeln waren breiter als drei Männer. Sie ragten zwischen den kleineren Mauern der Stadt in die Höhe. Die Festung war die Pforte zu Klaxus und Uryx aus dem Norden. Sie hatte in den Jahrhunderten vor der Herrschaft des Chaos gewaltigen Orrukhorden und sogar den Kriegern des Imperiums von Vulcanus in ihren schwarzen Rüstungen widerstanden. Sie hätte vielleicht sogar die Streitkraft der Adamantiner abhalten können, die sich den Hang hinaufkämpfte. Diese Möglichkeit war zwar nur gering, aber immerhin eine Möglichkeit. Deshalb musste die Alraunenfestung fallen.

Für Kratus sah es so aus, als hätten gigantische Hände die Wurzeln miteinander verwoben und dann gigantische Felsblöcken hineingesteckt oder daraufgelegt. Die Wurzeln erhoben sich und verbanden sich zu einem Dutzend monströser Statuen, von denen jede so groß und doppelt so breit wie ein Wachturm war. Die Statuen hingen über den Kraterrand nach außen über den Hang hinaus. Ihre ungestalten Gesichter waren schlaff, als würden sie schlafen. Er wusste aber, dass der Schein trügen konnte. Er zog seine Sternenklinge und gab den Prosecutoren auf seiner Rechten ein Signal. Sie drehten ab und rasten auf die riesige Statue zu, der ihnen am nächsten war.

Kratus drehte sich einem anderen zu, und die verbliebenen Prosecutoren folgten ihm. Sie konnten nicht die gesamte Festung erobern, wohl aber ihr Zentrum, das sich über dem Torhaus befand. Entlang der weitläufigen Ausdehnung der Festung waren Tausende Blutgebundene stationiert. Es gab aber nur ein Tor. Wenn es erobert wurde, waren die restlichen Besatzungstruppen der Festung gefangen. Ungeachtet ihrer Anzahl würden sie eine einfache Beute für den Rest des Banners sein, sobald es eintraf.

Umherhastende Massen dehnten sich aus und teilten sich. Sie wurden zu Hunderten einzelner Krieger, die mit barbarischen Gewändern bekleidet waren und primitive Waffen hielten. Breite Blitze zuckten über den Himmel und Donner brachte die Luft zum Beben, als einige von ihnen nach oben in den brennenden Regen blickten. Sie rissen die Augen auf und Warnschreie kamen über ihre Lippen. Es war aber bereits zu spät. Sigmars Kriegerherolde waren eingetroffen und brachten Nachrichten der Gewalt und Vergeltung. Kratus führte seine Krieger in einen Sturzflug. Die glühenden Flügel entfalteten sich erst im letzten Moment und sie flogen niedrig und schnell wie ein verschwommener Fleck aus Sigmarit über die Festung.

Die Prosecutoren setzten ihre Himmelshämmer ein. Sie schleuderten sie mit der Kraft von Meteoren, während sie an dem Festungswall entlangrasten. Die Kriegshämmer waren mit der Kraft des Sturms selbst geschmiedet und zerrissen beim Einschlag Fels, Holz und Fleisch. Sie rissen ganze Brocken aus der Festung und den Torhäusern und zerstörten den Kopf einer der riesigen Statuen.

Kratus flog an einem stämmigen Häuptling vorbei, der in eine Reptilienhaut gekleidet war und über dem Gesicht eine

Schnauze aus Messing trug. Seine Sternenklinge zuckte vor und der Häuptling torkelte ohne Kopf davon. Die Stormcasts stiegen wieder in die Höhe. Wurfspieße und Speere polterten hinter ihnen nutzlos zu Boden.

Entlang der gesamten Festung donnerten Himmelshämmer, als die zweite Gruppe der Prosecutoren mit ihrem Angriff begann. Kratus bedeutete seinen Kriegern, ein weiteres Mal anzufliegen. Im selben Augenblick bemerkte er, wie eine wuchtige Gestalt in einer Rüstung aus einem der Torhäuser schwankte. Das war kein Häuptling, sondern ein Todesbote. Er trug die blutrote Rüstung eines der Auserwählten des Blutgotts. Der Todesbote brüllte unartikuliert auf und packte einen der herumrennenden Blutjäger. Er ruderte mit einer Axt und deutete auf eine der Statuen.

Kratus und seine Krieger begannen mit ihrem zweiten Anflug. Diesmal flogen sie niedriger. Die Brustwehr der Festung war breit genug, dass zwanzig Männer Schulter an Schulter auf ihr marschieren konnten. Die Blutjäger warfen sich ihnen mit einem Aufschrei entgegen. Andere strömten zu der Statue und trugen schwere Eisenspeere bei sich. Jeder Speer war so lang, dass er von drei der Blutgebundenen getragen werden musste. Kratus raste auf sie zu, wusste aber, dass er sie nicht mehr rechtzeitig erreichen würde.

Die massive Baumfigur zuckte und ruckelte, als die Blutjäger mit den massiven Speeren auf sie einstachen. Dunkle Ströme aus Baumsaft begannen an der verdrehten Form herunterzufließen und bildete Pfützen in der Festung, die wie Teer aussahen. Ein übler Gestank erfüllte die Luft und die schweren Augenlider öffneten sich. Darunter wurden milchweiße Augäpfel sichtbar. Die Alraune drehte sich auf ihren Wurzeln herum. Der große Kopf drehte sich von einer Seite zur anderen, ganz so, als sei sie auf der Suche nach etwas. Sie begann zu stöhnen, als sich die Eisenspeere in ihren Körper bohrten und Ströme des Baumsafts flossen.

Einen Augenblick später öffnete der lebende Turm seinen gewaltigen Mund und begann zu schreien. Einer der Prosecutoren fiel aus dem Himmel und umklammerte seinen Kopf, als der Lärm über die Festung hallte. Kratus stürzte an ihm vorbei und schlug zwischen den Blutjägern auf, die sich nach vorn warfen. Ein weiterer Prosecutor fiel herab. Aus den Schlitzen seiner Kriegsmaske strömte Blut. Die Alraune streckte sich mit zurückgeworfenem Kopf in die Höhe und wimmerte. Kratus fühlte sich, als ob sich seine Zähne aus dem Kiefer zittern würden und seine Knochen im Fleisch brachen. Dann warf er sich wieder in die Luft.

Diejenigen Prosecutoren, die noch am Leben waren, folgten ihm. Die Blutjäger fielen schnell über jene her, die durch die Schreie der Alraune aus dem Himmel gefallen waren. Im Blutrausch hackten und hieben sie auf die Himmelskrieger ein. Blaue Lichtblitze schossen in die Höhe. Sie rasten an Kratus vorbei und verschwanden in den brodelnden Wolken. Etwas weiter entfernt in der Festung stoben weitere Lichtblitze nach oben. Er wusste, dass eine zweite Alraune aufgewacht war.

Die lebenden Türme waren verdorbene Dinger – furchtbar und zugleich bemitleidenswert. Die Priesterkönige von Klaxus hatten sie in vergangenen Zeitaltern gezüchtet. Sie kannten nur Schmerz und ihre Schreie kochten das Gehirn von jedem, der das Ziel ihres Zorns wurde. Dies war die furchtbare Macht, die die Schwarzeisenräuber von Vulcanus und die Orruks von Aschenheim weggefegt hatte. Es hatte den Anschein, dass sogar Stormcasts dieser Macht erliegen konnten. Kratus schüttelte den Kopf und versuchte, wieder zu klarem Verstand zu kommen.

Unter ihm wand sich die Alraune in ihrer Eingrenzung. Sie

suchte nach ihnen und ihr Mund öffnete und schloss sich. Ihre Augen rollten in den Augenhöhlen, die so groß wie Grotten waren, und sie stieß ein donnerndes Grunzen aus. Wie ein Mann warfen die Prosecutoren ihre Kriegshämmer. Das gewaltige Gesicht verschwand in einer Explosion aus Baumsaft. Der gewaltige Körper taumelte und hing tropfend da, als die Prosecutoren sich auch schon wieder in die Tiefe warfen. Sie waren bereit, zu Ende zu bringen, was sie begonnen hatten.

Diesmal gab Kratus keine Befehle; es waren auch keine notwendig. Die Prosecutoren kannten ihre Kampfeskunst und setzten sie mit rücksichtsloser Effizienz ein. In Blitze gehüllte Waffen schlugen rechts und links ein und schmetterten Blutjäger in den Boden. Risse begannen sich in der Festung zu zeigen und sie begann zu zittern, als die Kriegshämmer ihre Ziele fanden, die von weit oben geworfen wurden. Leichen, Felsen und Wurzeln wirbelten in die Luft. Für ihre Zwecke würde gerade noch genügend von der Festung erhalten bleiben.

Der Azyros-Ritter ließ sich auf die Brustwehr fallen und zersplitterte dabei die alten Steine. Er erhob sich aus seiner gebückten Haltung. Seine Sternenklinge sang ihr Lied und köpfte einen Blutjäger. Die Blutgebundenen näherten sich ihm und er erkannte, dass sie fürchterlich entstellt waren. Jeder von ihnen hatte nur roh zugenähte Wunden, wo eigentlich die Ohren sein sollten. Auch die Augenlider waren entfernt worden. Das führte dazu, dass ihre Augäpfel ungeschützt waren und wild starrten. Es war kein Wunder, dass ihnen der Schrei der Alraune nichts ausgemacht hatte. Sie heulten auf, als sich der Staub legte, der bei seiner Ankunft aufgewirbelt worden war, und warfen sich auf ihn.

Kratus wand sich einen Weg durch ihre Reihen, dabei ließ er seine Sternenklinge aufblitzen. Blutjäger schrien qualvoll auf, als das Schwert Rüstungen und Fleisch durchstieß. Er drehte sich um und drückte die schreienden Wracks der Sterblichen zur Seite, als er seine Klinge mit der eines Blutkriegers kreuzte. Der gerüstete Berserker presste sich gegen ihn und wütete unverständliche Worte heraus. Kratus rammte die vergoldete Masse seines himmlischen Leuchtfeuers in den Magen des Kriegers und warf ihn so einen Schritt zurück. Bevor der Blutgebundene sich erholen konnte, stieß Kratus die Spitze seiner Sternenklinge durch das Auge in das Gehirn des rasenden Berserkers. Er zog seine Waffe wieder heraus, als der Feind auf ihn fiel.

Hinter den gerüsteten Stammeskriegern konnte er die rauchende Hülle der Alraune erkennen, die zu zucken begann und versuchte, sich zu erheben. Die zerrissenen Wurzeln keimten neu aus. Dabei stieß das Wesen ein spitzes Wehklagen aus. Sie erneuerte sich. Schon bald würde sie wieder mit ihren Schreien beginnen. Bevor der Rest des Banners eintraf, musste er sich darum kümmern.

Kratus sprang trotz des Gewichts seiner Rüstung mit einer unglaublichen Geschwindigkeit vor. Das Heft seines Schwerts glitt elegant über seine Handfläche, als er es nach vorne stieß und die Klinge durch die Brust eines Blutjägers fuhr. Er zog sie wieder heraus und rammte den Knauf aus Sigmarit in das Gesicht eines zweiten. Der Chaoskrieger wurde nach hinten geschleudert. Er schlug auf die Kante der Brustwehr und fiel in die Dunkelheit, die darunter herrschte. Kratus bewegte sich weiter. Er stieß mit dem Schwert zu, hieb um sich und ließ Leichen hinter sich zurück, während die Türme in der Ferne weiter schrien.

Seine Prosecutoren schlugen aus der Luft weiter auf die Brustwehr ein. Ab und an flogen sie durch die Reihen des Feindes und ließen dabei eine Spur aus zerbrochenen Körpern hinter sich zurück. Kratus kämpfte sich den Weg zu der

Alraune frei. Der Todesbote kam ebenfalls auf ihn zugerannt, stieß sich durch die eigenen Leute und ließ dabei ein Brüllen hören. Er trug einen runden Helm, der mit Messingstacheln gespickt war. Seine Arme waren nackt und mit Narben übersät und seine Axt gab ein eigentümliches Geräusch von sich, als sie durch die Luft schnitt.

Kratus parierte den Schlag und brachte selbst einen an, der seinen Feind zurückwarf. Der Todesbote schrie ihm Verwünschungen und Flüche entgegen, als die beiden Krieger in einem tödlichen Tanz umeinander stampften und wirbelten. Kratus kämpfte, ohne ein Wort zu verlieren. Nur das Zischen seiner Klinge war zu hören, als sie durch den Regen schnitt. Der Todesbote rannte vorwärts. Axt und Schwert kreuzten sich, als die beiden Kämpen sich aneinanderpressten.

»Ich werde dir den Schädel abreißen und auf meinem Trophäenständer nageln«, knurrte der Todesbote mit gefletschten Zähnen. Als Kratus darauf keine Antwort gab, begann er zu fluchen. »Verdammt, sag etwas! Ich will den Namen meines Opfers kennen – das verlange ich von dir!«

Kratus drehte die Axt seines Gegners zu Seite und machte einen Satz nach vorn. Sein Kopf krachte gegen den seines Feinds und der Chaoskrieger begann überrascht zu wanken. Bevor er sich wieder erholte, machte Kratus seine Sternenklinge frei, schnitt mit ihr über die ungeschützten Vorderarme des Champions und durchtrennte dessen Armsehnen. Der Todesbote heulte auf, als ihm die Axt aus den gefühllosen Fingern entglitt. Er torkelte auf Kratus zu und versuchte ihn zu packen. Der Azyros-Ritter glitt zur Seite und zog sein Schwert von hinten über die Beine seines Gegners. Der Champion sank auf die Knie und Kratus drehte seine Sternenklinge herum. Er bohrte sie durch eine Lücke in der Rüstung zwischen Kopf und Schulter und drehte die Klinge. Anschließend zog er sie wie-

der heraus. Der sterbende Todesbote fiel über die Brüstungs-
mauer auf den Hang, der tief darunter lag.

Kratus hielt seine Sternenklinge vor sich in den Regen, um
sie zu säubern. Dabei drehte er den Kopf und begegnete den
überraschten Blicken der Blutgebundenen. Er sagte nichts und
forderte sie auch nicht heraus. Das war nicht seine Art. Die
Stille reichte in diesen Tagen für seine Zwecke aus.

Einst war er ein berühmter Barde gewesen. In den Tagen,
bevor sich die Pforten Azyrs geschlossen und die Feuer des
Chaos das Buschland der Reiterreiche ungezügelt verzehrt hatten. Er war von Ort zu Ort gezogen, hatte für die mächtigsten Häuptlinge und die niedrigsten Stammeskrieger gesungen.
Er hatte Lieder von Krieg und Frieden gesungen. Nun sang er
nicht mehr. Nicht, bevor die letzten Funken des Chaos erstickt
wurden oder er seine letzte Stunde erlebte.

Über den Blutgebundenen sah er, wie die Alraunen wieder
wuchsen. Ihr gellendes Pfeifen wurde lauter, als neugewach-
sene Wurzeln mit unheimlicher Geschwindigkeit in die Höhe
stiegen und sich umeinander wanden. Schon bald würden sie
wieder schreien. Von weiter unten an den Hängen des Kraters vernahm er die vertrauten Klänge von Tarkus' Kriegshorn,
mit denen der Heraldor-Ritter die anderen Stormcasts in die
Schlacht rief. Krieger der Blutgebundenen kamen auf ihrem
Rückzug den Hang heraufgeströmt. Kratus hörte das Knarren des gewaltigen Tors, als es sich unter Protest langsam öffnete. Wenn sie ihre Aufgabe erledigen wollten, dann musste
das jetzt passieren.

Kratus benutzte die Spitze seiner Klinge, um die Abdeckung
seines himmlischen Leuchtfeuers zu öffnen. Licht brach hervor. Eine reine und blendende Energie, die aus dem Himmel
selbst stammte. Sie schwoll an, verdrängte die Dunkelheit und
wurde von jedem Regentropfen reflektiert. Für die Anhänger

Sigmars war dieses Licht ein Wunder, das sie erblickten. Der strahlende Glanz war wie die Herrlichkeit des Himmels und die Wolken von Sterneninseln das Leuchten unzähliger Sterne. Es war ein Blick in die Weite des Kosmos und auf den Ruhm des Reichs des Himmels.

Für Kreaturen wie die Blutgebundenen, die Abartigen und Ketzer, war das Licht des himmlischen Leuchtfeuers die reinste Qual. Es verbrannte sie, wie kein Feuer es vermochte. Die dunkelsten Winkel ihrer korrupten Seelen wurden versengt, Rüstungen, Fleisch und Knochen von dem Licht aufgelöst. Krieger wurden in schwelende Aschehäufchen verwandelt. Ihre verzerrten Schatten brannten sich in die Steine der Festung. Kratus drehte sich langsam um und hob das Leuchtfeuer in die Höhe, damit das Licht auf die nächstgelegene Alraune fallen konnte. Sie begann zu zittern, als das Licht auf ihr gequältes Fleisch fiel. Mit einem sanften, traurigen Seufzen brach das Baumding in sich zusammen und zerfiel zu Asche.

Kratus hob sein Leuchtfeuer noch höher, als damit auch das zweite der mächtigen Baumwesen zusammenbrach und sich wie sein Verwandter auflöste. Das Licht glühte immer heller auf und Donner lag in der Luft, der über den Himmel rollte. Aus den Augenwinkeln sah er, wie seine Prosecutoren in geringer Höhe über den Boden auf die Tore zujagten. Sie würden sie einnehmen, bevor der Feind sie öffnen konnte.

Weitere Blutgebundene quollen aus den Treppenschächten der zerstörten Torhäuser und stürmten auf ihn zu. Der Erste, der ihn erreichte, explodierte und wurde zu Splittern aus Kohle. Genau wie der Zweite. Der Dritte schlug aber das Leuchtfeuer aus Kratus' Griff, obwohl er bereits glühte und zerfiel. Kratus parierte den Hieb einer Axt und schlug einem bärtigen Blutjäger den Kopf ab.

Vom Himmel zuckten Blitze herab und schlugen wieder und

immer wieder in die Festung ein. Jeder Einschlag erschütterte
die Steinmauern bis zu ihren Grundfesten. Blutjäger wurden
von den Brustwehren geschleudert oder durch die Blitze in
Asche verwandelt. Es kamen aber immer neue vorwärts. Furcht
und Wahnsinn trieben sie in eine tödliche Raserei. Kratus bereitete sich auf ihren Angriff vor, als der Widerhall der Blitzein-
schläge verklang. Nun wusste er, dass er nicht mehr allein war.

»Ha! Schweigender, du hast gerufen und wir sind gekommen – mach Platz, mach Platz«, brüllte Lord-Castellant Gorgus,
als er aus dem Rauchwirbel stieg, der von dem Blitzeinschlag
verursacht worden war. Er wirbelte seine Hellebarde aus Sigmarit in einem engen Kreis über seinem Kopf, als er auf die
verblüfften Blutjäger zustampfte. Sein loyaler Gryph-Hund,
Shrike, lief an seiner Seite.

Gorgus und Shrike waren bereits unter ihnen, bevor die Göt-
zendiener des Chaos wieder zu ihren Sinnen fanden. Neu an-
gekommene Stormcasts folgten ihrem Lord-Castellant in den
Kampf, als sich der Rauch verzog. Liberatoren rückten vor. Sie
donnerten in die Blutjäger und trieben sie zurück. Judicatoren
nahmen Stellungen auf den Mauern ein und begannen damit,
auf die unter ihnen am Hang laufenden Feinde zu schießen.

»Besetzt die Torhäuser – schnell jetzt«, sagte Gorgus und befahl damit einem Gefolge Liberatoren den Vormarsch. Er hob
Kratus' himmlisches Leuchtfeuer mit der Spitze seiner Hellebarde auf und streckte sie dem Azyros-Ritter entgegen. »Du
hast etwas verloren, nicht wahr?«

Etwas weiter in der Festung entfernt verstummte das Heulen
einer weiteren Alraune, als Prosecutoren sie zerstörten. Einen
Augenblick später flogen die geflügelten Krieger an ihnen vorbei und gesellten sich zu ihren Brüdern, die mit den Blutgebundenen auf dem Hang unter ihnen kämpften. Die Anhänger
von Khorne saßen zwischen ihrer eigenen Festung und den

vorrückenden Stormcasts in der Falle und begannen sich aufzulösen. Alle, die nicht flohen, wurden zermalmt und vernichtet. Gorgus schleuderte einen der Barbaren über die Brustwehr
und drehte sich um. »Wir sollten Orius wissen lassen, dass
wir angekommen sind, oder? Ich richte mich hier oben ein«,
sagte er und streckte seine Hand aus. Kratus nickte und warf
sich in die Luft.

Die Alraunenfestung war gefallen.

Der Sturm war in Klaxus angekommen.

DER GROSSE ROTE

David Guymer

Vorwärts, dachte Ramus. Als wäre es reine Willenskraft und nicht die in Azyr geschmiedeten Muskeln, die einen seiner Stiefel in den Staub rammte und dann den anderen daran vorbeizog.

Jenseits des flackernden Scheins der Kerze seines Reliquienstabes war nichts zu sehen. Er hörte nur das Heulen des Windes und das Geräusch der Körner der verwitterten Knochen, die auf den Rücken seiner Rüstung prasselten. Er bedauerte es nicht, dass er seine Sinne verloren hatte. Wenn es überhaupt etwas gab, dass man irgendwo im Meer der Gebeine spürte, dann waren das Staub, Sand und endloser Wind.

Weiter, gab sein Verstand vor, und sein Körper reagierte auf das Wort wie auf einen Hieb mit einer Gerte auf den Rücken. *Ich werde jedes Korn in dieser verdammten Wüste absuchen, wenn das notwendig ist, um Mannfred von Carsteins Genick zwischen meine Pranken zu bekommen.*

Der Schild, ein Geschenk von Sigmar, schlug gegen seinen

Rücken. Der Schädel von Skraggtuff dem Ogor schaukelte hin und her und schlug gegen seine Hüfte. Dennoch ging er weiter, stets vorwärts.

»Wir sollten abwarten, bis der Sturm nachlässt, Bruder«, rief Vandalus. Der Azyros-Ritter der Astral Templars ging zu Ramus' Linken und ein halbes Dutzend Schritte hinter ihm. Er hatte den skelettartigen Rahmen seiner Flügel nach hinten geklappt und war in den Wind gebeugt. Totems aus Federn, Blättern und Knochenstücken wirbelten um seine kastanienbraune Rüstung und verdeckten teilweise die goldenen Abbildungen von Sternen, Stürmen und wilden Bestien, die darauf zu sehen waren. »Meine Prosecutoren haben eine große Anzahl Orruks der Ironjawz vor uns gesichtet. Wir könnten sie schon erreicht haben. Durch den Staub werden wir keine Vorwarnung haben.«

Ramus schnaubte verächtlich. »Ich dachte, die Menschen haben dich den König des Staubs genannt.«

»Es ist einfach, einen solchen Titel anzunehmen, und noch viel einfacher, ihn einem anderen zu geben. Der Staub hat aber deshalb nicht mehr Achtung vor mir.«

»Wir ziehen weiter. Unser Anführer ist fest davon überzeigt, dass wir auf der Fährte des Verräters sind.«

»Ein Ogor. Und dazu noch einer, der nicht mehr am Leben ist. Den Toten kann man nicht vertrauen.«

In Ramus' Brust pochte ein dumpfer Schmerz. Lord-Celestant Tarsus hatte das auch immer gesagt. Er schüttelte den Kopf und schleppte sich weiter.

Ihr, die ihr nicht viel Glauben habt.

Er berührte mit seinen Fingern den Schild, der gegen seine Schultern schlug. Es gab ein plötzliches Zischen, wie von brennendem Metall, und er zog sie hastig zurück. Er verzog sein Gesicht zu einem grausamen Lächeln, als er sich den Schmerz aus den Fingern schüttelte. Sigmars Geschenk hatte dem Verräter das Feuer des Gottkönigs gegeben und es erinnerte sich daran. Je näher sie ihm kamen, desto heißer brannte es. Ramus betete inbrünstig, dass das auch auf Mannfred von Carsteins unvergängliches Fleisch zutraf.

Der Schädel des Ogors schlug gegen die Panzerung an seiner Hüfte, prallte davon ab, wurde zurückgehalten und schlug erneut dagegen. Skraggtuff war eigentlich ein Teil einer Falle gewesen, die der Verräter für sie hinterlassen hatte. Mannfred war aber nicht der Einzige, der über besondere Fähigkeiten verfügte.

War er nicht Ramus Schattenseele, der Lord-Relictor der viertgeschmiedeten Heerschar, der Hallowed Knights? Sein Wille war ein Kanal für den göttlichen Sturm. Zwischen Leben und Tod zu wandeln war seine Gabe.

Er spreizte derart seine Finger über die breiten Züge des Schädels, dass sie im Sand über den Augen und dem Mund kratzten. Dann schloss er die Augen und konzentrierte seinen Geist auf die unsterbliche Seele. Er konnte sie noch immer erkennen. Ein matter Funken, der durch die dunklen Geisterbeschwörungen des Verräters mit den Knochen des Ogors verschmolzen war.

»Erwache, Skraggtuff.« Seine Geisterstimme zuckte wie eine zischende Zunge aus Quecksilber in und um sein Fleisch.

Die Grabesstimmen, die ihm vom Sturm zugetragen wurden, brachten ein tierisches Stöhnen unter Vandalus' Maske hervor. Er hob seine Laterne und machte argwöhnisch seine Sternenklinge bereit. »Mir gefällt das immer noch nicht, Bruder.«

Ramus ignorierte ihn. Auch ihm missfiel dies alles. Doch Sigmar verlangte viel von jenen, denen viel gegeben wurde. Und Ramus war der Ogor gegeben worden. Wenn er Mannfred fangen und damit sein Versagen bei seiner Mission zum

Großen Nekromanten und den Verlust des Lord-Celestants der Hallowed Knights gutmachen wollte, dann konnte er es sich nicht erlauben, ein solches Geschenk seiner Feinde nicht zu nutzen.

»Erwache, Skraggtuff. Ich bin es, Ramus, dein Bruder der Vergeltung.«

Reif bedeckte das stumpf gewordene Metall von Ramus' Panzerhandschuh an den Stellen, wo er den Mund des Schädels bedeckte. Tief in den Augen des toten Dings begann ein bläulicher Funke zu glühen.

»*Ungh. Du.*« Eine Pause. Sie wurden häufiger und länger. »*Sind wir schon angekommen?*«

»Sag du es mir.«

»*Er ist nah. Ich kann ihn riechen. Du nicht?*«

Ramus zog seine Hand zurück. Er spürte, wie die zarte Verbindung zwischen ihnen zerriss. Das Licht flackerte und erlosch schließlich ganz. Der Reif auf seiner Handfläche aus blankem Metall wurde wieder vom Wind davongetragen.

»Was hat er gesagt?«, kam kurze Zeit später Vandalus' geschriene Frage.

»Er ist in der Nähe.«

»Wir haben immer noch das Problem der Ironjawz.«

Links und rechts von ihnen marschierten Hallowed Knights, deren Gestalten ausgemergelt wirkten. Sie waren in schwere Staubmäntel gehüllt, sodass nur das hellste Gold oder Silber im Sturm aufblitzte. Ramus war in Gedanken verloren und nickte, als er sich wieder gegen den Wind stemmte.

Waren die Ironjawz ein Problem? Oder waren sie ein weiteres Geschenk seiner Feinde?

»Sigmar hat uns bis hierher geführt, mein Freund. Vertraue darauf, dass er uns jetzt nicht in die Irre führen wird.«

* * *

Die Breitaxt traf Ramus' Schild mit der Gewalt eines gefällten Baums. Sie kratzte, knurrte und versuchte sich festzubei-
ßen, aber der Schild hielt. Sigmarit war eher ein Wunder als
ein bloßes Metall. Es konnte viele Farben und Formen annehmen und dieser Teil seiner Mortisrüstung war wesentlich wi-
derstandsfähiger als das spiegelnde Silber, dem es glich. Die auf
ihn einwirkende Kraft musste aber irgendwohin, und wenn der
Schild nicht nachgab, musste sie eben durch Ramus fließen.

Er stöhnte vor Anstrengung und pochenden Schmerzen auf.
Sein Arm gab nach und das Hinterteil seines Schilds krachte
gegen seinen Schädelhelm, drückte das Gesicht ein und seine
Schulter unerbittlich gegen seine gebeugten Knie. Metall
kratzte über Metall. Dann wich das drückende Gewicht und
die Axt wurde für einen letzten Hieb zurückgezogen, der alles
zu einem Ende bringen sollte. Ramus stellte sich vor, wie sie
über den staubigen Boden scharrte und in einem Bogen hoch
und höher gehoben wurde, während sie eine Armeslänge über
dem monströsen Kopf seines Angreifers funkelte. Das war der
Moment, auf den er gewartet hatte.

Mit einem Brüllen schnellte er empor und rammte seinen
Schild in das ungeschützte Kinn des Scheusals.

Der große Orruk stöhnte auf. Er war ein hässlicher Berg aus
Muskeln, Sehnen und Narben, der in Rüstungsteilen steckte,
die viel zu dick waren, um praktisch sein zu können. Aus seinen Schultern, Vorderarmen und der Hüfte standen vom Sand
abgestumpfte Stacheln heraus. Ein weiteres Paar krümmte sich
aus dem Halswulst. Sie waren so lang, dass sie beinahe als Visier dienten und den Orruk dazu zwangen, zwischen den ge-
kerbten Kanten hindurch zu schielen. Es gab keine Gelenke im
eigentlichen Sinn oder andere offensichtliche Schwachstellen.
Es gab auch keine Schnallen oder Riemen. Stattdessen waren
die Rüstungsplatten wie von Hand ineinander gebogen worden.

Das Monster taumelte einen halben Meter rückwärts, stützte sich auf sein hinteres Bein und zog ein Knie in die Höhe. Damit trieb er die Unterkante von Ramus' Schild in dessen Unterleib und zog dem Lord-Relictor die Beine weg.

Das war nicht die Reaktion, auf die er gehofft hatte.

»Hart im Nehmen, dieses Ironjawz«, murmelte er, als er sich zur Seite abrollte.

Er sah Silber und Blau, wo ein Retributor mit etwas im Wind rang, das gebückt und staubig war. Dann stampfte der Orruk mit einem Stiefel auf den Boden.

Ramus kam in die Hocke, während grauer Sand von seinem Kriegshammer flog, als er die Axt des Orruks zur Seite schlug. Das war kein Duell. Weder die Axt, noch der Hammer waren besonders feine Waffen. Jede war dafür gedacht, den anderen zu zerschmettern und umzubringen. Zum selben Zweck waren auch die Orruks und Sigmars Stormcast Eternals geschaffen.

Viel Blut war geflossen, seit Ramus das letzte Mal einem Gegner gegenübergestanden war, den er nicht mit den einfachen Tugenden des Zerschmetterns und Tötens überwältigen konnte.

Sie verschränkten die Schäfte ihrer Waffen und stemmten sich gegeneinander. Die Bestie gegen den Göttlichen. Die Nase des Orruks schimmerte dort feucht, wo Ramus' Schild sie getroffen hatte. Bei jedem Atemzug blubberten Blasen aus grün-schwarzem Blut und Schleim, doch das schien die Bestie nicht zu kümmern. Ramus spürte, wie sein Stiefel in den Wüstenstaub sank. Sein Arm begann vor Anstrengung zu brennen.

»Wir sind ... nicht ... eure Feinde!«

Ramus brachte mit dem Rest seiner Kraft den Schaft seiner Axt in die Höhe, drehte die ineinander verhakten Waffen wie die beiden Hälften eines Rads und zwang den Orruk damit, sich mitzudrehen oder zurückzuweichen. Das Wesen traf die falsche Entscheidung. Ramus hatte sich richtig entschieden.

»Hah!«

Der Orruk folgte der Bewegung seiner Waffe und rammte mit seiner Nase in den Kopfstoß, der ihm entgegenkam. Ramus konnte das Splittern der Knochen und den feuchten Einschlag hören, als er sein zuvor begonnenes Werk vollendete. Der Orruk hatte das Gleichgewicht verloren. Er wankte über ihm und seine Waffe lag im Staub des Wüstenbodens. Ramus rammte ihm seine Schulter in die Rippen und stieß die Bestie von sich fort und zu Boden. Anschließend zog er seinen Schild erneut über den Kiefer seines Feinds. Es hörte sich an, als ob ein Blechtopf durch eine Mauer geschlagen wurde.

Durch den Schlag kam der Orruk wieder in die Höhe. Sein Kopf wurde beinahe vollständig herumgerissen. Unterhalb des Halses schien er aber nichts zu spüren. Er riss einen Arm nach oben und griff sich an die Kehle.

Ramus spürte, wie seine Füße vom Boden gehoben wurden, als der Ironjaw ihn hoch zu dessen mit Spitzen versehenen Gesichtsschutz hob. Die Bestie starrte ihn aus zusammengekniffenen roten Augen an. Der sichtbare Teil des dunklen Gesichts, das in den Helm gequetscht war, war mit Flecken borstiger Haare bedeckt. Sein Atem stank nach Laub und Pilzen.

Metall begann zu knacken, als der Ironjaw fester zupackte und versuchte, Ramus' Rüstung mit bloßen Händen zu verbiegen, so wie er es vermutlich auch mit seiner eigenen Rüstung getan hatte. Genau wie sein Schild hielt auch seine Rüstung stand. Es bedurfte mehr als den Griff eines Ironjawz, um Sigmarit zu verbiegen. Trotzdem fühlte es sich so an, als würden ihm seine Augäpfel aus dem Schädel gequetscht.

Ramus hieb seinen Kriegshammer in den Gesichtsschutz des Orruks, konnte aber nicht ausreichend Kraft aufbringen, um ihn zu zerschmettern. Gleichzeitig rammte er seinen Stiefel in die Eingeweide der Bestie, traf aber nichts Verwundbareres als

Muskeln und Eisen. Er brachte es fertig, einen Finger in die Nase des Orruks zu haken, und zog ihn daran zu ihm nach oben. Die Kreatur verrenkte sich verärgert und versuchte, nach seiner Hand zu beißen, wobei er seinen Speichel über Ramus' Gesichtsschutz sprühte.

Seine Sicht begann zu verschwimmen. In dem umherwirbelnden Staub konnte er am Gesichtsrand einzelne Gestalten ausmachen, die aber schon bald wieder in der Dunkelheit verschwanden. Sein Gehör jedoch schien besser zu werden, um den Verlust seiner Sehkraft auszugleichen. Er konnte des Kratzen des Sands auf den Kehlen der Toten und das Platzen alter Gelenke hören.

»*Nicht ... eure ... Feinde.*«

Er konnte ein Zischen und eine Reihe metallisch klingender *Einschläge* hören, als sich mehrere ellenlange Bolzen mit Spitzen aus Sigmarit in die Seite des Ironjawz bohrten. Die Bestie gab ein Grunzen von sich, das eher überrascht als schmerzerfüllt klang, und warf einen Blick auf die Linie der Bolzeneinschläge aus Sternmetall, die sich von der Hüfte bis zur Achselhöhe zog. Ramus trat mit seinem Stiefel in den niedrigsten der Bolzen. Gottkönig sei Dank hielt das Sigmarit stand. Der Tritt drehte den Bolzen, der sich tiefer in die Eingeweide des Orruks bohrte.

Und das spürte der Unhold. *Dem allmächtigen Sigmar sei Dank.*

Ramus hatte staubige Luft in seinen Lungen, brachte seine Beine wieder auf den Boden und war in Sicherheit, bevor der Orruk überhaupt daran dachte, einen Schrei auszustoßen. Er ließ seinen Schild vom Riemen an seinem Handgelenk hängen und packte seinen Kriegshammer wie einen Vorschlaghammer mit beiden Händen und schlug ihn dann mit aller Gewalt gegen die Seite des Kopfs des Ironjawz. Ramus bewegte sich um seinen Gegner herum und hämmerte seine Waffe in dessen Rücken, bevor er ihn mit dem Gesicht voran in den Staub schlug. Der Orruk kämpfte darum, sich wieder aufzurichten, doch seine Arme sanken nur in den Sand, als Ramus ihm mit seinem Stiefel in den Nacken trat.

Er drückte seine Ferse nach unten, bis die Wirbelsäule endlich brach. Der Körper des Ironjawz wurde schlaff. Ramus stellte mit einem letzten Schlag seines Kriegshammers sicher, dass er wirklich tot war. Der Schlag hinterließ einen Krater im Hinterkopf der Bestie und Blut spritzte über die schwarzen Falten seines Genicks.

»Hart im Nehmen, diese Ironjawz.« Er warf einen Blick zur Seite und bedankte sich mit einem Nicken. Der Judicator senkte seine schwere Repetierarmbrust. Seine staubige Rüstung schimmerte silbern und blau. »Meinen Dank, Sagittus.«

Der Judicator-Primus nickte kurz, zielte auf einen Punkt etwas über Ramus' Schulter und schoss erneut. Bolzen flitzten an ihm vorbei und schlugen in die umherirrenden Gestalten, bis diese nicht mehr genug Fleisch am Körper hatten, um aufrecht bleiben zu können.

»Nur die Gläubigen, Lord-Relictor.«

»Nur die Gläubigen.«

Der Judicator nickte erneut und wandte sich wieder dem Kampf zu.

Ramus tat es ihm gleich. Er sah seinen Reliquienstab dort liegen, wo er ihn hatte fallen lassen, und wühlte sich durch den wehenden Knochensand. Der Stab war sowohl eine Kriegsstandarte als auch ein Leuchtfeuer, wenn sich einer seiner Krieger in dem Sturm verlief. Ein Hauch der Energie Azyrs dehnte sich in das Grau um ihn herum aus und erleuchtete das schauerliche Bildnis des Glaubens und des Todes und den darauf dargestellten Sturm mit einem flackernden Schein. Große, aufragende Schatten wogten um ihn herum. Reißzähne, Klingen und eiserne Rüstungen glühten in einem blauen Licht am Boden und im Himmel darüber.

Wie Vandalus es vorhergesehen hatte, waren die Stormcasts wegen der dichten Staubwolken direkt in die Ironjawz marschiert, ohne dass eine der beiden Seiten eine Vorwarnung erhalten hatte. Dass die Orruks ihrerseits angegriffen wurden, hatte keiner von ihnen erwartet. Mannfred war schlau genug gewesen, bisher eine Begegnung mit den Kriegsklans des Großen Roten zu vermeiden.

Im anfänglichen Rausch des selbstgerechten Ruhms hatte Ramus bereits seinen Atem im Genick des Vampirs *gespürt* und erwartet, dass die Orruks für seine Hilfe dankbar wären. Er hätte aber auch seine Enttäuschung erwarten sollen.

Mit nur einem Blick war es unmöglich zu erkennen, wer im Moment die Oberhand hatte. Sigmars Sturmschar kämpfte hervorragend im Nahkampf. Sie waren geschmiedet worden, um in allen Dingen herausragende Leistungen zu bringen. Den Ironjawz bereitete diese Art zu kämpfen ein wildes Vergnügen. Ganz so, als ob sie speziell dafür gezüchtet worden waren, sich mit den mächtigsten Kriegern der Reiche von Angesicht zu Angesicht zu messen. Einige der größten dieser Wesen verfügten über die doppelte Muskelmasse und waren viel breiter als die Stormcasts.

Ramus verstaute seinen Schild und rannte zu seinem Reliquienstab. Er riss ihn an sich. Seine Füße rutschten durch den Staub, bevor er mit einem Stiefel unter einem Sandhaufen aus langen, teilweise begrabenen Knochen wieder einen sicheren Stand fand.

»Du!«, kam die gegrunzte Herausforderung von einem wahren Ungeheuer aus Rüstungsplatten, das auf einer Bestie saß, die wie ein wilder Eber aussah und aus dem Getümmel der

Körper auf ihn zukam. »Du gehörst mir! Der Große Rote ist Erster durch Meer der Gebeine. Bei ihm sein ich will.«

Die Gestalt aus Eisen war so massig, dass ihre Schultern beinahe so breit waren, wie er hoch war. Die beiden Schulterstücke sahen aus, als wären sie aus einem Amboss gefertigt worden, und die Ellbogen standen wie die beiden Enden eines umgedrehten Diamanten daraus hervor. Sein Reittier war in geknotete Panzerhemdplatten gehüllt, die bei jedem Schritt an seinem schäbigen Fell schabten. Das trug zweifellos zu dessen äußerst übler Laune bei.

Die Bestie fegte sich mit seinen mit Reißzähnen bestückten Hauern einen Weg durch den Staub, schnaubte und donnerte auf ihn zu.

Ramus brachte seinen Reliquienstab nach hinten und hielt ihn, als wäre er ein Speer und der Orruk ein angreifender Moloch. Er fauchte die ersten Verse eines Gebets heraus. Der Metallschaft wurde von Blitzen umspielt. In seinen Fingern, die in dicken Panzerhandschuhen steckten, konnte er das Kitzeln der elektrischen Ladung spüren.

Bevor er aber den Reliquienstab benutzen konnte, war der Orruk verschwunden.

Es gab einen Donnerschlag und dann hörte er ein Stöhnen, als der Ironjaw seine Hände verzweifelt in die Luft warf und schnell zu Boden sank. Ramus zog sich hastig zurück, als seine eigenen Füße in dem Sandfluss zu versinken begannen, der urplötzlich eingesetzt hatte.

»Mahlwurm!«, brüllte er. Sein Bizeps blähte sich auf, als er sich mit seinem Stab gegen den anschwellenden Strom stemmte. Er suchte nach Sagittus und den anderen Anführern, konnte sie aber in dem herrschenden Trubel nicht ausmachen. Trotzdem winkte er mit seinem Arm zurück. »Bleibt zurück!«

Der Boden wölbte sich wie ein Muskel und einer der Liberatoren der Astral Templars verschwand in einer Wolke aus Staub. Tief unter ihnen war ein Beben zu spüren. Bodenschichten wurden durcheinandergeworfen und neu übereinandergestapelt. Der Sand unter der Oberfläche floss um den ankommenden Kraken des Wüstensands herum. Dann gab es eine fürchterliche Explosion, die alles in den Himmel warf. Knochen und Trümmer schossen wie Schrot um den Lichtblitz aus dem Boden, der in den Himmel zuckte.

Ramus fluchte, als sein Körper einen halben Meter tiefer im Sand versank. Wie die Oberfläche eines Mahlstroms, der gerade entstand, wirbelten Zähne und verwitterte Knochenstücke um ihn herum, die er nicht identifizieren konnte. Überall öffneten sich Risse, die den Wüstenstaub und die herumtorkelnden Untoten gierig aufsogen, während die Stormcasts und Ironjawz um die Skelettinseln kämpften, die von dem ablaufenden Sand freigelegt wurden. Es waren Gerippe, die so groß waren, dass ganze Armeen um sie hätten kämpfen können, ohne dabei bemerkt zu werden.

Und dann tauchte der Anführer der Ironjawz mit seinem Reittier wieder auf.

Der Orruk und die Bestie schlugen unter einer zwei Meter starken Staubschicht wild um sich. Sie waren in einer höllischen, gesichtslosen Öffnung gefangen, die groß genug war, um beide an einem Stück zu verschlingen und dabei sogar noch Platz für mehr bot. Staub spritzte um den kämpfenden Orruk auf und ein gegliederter Körper, der vollständig aus Sand zu bestehen schien, reckte sich aus dem Wüstenboden in die Höhe.

Ramus verzog missmutig das Gesicht und versuchte, sich weiter von dem in die Höhe steigenden Wurm zu entfernen. Der Sog an seinen Beinen war aber fürchterlich.

Er wusste nicht, ob die Kreaturen wirklich lebende Raubtiere oder eine Naturerscheinung des Meers der Gebeine waren.

Die Astral Templars hatten ihnen wegen ihres gierigen Brüllens, das sie beim Auftauchen und Töten ausstießen und das wie kratzender Sand klang, den Namen Mahlwürmer gegeben. Ihre Angriffe schienen zufällig zu erfolgen. Sie wurden von Kämpfen oder den Bewegungen von Massen auf der Oberfläche angezogen. Ramus konnte aber nicht mit Sicherheit sagen, ob vielleicht nicht doch eine böse Macht dieses Monster vor allen anderen zu *ihm* lenkte.

Er trieb seinen Reliquienstab in den Sand, zwar nicht tief genug, um den Abwärtssog aufzuhalten, aber doch ausreichend tief, um ihn langsamer versinken zu lassen. Dann klemmte er den Kriegshammer an seinen Gürtel und umklammerte die Reliquie mit beiden Händen. Über ihnen rollten Sturmwolken über den steingrauen Himmel. »Wenn du das hörst, Mannfred, wenn du das siehst, dann sag mir bitte, wie es sich anfühlt.«

Ein Blitz zuckte durch den Sandsturm und ließ den auftauchenden Kopf des Mahlwurms explodieren. Sandklumpen und kleine Glasstücke regneten auf den Wüstenboden. Der Ironjaw schlug mit einem dumpfen Schlag auf dem Boden auf. Sein Oberkörper war verbrannt und seine Beine fehlten.

Ramus brüllte seinen Trotz heraus, als das kopflose Sandungeheuer nicht weit von ihm entfernt auf den Boden schlug. Jeder seiner Muskeln stemmte sich in die Richtung eines letzten, gigantischen Zugs in Richtung Freiheit. Er fand etwas Halt. Er konnte spüren, wie seine Beine langsam aus dem Sand auftauchten und er konnte die verwitterte, schwarze Rüstung an seiner Hüfte erkennen. Um sich für die kommende Anstrengung zu wappnen, biss er seine Zähne aufeinander.

»Kann ich dir helfen, Ramus?«, fragte Vandalus von oben. »Oder willst du lieber selbst heraussteigen, damit du eine bessere Geschichte zu erzählen hast?« Der gepanzerte Engel schlug mit seinen Flügeln. Staub spritzte auf und knisterte, als er durch die Lichtschwingen getrieben wurde. Seine Aufmerksamkeit war nach unten gerichtet und er deutete mit seinem Schwert auf Ramus. Daher konnte er die hagere Gestalt nicht erkennen, die aufgebracht in seine Richtung flatterte.

»Pass auf, Azyros-Ritter.«

Vandalus drehte den Kopf, hob und öffnete seine Laterne in derselben kurzen Zeit, die er benötigte, die Gefahr zu erkennen, und brannte den Dämon mit einem vernichtenden Strahl Himmelslicht aus dem Äther. Der Dämon verdampfte ganz einfach. Bis Vandalus seine Laterne wieder geschlossen hatte und nach unten sank, hatte Ramus seinen Körper aus dem Sand befreit und sich auf festeren Boden gezogen.

Er sah sich um. Der Mahlwurm versank bereits in der Wüste. Der Staub, den er aufgewirbelt hatte, fiel zu Boden und bildete bereits neue Formen. Dabei wurden titanische Skelette begraben, die größer als Drachen waren, und weitere aus den Tiefen gehoben. Um sie herum hatte sich bereits eine vollständige andere Landschaft gebildet. Die überlebenden Ironjawz zogen sich in den Sturm zurück – und es war tatsächlich ein *Rückzug*. Die verbliebenen Untoten wurden von den Astral Templars und den Hallowed Knights systematisch zerstückelt. Ramus zählte genau ein Dutzend der erst- und etwa das Doppelte der letztgenannten.

Noch mehr Verluste.

Vandalus landete auf dem Sand und kam auf ihn zu. Sein Schwert zeigte anklagend auf Ramus' Hüfte. »Ich habe dir gesagt, dass man den Toten nicht trauen kann, Bruder. Dieses *Ding*, das du herumträgst, hat uns direkt in eine Schlacht geführt.«

»Es hat uns auf Mannfreds Spur geführt. Das ist alles, was man von ihm erwarten kann. Wir sind im Krieg.«

Der Azyros-Ritter schnaubte verächtlich und steckte seine

Waffen weg. »So sollte es auch sein. Aber da die Ironjawz sich mit den Toten herumschlugen, war es eine Schlacht, die wir sehr wahrscheinlich hätten vermeiden können. Die Astral Templars beklagen sich nie über ein sinnloses Gemetzel. Ich weiß aber, dass auch du das erkannt hast.«

»Ich hatte gehofft, dass wir sie davon überzeugen könnten, uns bei unserer Aufgabe zu helfen, wenn sie sehen, dass wir an ihrer Seite kämpfen. Das Meer der Gebeine ist weitläufig. Sogar ich bin nicht zu stolz zuzugeben, dass wir ihre Hilfe gebrauchen können, wenn wir es vollständig absuchen müssen.«

»Was du benötigst, Bruder, sind zehn Sturmscharen, die diese Einöde von Westen nach Osten durchkämmen und die unseren Vampir in die Wüstensonne treiben. Wir sollten unsere Energien dazu verwenden, die Himmlische Reichspforte zu suchen.«

»Nein!«, fauchte Ramus. Er war selbst von seinem Ausbruch überrascht. »Nein«, brummte er nochmals, jetzt etwas nachgiebiger, aber immer noch mit zusammengebissenen Zähnen. »Dieser Weg wurde mir von Sigmar selbst vorgegeben, und ich werde kein Stück von ihm abweichen.«

»Friede, Bruder.« Vandalus fasste Ramus' Unterarm mit einer Hand und mit der anderen dessen Schulterpanzer. Es war eine primitive Umarmung aus der Vergangenheit des Azyros-Ritters. »Du weißt, dass zwischen Mannfred und meinem Banner genügend böses Blut besteht, dass wir dir folgen werden. War es aber nicht der schwarzhäutige Orruk selbst, den wir im Knochenmark-Delta gefangennahmen, der uns sagte, dass es der Große Rote war, der die Reichspforte von meinem Bruder-Lord-Castellant errungen habe?«

»Eine Reichspforte, die du jetzt noch nicht einmal finden kannst?«

Vandalus streckte einen seiner Arme aus. »Ich bin vielleicht das Licht Sigmars, aber ich fordere jeden heraus, sich in einer Landschaft zurechtzufinden, die sich von einer Sekunde zur nächsten verändert.«

»Und warst es nicht ebenfalls du, der mir einst berichtete, dass die Orruks vernünftig sind? Dass man nur ihren Respekt gewinnen muss, um ihr Vertrauen zu erhalten.«

»Die Orruks, die ich kannte«, murmelte Vandalus mit einem dunklen Unterton. »Das waren Ironjawz einer ganz anderen Art. Ich wüsste nicht, mit welchen Taten wir den Respekt dieser Feinde erringen könnten.«

Ramus schüttelte den Kopf. Seine Hand wanderte zu dem Schädel an seiner Seite. Ein leises aber beruhigendes Flüstern erklang in den dunkelsten Winkeln seines Unterbewusstseins und unterdrückte jeden Anlass zum Zweifeln. »Ich bin fest entschlossen. Wenn der Große Rote davon überzeugt werden kann, dass Mannfred die Gefahr ist, die zweifellos von ihm ausgeht, wenn er durch unsere Stärke überzeugt werden kann …«

Er ballte seinen Panzerhandschuh zur Faust und Vandalus trat einen Schritt zurück. Ramus spürte, dass ihn von jenseits der vergoldeten, unerbittlichen Maske ein fragender Blick musterte. Der Azyros-Ritter schüttelte den Kopf und hob seine Hände. »Wie es dir beliebt, Bruder. Ich habe meinen Prosecutoren befohlen, den Rückzug der Ironjawz zu verfolgen. Ich habe einen über eine nicht weit von hier entfernt liegende Festung sprechen hören.«

»Dann versammle die Schar, Azyros. Wir marschieren weiter, sobald sie zurückkehren.«

Die Ironjawz hatten ihre Festung an der Stelle errichtet, die in einem Umkreis von tausend Meilen wahrscheinlich die einzig geologisch stabile Zone war. Es war jedenfalls die Erste, die Ramus seit der Überquerung der Junkarberge gesehen hatte.

Es war ein Skelett, die Überbleibsel eines Titanen aus dem Zeitalter der Mythen. Es war der eindeutige Beweis dafür, wenn man einen solchen überhaupt benötigte, dass Mannfred von Carstein *niemals* der Herr über das Meer der Gebeine werden durfte. Der Schädel lag unter einer gewaltigen Düne begraben. Die Rückenwirbel bogen sich hoch in den staubverhangenen Himmel. Zwischen ihnen formte sich eine Ansammlung aus rostbraunen Mauern, Türmen und Laufstegen aus Metall, die miteinander um Höhe und Platz konkurrierten. Die Rippen waren im Laufe der Äonen vom Wind verwittert worden und lagen unter ihnen wie die Beine einer toten Spinne. Staubwirbel fegten um die Knochen herum, die zur Hälfte im Sand begraben lagen. Unter der gigantischen Öffnung lag eine Flotte eisenbeschlagener Kriegsdschunken. Es waren ausgerechnet Schiffe. Sie lagen auf der Seite, gaben im Wind ächzende Geräusche von sich und schlugen gegeneinander.

Vandalus hatte ihm davon berichtet, dass die Orruks gerne in die Höhe bauten, dass die Größe und die Höhe eines Bollwerks eines Orrukbosses Auskunft über dessen Rang gab. Diese Ironjawz schienen noch nomadischer und kriegerischer zu sein, als die, die Ramus kannte. Sie zeigten aber dieselben territorialen Ansprüche. Egal welcher Kriegsboss in diesem Gebilde auch herrschte, er bekleidete sicher einen hohen Rang.

Vielleicht war es sogar der legendäre Große Rote selbst.

Grüne Gestalten kletterten auf den entfernten Mauern umher und johlten. Aus den Schützenständen der Schrottfeste, die vom Wind gepeitscht wurden, erklang das Geräusch von Schlägen auf Gongs, Zimbeln und Tiegeln.

»Antreten, Schilde und Waffen bereit, Prosecutoren in Formation«, brüllte Ramus seinen Befehl heraus.

Er blickte nach links und sah zwei Kampflinien der Hallowed Knights. Gemischte Paladine vorne, die Judicatoren dahinter.

Ihre Rüstungen glitzerten silbern und blau und sie standen so aufrecht wie Statuen im Wind. Zu seiner Rechten standen die Liberatoren der Astral Templars. Ihre verbeulten, kastanienbraunen und goldfarbenen Rüstungen waren mit eklektischen Kriegsbemalungen bedeckt und mit Glücksbringern behangen, die im Wind wie Tierschwänze wedelten. Über ihnen hingen die Prosecutoren der Astral Templars wie Lichtkugeln in der Luft. Der raue Wind zog an ihren Pelzmänteln und den Pergamentstreifen, die an ihren Kriegsrüstungen befestigt waren. Er hatte es sogar fertig gebracht, etwas Haar unter den geschlossenen Helmen herauszuziehen. Er peitschte so ausgelassen um die Krieger, als wollte er den Triumph seiner Tat feiern. Sie hatten schwere Kämpfe hinter sich, waren dafür aber umso herrlicher anzusehen. Bei Sigmar, sie waren noch auf den Beinen.

»Zeigt ihnen, wie die Macht der besten beiden Banner in Sigmars Sturmschar aussieht. Wer scheint in seinem Licht?«

»Nur die Gläubigen!«, riefen die Hallowed Knights und sogar eine Handvoll der Astral Templars, die gutmütig versuchten, ihre Kampfbrüder zu übertönen.

Stolz erfüllte Ramus über sie alle, als er seine Aufmerksamkeit wieder auf die Festung richtete.

»Drei der Seiten ragen über die Rippen des Monsters hinaus«, berichtete Vandalus und deutete auf sie. »Mit einem Angriff aus der Luft auf diesen Bereich können wir die Verteidiger der Orruks wahrscheinlich überraschen.«

»Dir stehen nicht ausreichend Krieger zur Verfügung, um einen solchen Angriff vorzutragen«, gab Ramus als Antwort.

Vandalus schlug ihm auf die Schulter. »Deshalb brauche ich meinen Bruder, um mich zu entsetzen.«

Ramus richtete seinen Blick auf das Tor der Festung. Tausende Jahre Militärdoktrin hatte sie gelehrt, dass dies der schwächste Punkt der Festung sein sollte. Die Ironjawz kannten diese Theorie offensichtlich nicht. Das Tor bestand aus einem Eisenbrocken, der auf den ersten Blick wirkte, als wäre er etwas zu groß für den Rahmen, in dem er verkeilt war. Eine unglaubliche Anstrengung würde allein dafür notwendig sein, es zu öffnen. Ganz davon abgesehen, es gar einzureißen.

Der Zugang zum Tor war aber das erste und mit Sicherheit auch das größere Hindernis. Über das Rückgrat des Titanen führte eine Treppe aus Metallplatten, die nicht sehr sicher aussah und im Zick-Zack bis zur Festung führte. Sie war wahrscheinlich stabil genug, um das unglaubliche Gewicht eines Ironjawz zu tragen, gleichzeitig aber auch ein schwieriger Weg. Jede Sekunde, in der sich die Stormcasts darauf konzentrierten, nicht auf den Wüstenboden zu fallen, war eine, in der die Verteidiger der Mauern sie mit Geschossen überschütten konnten.

»Halte dich zurück, Azyros-Ritter. Wir müssen ihre Stellung nicht erobern, sondern ihrem Anführer lediglich unsere Macht als Verbündete demonstrieren.«

Vandalus schüttelte eine gepanzerte Faust in Richtung der Festung. »Was dachtest du denn, dass ich vorgeschlagen habe?«

»Zunächst aber«, murmelte Ramus, »werde ich ihre Aufmerksamkeit wecken.«

Ramus hob seinen Reliquienstab und murmelte ein grimmiges Gebet. Der Himmel begann sich einzufärben. Er wurde dunkler und ein plötzlich aufkommender Wind blies gegen Ramus' Rücken und den Staub fort. Er hinterließ den Geruch von Gewitter und frischem Regen. Wetterleuchten flackerte am Himmel. Die Gewitterwolke drehte und wirbelte. Der Wind wurde zu einem heulenden Wirbelsturm, in dessen Zentrum Ramus stand.

»Ich bin Ramus Schattenseele«, brüllte er. Der Wind riss ihm die Worte von den Lippen. Sie wurden von den schwarzen Wolken dröhnend wie der Zorn des Sturms selbst zurückgeworfen. Regen trommelte auf die Schrottfeste und brachte den ohrenbetäubenden Lärm dort zum Schweigen. »Ich bin der Lord-Relictor der Hallowed Knights, die Viertgeschmiedete der Ewigen Heerscharen Sigmars. Ich will mit eurem Anführer sprechen. Der, der sich selbst der Große Rote nennt.«

»Das sollte reichten«, schrie Vandalus über den Sturm.

Blitze zuckten weiterhin über den Himmel und der Regen wurde noch stärker. Ramus beobachtete, wie einige der Astral Templars ihre Gesichter dem Regen entgegenstreckten, damit ihnen das Wasser den Staub von den Gesichtsmasken wusch. Die Hallowed Knights standen still wie Statuen. Egal, ob es regnete oder stürmte. Bei der Festung begann sich jedoch etwas zu bewegen.

Ein Horn wurde geblasen. Pauken wurden begeistert geschlagen. Mit einem Kreischen von Metall auf Knochen, das die Zähne schmerzen ließ, begann sich das große Tor der Schrottfeste zu öffnen.

Ramus sah, wie ein riesiger Orruk in einer Aufmachung durch das Tor tänzelte, die grell genug war, sogar durch den Sturzregen hindurch deutlich sichtbar zu sein. Er war in eine mit vielen Ausschmückungen und Stacheln versehene Halbrüstung gekleidet. Sie bestand aus Schrottteilen und bemalten Knochen, die bei seinen Sprüngen und Wirbeln über die Treppe gegeneinander rasselten. Er trug keine Waffen im herkömmlichen Sinn, sondern in jeder Hand lediglich einen Knochen, der wie eine Keule aussah. Er schlug sie in einem fieberhaften aber seltsam aufregenden Rhythmus gegen seine Hüften, seine Handgelenke, seine Eisenrüstung und auch gegeneinander.

Eine Meute schwarzhäutiger Orruks, die normale aber schwere Rüstungen, Vollhelme und Schilde trugen, stampften hinter dem seltsamen Kriegstrommler her.

Hinter ihnen stolzierten die eigentlichen Ironjawz selbst. Sie waren Riesen, die vollständig in Metall gehüllt waren. Jeder von ihnen klapperte in einer eigenen Schlachtrüstung dahin, welche die schwarzhäutigen Orruks wie Welpen erscheinen ließ, die zum Schutz in Folie eingewickelt waren. Sie nickten mit ihren in Metall gehüllten Köpfen im Rhythmus des Kriegstrommlers und klopften mit ihren Äxten, Streitkolben und beweglichen Faustkrallen seine Melodie nach.

»Ich würde sagen, dass sie nicht beeindruckt sind«, brüllte Vandalus. Seine Schwingen erwachten zu energievollem Leben, als er vom Boden abhob.

»Kampflinien«, befahl Ramus kurz angebunden.

Die Astral Templars beugten sich vor und verschränkten ihre Schilde. Die Krieger seines Exemplar-Banners trugen keine Schilde. Stattdessen waren sie mit einer tödlichen Mischung aus zweihändig geführten Donneräxten, Sturmschlag-Gleven und Donnerhämmern bewaffnet und taten einfach einen Schritt nach vorn, um eine perfekte Linie mit den ungeduldigeren Astral Templars zu halten.

Während sie sich in Stellung brachten, erreichten die ersten Grünhäute den Wüstenboden, der vom Regen gehärtet war. Dort formierten sie sich in Kampflinien, die so aussahen wie die der Stormcasts. Sie waren nur doppelt so lang und bestanden aus mehreren Reihen. Ramus schätzte, dass ihnen mindestens eine dreifache Übermacht gegenüberstand. Die großen Bestien der Ironjawz hielten das Zentrum und wurden von disziplinierten Abteilungen der kleineren schwarzen Orruks flankiert. Auf der linken Seite stand den Astral Templars ein wilder Haufen Grots gegenüber, die mit allen nur denkbaren Waffen ausgerüstet waren. Sie warfen den Stormcasts schrille Verwünschungen über die vom Regen getränkte Lücke zu. Auf der anderen Flanke standen zwei Reihen der Eberkavallerie, die sich zu einer grob organisierten Meute gesammelt hatte. Sie schnaubten, während sie ungeduldig auf das Angriffssignal warteten.

»Keine Flieger«, murmelte Ramus. Er zog es vor, sich auf den Vorteil zu konzentrieren, egal wie gering er auch sein mochte.

Der Protector, Cassos, musste über den Versuch des Optimismus seines Lord-Relictors lachen. Er war der Letzte dieser Berufung, der noch übrig war. Ramus hatte noch nie einen Mann gesehen, der so sehr die Rückkehr in Sigmars Schoß zu vermeiden suchte.

Ramus stieß seinen Reliquienstab über dem Kopf in die Luft und sah auf die Gefechtslinie hinab. »Wer kämpft mit Sigmar an der Seite?«

»Nur die Gläubigen«, skandierten die Hallowed Knights.

»Wer wird siegreich sein?«

»Nur die Gläubigen.«

Der Kriegstrommler überbrückte die letzten Meter mit einem Sprung und begann im Sand herumzuwirbeln. Er war nach vorn gebeugt, während er entlang der Linien der Grünhäute tanzte. Seine Keulen wirbelten durch die Luft und er grollte und grunzte seinen Singsang heraus. Schneller, lauter. Der Orruk sank vor den Bestien der Ironjawz auf die Knie, als er den ekstatischen Höhepunkt seiner Darbietung erreichte. Er trommelte mit den Knochenkeulen auf seine Hüfte. Als er ein Brüllen ausstieß, fiel der Regen über sein in die Höhe gerichtetes Gesicht und die gesamte Linie der Grünhäute stimmte ein.

Als Erstes stürmten die Bestien vor, gefolgt von den schwarzen Orruks. Die Eberkavallerie gehörte trotz ihrer Ungeduld zu den Letzten, die zum Angriff übergingen. Sie übernahmen aber schnell die Führung, als die grausamen Bestien in einen donnernden Galopp übergingen. Nur die Grots hielten sich zurück. Sie schossen eine Salve Pfeile ab, die weit vor den Astral Templars mit einem schmatzenden Geräusch im nassen Sand einschlugen.

»Abwarten«, murmelte Ramus. Er hatte bemerkt, dass sich die Astral Templars ungeduldig vorwärts schoben. Dann drehte er sich um und warf einen Blick über seinen linken Schulterpanzer. »Judicatoren, schießt.«

Eine klirrende Salve aus Schlachtbolzen mit Sigmaritspitzen flog mit einem zischenden Geräusch in Richtung ihrer entfernten Feinde. Sie segelten in einem Bogen hoch in den Regen und fielen wieder zu Boden. Die Schussgenauigkeit und Durchschlagskraft war den Geschossen der Grünhäute weit überlegen. Die Bolzen fielen in die Eberkavallerie und bohrten sich mit dumpfen Schlägen in die schweren Panzerungen. Eine der Eberbestien brach mit einem der ellenlangen Bolzen in der Schulter zusammen und zerquetschte ihren Reiter unter sich. Die folgende Bestie schleuderte sie mit ihren Hauern aus dem Weg, ohne dabei langsamer zu werden. Der Rest galoppierte weiter. Ihre Rüstungen waren mit Bolzen gespickt, über deren Oberfläche azyritische Energie flackerte.

»Noch mal. Schießt!«

Eine weitere Salve überbrückte die Distanz. Diesmal mussten sie ihr Ziel aufgrund der Entfernung nicht mehr korrigieren. Die Eberkavallerie war eine Mauer aus Schrottmetall und heranrasender Kraft, die nur noch ein kurzes Stück entfernt war. Der Boden bebte. Ein weiterer Reiter der Ironjawz wurde im Bauch getroffen, grunzte auf, fiel aber nicht aus dem Sattel. Auf der rechten Seite zielte ein Astral Templar hoch in die Luft und zog seinen gewaltigen Himmelsschlagbogen zurück. Er trug eine glänzende Rüstung in hellen kastanienbraunen und goldenen Farben und war erst vor Kurzem durch Vandalus' Leuchtfeuer gerufen worden. Ein Stoß aufgeladener Luft entstand, als der gigantische Pfeil mit einem Knall von der Bogensehne in die Luft peitschte. Er flog in einem Bogen über die schwarzhäutigen Orruks, die angerannt kamen, und zischte dabei wie ein abbrennendes Feuerwerk. Er explodierte in einem Blitzsturm mitten unter den Grots.

Die Eber wurden noch schneller. Nasser Sand wurde von ihren donnernden, eisenbeschlagenen Haxen aufgewirbelt. Sie waren jetzt nur noch wenige Augenblicke entfernt und nah genug, dass Ramus das Rot in ihren geifernden Mäulern sehen konnte. Er packte seinen Reliquienstab und schloss die Augen. Er konnte ihren keuchenden Atem hören und den bebenden Boden spüren. Aber all das schob er beiseite, um seine Sinne auf die entfesselten Gewalten des göttlichen Sturms zu konzentrieren, der um ihn herum tobte. Er war unberührt und so wild wie die Ewigen Winterlande von Azyr.

»Hier gibt es keinen Schamanen«, murmelte er, als er seine Augen öffnete.

»Das schafft gleiche Chancen«, sagte Cassos.

»Ja, das tut es.«

Als er spürte, wie seine Macht aufstieg und ihn erfüllte, hob Ramus erneut seinen Reliquienstab. Er spürte den deutlichen Zug, der von ihr ausging. Es war, als wollte sie ihn vom Boden heben und mit den brodelnden Sturmwolken eins werden lassen, wenn er nicht darum kämpfte, sie zu beherrschen.

»Sigmar, Herr der Blitze!«, brüllte er. »Entblöße ihr Fleisch für das Feuer von Azyr.«

Er feuerte einen Blitz in die heranrasende Kavallerie, mit dem er Orruks zu Asche und ihre brutalen Reittiere in rennendes Fleisch verwandelte. Er bleckte die Zähne und brachte seine Macht immer und immer wieder solange zum Einsatz, bis sein Körper glühte. Blitze erschlugen die ängstlichen Bestien aus heiterem Himmel. Eine nach der anderen kroch über verbranntes Fleisch. Klotzige Krieger gaben grunzende Schreie von sich, als sie sich im Sand rollten, um die Flammen zu ersticken.

»Sigmar!«, rief er, als er seinerseits zum Sturm ansetzte und seinen dampfenden Reliquienstab in der Luft schwenkte. »Er kämpft an unserer Seite!«

Die beiden gepanzerten Linien krachten mit einem ohrenbetäubenden Geräusch aufeinander, das von den Schilden, Klingen und dem aufgeplatzten Fleisch der Eber stammte. Eine Donneraxt schlug den Arm eines Ironjawz mit einem Knall am Ellbogen ab. Ein reiterloser Eber spießte einen Retributor auf einem Hauer auf. Von hinten kamen Bolzen angeflogen. Ein Orruk brüllte einen Fluch heraus und wurde einen Augenblick später in zwei Teile zerrissen. Waffen brummten vor azyritischer Energie. Zwei Ironjawz bahnten sich einen Weg zu Ramus. Die Harnische ihrer Reittiere knirschten, bis ein lautes Kreischen zu hören war. Energie krachte und eine blutroter Schemen schnitt von links nach rechts. Beide Orruks fielen kopflos von ihren Bestien. Cassos stürmte vor, als die Eber sich teilten und an ihnen vorbei galoppierten. Seine Sturmschlag-Gleve wirbelte so geschwind umher, dass es so aussah, als würde er zwei von ihnen tragen. Sie warf eine Barriere roter Schlieren zwischen Ramus und den anstürmenden Ironjawz in die Luft und holte die planlos abgeschossenen Schauer der Pfeile ohne Aufheben aus dem Himmel, die von den Grots abgefeuert wurden.

Die Retributoren und Decimatoren drängten in die Lücke, während die Astral Templars wie immer bereits einen Schritt voraus waren. Ramus hörte die wilden Schreie der Stormcasts und das Geräusch von Sternmetall, als die Liberatoren sich durch die schwarzen Orruks und die grobschlächtigen Ironjawz dahinter metzelten. Zerschmettern und Töten. Krieg, wie ihn der Gottkönig sich immer vorgestellt hatte.

Vandalus verschoss über ihnen Lichtstrahlen aus seiner Laterne und brannte damit goldene Lücken in die Reihen der Orruks. Dann rollte er sich nach links ab, während die Prosecutoren, die ihm folgten, sich nach rechts wandten.

Allein das Fliegen war für diese gerüsteten Engel bereits eine anstrengende Aufgabe. Es mit Anmut zu tun verlangte nicht nur nach einem geschmeidigen Körper, sondern auch nach einer Finesse des Geistes und des Willens, die mehr als nur übermenschliches Geschick benötigte. Sie benutzten ihre Speere wie Lanzen und beidhändig geführte Himmelshämmer, als sie wie Kometen in die verängstigten Grots einschlugen. Körper wurden in die Luft geschleudert. In einer Kakofonie aus Kriegsschreien machten sich die Stormcasts daran, die leichten Scharmützler zu zerreißen.

Die Reihe der Grots brach fast im gleichen Augenblick auseinander, als die Prosecutoren unter ihnen zu Boden stürzten. Sie waren bereits auf der Flucht in Richtung ihrer eisenverkleideten Paddelschiffe.

»Ardboyz!«, plärrte eine der schwersten Bestien in dem Block der Ironjawz und schlug auf eine große, ungestüm wirkende Greifklaue, die nur aus Nieten und roter Farbe bestand. Damit zeigte er auf eine zweite Meute der schwarzhäutigen Orruks. »Ich hab das. Schluss machen mit denen mit den Flügeln.«

Die zweite Meute schwenkte herum und trampelte zurück zu den Prosecutoren, die sich auf dem Boden befanden.

»Das Zentrum hält«, rief Sagittus von irgendwo aus er Nähe.

»Judicatoren zu den Flanken!«, rief ein anderer Stormcast.

Ramus trieb die Ferse seines Stiefels in das Gesicht eines Ironjawz, der unter seinem toten Eber eingeklemmt war. Cassos' Sturmschlag-Gleve brummte um ihn herum wie ein wütender Wachgeist. Irgendwo in den rauchenden Überbleibseln und dem Tumult konnte Ramus den Kriegstrommler der Orruks hören, der mit seinen Knochenkeulen immer noch trommelte. Es war ein brutales Tempo, das die Orruks auch mit ihren Waffen zu erreichen versuchten.

»Die Bestien scharen sich um ihn«, grollte Cassos. »Sieh, wie sie ihn schützen.«

Vor Ramus baute sich einer der Ironjawz wie eine Mauer auf. Es war der Kriegsboss mit den Klauen. Die Bestie allein benötigte den Platz von zwei anderen. Ramus reckte seine Schulter vor und rammte in die Brust des Ironjawz, bevor dieser seine Waffen gegen ihn richten konnte. Der Bestie wurde die Atemluft mit einem Geräusch aus den Lungen gedrückt, das wie ein Bellen klang. Sie wich aber keinen Zentimeter zurück. Die Greifklaue quetschte sich nur eine Handbreit über Ramus' Genick zusammen. Der Lord-Relictor schwankte rückwärts, hob seinen Kriegshammer und wehrte damit den Hieb mit der halbmondförmigen Axt ab, der auf den Scheitel seines Helms gerichtet gewesen war.

Über seine Schulter zuckte eine knisternde Sturmschlag-Gleve vor. Der Ironjaw duckte sich außer Reichweite und hieb die Klinge mit der Rückseite seiner Klaue grob zur Seite. Er war für den Bruchteil einer Sekunde abgelenkt, doch das genügte Ramus. Sein Hammer beulte die rechte Seite der Rüstung des Ironjawz ein und zwang ihn dazu, sein Gewicht auf die linke Seite zu verlagern. Die Bestie gab ein gefährliches Grollen von sich und ruderte mit den Armen, um das Gleichgewicht zu halten. Sie konnte deshalb Cassos' Gleve nicht aufhalten, die durch seine Kehle drang und im Genick wieder austrat.

Ramus kniete sich über den großen Kriegsboss und schlug dessen Helm mit einem Schlag seines Kriegshammers auf.

»Sagittus!«, brüllte er, als Cassos sich schützend vor ihn stellte. Der Rhythmus des Kriegstrommlers war noch schneller geworden und schien die blutgetränkte Luft zum Pulsieren zu bringen. Ramus konnte einen Blick darauf erhaschen, wie der Rest der Meute der Ironjawz sich zusammenscharte, um den Tänzer zu verteidigen. Mit geschlossenen Augen und offenem Mund war er in einem wilden, entarteten Taumel gefangen. »Erledige ihn, Sagittus.«

Schwere Bolzen hämmerten in die Ironjawz, sie blieben jedoch standhaft. Sie standen zu eng beieinander, als dass die Bolzen durchschlagen konnten. Sogar die Prosecutoren, die sich wieder in die Luft erhoben hatten, bevor der Angriff der schwarzen Orruks eingeschlagen hatte, kamen mit ihren Wurfspeeren nicht durch. Auch ihre geworfenen Kriegshämmer wurden aus der Luft geholt, bevor sie ihr Ziel erreichen konnten. Der getrommelte Rhythmus fachte alle zu noch größeren Ausmaßen der Aggression und der Wut an.

»Ich kümmere mich um ihn, Bruder.«

Vandalus stieß hinter dem Block der brutalen und primitiven Infanterie herab und führte eine Rolle aus, die ihn über die Rückseite der Formation brachte. Er öffnete seine goldene Laterne. Ironjawz begannen zu heulen, als das wunderbare Licht Azyrheims auf ihren Rücken und durch Lücken brannte, die zu eng waren, als dass die Bolzen aus den Repetierarmbrüsten oder die Sturmrufspeere sie durchdringen konnten. Obwohl sie eng gedrängt aneinander standen, begann grüner Rauch aus den Augen des Kriegstrommlers aufzusteigen.

Der wahnsinnige Gesang des Orruks wurde zu einem tollwütigen Schrei.

Ramus konnte den Ironjaw schwanken sehen. Das genügte ihm, um durch die kräftigeren Krieger der Orruks zu brechen und den Kriegstrommler mit einem Hieb seines Hammers gegen die Schläfe aus seiner Qual zu erlösen.

Das gab den verbliebenen schwarzen Orruks den Rest, die sich sofort umwandten und den fliehenden Grots hinterherrannten. Die Ironjawz waren nun in der Unterzahl und umzingelt. Trotzdem kämpften sie weiter.

Vandalus breitete seine Schwingen aus und schwang sich nach oben in den Regen in die Luft. Die Wolken um ihn herum wurden dichter. Blitze zuckten. Ramus konnte spüren, wie seine Körperbehaarung auf die größere Spannung und die Funken reagierte, die über die Spitzen aus Sigmarit des Glorienscheins des Reliquienstabs tanzten. Der Azyros-Ritter öffnete seine Laterne so weit wie nur möglich und ihre geballte Leuchtkraft verbrannte das Dunkel des Sturms. Es war, als wäre das Licht aller Sterne, die es je gegeben hatte, auf diesen rechteckigen Fleck des Meers der Gebeine gerichtet. Einen Moment lang, einen göttlichen Moment lang spürte Ramus die Augen des Gottkönigs auf ihnen allen ruhen.

Die kehligen Schreie, mit denen sein Blick begrüßt wurde, waren seine Bestätigung: die plötzliche und brennende Blindheit der Apostaten. Der Himmel riss auf und wieder und wieder schlugen Blitze wie ein Meißel gegen einen Zahn in den Wüstenboden ein. Solange, bis der vom Regen durchtränkte Boden mit Knochenstaub bedeckt war und Ramus nur noch Lichtblitze erkennen konnte.

Cassos lachte, als die Darbietung der Macht des Azyros-Ritters mit dem Ruf »Sigmar!« begrüßt wurde.

Die Wolke begann sich zu verziehen. Sie wurde dünner und gab den Blick auf das Glitzern kastanienbrauner und goldener Rüstungen frei, die so perfekt wie Juwelen waren. Zwei Dutzend Stormcast Eternals waren frisch aus Sigmaron eingetroffen. Ihr Aussehen war bis zur feinsten Facette ihrer Kriegsrüstung perfekt. Sie stießen einen donnernden Jubel aus und griffen die Ironjawz von hinten an.

Vandalus landete mit tiefen Atemzügen neben Ramus.

»Es ist schwierig, ein Publikum von sich zu überzeugen, wenn sie alle tot sind.«

Ramus lächelte grimmig. »Die Astral Templars waren nicht Teil der Mission nach Shyish, nicht wahr, mein Freund?« Mit einem amüsierten Schnauben zeigte er über die immer noch resolut kämpfenden Ironjawz hinweg auf die Schrottfeste, die anscheinend aufgegeben auf ihrem einsamen Knochenvorsprung stand. »Ein oder zwei Tage Ruhe werden uns guttun. Wir werden uns neu formieren, versorgen und die Spur des Verräters erneut aufnehmen. Und vielleicht kommt ja jemand vorbei, um sie selbst in Anspruch zu nehmen.«

Die Klanhalle der Ironjawz war kalt. Durch einige mit Eisengittern versehene Feuerstellen in der Seitenwand kam ein Luftzug und brachte die Wandbehänge aus getrockneten Häuten in Bewegung. Eine lange Festtafel füllte den meisten Platz in der Halle. Sie bestand aus einem Sammelsurium aus Metallplatten, die so eingebeult, zerknittert und mit Bissspuren versehen waren, dass es auf ihr keinen flachen Platz gab, der groß genug war, als dass man dort einen Krug hätte hinstellen können.

Ramus nahm all das mit einem schnellen Blick wahr. Er stand mit der geöffneten Tür hinter ihm an der kältesten Stelle. Staub schwebte in der Luft. Die großen Feuerstellen lagen auf beiden Seiten. Vor ihm streckte sich der Tisch bis zu einem blutbesudelten Eisenthron. Ein Hautbanner bedeckte die gesamte Wand dahinter. Es zeigte auf einem roten Untergrund grobschlächtig aufgemalte Runen. Er wusste nur wenig über die Sprache der Orruks, und noch weniger über ihre geschriebene Form. Diese Runen aber hatte er bereits überall gesehen.

Der. Große. Rote.

»Wir haben die Anlage gründlich durchsucht, Lord-Relictor.« Sagittus kam von der Seite in den Saal geschritten. Mit ihm kamen die gedämpften Geräusche von Töpfen und Pfannen, die überall aufgehängt waren, wo sich der Wind in ihnen fangen konnte. Seine silberne Gesichtsmaske war beschlagen. Sie zeigte einen grimmigen Ausdruck. Seine Repetierarmbrust hielt er in einem schweren Panzerhandschuh an seiner Seite. »Sie ist leer.«

»Sehr gut«, murmelte Ramus. In Gedanken trennte er die Runensymbole und drehte sie um. Er versuchte, darin die versteckte Komplexität zu erkennen, die so auffallend abwesend war.

»Lord-Relictor?«

»Sieh nochmals nach.«

»Mein Lord, ich bin mir sicher.«

Ramus drehte den Kopf zu seinem Stellvertreter. Die tiefen Höhlen seines Schädelhelms starrten ihn an. »Wenn ich mir ebenfalls sicher bin, dann garantiere ich dir, dass es vor dir niemand anderes erfährt.«

Der Judicator neigte steif seinen Hals. »Wie du wünschst, mein Lord. Wir suchen noch einmal alles ab.« Seine Stiefel klackerten über den Metallboden, als er wieder nach draußen ging.

Ramus widmete sich wieder seinen Überlegungen über das flatternde Banner. Sagittus war nicht Teil des Kriegerbanners an der Brücke des siebenfachen Leids gewesen und hatte auch die Neuschmiedung nicht erlebt. Er hatte keine Zeit erhalten, um über die Konsequenzen des Versagens dieser Mission nachzudenken. Tarsus hatte Sigmar gehört, und es war ihm *gestohlen* worden. Gemäß Ramus' umfangreichem Historienwissen war eine andere Sturmschar noch nie das Opfer eines solchen Vergehens geworden. Die Schande zehrte an ihm, dass er daran teilgenommen hatte. Und wenn es ihm jetzt nicht gelang, den Lord-Celestant zurückzubringen …

Die Hallowed Knights waren eine Truppe Unsterblicher. Es war noch nie vorgekommen, dass einer aus ihren Reihen zum Anführer erkoren wurde.

Er berührte mit seinen Fingern Skraggtuffs Schädel, schloss die Augen und gab sich der Kälte hin. Zwischen seinen tauben Lippen entstand ein Dunstschwaden.

»Erwache, Skraggtuff.«

»*Mmmmmm*«, kam die Antwort in Form eines Echos. Das dumpfe Murmeln eines Träumers.

»Wie weit hat sich Mannfred bereits von uns abgesetzt? Du bist über den Äther mit ihm verbunden, Skraggtuff.«

»*Mmmmmm.*« Ramus vermeinte, den Eindruck eines miserablen Geistes zu spüren, der sich herumwälzte und dessen Augen im Zustand zwischen Schlaf und Wachheit flackerten. »*Nicht weit. Es ist vielleicht an der Zeit zu schlafen. Nur ein bisschen.*«

Ramus zog erschrocken seine Finger zurück und öffnete die Augen. Seine Wahrnehmung war auf einmal misstönend normal. Er blinzelte mehrmals, leckte sich über die Lippen und bewegte seine Finger, um in ihnen so etwas wie Wärme zu spüren. Als er das tat, öffnete sich am anderen Ende der Halle eine Tür, wo zuvor keine gewesen war. Sie schob das Banner etwas in die Höhe, dass über ihr hing. Unter ihr wirbelte Staub ins Innere. Ein goldener Panzerhandschuh tastete unter dem Stoff umher und hob ihn nach oben über die dicke Metalltüre. Vandalus sah sich etwas desorientiert um. Dann wandte er sich zu Ramus und zeigte auf die Decke.

»Ich bin über das Dach gekommen. Sei nicht streng mit Sagittus. Sie war von dieser Seite verriegelt.«

»Hast du –«

»Nein.« Vandalus seufzte. »Ich habe da hinten nur einen Grot gefunden, der sich dort versteckt hielt. Ich vermute, dass es seine Pflicht war, die Tür für denjenigen zu öffnen, der auf diesem Thron saß.« Er zeigte in dessen Richtung und lächelte mit toten Augen. »Die Bosse der Orruks bevorzugen hohe

Plätze. Es zeigt allen anderen, wie wichtig sie sind. Außerdem können sie alles überblicken, was ihnen gehört.«

»Wie weit können sie sehen?«

»Der Staub bedeckt alles. Nicht weit.«

»Zeig es mir.«

So weit das Auge reichte, war alles weiß. Der einzige Vergleich, den Ramus anstellen konnte, war, von Nebel eingeschlossen zu sein. Oberflächlich betrachtet sah es vielleicht wie Nebel aus. Darin allerdings zu stehen zeigte einem, was irreführende Teufelserscheinungen sein konnten. Die Luft war staubtrocken und bitterkalt. Um sie herum pfiff der Wind. Knochensplitter schlugen gegen seine Rüstung und machten dabei ein Klimpergeräusch. Weiter entfernt, dort, wohin er nicht sehen konnte, und überall war immerfort das Kratzen von Knochen auf Knochen zu vernehmen. Ramus wusste durch die Kälte in seiner Seele, dass dies das Geräusch war, das entstand, wenn sich die Toten unterhalten wollten, ohne von den Lebenden gehört zu werden.

Er stieg auf die mit Stacheln bewehrte Brustwehr, legte seine Panzerhandschuhe auf die scharfe Kante und blickte in die Tiefe. Weiß. Überall. Er konnte noch nicht einmal mehr die Wendeltreppe ausmachen.

Der Wind umwehte mit einem Stöhnen die gefrorenen Seiten seines Helms. Im Meer der Gebeine pflanzten sich Geräusche auf eigenartige Weise fort. Sie hingen in der Luft und erweckten manchmal den Anschein, dass man sich unter Wasser anstatt in einer Wüste befand. Das dumpfe Murmeln, das er hörte, könnte von einer Armee stammen, die unter seiner Nase vorbeimarschierte. Oder von einer einzelnen Bestie, die tausend Reisestunden entfernt trompetete. Oder von den tektonischen Kriegen der Junkarberge, die weit, weit hinter ihnen lagen.

Irgendetwas neben ihm auf der Brustwehr blies sich die Nase und er drehte sich mit einem verdrossenen Gesichtsausdruck in Richtung des Geräuschs. Er hatte angenommen, dass mit ›einen Grot gefunden‹ ›einen Grot getötet‹ gemeint gewesen war. Jetzt aber blickte das unselige Wesen mit großen, feuchten Augen zu ihm auf. Seine Ohren waren flach an den Kopf angelegt. Ramus musste zugeben, dass auch er keine große Lust verspürte, das Wesen zu töten.

Er sagte sich, dass Gorkamorka einst Teil von Sigmars großem Pantheon gewesen war. Es war die Streitlust gewesen und nicht etwa fundamentale, theistische Unterschiede, die die beiden Mächte zu Feinden gemacht hatte.

»Wir suchen nach dem Großen Roten«, sagte er mit fester Stimme. »Wo ist er?«

»Da nicht ist«, quiekte der Grot.

»Das sehe ich selbst. Ich will wissen, wo er ist.«

»Weg.« Der Grot schluckte. Der große Klumpen in seiner Kehle bewegte sich auf und ab. »Weg zum Kampf bei Donnertür.« Die dürre Grünhaut nickte energisch.

»Warum?«, fragte Ramus.

»Zum Kämpfen.«

»Aber *warum*?«

»Erster sein will über Meer von Knochen. Denk an den Ruhm. Auch die alten Junkar nicht schaffen das.«

Ramus drehte sich zu Vandalus um, der bei der Tür zur Treppe stand.

»Die Wüstennomaden, die uns bei unserer Ankunft im Meer der Gebeine empfangen hatten, dachten, dass es sich bis an den Rand der Welt ausdehnt. In den Bibliotheken von Cartha fanden wir Texte, die ferne Länder beschreiben, die so weit hinter der leblosen Ebene liegen, dass sogar sie sogar vom Zeitalter des Chaos noch nicht erreicht wurden.«

Ramus schnaubte verächtlich. »Geschichten, die man Kindern erzählt, um ihnen Hoffnung zu machen.«

»S'ist wahr«, piepste der Grot. »Und der Große Rote wollen unbedingt hin. Hatte Boote beladen und so. Bevor der Tote einschleichte und Donnertor genommen hat.«

Ramus' Kiefer spannte sich. In seiner Brust war es plötzlich kalt geworden.

Mannfred.

»Er meint die Himmlische Reichspforte,« sagte Vandalus und kam auf ihn zu.

»Dort ist weitere Festung«, sagte der Grot schnell, der mit dem Thema warm wurde. »S'ist wichtig. Der Große wollte nutzen, um Sachen herbringen und lagern. S'ist weiter Weg über Meer der Knochen.«

»Erzähl mir von dem Toten«, verlangte Ramus. Er kauerte sich neben dem Grot auf den Boden, was dieser mit einem ängstlichen Krächzen quittierte. »Sag mir alles, was du über Mannfred weist.«

»Warte«, sagte Vandalus. Er drehte sich zu der tiefweißen Aussicht um und lauschte mit einem goldbehelmten Ohr. »Hörst du das?«

Ramus winkte irritiert ab. Sobald er das aber tat, erkannte er, dass sich das entfernte Wispern verändert hatte. Es klang außerdem nicht mehr so weit entfernt. Trommeln. Es waren Aberdutzende großer, tiefer Trommeln. Das abgehackte Skandieren aus kehligen Stimmen. Das Trampeln gepanzerter Füße.

»Lass den Himmel klar werden«, forderte Vandalus eindringlich. »So, wie du es vorhin getan hast.«

Obwohl sein Körper als auch seine Seele durch die Anstrengungen während der Schlacht schmerzten, hob Ramus seinen Reliquienstab und rezitierte ein trauriges Gebet. Der Wind wurde stärker und der Staubschleier dünner. Der so geklärte

Himmel wurde dunkler und in der Entfernung war das Grollen von Donner zu vernehmen.

»Da!«, rief Vandalus.

Ramus blickte müde in die Richtung, in die der Azyros-Ritter deutete. Das Stampfen und Klappern dichter Kriegerreihen rollte aus der Wüstenebene auf die Schrottfeste zu. Mehrere Dutzend der verdammten Kriegstrommler hüpften vor gepanzerten Kolonnen herum, die jeweils aus mehreren tausend Kriegern bestand. Jeder trommelte einen Marschrhythmus, der nur wenig mit dem der anderen gemein hatte und erzeugte so ein wildes, dröhnendes Geklopfe. Zwischen den Formationen dampften große, metallverkleidete Paddelboote, die sich durch den Sand schoben und deren Aufbauten mit Belagerungsdecks und Artillerie überladen waren. Energie floss durch sie hindurch und sprang gelegentlich in Blitzen über. Ramus konnte auf dem Hauptdeck eines jeden der monströsen Fahrzeuge einen Thron ausmachen, auf dem einer der seltsamen Schamanen der Ironjawz saß. Er spürte die Energie dieser Schiffe. Sie waren durch die Energie und die Schwingungen der sie umgebenden Grünhäute zu beinahe gottgleichen Proportionen angeschwollen. Irgendwie verstand er, dass diese Fahrzeuge sowohl als Truppentransporter, Sturmwaffen und Verstärker dienten, um die Mahlwürmer abzuwehren.

Der Große Rote hatte die Wanderung seines Kriegsklans gut geplant.

Ramus suchte die marschierenden Kolonnen ab, bis er ihn letztlich ausmachte.

»Dort ist er. Der Große Rote.«

Über den ersten Linien hing eine dunkle Gestalt, die wie eine Masse undeutlicher Aggression wirkte. Sie saß auf der klobigen Monstrosität einer Kreatur, die wild umherflatterte, als sie versuchte die Luft mit ihren kleinen aber muskulösen Flügeln physisch zu bezwingen.

Ramus nahm Sagittus' Rufe war, die von dem Metallboden unter ihm erklangen. Judicatoren rannten zu den Mauern und spannten ihre Armbrüste.

»Es sind so viele«, murmelte Ramus.

»Jetzt ist es zu spät, sich darüber Gedanken zu machen«, fauchte Vandalus. »Du wolltest den Großen Roten beeindrucken. Ich möchte wetten, dass er da vor dir steht. Beeindrucke ihn. Sei stark, zeige keine Furcht. Wenn er uns nicht beide umbringt, dann ist er *vielleicht* fasziniert genug, dass du dein Anliegen vorbringen kannst.«

Ramus nickte als Zeichen, dass er verstanden hatte, und drehte sich um, um seine Stimme in den Sturm zu leiten. »Ich bin Ramus von den Hallowed Knights, Orruk, und ich habe auf dich gewartet. Komm zu mir und lass uns das hier als Gleichberechtigte zu Ende bringen.«

Als der Wind nachließ und den Raum zwischen ihnen in Staubwolken hüllte, strengte er sich an, die Reaktion des Großen Roten zu erkennen. Das Letzte, was Ramus noch ausmachen konnte, war die Bestie des Ironjawz, die ihn vor seine Armee trug und sich um Höhe bemühte.

»Ein Schlundbrecher«, sagte Vandalus. »Ich habe einmal einen in den Urwäldern von Cartha gesehen. Die eingeborenen Ogors haben damals lebende Beutetiere in den Wald gebracht, um das Monster von ihren Stämmen fernzuhalten.«

Ramus ertappte den Grot dabei, wie er mit offenem Mund, aufgerissenen Augen und angelegten Ohren entsetzt zu ihm aufstarrte. Er knurrte und drehte sich zu Vandalus. »Wird er kommen?«

»Ich denke schon. Kein Orruk lässt eine solche Herausforderung unbe–«

Der Azyros-Ritter sah hastig nach oben. Ramus hatte das Geräusch ebenfalls gehört. Es hörte sich an wie …

»Waaaaagh!«

Ramus drückte sich gegen die mit Stacheln gespickte Brustwehr, als ein in Panzerplatten gehüllter Felsbrocken im Zentrum des Bollwerks landete.

Das Bauwerk neigte sich scharf zur Seite und begann aus allen Fugen zu Krächzen. Ramus hielt sich mit einer Hand an einem Stachel der Brustwehr fest. Sein Arm war um ihn geschlungen und drückte in das Metall. Er sah, wie der Grot an ihm vorbeirollte, einmal in die Wand einschlug, und nochmals in die Knochen der Skelettstruktur, und sich dann wie ein Wollknäuel auflöste und im Dunst verschwand.

Der Schlundbrecher kümmerte sich nicht um den wankenden Turm oder um das Läuten der Warnglocken. Er breitete seine Arme und Beine aus und richtete sich auf Knöcheln auf, die so groß wie Ramus' Fäuste waren. Seine vorderen Gliedmaßen waren mit harten Schuppen bedeckt. Auf einigen waren noch rote Flecken zu sehen. Er breitete sie wie zwei Schildwälle aus und ein Kopf wurde sichtbar, der fast nur aus einem riesigen Maul zu bestehen schien. Ein gewaltiger Unterbiss stand wegen einer Schnauze mit riesigen Reißzahnprothesen deutlich vor. Die Reißzähne verdeckten beinahe die kleinen, roten Augen des Monsters.

Unter einer gewaltigen Menge von Ausrüstungsgegenständen begraben saß die größte Grünhaut, die Ramus je gesehen hatte. Seine gepanzerten Oberschenkel waren um den Hals des Monsters geklammert, während seine Zehen über den Boden schliffen.

Ramus hatte während der vergangenen Monate bereits oft gedacht, dass er die größten Orruks gesehen hatte. Nun aber war er davon überzeugt, dass es wirklich keine Größeren mehr geben konnte. Der Wüstling war gigantisch und trug eine dicke Rüstung, die je zur Hälfte mit roter und schwarzer Farbe beschmiert war. Auf seinen massigen Panzerhandschuhen und den mit Stacheln versehenen Stiefeln klebten matte Blutreste. Nur der Kopf war ungeschützt. Das Muster aus roter und schwarzer Farbe war spiegelverkehrt aufgepinselt und ein breiter Streifen aus roter Farbe zog sich über das dunkle Fell im Nacken. Ein Auge war mit einer Eisenplatte zugenagelt, auf die plump in grüner Farbe ein aufgerissenes Auge gepinselt war. Der Megaboss griente den Stormcast an. Dabei verzog er affenartig langsam seine Gesichtsmuskeln und zeigte die scharfen und viel zu großen Metallzähne in seinem Mund. Sie waren an den Stellen blutverschmiert, wo er sich damit selbst in die Decke des eigenen Munds biss.

Stünden Ramus und Vandalus nebeneinander und wären in eine einzige Rüstung gehüllt, sie wären trotzdem nicht so groß wie er.

»Ich der Große Rote bin«, bellte der Megaboss mit einer so tiefen Stimme, dass es den Anschein hatte, als käme sie direkt aus dem Boden. Die Bestie schnaubte und kratzte mit seinen Knöcheln über den Boden und erzeugte damit ein furchterregendes Geräusch. Der Ironjaw starrte Ramus mit seinem einen Auge an und drehte sich dann mit quietschenden Rüstungsteilen zur Seite, um Vandalus zu beäugen. Dann fiel sein Blick wieder auf Ramus. »Tötest meine Jungs, nimmst, was mir ist, du denkst, dass du Macht hast genug, um Korruk der Große Rote zu schlagen?« Er klappte seinen gewaltigen Kiefer auf und ließ ein brüllendes Lachen hören.

Ramus stieß seinen Reliquienstab in das Metall zwischen ihnen. »Dieses Land wurde beansprucht. Von der Himmelspforte bis zu den Junkarbergen und den Wäldern von Cartha gehört dieses Land Sigmar.«

Bei der Erwähnung des Namens ›Sigmar‹ zuckte ein Blitz aus seinem Stab und versetzte dem gewaltigen Ironjaw einen Schlag in die Schulter. Korruk zuckte zurück und brüllte vor Schmerz und Überraschung auf. Seine Muskeln verkrampften sich und lösten ein Grunzen der Verärgerung bei ihm aus. Unfreiwillig hatte er an der Kette gezogen, die mit dem Stachelhalsband seines Reittiers verbunden war, und seine Oberschenkel gegen dessen Hals gepresst. Die Bestie ließ ein Grollen hören und führte instinktiv einen Rammschlag nach Ramus, der ihn direkt im Magen traf und von den Füßen holte.

Seine Beine flogen über seinen Kopf. Hell wurde dunkel. Himmel zu Metall. Mit der Gesichtsmaske schlug er gegen die Oberkante des Stachels der Brustwehr. Dabei entstand ein Riss in seinem Helm, der sich vom linken Augensockel aus ausdehnte. Dunkel zu hell, der Himmel über ihm. Er streckte eine Hand aus und hielt sich an dem Stachel fest. Sein Arm spannte sich und zog ihn wieder zurück. Dabei rammte sein Körper hart in die Metallwand der Festung. Ramus' Füße rutschten über den Boden, ohne dort irgendwelchen Halt zu finden.

»Haha!«, grölte der Große Rote. »Vielleicht ihr beide probieren. Hah! Vielleicht einer und dann anderer.«

Ein grelles Licht brannte wie ein gezackter Blitz durch Ramus' gebrochene Augenhöhle, als Vandalus sich explosionsartig in die Luft warf. Es gab ein weiteres Schmerzgebrüll des Ironjawz, dann war das Geräusch von Klingen im Kampf zu hören.

Ramus zog eine Grimasse und prüfte mit seinem Gewicht die Belastungsfähigkeit seines Bizeps und begann sich hochzuziehen. Er kam in die Höhe und brüllte vor Schmerz auf, als seine Schulter an seinem Ellbogen vorbeikam. Dann warf er seinen Reliquienstab ins Innere, bevor er selbst hineinrollte. Er nahm seinen Stab auf und kam auf die Beine. Energie strömte in ihn, bis sich das Metall unter seinen Füßen blau färbte.

Vandalus und der Große Rote kämpften hoch über den Dächern der Feste miteinander. Der Azyros-Ritter huschte agil um die monströsen Äxte des Ironjawz. Auf seinem Weg hinterließ er eine leuchtende Spur, die wie ein Netz aussah, dass er auslegte, um den Rohling mit seiner eigenen Brutalität zu fangen.

Die Metallzähne des Megabosses funkelten gierig. Ein dröhnendes Knurren stieg aus seinem gewaltigen Kiefer auf, scheinbar ohne dass er dafür Luft holen musste. Er war ein grüner Sturm. Die Manifestation der Zerstörung. Seine brutale Körperlichkeit war lediglich die Hülle für eine ungezügelte Naturgewalt. Seine Äxte zuckten gemeinsam nach unten und zwangen Vandalus dazu, den Schlag zu parieren. Der Ritter wurde davon geschleudert. Die Klauen das Schlundbrechers zogen sich zusammen. Es sah so aus, als krallte er sich in die Luft, bevor er sich nach vorne warf. Eine Pranke, die so groß wie die mit Stacheln besetzte Keule eines Garganten war, traf den Azyros-Ritter, der durch die Luft wirbelte, und hämmerte ihn nach unten.

Vandalus schlug mit flammenden Schwingen auf das Dach auf und rollte, bis er gegen die Innenseite der Brustwehr krachte. Ramus konnte hören, wie Panzerstiefel von unten die Treppe herauftrampelten. Wahrscheinlich kam Cassos angerannt.

»Hier ist Sigmar der wahre Herrscher, Bestie!«

Aus Ramus' Stab zuckten Blitze, die in den Megaboss und sein Monster einschlugen. Der Ironjaw sprühte Speichel über Vandalus, bevor er seinen mahlenden Metallkiefer schließen konnte. Blut rann sein Kinn hinunter, als sein gewaltiger Körper zu zucken begann. Der Schlundbrecher stürzte mit erratischen Schlägen seiner Flügel ab und stieß dabei ein fürchterliches Heulen aus. Ramus war erschöpft und stellte das Feuerwerk ein, bevor er nach Vandalus sah.

Der Azyros-Ritter stand auf, fiel aber beinahe wieder nach hinten. Atemlos konnte er sich aber halten und schüttelte seine leichten Schwingen frei. Er bot eine blendende Darbietung der Macht und Farben, als wollte er einen Rivalen oder einen Räuber abwehren. Zu Ramus' Überraschung ließ Korruk ein polterndes Glucksen hören. Der Ironjaw stieg mit einem lauten Knall ab und trat seine Kriegsbestie aus dem Weg.

»Du gut kämpfen für einen Donnermann. Besser als Oberboss, den ich töten bei Donnertür.«

Vandalus wollte sich auf ihn stürzen, wurde aber von Ramus zurückgehalten.

»*Töte ihn*«, zischte Skraggtuff an seiner Hüfte. »*Töte ihn, solange er nicht aufpasst.*«

Ramus' Muskeln spannten sich selbstständig an, um seinen Reliquienstab zu heben. Dann runzelte er aber die Stirn. »Ich habe dich nicht gerufen.«

»*Er ist zu stark. Er braucht dich nicht. Er wird dir nicht zuhören. Bring es zu Ende, solange du das noch kannst.*«

Ramus senkte seinen Stab. »Das ist Skraggtuffs Stimme. Es sind aber nicht seine Worte.«

Von dem Schädel kam ein düsteres Kichern. Nein, nicht eines, sondern zwei. Es war ein gruseliges Echo, als lachte man ihn von beiden Seiten aus. Das eine klang barsch und belegt, eindeutig Skraggtuff. Das andere aber war ein höflich humoristisches Geräusch. Korruk drehte seinen stark gepanzerten Nackenblock. Sein einziges Auge zog sich verärgert zusammen. Es war diese Geste, und nicht etwa die Stimmen aus dem Jenseits, die Ramus' Eingeweide kälter werden ließ als der Wüstenwind.

Ramus war der Leiter für den göttlichen Sturm, ein Leuchtfeuer für die unsterbliche Seele.

Nur *er* konnte mit den Toten sprechen.

»*Erwache, Skraggtuff*«, winselte der Schädel mit einer schmeichelnden Fistelstimme. Die Stimme des Ogors war verschwunden und nun vollständig von der des kultivierten Hochstaplers ersetzt, den Ramus nur allzu gut kannte. *»So furchtbar laut. Wo ist Mannfred, Skraggtuff? Du bist über den Äther mit ihm verbunden, Skraggtuff.«*

Jetzt, da er es vor Augen hatte, war es ihm klar geworden, dass die Stimme immer schon hinter den Worten des Ogors zu hören gewesen war. Warum nur hatte er sie zuvor nicht wahrgenommen?

»Diese Stimme«, hauchte Vandalus.

»Der Verräter.«

»Hier, Leiter des lauen Lüftchens, Leuchtfeuer der unsterblichen Arroganz. Sag mir, sind alle Stormcast Eternals dem Größenwahn verfallen, oder nur du? Man stelle sich das nur vor. Du glaubtest, dass deine drolligen Gaben sich mit meinen messen könnten.«

Die Stimme mokierte sich über ihn und Ramus erkannte, dass sie nicht mehr aus dem Schädel kam. Eine verschwommen menschliche Gestalt war erschienen und schwebte etwa eine Elle über der Brustwehr. Seine schwarze und kantige Rüstung wies Dellen und Kratzer aus unzähligen Schlachten auf. Der rote Umhang, den sie trug, war zwar immer noch beeindruckend, aber verschlissen. Der Wind blies durch die Gestalt hindurch, deren langes, schwarzes Haar von einem anderen Luftzug zum Wehen gebracht wurde. Das Haar war ungebärdiger, als es in Ramus Erinnerung gewesen war. Seine Zähne länger, die Augen roter. Die edlen Gesichtszüge zeigten furchtbare Verbrennungen. Die Folgen von Sigmars Blick vergingen nicht so schnell.

»Armer, bedauernswerter Held.«

»Du hast mich hierhergebracht«, schrie Ramus. Sein Zorn brachte seine Stimme zum überschlagen. »Du hast mich an der verdammten Nase herumgeführt. Warum?«

»*Nur mit der Ruhe, Lord-Relictor. Welches Vorbild gibt das für das Fußvolk?*«

»Warum?!«

Mannfred lachte. »*Ich denke, wir haben in Cartha bewiesen, dass ich von dir nur wenig zu fürchten habe.*« Er drehte sich mit einer suggestiv hochgezogenen Augenbraue, die haarlos und teils geschmolzen war, halb zu Korruk um. Er wirkte dabei wie ein Lehrer, der versuchte, einem willigen aber begriffsstutzigen Schüler die richtige Antwort zu entlocken.

»Ich?«, grollte der Große Rote und verzog sein Gesicht, während er nachdachte.

»*Wo warst du denn gerade noch?*«, hakte Mannfred nach.

»Die Donnertür.«

Auf Vandalus' Gesicht zeigte sich, dass er verstanden hatte. »*Denke einfach nach, mein Freund. Wärst du direkt zu deiner Reichspforte gegangen, wie du es vorhattest, dann wäre ich in der Lage gewesen, die Ironjawz zu überholen, um sie einzunehmen.*« Bei diesen Worten richtete sich der Megaboss auf. »*Natürlich hätte dich der Große Rote sofort getötet, aber man kann schließlich nicht alles haben, nicht wahr? Da er es wahrscheinlich sowieso tun wird, hätte dich das nicht viel gekostet.*«

Die Erscheinung drehte sich zu Ramus und verbeugte sich. »*Mein lieber Freund, du bist von all den Stormcasts, denen ich begegnet bin, der unbeugsamste.*« Er grinste. Dabei wirkten seine scharfen Zähne durch die Transparenz irgendwie noch heller. »*Mir gefällt Unbeugsamkeit bei meinen Freunden. Dadurch kann man sie so viel einfacher brechen.*«

»Ich bin nicht dein Freund, Verräter«, stieß Ramus hervor. Mannfred fuhr aber fort, als hätte er nichts gehört, und drehte sich mit einer langen, tiefen Verbeugung zu dem finster dreinblickenden Ironjaw um. Sein Umhang fiel dabei auf den nicht vorhandenen Boden.

»Ich werde es sein, und nicht du, der das Meer der Gebeine als Erster durchquert. Der Marsch meiner Horde wird auch im Reich der Toten zu spüren sein.« Mit einer ausladenden Bewegung richtete er sich auf und drehte sich wieder zu Ramus um. *»Unseren gemeinsamen Freund, Tarsus, werde ich mit Zuneigung gefangenhalten, wenn er mein und nicht Nagashs Gefangener wird.«*

Mit einem wilden Schrei stieß Ramus seinen Reliquienstab in Mannfreds schimmerndes Gesicht und rief Sigmar um dessen Macht an. Sein Stab begann weiß-blau zu pulsieren und gab willkürlich Energie in überspringenden Bögen ab, die ohne Wirkung durch die Erscheinung zuckten. Der Vampir antwortete mit einem gutmütigen Lächeln, zog seinen Umhang um sich und wurde zu einer roten Wolke, die im Wind verflog.

»Denk über dein Versagen nach, Stormcast«, kam die körperlose Stimme, *»während ich mir das Meer der Gebeine einverleibe.«*

Korruk heulte plötzlich vor Zorn auf und lenkte Ramus von der Beschäftigung mit seinem eigenen, kochenden Blut ab. Der Ironjaw drehte sich um und stampfte ohne ein weiteres Wort zu seinem Schlundbrecher, sprang auf dessen Rücken und zwang die Bestie mit einem Tritt in die Luft. Sie gab ein Brüllen von sich, breitete die verkümmerten, lederartigen Stummelflügel aus und sprang von der Brustwehr. Wie ein Stein fiel sie in den Dunst.

Ramus hörte zu, während sich die wütenden Schreie des Megabosses entfernten. Er neigte den Kopf, wie um zu beten. Seine Augen brannten. Es war unmöglich den Ironjaw zu hören und nicht an dieselbe blinde Wut erinnert zu werden, die ihn an diesen Ort gebracht hatte. Trotzdem verlangte sein Herz nach mehr Vergeltung.

Wenn er nur seine Zügellosigkeit so einfach hinter sich lassen könnte, wie die Ironjawz von der Knochenwolke verschluckt wurden.

»Vandalus. Bruder, ich –«

»Was getan ist, ist getan, Bruder. Sigmar wird über dich richten, nicht ich.«

Ramus ließ den Kopf hängen. Eine solche Zusicherung hätte beruhigend sein sollen. Trotzdem erzeugte die Aussicht, Sigmars Urteil zu erhalten, in ihm ein flatterndes Gefühl der Besorgnis.

Der Azyros-Ritter breitete seine Schwingen aus, steckte seine Sternenklinge weg und bot Ramus die Hand. »Worauf warten wir, Bruder? Willst du das Kämpfen den Ironjawz überlassen?«

Ramus blickte zu dem goldenen Licht auf, das den Azyros-Ritter umgab, und spürte, wie sein Herz von einem eisigen Frieden beruhigt wurde – ein Friede, den nur die Gewissheit seiner Aufgabe bringen konnte. Die Hallowed Knights waren aus Azyrheim ausgezogen, um alte Bündnisse zu erneuern. Und war eine Waffenruhe mit den Kriegern Gorkamorkas nicht schon immer Sigmars Wille gewesen?

»Sie werden jeden Kampf bekommen, den sie nur haben wollen«, sagte er, als er nach der gepanzerten Hand des Azyros-Ritters griff. »Aber Mannfred gehört mir.«

HERZWALD

Robbie MacNiven

Das Reich des Lebens war zu einem Ort des Todes geworden. Blut und Borke, Eisen und Erde. Die Lichtung bebte unter der Wucht der Schlacht. Ein Trupp der Fäulnisboten hatte sich zur Verteidigung gestellt. Ihre dicht gestaffelten Reihen, die aus rostenden Rüstungen und herabhängendem, verrottendem Fleisch bestanden, wurden vom Zorn der Natur zerrissen.

Nellas die Sammlerin, Baumdruidin des Hauses Il'leath, schwang ihre Laubsense in einem Bogen nach oben, um den Hieb eines Pestkönigs zu parieren. Dabei verursachte die Waffe ein Zischen in der Luft. Der großgebaute Fäulnisbote lehnte sich in den Hieb und versuchte, seine Körpermasse zu benutzen, um Nellas Deckung zu durchdringen. Der Krieger ragte hoch über die Sylvaneth auf, die jedoch standhaft blieb. In ihren biegsamen Gliedern floss die Kraft der tiefsten Wurzeln des Herzwalds. Ihre Borke knarrte und die Sense zitterte in ihrem Griff, als sie den Pestkönig von sich fernhielt, während aus den Bäumen um sie herum weitere Sylvaneth stürmten. Der Schlachtgesang des Kriegshains erklang im gesamten Wald. Der Einfall der Lakaien des Herrn der Verwesung in Brocélann konnte nicht hingenommen werden.

Die Schmerzlarve, die sich um Nellas' Äste ringelte, erkannte ihre Gelegenheit. Sie schoss hervor und biss sich mit ihren Kiefern am Oberschenkel des Fäulnisboten fest. Dabei schnitt sie sauber durch die verrostete Rüstung und eine Kniesehne. Der Pestkönig gab ein Grunzen von sich und fiel auf ein Knie, während die Schmerzlarve sich festbiss.

Nellas lehnte sich zurück, um mehr Raum zu haben. Erneut schwang sie ihre Sense in einem großen Bogen. Es gab ein knirschendes Geräusch und der gewaltige Helm des Kriegers fiel zu Boden. Ein Strahl eitrigen Wundsekrets floss auf das zertrampelte Gras der Lichtung.

Bevor die nun kopflose Leiche zusammensackte, war Nellas bereits an ihm vorbeigeeilt. Ihre Schmerzlarve ringelte sich wieder um ihren Körper. Vor ihr kämpfte der Kämpe der Fäulnisboten. Er stieß abscheuliche Flüche aus, während er mit einem großen, rostigen Streitkolben nach Thaark, dem ehrwürdigen Baumlord, schlug. Dessen Gefolge aus Wiederkehrern hatte Probleme, ihr Oberhaupt zu erreichen. Sie waren in einem harten Kampf mit der Leibwache des Chaoslords gebunden. Nellas heulte vor Zorn auf, als sie sah, wie der tief geführte Hieb des Fäulnisboten in Thaarks Hüfte eindrang. Holz splitterte und dicker, goldfarbener Blutsaft spritzte umher. Das Oberhaupt des Hofs der Baumgeister machte sich als Antwort über das Fleisch des Kämpen her. Seine großen Klauen zerrissen die Rüstung und ließen ranzige Eingeweide aus dem Bauch quellen. Es nützte nichts. Die Wunden des Fäulnisboten heilten so schnell, wie sie entstanden. Der fette und gepanzerte Körper wurde von mehr als nur einem sterblichen Willen zusammengehalten.

Der Fäulnisbote hörte Nellas Schrei und drehte sich noch rechtzeitig weg, um ihren ersten Schlag abzuwehren. Er bewegte sich mit einer Geschwindigkeit, die seinem verrotteten Körper nicht zuzutrauen war. Nellas sprang blitzschnell zurück, um einem Rückhandschlag des Kriegers auszuweichen. Die Waldluft vibrierte ob der Kraft, die von den Hieben des Streitkolbens ausging. Thaark stürzte sich auf den ungeschützten Rücken des Kämpen und zog neue Scharten über dessen Rückgrat. Der widerliche Krieger kümmerte sich aber gar nicht um die Wunden und setzte Nellas nach. Sie versuchte, einen schnellen Schnitt mit ihrer Sense anzusetzen. Diesmal wurde sie jedoch von der verrosteten Kampfrüstung abgewiesen. Trotz all ihrer Kraft verfügte die Baumdruidin nicht über Thaarks eichene Macht.

Und jetzt hatte sie sich zu weit vorgewagt. Der Fäulnisbote war ihr zu nahe, als dass er seinen Hieb mit voller Wucht hätte führen können. Der Stoß mit seinem Streitkolben war dennoch verheerend. Er traf Nellas Seite und Schmerz flutete durch die Baumdruidin. Sie fiel zu Boden. Ihre Wurzeln suchten in der blutigen Erde der Lichtung nach Halt und ihre Schmerzlarve schlug nach dem Kämpen der Fäulnis. Ihr Schlund schnappte nach Wunden, die Thaark dem Wesen beigebracht hatte. Der Fäulnisbote fasste aber einfach mit einem eisernen Panzerhandschuh nach dem sich windenden Gliedkörper. Mit einem galligen Lachen zerquetschte er das aufsässige Wesen. Er brachte es zum Platzen, wobei ein abscheuliches Geräusch wie ein explodierender Ballon erklang.

Nellas versuchte, wieder aufzustehen. Sie erschauerte unter dem Seelenschrei der sterbenden Larve. Ihre eigene Borke war zersplittert und an ihrer Seite rann der Blutsaft zu Boden. Der Fäulnisbote drehte sich zu Thaark. Ein weiterer Hieb mit seinem Streitkolben schlug eine breite Spalte in den Stamm des ehrwürdigen Baumlords. Nellas konnte spüren, wie die Lebenskraft ihres Herrn versiegte, als er durch den Hieb rückwärts taumelte.

»Dein Herzwald gehört mir, Baumlord«, sagte der Fäulnisbote. Seine Stimme kratzte, als käme sie aus zwei verschleimten Kehlen. »Skathis Rott nimmt dieses Königreich für Großvater Nurgle in Besitz.«

Thaark war in der Lage, mit seinen oberen Ästen einen weiteren schweren Hieb abzuwehren. Er taumelte aber, als der Fäulnisbote erneut zuschlug und dabei Äste abtrennte und Blätter verstreute. Um sie herum versuchten die Wiederkehrer der Leibgarde Thaarks sich verzweifelt zu ihm durchzuschlagen. Die Phalanx der Pestkönige, die ihren eigenen Kämpen verteidigten, war aber immer noch unüberwindlich. Nur Nellas war durchgebrochen.

Die Baumdruidin kam geräuschlos in die Höhe. Die gesamte Lichtung bebte, als Thaark in die Knie ging. Ein Stöhnen, das einem Krächzen glich, schien von den umgebenden Waldgeistern zu kommen, als sie den Tribut der Todesqual anstimmten. Nellas gab ob des Gesangs des Schmerzes und des Verlusts ein Zischen von sich.

»Übergib dein elendiges Königreich der Gnade des Großvaters«, spie Skathis Rott, der über der zersplitterten Gestalt von Thaark stand. »Teile seinen Segen und gib dich der Majestät des prächtigen Verfalls hin.« Der Kämpe des Chaos schlug erneut auf Thaarks Oberkörper ein. Dabei zerbrach er die eisenharte Borke und legte das weiche Herzholz frei. Der Fäulnisbote kicherte abscheulich und lehnte sich über Thaark. Einer seiner Panzerhandschuhe untersuchte dabei die saftgetränkte Wunde.

Was auch immer er da tat, die Ablenkung reichte ihr. Nellas schlug nach dem ungeschützten Rücken des Fäulniskämpen. Ein Knarzen war zu vernehmen, als die Laubsense Skathis

Rotts Schädel zerteilte. Graue Gehirnmasse, in der sich Tausende Maden tummelten, spritzte auf die Baumdruidin. Sie schrie in wildem Triumph auf.

Die Leiche des Kämpen fiel schwer zu Boden. Der Boden begann zu brodeln, wo fauliger Eiter aus seinem gespaltenen Schädel spritzte. Nellas warf sich vor Thaark auf die Knie. Sie ließ ihre schlanken Finger über die große Wunde wandern, die den Stamm ihres Herren teilte.

»Es nutzt nichts«, sagte der Anführer des Klans langsam. Seine Stimme krächzte wie eine alte Eiche, die sich im Sturm bog. »Er hat mir bis ins Herzholz geschnitten.«

»Du musst dich nur ausruhen, mein Lord«, antwortete Nellas. Sie zwang die gespaltene Borke mit ihrem Willen dazu, sich unter ihren Fingern neu zu verknoten. Die Wunde durfte einfach nicht zu schwerwiegend sein. Das Haus Il'leath durfte Thaark nicht verlieren.

»Nimm meinen Lebenssamen, Baumdruidin«, sagte der Baumlord. Zärtlich schob er Nellas Finger zur Seite. »Pflanze ihn gemeinsam mit dem der anderen, die hier gefallen sind, in der Immergrünen Lichtung. Gib Brocélann neues Leben, und wir werden den Invasoren ewig widerstehen. Ghyran überdauert.«

Um sie herum hatten sich die Wiederkehrer letztendlich durch die verbliebenen Pestkönige geschlagen und sie mit Klingen und Klauen niedergemetzelt. Nellas war das egal, als sie in den Augenknoten ihres Herrn blickte. Der grüne Schlachtzorn erlosch, der dort gebrannt hatte.

Das Lied des Herzwalds veränderte sich ein klein wenig. Der sterbende Baumlord stimmte eine neue Melodie an. Der Gesang weckte eine von Nellas' Erinnerungen.

»Die Ballade des Erwachens der Ewigen Dämmerung«, sagte sie.

»Sie hat mir schon immer am besten gefallen«, murmelte Thaark und wiegte sich langsam. Nellas konnte nur nicken. Um sie herum verklangen die letzten Geräusche des Gemetzels. Die Überlebenden von Haus Il'leath versammelten sich mit gesenkten Ästen, um das letzte Seelenlied ihres Herrn und Meisters zu hören.

Nach dem Tod, die Ernte.

Die Lichtung war einst ein ruhiger Ort gewesen. Eine Enklave mit üppig grünem Gras, das mit den Schatten der überhängenden Eschen und Eiben gesprenkelt war. Nun glich sie einem Kreis der Hölle. Das Gras war zu aufgewühltem Schlamm zertrampelt. Die Gestalten der niedergemetzelten Fäulnisboten, die in ihren stachelbewehrten Rüstungen dalagen, mischten sich mit den zu Holzscheiten zerkleinerten Leichen der gefallenen Sylvaneth. Dunkles Blut und goldener Saft mischten sich in dem aufgewühlten Dreck.

Nellas betrachtete dies alles schweigend. Sie benutzte ihre Sense als Krücke. Die Wunde in ihrer Seite pulsierte immer noch. Mit der Zeit würde sie heilen, wenn sie die Gelegenheit bekam, sich auf der Immergrünen Lichtung auszuruhen und den Heilgesang des Walds in sich aufzunehmen. Bis dahin musste sie aber weitermachen. Sie hatte eine Pflicht zu erfüllen.

Einen nach dem anderen sammelte sie den Lebenssamen ihrer gefallenen Sippe ein. Als Baumdruidin war dies ihre wichtigste Aufgabe, ein Teil des ewigen Lebenszyklus des Herzwalds. Von dem Tag, an dem sie vor vielen Jahreszeiten in ihrem Seelengefäß aufgekeimt war, hatte Nellas dem Haus Il'leath als Sammlerin gedient. Sie benutzte ihre Sense und trug jeden in Friedenszeiten oder der Schlacht gefallenen Lebenssamen zurück zur Herzlichtung von Brocélann – zur Immergrünen Lichtung. Für die Ernte des Todes war sie ein Sämann des Lebens, von zarten Zweigen und neuen Trieben.

Nellas summte eine neue Melodie, während sie arbeitete. Sie spürte, wie andere zarte Stimmen eine nach der anderen einstimmten und auf ihren trällernden Ruf antworteten. Sie sprach mit ihnen wie mit Verbündeten und Freunden. Nicht mit Befehlen, wie sie es mit den Sylvaneth ihres Klans tat. Und einer nach dem anderen antworteten sie ihr. Sie summten, flatterten und hüpften aus dem Herzwald, der sie umgab. Dutzende kleiner Waldgeister, die sich um sie scharten. Ihre Körper funkelten mit dem magischen Licht des Walds. Sie waren gekommen, um denen ihren Respekt zu zollen, die ihre Heimat bewachten. Sie waren gekommen, um die Gefallenen mitzunehmen.

Jedes Mal, wenn Nellas den Lebenssamen aus dem toten Holz vor sich entnahm, flatterte einer der Geister zu ihr und nahm ihn auf. Er war bereit, ihn mit der Baumdruidin zu seiner Ruhestätte auf der Immergrünen Lichtung zu tragen. Die Kreaturen verrichteten ihre Arbeit schweigend. Ihr sonst so spielerisches Rempeln und Gezänk war für den Moment ob der Last ihrer Aufgabe vergessen.

In der Nähe der anderen Seite der Lichtung hielt Nellas inne. Die Schar ihrer Geister trieb weiter um sie. Sie war eine von drei gewesen. Ihre Schwestern, Llanae und Sylanna, waren der Rest des Triumvirats der Baumdruiden von Il'leath gewesen. Gemeinsam hatte das Trio die Echoernte der Lamentiri eingesammelt, die Geistballaden der Sylvaneth. Sie hatten damit bereits den Fortbestand des Herzwalds von Brocélann gesichert, seit Thaark nur ein Setzling gewesen war. Das war nun vorbei. Nellas fand Llanae und Sylanna Seite an Seite. Ihre Borken waren gebrochen und leblos und ihre Schmerzlarven lagen zerquetscht neben ihnen. Sie hatte ihren Tod während des Kampfs gespürt, hatte gehört, wie ihr Kriegsgesang erlosch. Doch wegen ihres Zorns und ihrer Verzweiflung während der Schlacht auf der Lichtung hatte sie nicht die Zeit zu trauern gehabt. Jetzt, da das Paar der kleinen Geister ehrfürchtig ihre Lebenssamen aufnahm, spürte Nellas den Schmerz ihres Todes deutlicher als die Wunde, die noch immer in ihrer Seite brannte.

Es war ein trauriger Tag für Brocélann. Die Sonne sank bereits unter die Baumwipfel, als Nellas die gesamte Lichtung abgegangen war. Die Luft war nun voller Waldgeister. Der Drang, ihre Wurzeln einzugraben und sich auszuruhen, war beinahe übermächtig, sie widersetzte sich ihm jedoch. Sie war nun die Einzige, die in der Lage war, so viele Lebenssamen neu auszusäen. Als das Waldvolk sich daran machte, die Fäulnisboten zu einem Scheiterhaufen aufzuschichten, machte sie sich auf den Weg zur Immergrünen Lichtung.

Es war ein weiter Weg, durch die versteckten Täler und entlang der Hochpfade des bewaldeten Hochlands von Brocélann. Nur wenige benutzten diese Pfade, die nicht zu den noblen Häusern gehörten. Zu einer solch späten Stunde waren noch viel weniger auf ihnen unterwegs. Nellas fühlte auf ihrem Weg, der von ihren summenden Begleitern erhellte wurde, wie der uralte Wald um sie herum vor Mitgefühl seufzte und ächzte. Ganz Brocélann hatte gelitten. Der Verlust so vieler ehrwürdiger Sylvaneth brachte im Seelenlied des Herzwalds einen Unterton des Schmerzes zum Klingen. Nellas konnte in jedem Rascheln und Ächzen des Walds um sie herum den gemeinsamen Schmerz spüren.

Als sie den Rand der Immergrünen Lichtung erreichte, war die Dunkelheit bereits eingebrochen. Das Waldland war unruhig, immer noch aufgewühlt von der Ungeheuerlichkeit, die ihm widerfahren war. An Nellas rannten Dinge vorbei, deren Formen in der Dunkelheit nicht zu erkennen waren. Sie spürte das Schlagen von Schwingen, als eine Waldeule auf der Jagd über ihr durch die Luft glitt. Nellas dachte daran, dass das Töten niemals endete. Um sie herum vernahm sie, wie das ewig vorhandene Lied des Herzwalds aussetzte, als ob der Chorus plötzlich Zweifel hegte. Ein kälterer, ein schnittigerer Ton mischte sich in den Vortrag.

»Stopp.« Der Befehl schien von den Bäumen selbst gehaucht zu werden. Nellas hielt inne. Sie packte den Schaft ihrer Sense fester. Es gab nur wenige Kreaturen, die eine Sylvaneth in ihrem eigenen Wald überraschen konnten. Keine davon meinte es gut mit ihr.

Aus dem umliegenden Geäst lösten sich Formen, die anscheinend nur mit äußerstem Widerwillen eine physische Gestalt annahmen. Es waren Sylvaneth, aber sie besaßen nichts von der anmutigen Haltung der noblen Wesen, mit denen Nellas es sonst zu tun hatte. Ihre Umrisse waren ausgefranzt und kantig, ihre Stämme gebeugt, ihre Züge mit Verachtung gezeichnet. Sie versperrten ihr den Weg und kamen von allen Seiten auf die Baumdruidin zu. Um sie herum wurde das Lied des Waldlands immer kälter.

Geist-Wiederkehrer, dachte sie. Ausgestoßene. Die unbarmherzigsten Erscheinungen, denen von der Natur eine Form und die Fähigkeit des Denkens gegeben worden war.

»Du gehst nicht weiter«, sagte einer der bösen Geister. Er war groß und voller zackiger Tannennadeln. Seine Augen glühten in der ächzenden Dunkelheit in einem bitteren Eisblau. »Du bist hier nicht willkommen.«

Nellas sah den Ausgestoßenen an und reckte sich trotz der Schmerzen auf, die in ihrer Wunde brannten.

»Die Schatten sind tief, deshalb vergebe ich dir deinen Fehler. Ich bin Nellas, die Sammlerin vom Hause Il'leath aus dem Herzwald. Ich bringe die Lebenssamen von vielen meines Hauses. Zu vielen. Im Namen der Immerkönigin, tretet zur Seite.«

»Wir wissen, wer du bist, Baumdruidin«, sagte der Geist-Wiederkehrer und machte keine Anstalten, sich zu bewegen. »Ich bin Du'gath von den Einwurzeln. Deine Anwesenheit beschmutzt die Heiligkeit dieser Enklave. Diese Waldländer wollen dich hier nicht haben. Die Wurzeln winden sich, wenn du vorbeikommst.«

»Hat dir die Borkenfäule den Verstand geraubt?«, fuhr Nellas ihn an. »Diese kleinen Geister bei mir tragen die gesamte Zukunft dieses Herzwalds bei sich. Ihr habt kein Recht, uns aufzuhalten.«

»Die trägst die Fäulnis mit dir. Wir können den Makel spüren, mit dem du infiziert bist. Wir können dir nicht erlauben, ihn zur Immergrünen Lichtung zu bringen. Egal, ob du es weißt oder nicht, du könntest die Vernichtung der Herzlichtung und den Tod des gesamten Waldes mit dir bringen.«

Nellas schüttelte verärgert den Kopf, dabei raschelten ihre Blätter. »Du meinst meine Wunde? Ich habe sie heute in einer Schlacht mit denen davongetragen, die die heilige Lichtung schänden wollen. Dich und die anderen deiner Art habe ich dort nicht gesehen, als Lord Thaark gefällt wurde.«

»Das bedeutet nicht, dass wir nicht da waren«, hielt Du'gath ihr entgegen. Er ging einen weiteren Schritt auf Nellas zu und streckte eine kantige Klaue aus, als wollte er ihre gesplitterte Seite berühren. Die Baumdruidin sprang instinktiv zurück und fauchte, als durch die plötzliche Bewegung ein Schmerzimpuls durch ihren Körper jagte. Sie konnte spüren, wie ihr Zorn aufwallte.

»Sie wird nicht heilen«, sagte Du'gath. »Sie ist mit der Fäulnis des Herrn der Verwesung infiziert. Wenn du die Immergrüne Lichtung betrittst, könntest das Verderben über die Schösslinge dort bringen.«

»Wenn ich sie nicht betrete, werden die Lamentiri verwelken und verloren gehen«, antwortete Nellas. »Gehe mir aus dem Weg, Ausgestoßener. Es sei denn, du trachtest nach dem Niedergang dieses Herzwalds.«

»Du weißt nicht, was du bei dir trägst«, sagte der Geist-Wiederkehrer. »Ich kann aber eine Baumdruidin nicht daran hindern, die eigene Lichtung zu besuchen. Sei vorsichtig, Nellas die Sammlerin. Wir werden dich beobachten.«

Die Geist-Wiederkehrer verschwanden wieder in der Dunkelheit. Ihre Verbitterung war aber in der Nachtluft noch zu spüren. Nellas ging wieder den Pfad entlang, bis sich die Äste schließlich vor ihr teilten.

Vor ihr lag die Immergrüne Lichtung. Das Herz von Brocélann. Es war eine Lichtung, die am höchsten Punkt des Hochlands des Herzwalds lag. In ihrem Zentrum stand der große Königsbaum, die Älteste der Eichen im Wald. Hier traten die Lords der noblen Häuser von Brocélann zum Rat zusammen und versammelten in Zeiten des Kriegs den Kriegshain. Außerdem war sie das Zentrum des Historienhains, der Quelle, die das Echo der vielen Lebenslieder des Hauses Il'leath sammelte. Einige davon, wie die Melodien des Königsbaums selbst, waren so alt wie die tiefsten Wurzeln des Jadekönigreichs. Diejenigen, die in ihren Seelengefäßen in nahegelegenen Hainen im Schatten der großen Eiche eingepflanzt waren, hatten eben erst damit begonnen, die eigene Kadenz zum Chor des Walds beizusteuern. Durch sie hatte Ghyran Bestand.

Bei Nacht wurde der Platz auf der Lichtung durch das Flackern tausender Glühwürmer und von farbenfrohen Blitzen erhellt, mit denen die Passage geringerer Geister angezeigt wurde, die wie Irrlichter zwischen den Schatten der Setzlinge in den Seelengefäßen und den großen Wildblumen umherflogen. Nellas begann ihre Begrüßung für die vielen Waldgeister zu murmeln, als sie auf die Lichtung trat und dabei vorsichtig an neuen Sprießen und Blättern vorüberging. Dabei flatterten immer mehr Geister zu ihr und setzten sich auf ihre Äste. Ihre schwachen Lieder waren voller Besorgnis.

»Sorgt euch nicht, kleine Lichter«, flüsterte die Baumdruidin ihnen leise zu. »Ich werde heilen. Viele andere des heutigen Tages können das nicht mehr.«

Als sich die Geister, die kamen, um Nellas zu begrüßen, mit denen mischten, die bereits die Lebenssamen trugen, verschmolzen ihre Lieder zu einem Klagechor. Es war eine Fabel des Ablebens und des Welkens, von fallenden Blättern und trockenem, totem Holz. Nellas ließ sie ihr Lied zu Ende singen, während sie bereits damit begann, die Samen einzupflanzen.

Jeder der Lebenssamen hatte seinen Platz, ein Seelengefäß auf der Immergrünen Lichtung. Diejenigen, die vom Waldvolk stammten, die Dryaden und die Baumpriesterinnen, wurden bei denen eingepflanzt, die am Rand der Lichtung einen großen Hain bildeten. Er befand sich in der Nähe der Bäume, die dicht überall um sie herum wuchsen. Die Baum-Wiederkehrer und die anderen Mitglieder der noblen Häuser wurden zwischen den Seelengefäßen eingepflanzt, die näher am Herzen der Lichtung lagen. Sie waren gemäß ihrer Hingabe zu einer der ständig wechselnden Jahreszeiten des Herzwalds angeordnet. Schließlich wurden am nächsten beim Herzholz von Brocélann die ehrwürdigen Baumlords im Schatten des Königsbaumes selbst zur Ruhe gebettet. Die Lamentiri aller jener, die in dem fruchtbaren Boden um sie herum gepflanzt waren, ermöglichten es ihnen, mit ihren Echohistorien in den gewaltigen Chor des Herzwalds einzustimmen.

Noch nicht einmal die Immerkönigin wusste, welch große oder kleine Form jeder der Lebenssamen annehmen würde, wenn er erneut in seinem Seelengefäß auskeimte. Es spielte aber auch keine Rolle, denn alle waren ein Teil des natürlichen

Zyklus. Nellas pflanzte Thaark als letzten von allen zwischen die Wurzeln des Königsbaums. Die gedeihenden Seelengefäße rund um die alte Eiche würden sowohl Kraft als auch Weisheit aus seiner Anwesenheit ziehen. Aus demselben Boden würde eines Tages neues Leben die Reihen der Sylvaneth wieder auffüllen.

Als sie Thaarks Samen in dem knotigen Kern des leuchtenden Seelengefäßes einbettete, begann Nellas zu schwanken. Ihre Erschöpfung drohte sie zu überwältigen. Unvermittelt erinnerte sie sich wieder an die schroffen Worte des Geist-Wiederkehrers. Sie unterbrachen die Trauer der Geister und die lieblichen Lieder, die sie für die frischen Sämlinge sang. Fäulnis. Makel. Sie war infiziert. Ihre Wunde pochte noch immer und jeder Schritt bereitete ihr starke und schmerzliche Qualen. Das Wachstumslied der Immergrünen Lichtung rief nach ihr, versprach ihr die Möglichkeit, sich auszuruhen und zu heilen. Sanft verdrängte sie es aus ihren Gedanken. Sie musste zuerst noch eine weitere Pflicht erfüllen. Die Geister um sie herum spürten ihre Pein und begannen hin und her zu flattern.

Nachdem Thaarks Samen sicher gepflanzt war, nahm sie einen der weniger benutzten Pfade aus der Lichtung hinaus und ließ das Summen der Erneuerung auf der Immergrünen Lichtung hinter sich. Die umhersausenden Lichter der Geister erhellten ihr den Weg und führten sie einen steilen und gewundenen Pfad hinunter, der mit Gestrüpp und Dornenbüschen überwuchert war. Je weiter sie ging, desto mehr Geister kamen zu ihr, bis der ganze Herzwald von den summenden, kaleidoskopischen Farben erleuchtet zu sein schien. Die fliegenden Waldgeister tanzten und wirbelten umher, flogen über- und untereinander und funkelten dabei mit einer übernatürlichen Anmut.

Am Rand des Pfads hielt sie unter den Zweigen einer hochaufragenden Buche an. Die Äste des Baums waren mit kleinen Säckchen überladen, zwischen denen die Kreaturen herumschwirrten. Es waren Kokons. Jeder barg den Keim eines neuen Waldgeists. Nellas streckte die Hand aus und streichelte zärtlich über eines der größeren Säckchen. Die Haut war schwarz und mit orangefarbenen Flecken überzogen. Er war reif, kurz vor dem Schlüpfen. Als sie ihn berührte, betete sie zu den Geistern Ghyrans, dass sie eine neue Schmerzlarve erhalten würde, um sie zu begleiten. Ihr Lied pulsierte durch den Kokon und schuf damit ein Band zwischen den ersten Erinnerungen der Kreatur mit ihren eigenen. Sie prägte ihr die Arbeit der Sammlerin auf. Der Verlust von Nellas alter Larve und die Abwesenheit des einfachen Kontrapunkts ihres kleinen Seelenlieds, das so beruhigend gewirkt hatte, zerrte am Unterbewusstsein der Baumdruidin. Es war eine weitere Qual dieses Tages, die sich in die Reihe der anderen, mentalen oder physischen, einreihte.

Sie hatte nicht mehr die Kraft, um zur Immergrünen Lichtung zurückzukehren. Stattdessen ging sie ein Stück in den Wald und vergrub ihre Wurzeln. Sie ließ ihren Geist mit den Gedanken des Herzwalds verschmelzen. Als sich ihr Bewusstsein aufteilte, war ihre letzte Erinnerung die an Thaark und seine letzten Momente.

Die Ausgestoßenen beobachteten sie still und abwartend aus der Dunkelheit, die sie umgab.

Mit einem Mal zuckte die Erkenntnis durch sie. Es war an der Zeit. Sie zog ihre verteilten Gedanken zusammen und verdrängte das schläfrige Murmeln des Walds an den Rand ihres Bewusstseins. Es war richtig, dass sie Zeugin des Ereignisses wurde. Das erste Lied, das es jemals hörte, sollte ihres sein.

Sie kehrte zu der Buche zurück und hielt dabei ihre Sense in der Hand. Die Geister hatten sich versammelten und zierten die Äste des Baums mit einem schimmernden Leuchten, das durch die Nacht flackerte. Sie balzten und flatterten umher, als sie erschien. Sie waren erregt darüber, was nun geschehen würde.

Der schwarz-orangefarbene Sack begann sich unter seinem Ast zu bewegen. Sie griff mit einer Hand mit gespreizten Zweigen zu und berührte ihn. Durch die zerbrechlich wirkende Membran konnte sie die Wärme und das hin und her huschende Pulsieren des neuen Lebens spüren. Ja, dachte sie. Es ist an der Zeit.

Sie zog ihre Hand zurück, als ein Riss in dem Sack entstand, aus dem eine dickflüssige und klare Substanz quoll. Die zusehenden Geister begannen lauter zu zwitschern und drängten sich gegenseitig, um einen besseren Blick zu erhaschen. Das Schlüpfen einer neuen Schmerzlarve war ein ungewöhnliches Ereignis. Sie betete zur Immerkönigin, dass ihr neuer Begleiter sie erkannte.

Es gab einen kleinen Knall, als der Kokon aufplatzte. Eine Flut grüngrauen Schleims strömte aus dem aufgeplatzten Sack und spritzte auf die Wurzeln der Buche. Mit dem Schleimschwall kam eine gegliederte Form, die sich mit grausamen Beißzangen an dem Ast festbiss, unter dem sie geschlüpft war. Ein übler Gestank waberte durch die ruhige Nachtluft.

Sie wusste sofort, dass dies keine Schmerzlarve war. Sie hatte nur ein einziges schwarzes Facettenauge. Zischendes, säurehaltiges Gift tropfte von ihren scheußlichen Mandibeln und der Körper glich einem Wurm. Das durchscheinende Fleisch gewehrte den Blick auf die inneren Organe, die mit pulsierenden, gelben Adern und mit geschwollenen Globuli aus Eiter überzogen waren.

Als sich der Seuchenwurm streckte, begannen die anwesenden Geister vor Furcht zu schreien und zerstreuten sich in einer großen, wogenden Wolke. Sie aber konnte sich nicht von der Stelle bewegen und war in einem Moment des Entsetzens gefangen, als sie erkannte, dass die Fäulnis das Herz des Walds erreicht hatte. Die Ausgestoßenen hatten Recht gehabt. Die Monstrosität, die aus dem Kokon aus Herzholz geschlüpft war, zischte und sprang sie an. Die vor Schleim triefenden Beißzangen schnappten zu –

Nellas!

Ihre Gedanken strömten so schnell wie eine Flut im Frühjahr zu ihr zurück. Sie musste Keuchen und zuckte zusammen. Ihre erste Empfindung war die der Pein in ihrer Seite. Die zweite die Erkenntnis, dass sie irgendwann in der Nacht umgefallen war und nun zwischen den verknäulten Dornen- und Farnkräutern in der Nähe der Buche lag.

Die Schmerzlarve. Ein Albtraum oder eine Vision – sie konnte es nicht sagen. Die Erinnerung an die gräuliche Kreatur, die so nah an der Herzlichtung des Walds geschlüpft war, brachte aber ihre Äste zum Zittern. Sie versuchte aufzustehen. Der Schmerz ihrer Wunde war heftiger als in der Nacht zuvor. Die zersplitterte Borke hatte nicht nur nicht heilen wollen, jetzt wanden sich zudem dunkle Äderchen durch die Wunde. Sie breiteten sich wie ein hässliches Geflecht über die untere Hälfte ihres Stamms aus.

Sie erinnerte sich an die Anschuldigung des Geist-Wiederkehrers. Sie war infiziert. Sie verbreitete die Seuche der Fäulnisboten in Brocélann. Die Erinnerung an den Albtraum brachte sie erneut zum Zittern. Dann erinnerte sie sich daran, was sie aufgeweckt hatte.

Die Stimme von Thoaken von den Schwarzwurzeln, die mit einer ungewohnten Dringlichkeit gesprochen hatte.

Sie zog sich an ihrer Sense in die Höhe. Dabei lief erneut ein Zittern durch ihren Körper. Licht drang durch das Baumkronendach des Walds. Sie wurde sich bewusst, dass das Morgengrauen bereits lang vorüber war. Der Herzwald war ruhig und still, als ob die Waldgeister sich anstrengten, etwas Bedeutsames zu belauschen.

Mein Lord, dachte Nellas und lies die Triebe ihres Geists das Waldland durchforsten und sich mit dem allgemeinen Seelenlied verbinden. Dort fand sie ihn, gemeinsam mit den anderen ehrwürdigen Baumlords tief im Herzwald. Sie waren beim Königsbaum versammelt. Das konnte nur bedeuten, dass eine spontane Ratsversammlung einberufen worden war.

Wo bist du, Nellas? Der krächzende Tonfall des ehrwürdigen Baumlords erfüllte ihre Gedanken. *Wir haben die Häuser zu einem Ältestenrat einberufen. Von jenseits des Waldrands haben uns schlimme Nachrichten erreicht.*

Ich bin auf dem Weg, mein Lord, gab Nellas als Antwort. Sie tat einen Schritt und war erleichtert, dass sie dabei aufrecht blieb. Sie lehnte sich schwer auf ihre Sichel und machte sich auf den Weg zurück zur Immergrünen Lichtung. Unterwegs warf sie einen Blick auf die Buche, die noch immer von den umherschwirrenden Geistern umgeben war. Der Kokon der Schmerzlarve hing zwischen den anderen. Intakt und makellos. War es nur ein Albtraum gewesen? Eine Erschütterung des Abendlieds des Walds, die einen Misston verursachte? Oder war es gar eine Vision kommender Ereignisse? Sie ging weiter.

Auf der Immergrünen Lichtung hatte sich der adlige Hof von Il'leath versammelt. Rund um den Rand der Lichtung stand eine Abteilung der Baum-Wiederkehrer. Ihre Aufmerksamkeit war auf den Königsbaum im Zentrum gerichtet. Neben dem gewaltigen Stamm standen in einem engen Kreis die Lords und Ladies des Waldlandklans beisammen. Sie wiegten sich sanft im Rhythmus ihrer Unterhaltung. Dort waren die Baumlords Bitterzweig und Thenuil und die beiden Meister der Überlieferungen, die ehrwürdigen Gillehad und Weißborke. Und dann war da noch Thoaken selbst. Die Abwesenheit von Borkenmeister Thaark als Leiter der Diskussion erzeugte in Nellas Herzholz einen stechenden Schmerz.

Die gemurmelten Kommentare der Baum-Wiederkehrer, die der Versammlung zusahen, verstummten, als sie ankam. Wortlos machten sie ihr den Weg frei. Sie konnte die Blicke spüren, die sie auf ihre Wunde warfen. Die plötzliche Stille brachte das Konklave der Baumlords dazu, ihre Unterhaltung einzustellen und sich zu ihr umzudrehen und sie bei ihrer langsamen Annäherung zu beobachten. Sie konnte spüren, wie ihr Zorn unter ihren Blicken zu wallen begann.

»Du musst dich nicht verneigen, Nellas«, sagte Thoaken, als sie näherkam. »Ich wusste nicht, dass du verwundet wurdest.«

»Mit der Zeit wird die Wunde heilen, mein Lord«, antwortete Nellas. Sie ließ ihre Wurzeln etwas im Boden versinken, als sie vor der Ratsversammlung anhielt.

»Der gesamte Herzwald leidet ob des Verlusts deiner Schwestern, Baumdruidin«, sagte Thenuil. Er war ein Rotholz. Seine rostfarbige Borke verlieh ihm ein kriegerisches Aussehen und er überragte die anderen ehrwürdigen Baumlords.

»Und den des Anführers des Klans, dem Ehrwürdigen Thaark«, fügte Gillehad hinzu. Die alternde Weide kippte beinahe vornüber. »Die Güte seines Geists und die Weisheit seiner Herrschaft werden nicht so schnell vergessen werden. Möge sein Lamentiri viele Sylvaneth bereichern, die noch nicht gepflanzt wurden.«

»Ein solcher Verlust macht unser Wohlergehen nur noch wichtiger, Nellas«, fügte Thoaken hinzu. Er war alt, sogar gemessen an den Maßstäben der Ehrwürdigen. Die schlanke Kiefer, deren höchste Nadeln sogar die Baumkrone von Thenuil erreichten, hatte eine graue Borke, die durch ihr Alter verknotet und rissig war. Er wiegte sich sanft, als er sprach. Jedes Wort war so unerbittlich und gemessen wie der Lauf der Jahre.

»Bis die Seelengefäße neue Baumdruiden sprießen lassen, kannst nur du allein die Lebenssamen sicher einsammeln und dich um die Immergrüne Lichtung kümmern. Und bis wir einen neuen Anführer des Klans auserkoren haben, benötigt Brocélann dich mehr denn je. Bereits jetzt vermissen wir Thaarks Führung.«

Zweifel ließen Nellas innehalten. Sollte sie ihre Ängste offenbaren? Sollte sie dem Konklave mitteilen, dass sie befürchtete, dass Skathis Rotts Hieb in ihre Seite eine Art Infektion hervorgerufen hatte? Dass die Ausgestoßenen sie der Fäulnis bezichtigt hatten?

»Geistboten haben uns schlimme Nachrichten gebracht«, sagte Thoaken, bevor Nellas ihre Gedanken ordnen konnte. »Aus Ithilia und Mer'thorn. Unsere Schwesterwälder wurden von den Jüngern der Pestilenz überrannt.«

Ihre Worte vertrieben jeden Rest des Selbstzweifels aus Nellas Geist. Sie fühlte ob des Gedankens an eine solche Schändung eine Totenklage in ihrer Brust aufwallen.

»Das kann nicht sein«, hörte sie sich selbst sagen.

»Es wurde vom Waldvolk bestätigt, das vor der Holzung fliehen konnte«, krächzte Gillehad. »Und wir selbst spüren die Schmerzen des Seelenlieds von vielen der großen Lords, die gefällt wurden, und das der entwurzelten Ehrwürdigen. Die Tragödie ist nun auch in unserem Bereich von Ghyran angekommen.«

»Wie ist das möglich?«, wollte Nellas wissen. Sie blickte einen der Ehrwürdigen nach dem anderen an. »Die Zauber haben Ithilia und Mer'thorn beschützt, seit der Herr der Verwesung in die Jadekönigreiche gekommen ist. Wie konnten die Fäulnisboten sie überwinden?«

»Wie konnte denn dieser Trupp in unsere Wälder eindringen?«, kam Gillehads Gegenfrage.

»Trupps der Fäulnisboten spüren uns von Zeit zu Zeit zufällig auf«, sagte Nellas. Ihre Stimme klang ärgerlich, wie das
Geräusch brechender Äste. »Es gab keine Überlebenden, um
uns darüber zu berichten, was dieser windende Abschaum entdeckt hat. Es gibt niemals welche.«

»Das ist richtig«, sagte Weißborke. Der ehrwürdige Meister der Überlieferungen war der Schweigsamste in dem Konklave. Er war so alt, dass es den Anschein hatte, er wäre in
einem ständigen Schlummer gefangen. Sein Seelenlied trieb
träge dahin. Die knotige Weißbirke lehnte schwer auf einem
herabhängenden Ast, den sie wie eine Krücke nutzte. »Die
Wahrscheinlichkeit, dass nicht nur einer, sondern gar zwei
Herzwälder herumwandernden Truppen zum Opfer fallen, die
zudem noch groß genug sind, die Zauber zu überwinden, ist
so gut wie ausgeschlossen. Wir müssen annehmen, dass ihre
Zauber versagt haben.«

*Oder dass sie von einer Fäulnis aus dem Inneren befallen wur-
den*, dachte Nellas. Diese Erkenntnis stärkte ihre Entschlossenheit.

»Wir müssen uns über den Zustand unserer Schwesterwälder Gewissheit verschaffen«, sagte sie. »Und wir müssen herausfinden, wie der Abschaum der Fäulnisboten sie gefunden
hat. Ich schlage daher dem Ältestenrat vor, dass mir für diesen
Zweck eine Geisterwanderung nach Mer'thorn erlaubt wird.«

»Das kommt nicht infrage«, kam Thoakens Antwort. »Ich
habe dich bereits über deine überlebenswichtige Stellung auf-
geklärt, Nellas, die du in Brocélann bekleidest. Wenn wir dich
verlieren, ist die Zukunft dieses Herzwalds in Gefahr.«

»Wenn wir nicht erfahren, wie die Schwesterwälder gefällt
wurden, sind wir als Nächstes an der Reihe«, entgegnete Nel-

las. Ihr Zorn vertrieb jeden Gedanken daran, ihre eigenen Befürchtungen zu offenbaren und darüber nachzudenken, was im selben Moment an ihrer Borke fraß.

»Wir haben Waldgeister geschickt«, sagte Thoaken. »Und der Kriegshain sammelt sich erneut. Wir werden aufmarschieren, sobald der Hof seine Wurzeln ausgeruht hat.«

»Das braucht Zeit. Eine Geisterwanderung ist schneller und sicherer.«

»Nicht, wenn die Herzwälder so verseucht sind, wie wir befürchten.«

Nellas gab keine Antwort. Was den Schutz Brocélanns anging, hatte Thoaken recht. Wie das ganze Waldland wusste auch sie, dass sogar der Zorn der Götter, egal ob klein oder groß, ihn nicht von seiner Meinung abbringen konnte, wenn er seine Wurzeln erst einmal eingegraben hatte. Wenn Nellas Befürchtungen allerdings zutrafen, hatten sie nicht genügend Zeit, um die Bedrohung aus der Entfernung einzuschätzen. Sie verbeugte sich und unterdrückte die Schmerzen, die von der Bewegung ausgelöst wurden.

»Wir Ihr wünscht, ehrwürdiger Lord.«

Als sie sprach, konnte sie die prüfenden Blicke des Konklaves spüren, die ihre Borke ob ihres Verdachts zum Prickeln brachten. Sie vermutete, dass die meisten von ihnen ihre Absichten erkannten. Sie hielt ihren Blick auf die Setzlinge in den Seelengefäßen gerichtet, die ihr am nächsten waren. Sie betete zur Borke und den Ästen, dass sie keine Zusicherungen von ihr verlangen würden. Sie konnte die natürliche Ordnung nicht durchbrechen, indem sie einen direkten Befehl missachtete. Sie würde aber auch nicht passiv abwarten, bis sich das Geschehen um sie herum von selbst entwickelte. Der Zorn, der in ihr loderte, verlangte, dass die Schwesterwälder gerächt wurden. Schließlich begann Thoaken erneut zu sprechen.

»Der Ältestenrat wird weiter über diese dunklen Ereignisse beraten. Du brauchst dringend Ruhe, Nellas. Du bist für den Moment entlassen. Möge die Immerkönigin dich segnen.«

»Meinen Dank, mein Lord«, antwortete die Baumdruidin und drehte dem Konklave den Rücken zu.

Sie musste schnell handeln.

Nellas ließ sich geschwind in die klaren Tiefen der Quelle des Waldlands gleiten. Ihre zarten Borkengliedmaßen versanken in dem kühlen Nass. Das Wasser nahm sie auf und flüsterte ihr ein Lied der Erneuerung zu, als es über das dichte Wirrwarr der Dornenranken und Kletterpflanzen schwappte, die auf ihrem Kopf wuchsen. Unter der Oberfläche öffnete sie ihre grünen Augen und folgte den Rotfedern und dem Laich der Bitterfische, die in der klaren Tiefe umherhuschten. Das Wasser war voller Leben, genau wie der Boden, den es bewässerte.

Sie durfte nicht zulassen, dass ein Ort wie dieser der Fäulnis anheimfiel. Ghyran überdauert.

Sie schloss erneut ihre Augen und erlaubte es dem Wasserlauf, sie vollständig zu durchdringen. Das heilende Wasser hatte die Qualen ihrer Wunde zu einem dumpfen Pochen reduziert. Hier, bewacht von den Quellengeistern und ernährt von ihren beruhigenden Umarmungen, hätte sie eine Ewigkeit verbringen können. Vor ihrem geistigen Auge sah sie aber, wie das Gewässer verschlammte, wie sich der klare Strom durch Unrat verfärbte. Hierzubleiben würde heißen, Brocélann der Verdammnis preiszugeben. Das war eine Erkenntnis, die sie bereits gewonnen hatte, als sie ihr Lippenbekenntnis zu Thoakens Befehl abgab. Ihre Borke würde den Waldrand des Herzwalds nicht verlassen, ihr Geist aber schon.

Sie summte zu sich selbst, vereinte sich mit dem Lied des

Geists und ließ es zu, dass seine Melodien sich mit ihren mischten. Während sie das tat, spürte sie, wie der Strom um sie herum an ihr zog und sich ihre Äste bogen. Obwohl ihre Wurzeln fest um die glitschigen Steine am Boden der Quelle geschlungen waren, begann ihr Geist zu wandern.

Es gab viele Möglichkeiten für das Seelenlied der Sylvaneth, zwischen den Herzwäldern von Ghyran zu wandern. Die heiligen Wasserwege waren eine davon. Der Strom war einer von mehreren, die von Brocélann zu den benachbarten Waldländern floss. Er war eine der Reichswurzeln, die von der Immerkönigin gesegnet worden waren, um ihre lebenspendende Energie in diesen Teil der Jadekönigreiche zu tragen. Als Nellas' Seelenlied ihre physische Form verließ, riss der Fluss des Wassers sie davon und trug sie mit sich. Sie verband sich mit der Form eines vorbeischwimmenden Blauschuppens. Der große Fisch huschte über Felsen und zwischen Wedeln von Wasserpflanzen und Schwimmfarnen umher. Dabei folgte er der Strömung, die ihn über die Grenzen von Brocélann trug.

Das Gefühl der Losgelöstheit war belebend. Die Qualen, die aus Nellas Wunde stammten, waren zu einem fernen Schmerz geworden, den sie weit zurückgelassen hatte. Der natürliche Rhythmus des Stroms floss durch ihre Gedanken und die instinktiven Sorgen und Bedürfnisse seiner Wildtiere verbanden sich mit ihren eigenen Wünschen. Als sie sich einen Weg durch die Strömung zum Ufer bahnte, konnte sie sich nur schwer von dem Blauschuppen trennen.

Sie tauchte auf, ohne dabei die Oberfläche des Wassers zu stören. Ihre Seelenform war für sterbliche Augen unsichtbar. Es war sofort klar, dass sie sich nicht mehr in Brocélann befand. Um sie herum dehnten sich Bäume aus. Es waren aber nicht die gesunden Borken und Äste, unter denen Nellas durchgegan-

gen war, als sie Mer'thorn vor vielen Jahreszeiten zum letzten
Mal besucht hatte. Der Wald war skelettiert. Sie Stämme waren
entblößt und verkümmert, an den Ästen wuchsen keine Blätter mehr. Jeder Baum schien Probleme damit zu haben, selbst
unter dem eigenen Gewicht aufrecht zu bleiben.

Ihr Lied hämmerte in das Herzholz der Baumdruidin. Es
hatte nichts von der schwungvollen Kadenz von Brocélann.
Nichts von der lebhaften Tonlage und dem Crescendo, das
durch die Jadekönigreiche wogte und sich immer noch dem
Herrn der Verwesung widersetzte. Stattdessen war es ein leises, müdes Wehklagen. Es war das Knarzen und Stöhnen eines
Baums, der bereits seit langer Zeit die Hoffnung aufgegeben
hatte, jemals wieder neue Sprossen auszutreiben.

Und es gab keine Waldgeister. Die Abwesenheit der kleinen,
umherflatternden Lichter und der elegante Kontrapunkt ihrer
Lieder erzeugte eine Leere im Herzen der Baumdruidin. Ein
Wald ohne Waldgeister war ein Wald, der das Wesen seines
Daseins verloren hatte.

Nellas ließ ihr eigenes Lied vorsichtig in das von Mer'thorn
einfließen. Ihr leichtes, schnelleres Tempo versuchte das Emp-
findungsvermögen des Herzwalds zu wecken.

Wer hat dir das angetan?

Die müde Antwort zog sie am Ufer des Stroms entlang tiefer in den Herzwald. Auf ihrem Weg sah sie, wie sich neben
ihr auch das Wasser veränderte. Der Strom war nicht mehr so
kristallklar wie in Brocélann, sondern wurde zunehmend trü-
ber. Schon bald war er braun und farblos. Er begann an den
Rändern zu verschlammen. Die Böschungen waren von grünem Schwimmschaum bedeckt. Zuletzt wirkte das Wasser wie
Teer, warf Blasen und war schwarz. Ein widerlicher Gestank
stieg von der verseuchten Oberfläche auf.

Je weiter sie vordrang, desto schlechter wurde auch der Zustand des Waldlands. Die Bäume waren nun nicht mehr vornübergebeugt wie nackte, alte Bettler. Stattdessen trugen sie eine Art Kleidung, jedoch eine der widerwärtigsten Art. Seit sich die Druidin um die Immergrüne Lichtung kümmerte, hatte sie viele Krankheiten und Seuchen ausgegraben und entfernt, bevor sie Wurzeln und Borken nachhaltig befallen konnten. Seit den lange zurückliegenden Tagen der Ankunft des Herrn der Verwesung in Ghyran war eine ständige Vorsicht geboten, um sicherzustellen, dass die Seuchen nicht erreichten, was den Fäulnisboten verwehrt blieb.

Hier aber waren diese Seuchen außer Kontrolle geraten. Auf ihrem Weg durch den gefällten Herzwald konnte sie jede Art Seuche ausmachen, die sie je gesehen hatte. Dornenschimmel hatte ganze Bäume befallen und sie in aufgeschwollene, borstige Wucherungen verwandelt. Baumsaft mit der Konsistenz von Eiter floss aus den grässlichen Rillen, die von der Tränenpest gegraben wurden. Alle möglichen Arten abscheulicher Würmer und Larven hatten sich zwischen der Borke und den Ästen Nester gegraben. Die Blätter waren schwarz und glibberig. Schleimfäule und Dämonenspucke hatten sie überzogen, während sich der Waldboden rasend schnell zu Mulch verwandelte, der verrottete und sich immerzu bewegte. Anstatt der neckischen Waldgeister schwirrten gewaltige Schwärme schwarzer Fliegen umher und brummten mit einer hässlichen Beharrlichkeit durch die Luft.

Nellas gab ihren Versuch auf, sich mit dem Herzwald zu unterhalten. Sein Lied war nicht mehr schwach und atemlos. Es war nun nicht mehr das Lied von etwas, das einen langsamen aber unausweichlichen Tod starb. Das Lied war zu einem ungesunden aber starken Brummen geworden. Einem sonoren Gesang, an dem sie nicht teilhaben wollte. Sie erkannte, dass der Wald hier nicht mehr im Sterben lag. Er war am Leben.

Es war aber nicht das Leben, das vom Wechsel der Jahreszeiten und der Gnade der Immerkönigin stammte. Es war ungesund und verdorben, eine schauerliche Parodie. Es war das frische Leben von Maden, die aus einem Geschwür platzten, von einem Virus, der sich in einem Blutstrom ringelte, von Fliegen, die aus fauligem Fleisch schlüpften. Es war eine Verhöhnung von allem Grünen und Lebendigem, von all dem, für das Nellas ihre gesamte bisherige Existenz eingesetzt hatte, um es zu pflegen und zu hegen. Diese Erkenntnis ließ einen unbändigen Zorn in ihr aufkommen.

Sie begann, nach dem entfernten Lied der Immerkönigin zu suchen, um sich daran wie an einem Leuchtfeuer in der Dunkelheit festzuklammern, die sich unkontrolliert ausbreitete. Obwohl sie unsichtbar war, erzeugte das Gefühl, beobachtet zu werden, ein Kribbeln in ihren Dornen. Der Wald wusste, dass sie da war. Sie wob mit geflüsterten Worten einen Zauber um sich und packte ihre Sense fester. Sogar ihr Geistwesen fühlte sich an, als ob es von Läusen und Maden befallen war. Jeder Schritt wurde schwieriger und war abscheulicher als der vorhergehende.

Vor ihr tauchte eine Lichtung auf. Sobald sie einen Blick hinter die letzten tropfenden und kanzerösen Stämme warf, wusste sie, dass ihre schlimmsten Befürchtungen zutrafen. Das Herz von Mer'thorn und das Herz der Fäulnis waren ein und derselbe Ort.

Wie alle Herzwälder hatte Mer'thorn im Zentrum einst ebenfalls über eine Enklave verfügt. Über einen Hain, in dem die Energien des Lebens am stärksten wirbelten und wogten. Wo die Seelengefäße gediehen und das Seelenlied sein Crescendo erreichte. Solche Orte konnten vielfältige Formen annehmen. Brocélanns gewaltiger Königsbaum war nur eine der Möglichkeiten eines Herzhains. In Mer'thorn war dies einst ein Menhir gewesen. Eine gewaltige, zerklüftete Säule aus unberührtem Fels, der auf einem mit Gras bewachsenen Hügel stand. Er war dicht mit Moos bedeckt und mit den wabernden Wappen des Klans der Sylvaneth dieser Enklave geschmückt gewesen.

Der Menhir stand immer noch an Ort und Stelle. Er war aber zerbrochen und beinahe bis zur Unkenntlichkeit entstellt. Etwas hatte sein Herz herausgegraben. Dessen Platz im Inneren gehörte nun nicht mehr zum Reich des Lebens. In seinem Zentrum pulsierte ein kränkliches, gelbes Licht. Wann immer Nellas versuchte, direkt in den Riss der Realität zu sehen, wandte sie ihren Blick instinktiv ab und ihr Geist schüttelte sich vor Abscheu.

Aus dem Riss krochen Dämonen, die sich ihren Weg in den Herzwald bahnten. Sie hatten wie ein Meer aus herabhängendem, krankem Fleisch und verrostetem Metall bereits den Herzhain rund um den Menhir befallen. Ganze Gruppen von Seuchendämonen umkreisten den Platz in einem endlosen, hinkenden Gang. Der Klang ihrer rostenden Glocken war ein Konterpunkt zu ihren kehligen Gesängen. Gewaltige Fliegen, die größer als Nellas waren und von denen dicke Giftfäden troffen, brummten über ihnen. Am Boden krümmte sich ein lebender Teppich Nurglinge. Sie zankten und kicherten wie die albtraumhafte Parodie der Waldgeister, die einst Mer'thorn bewohnt hatten. Die gesamte Lichtung war am Leben und voll der lebenskräftigen Virulenz der Entropie und des Verfalls.

Nellas erkannte, dass das Herz des Waldes noch immer schlug. Es wurde erdrückt und war von einer Fäulnis verdorben, die nicht an seinen Rändern, sondern direkt im Zentrum entstanden war.

Ihr Entsetzen über diese Erkenntnis verdrängte einen Moment lang alle anderen von Nellas Sorgen. Ihr Zauber begann zu schimmern und sie hörte, wie der Gesang der Dämonen einen Augenblick lang aussetzte. Um sie herum wurde das Klagelied der Bäume lauter. Ihr Geistwesen spannte sich. Sie spürte, wie sich Tausende riesige und rheumatische Augen auf sie richteten.

Baumdruidin. Die Worte schmatzten wie Maden, die sich in einer faulen Borke ringelten, und glitten direkte in Nellas' Gedanken. *Skathis sagte, dass du kommen würdest. Er will, dass wir dir sagen, dass es bereits zu spät ist. Er will, dass wir dir danken, Baumdruidin. Er möchte die Fäulnis segnen, die sich bereits durch deine Borke gräbt und dir außerdem dafür danken, dass du sie in deinem Heim aufgenommen hast. Der Ruhm unseres Großvaters sei mit dir und mit seiner Kerbtruppe.*

Sie hatte recht gehabt. Mer'thorn war verloren. Sie zitterte und floh.

Nellas kehrte mit einem Schrei der Pein und der Wut zu ihrem Körper zurück. Einen Augenblick lang erinnerte sie sich nicht mehr daran, wo sie war, und ihre Äste peitschten durch das Wasser, als sie auftauchte.

Die Schmerzen in ihrer Seite waren heftiger als je zuvor, halfen ihr aber dabei, ihre Gedanken zu ordnen. Sie hatte recht gehabt. Sie hatte die Fäulnis nach Brocélann gebracht, aber sie war nicht in ihr gewesen. Sie war in dem gewesen, was sie mitgebracht hatte.

Mit der Sense in der Hand machte sie sich auf den Weg zur Immergrünen Lichtung. Sie stimmte ein Lied der Angst und der Warnung an, damit die Waldgeister sich vor ihr teilten. Sie musste den Herzwald wecken, bevor es zu spät war.

»Sie hat die Reichswurzel nach Mer'thorn genommen«, sagte Brak. Du'gath neigte als Zeichen der Zustimmung seine Äste.

Seine Fänge waren gebleckt, als er der Baumdruidin zusah, wie sie zur Immergrünen Lichtung stürmte. Für die gut aufeinander eingespielten Sinne des Geist-Wiederkehrers stank die Wunde in ihrer Seite nach Fäulnis. Ihr Besuch im gefällten Herzwald und ihr plötzlicher Wahnsinn waren die letztendliche Bestätigung dafür.

»Sie muss sterben«, sagte er zu den anderen seiner Art, die ihn umgaben. »Bevor sie in der Lage ist, ihre Fäulnis weiter zu verbreiten. Folgt mir.«

Als sie sich der Immergrünen Lichtung näherte, eilte Nellas Seelenlied ihr voraus. Sogar jetzt hielt ein Funken Trotz die Hoffnung aufrecht, dass sie falsch lag. Vielleicht war es nur ihre Wunde gewesen, über die der Dämon gesprochen hatte. Vielleicht konnte die Fäulnis im Laufe der Zeit ausgerottet und sie wieder geheilt werden. Vielleicht war Brocélann nicht infiziert.

Thaark.

Sie trieb ihr Lied vor sich her in die Lichtung, suchte nach den einzelnen Stimmen, die aus der Immergrünen Lichtung strömten. Sie sollte mit ihnen sprechen können. Sie sollte in der Lage sein, mit Sicherheit zu wissen, dass ihre Furcht unbegründet war.

Nellas.

Die Stimme, die ihr antwortete, gehörte keinem Sylvaneth. Sie harmonierte nicht mit den Melodien des Walds, sondern erzeugte eine Resonanz, einen misstönenden Bariton, der voller Fäule war.

Vielen Dank, Nellas. Vielen Dank, dass du mich hierher gebracht hast.

Sie hatte die Stimme zuvor bereits einmal vernommen. Sie gehörte Skathis Rott. Nicht dem sterblichen Fäulnisboten, den sie niedergesenst hatte, sondern dem Dämon, der in seinem

Fleisch gelebt hatte. Der Dämon, der in dem Moment durch seine Hand in Thaarks Herzholz transferierte, als sie ihm den Schädel gespalten hatte. Es war der Dämon, den ihre Waldgeister im infizierten Lebenssamen des Ehrwürdigen Baumlords mitten in das Herz von Brocélann getragen hatten.

Ich werde dich vernichten, du Monster, sang Nellas. Ihr Zorn überstieg sogar die Schmerzen ihrer Wunde, als sie sich durch das letzte Gestrüpp in die Immergrüne Lichtung warf.

Um sie herum sangen die Bäume nun nicht mehr. Sie schrien.

Nellas hatte Thaarks Lamentiri direkt neben dem Königsbaum in ein Seelengefäß gepflanzt, das zwischen den Wurzeln der uralten Eiche lag. Jetzt wusste sie, dass sie den von Skathis Rott verdorbenen Lebenssamen direkt in den Herzhain ihrer Heimat getragen hatte.

Die Immergrüne Lichtung wurde angegriffen. Was einst Thaarks aufkeimendes Seelengefäß gewesen war, war nun zu einem Trichter geworden, zu einer schwarzen Höhle, aus der die Unflat des Chaos sprudelte und wogte. Seuchendämonen hinkten und taumelten bereits über die Immergrüne Lichtung. Dabei sangen und murmelten sie düstere Worte vor sich hin, während sie mit rostigen Klingen auf die Haine eindroschen, die den Königsbaum umgaben. Die Nurglinge, die sie begleiteten, nagten an Wurzeln oder rissen vergnügt Setzlinge um und zerstörten dabei ganze Generation zukünftiger Sylvaneth, bevor diese überhaupt die Möglichkeit zu keimen hatten. In der ganzen Lichtung brummten gewaltige Schwärme fetter Fliegen. Sie vermehrten sich rasend schnell und der Befall wurde immer schlimmer.

Das schlimmste war aber das Ding im Zentrum der Immergrünen Lichtung. Skathis hatte eine physische Form angenommen. Er war ein großer, ausgemergelter Dämon mit nur einem

Auge, der nun gelangweilt über dem Trichter saß. Er lehnte sich in den Wurzeln des Königsbaums zurück, als wären sie sein Thron. Maden, die länger als Nellas' Vorderäste waren, krümmten und wanden sich über die Borke der großen Eiche und versuchten, sich in sie einzugraben und den Kern des Baums zu schänden. Als die Baumdruidin ihn ansah, breitete Skathis seine beiden skelettartigen Arme aus und sein langes Gesicht verzog sich zu einem warmen Lächeln.

»Willkommen zuhause, Nellas«, donnerte der Dämon. Seine Stimme wirkte für einen so abgemagerten Körper unnatürlich tief und lebhaft. »Der gute Borkenmeister Thaark hat mir alles über dich berichtet, bevor ich verschlungen habe, was noch von ihm übrig war. Welche Freude, dir endlich persönlich gegenüberzustehen!«

Nellas warf sich mit einem Schrei auf den Seuchendämon, der ihr am nächsten stand. Er versuchte gerade, mit beiden Händen eine Dornenheide aus ihrem Seelengefäß zu entwurzeln. Anscheinend spürte er dabei keinen Schmerz von den Schnitten, die die Dornen in seinem toten Fleisch verursachten. Der Dämon war nicht schnell genug, um Nellas zu entgehen, als sie ihm den Kopf von den Schultern schnitt. Seine dämonische Gestalt explodierte und wurde zu einer gewaltigen Wolke aus Fliegen.

Nellas drang weiter vor, und sogar der Schmerz ihrer Wunde war im Augenblick durch den Zorn weggebrannt, der in ihrer Borke loderte. Sie weidete einen zweiten Seuchendämon aus, dann einen dritten. Skathis' fröhliches Lachen war alldieweil überall um sie herum zu vernehmen.

»Verdammt seist du, Madenbrut!«, schrie sie. Ein einziger Schwung mit ihrer Sense vernichtete eine Schar Nurglinge. »*Stirb!*«

»Nicht vor dir, Nellas«, glückste Skathis. Er deutete mit einem langen, knochigen Finger auf sie. »Nicht vor dir.«

Der Kerbtrupp umzingelte die Baumdruidin und kam immer näher.

»Drychas Fluch«, stieß Du'gath aus, als er in die Immergrüne Lichtung blickte. »Wir kommen zu spät.«

»Es war der Lebenssamen«, sagte Brak. »Nicht die Baumdruidin. Die Fäulnis war in ihrer Saat, nicht in ihrer Wunde.«

»Wir müssen ihr helfen«, warf einer der anderen Geist-Wiederkehrer ein. »Wenn wir darauf warten, dass sich der Kriegshain sammelt, wird der Herzhain bereits gefällt sein.«

Du'gath setzte sich in Bewegung. Wie ein eisiger Wind brach er durch den Waldrand in die Immergrüne Lichtung. Seine Reißzähne waren gebleckt und seine Krallen ausgefahren. Die Ausgestoßenen stimmten ihr eigenes, kaltes Kriegslied an und folgten ihm.

Nellas zog ihre Sense durch und die Sammlerin traf ihre Ziele. Eine der Monstrositäten nach der anderen fiel. Ihre rostigen Klingen konnten sich nicht mit ihrer Laubsense messen und die dämonischen Körper zerfielen bei jedem Hieb. Sie kamen dennoch immer und immer wieder. So unausweichlich wie der Griff der Zeit. Skathis musste immer mehr lachen. Nellas hatte nicht mehr als wenige Dutzend Schritte in seine Richtung geschafft. Mit jedem Moment, der verstrich, wurde der Trichter zwischen ihnen immer größer und noch mehr des Abschaums stieg aus den Tiefen in die Höhe. Als das Loch schließlich seine Wurzeln erreichte, hatte der Königsbaum damit begonnen, sich leicht auf die Seite zu neigen. Der kehlige Gesang der Qual und der Angst der uralten Eiche ließ Nellas' Zorn nur noch stärker anschwellen.

Sie war so sehr damit beschäftigt, zu hacken und zu schlitzen, zu schwingen und zu schneiden, dass sie die Masse der verwesenden Körper nicht wahrnahm, die sich um sie herumschlichen. Erst als eine klauenbewehrte Hand den abwärts geführten Hieb eines rostigen Schwerts aufhielt, der für ihre obersten Äste gedacht war, bemerkte sie, dass sie nicht mehr allein war. Du'gath zerbrach die Klinge des Seuchendämons mit einer verächtlichen Geste und riss den aussätzigen Dämon in Stücke.

Es gab keine Zeit für eine Begrüßung und noch weniger für Erklärungen. Nellas rückte weiter vor und schrie in das Waldland, das sie umgab, dass es sich erheben und die Eindringlinge im Herzhain bekämpfen möge. Links und rechts von ihr warfen sich die Geist--Wiederkehrer dem Kerbtrupp entgegen. Die Gesichtszüge der Waldkrieger waren durch ihren abscheulichen Zorn verzogen. Es war die gleiche Wut, die Nellas nun ihre Kraft verlieh. Einen Moment lang brach Skathis' Lachen ab.

»Halte inne, liebe Nellas«, sagte der Dämonenherold und zeichnete dabei mit einem dürren Finger vor sich ein kompliziertes Muster in die Luft. »Die Wunde in deiner Seite sieht aus, als wäre sie infiziert.«

Qualen, schlimmer als alle, die sie je gefühlt hatte, rasten durch die Baumdruidin. Ihre Beine versagten und die Sense fiel ihr aus der Hand. Benommen ging sie in die Knie. Verfärbter Blutsaft quoll aus ihrer Wunde. Du'gath stand über ihr und vertrieb mit einem brutalen Schlag seiner Klauen ein Trio der Seuchendämonen.

Wir werden den Königsbaum nicht mehr rechtzeitig erreichen«, rief der Ausgestoßene ihr zu. »Wir sind zu wenige!«

Nellas konnte nicht antworten. Der Makel, den Skathis in ihre Seite gepflanzt hatte, vertrieb die Gedanken an alles andere. Die Qualen drohten ihr eigenes Seelenlied zu ersticken und sie von den Stimmen des Herzwalds zu trennen. Nur eine einzige Melodie blieb mit ihr verbunden und verband sich mit ihren Gedanken. Sie weigerte sich, sie loszulassen. Durch den Nebel hindurch erkannte sie die Stimme. Es war eine Schmerzlarve. Sie war pur und makellos an der Buche in der Nähe geboren worden. Sie lebte und mit ihr kam so sicher, wie die ersten Frühjahrsknospen durch den Schnee stoßen, die Hoffnung zurück.

Nellas schloss die Augen und versuchte, sich auf den Schmerz zu konzentrieren. Sie konnte Brocélann nicht alleine retten. Sie konnte es noch nicht einmal mithilfe des Baumzorns von Du'gath und seinen Ausgestoßenen. Brocélann konnte sich aber selbst retten. Sie musste nur aufzeigen wie.

Sie begann zu singen. Es war nicht das furchtbare Schlachtenlied von geschärften Borkenklauen und Wurzeln, die alles zerschlugen. Es verfügte ebenfalls nicht über den gewalttätigen Rhythmus des Zorns, der die Sylvaneth antrieb, wenn ihre heiligen Enklaven entweiht wurden. Es war etwas, das tiefer ging. Etwas Ursprünglicheres. Ein Rhythmus, den nur die Baumdruiden mit ihrer instinkthaften Verbindung mit allen Kreaturen des Herzwalds kannten. Er sprach von geteilten Leben und Schicksalen. Von den Verbindungen, die beim Wandel der natürlichen Zyklen Ghyrans geschmiedet wurden. Es war nicht an die noblen Häuser, das Waldvolk oder an andere Waldgeister gerichtet. Sie sang es zu den kleineren Kreaturen. Es war der Vielzahl der kleinen, lebensfrohen Seelen gewidmet, die Brocélann ihr Heim nannten. Sie alle waren Kinder der Immerkönigin, mit demselben Stellenwert wie der knorrigste der ehrwürdigen Baumlords. Der Tod des Herzwalds würde ebenso sehr ihren Untergang bedeuten wie den der Sylvaneth.

Nellas konnte es zuerst als ein Summen vernehmen, einen Konterpunkt zu dem höllischen Brummen der Fliegen, die in immer dichteren Schwärmen in der Luft hingen. Sie sang weiter. Ihre Stimme stieg und wurde kräftiger, als sich das Summen steigerte. Als Skathis versuchte, sie zum Schweigen zu bringen, zuckten erneut Schmerzen durch ihren Körper. Sie ignorierte sie jetzt aber. Ihr Geist war nicht länger vollständig mit ihrem Körper verbunden, sondern zog sich langsam von dem Kampf zurück, um die Rettung des Herzwalds zu lenken. Skathis lachte nun überhaupt nicht mehr.

Und die Waldgeister kamen aus den Bäumen. Sie kamen als Wolke, als nebelartig herumschwirrender Schwarm, der mit einer Wut schrie, die so stark wie die der Baumdruidin war. Als Erstes fielen sie über die Fliegen her. Die Boten des Herrn der Verwesung, so zahlreich sie auch sein mochten, wurden zerquetscht, eingefangen oder ihnen wurden die Flügel ausgerissen. Die Waldgeister hüllten die gesamte Immergrüne Lichtung in einen Wirbelsturm, der in allen Farben des Spektrums leuchtete, stachen die Augen von Seuchendämonen heraus und ließen Nurglinge wie kleine Eitersäcke platzen.

Nellas hetzte sie auf Skathis Rott. Der Herold des Nurgle schrie zunächst zornerfüllt auf. Und dann aus Angst, als sich die Wolke auf ihn senkte. Die Waldgeister säuberten die Borke des Königsbaums. Absolut jede der ekelhaften Maden, die versuchten, die ehrwürdige Eiche zu entweihen, wurde von ihnen herausgerissen und zerquetscht. Dann nahmen sie sich Skathis selbst vor. Zehntausend kleine Glieder kratzten und zogen an seinem Fleisch, nagten an seinen Augen, schlitzten und schnitten mit kleinen Klauen.

»Du kannst mich nicht mehr aufhalten!«, heulte der Dämon. Er schlug mit seinen ausgemergelten Gliedmaßen sinnlos um sich. »Du kommst zu spät! Ein dreifacher Pockenfluch laste auf jedem von euch! Auf das der Großvater eure miserablen, kleinen Seelen holt!«

Der Dämon schrie noch lauter, als einer der Waldgeister sein

Auge mit einer langen Scharte lebenden Holzes aufspießte. Er taumelte nach vorn, verlor seinen Halt am Rand des Trichters und versuchte verzweifelt, sein Gleichgewicht zu halten. Mit einem gemeinschaftlichen Schub warf der Schwarm der Waldgeister ihn um. Der Dämon bellte laut auf, als er über die Kante fiel und dabei eine Schar Seuchendämonen mit sich in den Trichter riss, die gerade versuchten, daraus herauszuklettern.

Als der Dämon fiel, ertönten in der Immergrünen Lichtung die Jagdhörner. Nellas, die immer noch in den Windungen und Wirbeln des großen Seelenlieds versunken war, nahm das gewaltige Tosen nur am Rande war. Es war eines, das im Wald seit einer sehr langen Zeit nicht mehr erklungen war. Und es reichte aus, dass die Wurzeln unter ihr erzitterten. Aus den Bäumen rund um den Hain quoll das Waldvolk hervor. Ihre kriegerischere Ausstattung ließ sie verrenkt erscheinen. An der Spitze des rachsüchtigen Stroms schritt Gillehad. Der große und gebeugte ehrwürdige Baumlord brüllte nochmals auf.

Der Schrei wurde von den Schlachtrufen der Baum-Wiederkehrer aufgenommen, als auch sie den Hain erreichten. In ihrer Mitte schritten Bitterzweig und Thenuil mit ausgefahrenen Krallen und steifen Ästen. Der Kerbtrupp zog sich vor ihren donnernden Hieben zurück. Die krankhaften Gestalten flimmerten und wurden durchsichtig, als sie wieder in das Seuchenreich ihres Herrn verbannt wurden.

Nellas spürte, wie ihr Zugriff auf das Seelenlied schwächer wurde und sie ihn schließlich verlor. Ihre Stimme versagte. Ihr Geist kehrte in ihren Körper zurück, der vor Erschöpfung und Schmerzen zusammenbrach. Sie erkannte, dass ihre Wunde sie langsam tötete. Du'gath stand noch immer über ihr. Seine Wurzeln waren eingegraben und er bewegte sich nicht vom Fleck. Die dunkle Borke trug Kerben und war an Dutzenden Stellen von Dämonenklingen aufgeschlitzt worden. Sie blieb auf ihren

Knien, ihr Körper war gebeugt und gebrochen. Sie fühlte, wie ihr das Bewusstsein schwand. Das Lied des Herzwalds klang für sie plötzlich weit entfernt und gedämpft. Etwas krabbelte in ihren Ästen herum und nagte an ihrer Borke. Erinnerungen an krankhafte Würmer und Maden brachte sie zum Zittern. Ihre Gedanken glitten schließlich davon und ihr Lied verlor sich im Nichts.

Es war der Gesang ihres neuen Begleiters, der sie schließlich aufweckte.

Ihre Schmerzlarve war um ihre Brust geringelt und betrachtete sie aus ihren Knopfaugen. Nellas streckte ein Gliedmaß aus, damit die Kreatur über ihre Äste klettern konnte und war überrascht, dass sie zum ersten Mal in einem Zeitraum, der sich wie mehrere Jahreszeiten anfühlte, keine Schmerzen mehr hatte.

Vorsichtig versuchte sie ihren Körper zu bewegen, um hinunter auf ihre Seite blicken zu können.

Ihre Wunde heilte. Der Fluss des Blutsafts war endlich angehalten und zartes Grünholz ersetzte nun die verfaulte Borke. Sie erkannte, dass das Letzte, das sie gespürt hatte, bevor ihr Seelenlied aussetzte, die Schmerzlarve gewesen war, die ihre kranke Borke auffraß. Damit hatte sie ihren Körper aus dem verdorbenen Griff des Herrn der Verwesung befreit und ihr Leben gerettet. Und wahrscheinlich auch die Zukunft von Brocélann.

»Deine neue Larve wollte dich nicht verlassen«, sagte Du'gath, der über ihr aufragte. »Sie hat das verrottende Holz weggefressen und damit deiner Wunde die Möglichkeit gegeben, sich zu verknoten.«

Nellas dankte der Kreatur wortlos und ließ sie zum Dank ein Gliedmaß heraufklettern und sich zwischen ihren Ästen einnisten.

»Ich hatte erwägt, sie in zwei Teile zu hacken«, sagte Du'gath kühl. »Aber ich vertraue den Waldgeistern mehr als dir, Sammlerin. Mögest du ihnen gut dienen.«

»Baumdruidin«, ertönte die ehrwürdige Stimme von Gillehad. Der ehrwürdige Baumlord kam über die Immergrüne Lichtung auf Nellas zu. Sie erhob sich, um ihn zu begrüßen. Dabei stützte sich auf ihre Sense und sah sie sich um. Überall im Herzhain waren die Scheite der gefällten Sylvaneth und die schnell verwesenden Überreste des Kerbtrupps verstreut. Von dem Trichter aber, der den Königsbaum beinahe verschlungen hätte, war keine Spur mehr zu sehen. Seelengefäße waren aus dem Boden gerissen oder brutal zerschlagen und die Lebenssamen für immer verloren, die sich darin befunden hatten. Die Immergrüne Lichtung bestand aber noch und mit ihr war die Zukunft des Herzwalds gesichert. Zumindest für den Augenblick.

»Ich sehe, dass du heilst«, merkte Gillehad an. »Thoaken war krank vor Sorge. Wie wir alle. Wir haben deine Geistwanderung entlang der Reichswurzel nach Mer'thorn gespürt.«

»Ich bitte das Konklave um Vergebung«, sagte Nellas mit fester Stimme. »Ich würde es aber wieder tun, wenn es erforderlich wäre. Zum Wohl von Brocélann war es notwendig.«

»Und damit hast du wahrscheinlich den gesamten Herzwald gerettet«, gab Gillehad als Antwort. »Als wir bemerkten, was vor sich ging, war es beinahe schon zu spät.«

»Ohne die Ausgestoßenen wären auch meinen Taten nutzlos gewesen«, fuhr Nellas fort. Sie drehte sich um und deutete auf Du'gath, bevor sie sich bewusst wurde, dass die Geist-Wiederkehrer und seine dunklen Brüder verschwunden waren.

»Sie tun, was sie können. So wie wir alle«, sagte Gillehad langsam. Er warf einen Blick aus seinen verschrumpelten Augen auf den Waldrand. »Im Kampf gegen diese Pest kann es keine Zuschauer geben. Die Adelshäuser und das Waldvolk, die Waldgeister und die Ausgestoßenen. Wir alle sind Teil des großen Kriegshains.«

»Ich werde mich um die Seelengefäße kümmern, bis ich wieder Schwestern habe«, sagte Nellas. »Sobald sie ihre Pflichten als Baumdruidinnen vollständig kennen, werde ich entlang der Reichswurzeln zu allen Herzwäldern im Jadekönigreich reisen. Sie müssen davor gewarnt werden, nicht dieselben Fehler zu begehen wie wir. Ihnen muss gesagt werden, alle Dinge zu untersuchen. Besonders alles, was mit ihren Herzhainen zu tun hat. Die Fäulnis aus dem Inneren kann tödlicher sein als die, die von außen nagt. Thaaks Fällung darf nicht umsonst gewesen sein.«

»Wahre Worte, Nellas«, stimmte Gillehad ihr zu. »Ich wünsche dir den Segen aller Jahreszeiten für deine Aufgabe.«

»Seid gedankt. Bei allem Respekt, ehrwürdiger Lord, möchte ich mich jetzt meinen Pflichten zuwenden.«

»Ja, natürlich.«

Nellas verbeugte sich erneut, nahm ihre Sense in die Hand und begann erneut zu sammeln. Auf ihrem langsamen Weg durch die Immergrüne Lichtung sang sie ein Lied. Ein Lied sowohl des Triumphs als auch des Leids und über die verschlungenen Wurzeln, die alles durchdrangen. So war es schon immer gewesen, dachte die Baumdruidin bei ihrer Arbeit. Und es würde immer so sein. Noch lange, nachdem sie und alles, was sie jemals gepflanzt hatte, wieder zu Staub geworden war.

Die Jahreszeiten änderten sich, aber Ghyran überdauerte.

DIE SCHLÜSSEL ZUM VERDERBEN

David Annandale

I

Tänzelnd glitten Dämonen über die Geistlichterheide. Die Feuerdämonen des Tzeentch drehten sich und wirbelten herum, ihre säulenförmigen Gestalten schaukelten vor und zurück. Schlangenartige Gliedmaßen reckten sich weit hinaus, tauchten die Gräser der Heide in ihre unheiligen Flammen und verdarben das Land, steckten es mit ihrem wahnwitzigen Tanz in Brand. Wo er auch hinsah, erblickte Vrindum Dämonen. Sie hielten Abstand von den Fyreslayers, waren zu verstreut und zu wenige, um eine ernsthafte Herausforderung für die große Armee darzustellen. Und so blieben sie sich windende Silhouetten nahe dem Horizont. Frustriert und wütend umklammerte der Ingrimm-Berserker *Düsterfluch*, seine Feuersturmaxt. Er sehnte sich danach, diese höhnischen und abscheulichen Kreaturen in Stücke zu hacken.

Direkt vor Vrindum erhob sich Bramnor, der jüngste der Runensöhne, von dem Thron auf seinem Magmadront. »Stellt Euch!«, schrie er den Dämonen entgegen. »Ihr feigen Bestien!« Es war ein mächtiges Brüllen und der lange, abgebundene Flechtzopf seines Bartes erzitterte unter der Kraft seiner Stimme.

Unbeeindruckt führten die Feuerdämonen ihren Tanz fort. Sie hegten nicht die Absicht, in die Nähe der Duardin zu kommen. Das Lied versetzte sie in völlige Ekstase, ein Lied, das größer war als die Dämonen selbst und das der Wind in alle Regionen und Weiten der Ewig Heulenden Lande trug.

Es war das Lied, das nach Beregthor-Grimnir gerufen hatte, dem goldenen Runenvater der Drunbhor-Loge. Und Beregthor hatte geantwortet, seine Krieger von den Bergen hinab geführt, fort von der Magmafeste im Sibilatus, und sie über die heulenden Ebenen getrieben.

Ein Chor aus einer Milliarde Kehlen stimmte in den Gesang des Windes ein, der die Melodie des Tanzes spielte. Es war ein primitives Lied und wiederholte sich auf eindringliche Weise. Drei Noten: tief, hoch, tief. Kurz, lang, kurz. Die Schläge sanft, hart, sanft. Die Stimmen kamen von den Gräsern der Heide. Sie standen hoch, gingen Vrindum bis zur Hüfte, und waren biegsam, hohl, fleischig und korrumpiert. An jedem Halm sangen viele kleine, mit Zähnen besetzte Münder. Das Ried wiegte sich im Takt des Liedes, bog sich mit und gegen den Wind. Wurde auf diese Art zufällig ein Bündel Gräser zusammengeführt, gingen sie in schauderhafte Flammen auf. Über die endlose Weite der Ebene hinweg schossen feurige Blüten in das harte Licht der Sonne empor. Wie Öl auf einer Wasseroberfläche breiteten sie sich aus und erloschen dann so plötzlich wie ein Kerzenlicht. Flammen ohne sichtbare Ursache; sie erschienen aus dem Nichts, nur um wieder zu verschwinden.

Ein einzelnes Büschel Halme wehte gegen Vrindums Arm und sofort nagten kleine, hungrige Mäuler an ihm. Vrindum zog das Büschel samt Wurzeln aus dem Boden und zerriss es, sodass eine grüne Wundflüssigkeit hervorspritzte. Einen Augenblick später wurden mehrere Grasbüschel zusammengeweht und spien ihr Feuer auf ihn. Vrindum knurrte, als sich tausend versengende Krallen in sein Fleisch gruben und versuchten, ihn in einen Sog der Metamorphose hinabzuziehen. Er schüttelte die unreine Berührung ab und schwang *Düsterfluch* wie eine Sense, schnitt eine Schneise durch das Ried, und das Feuer erlosch.

Quer durch die Ränge der Drunbhor kämpften die Fyreslayers gegen die gefräßigen, singenden und brennenden Gräser. So war es bereits seit unzähligen Tagen.

Eine violette Fackel fegte über Bramnor hinweg und sein Magmadront spuckte sein eigenes Feuer – eine reinigende Säure – über das Gras und vernichtete es. Bramnor gab einen raunenden Laut von sich, als das dämonische Brennen über seine Haut wanderte. »Das ist kein Krieg. Ich habe genug von diesem verfluchten Land.«

Frethnir, der älteste Runensohn, sagte, »Da vorne ist irgendetwas Neues.« Er deutete.

Vrindum blinzelte. In der Ferne war etwas Dunkles zu erkennen. Eine Masse größerer Formen, deutlich höher als das Gras.

»Ist das ein Wald?«, fragte Drethor, der mittlere der Brüder, während er mit der Hand seine Augen beschattete.

»Nein, ist es nicht«, sagte Vrindum. Die Schemen, so vage sie auf die Entfernung sein mochten, waren nicht die von Bäumen. Er mähte noch mehr Gras nieder, das nach ihm zu greifen suchte. Die Münder gaben disharmonische Schreie von sich, fielen jedoch zu Boden, ohne in Flammen aufzugehen.

»Runenvater«, rief Frethnir, »ist dies, was wir sehen, die Ankündigung einer ehrenhaften Schlacht?« Seine Stimme klang heiter, doch konnte Vrindum einen Unterton der Sorge heraushören. Dieser Ton war bereits da gewesen, jedes Mal, wenn

Frethnir zu seinem Vater gesprochen hatte, seitdem sie vom Sibilatus aufgebrochen waren. Und er war deutlicher und eindringlicher geworden, während sie die endlosen Weiten der Geistlichterheide durchquerten.

Beregthor gab keine Antwort.

Stattdessen drang ein Schrei aus den hinteren Reihen. Ein Zusammenschluss von flammenkorrumpierten Gräsern wickelte sich um beide Beine eines Herdwacht-Berserkers. Blut strömte von seinen Gliedmaßen hinab und eine Feuersbrunst erfasste seinen Körper. Bis zum letzten Augenblick fluchte er, als sein Fleisch verbrannte und sich sein Leib veränderte. Knochen trieben klappernde Zungen durch Muskeln hindurch, Augen sprossen aus seinem Bart und Schwingen wuchsen auf seinem Rücken. »Brüder!«, rief er mit letzter Kraft und seine Stimme war das Einzige, was immer noch duardin an ihm war. Seine Brüder beantworteten seine Bitte, beendeten sein Leiden und retteten so seine Ehre. In Rage machten sie sich anschließend daran, die verfluchte Heide mit noch größerem Elan abzumähen. In der Ferne tanzten die Feuerdämonen, ohne ihnen Beachtung zu schenken.

Ein weiterer Tod. Sie mehrten sich nun. Die Bewegungen des Landes waren hypnotisch und mit jedem Tag, der verstrich, passierten immer mehr Fehler.

Frethnir hatte sich in seinem Thron herumgedreht, als der Schrei zu ihm gedrungen war. Und nun trafen sich sein und Vrindums Blick. Der Schmerz auf Frethnirs Gesicht war vielsagend. Seine Züge waren schmaler und länger als jene seiner Brüder. Selbst sein Bart schien kantiger. Eine große Narbe verlief von Frethnirs Stirn hinab zu seinem Kinn. Er hatte sie sich verdient, als er eigenhändig zwei Maggoths erschlagen hatte. Siegel aus Ur-Gold umrandeten das Mal – ein Zeichen für Frethnirs Ehre und Stärke. Doch in diesem Moment erschienen sie wie die Verkörperung des Zwiespalts, den er in seinem Geist trug. Loyalität und Zuneigung rangen mit Zweifel. Zweifel. Frethnir hatte sie laut ausgesprochen. Bramnor, abgeschreckt von dem weiten Himmel über der Geistlichterheide, beklagte sich, seitdem sie die Ebene erreicht hatten. Drethor war ruhiger als die anderen beiden Runensöhne, und als die Tage zu Wochen wurden und ihre Vorräte zur Neige gingen, war er in eine Stille verfallen, die er kaum noch unterbrach. Mit einem eher grimmigen als geduldigen Stoizismus kämpfte er sich durch das verfluchte Gras. Doch Frethnir hatte seine Sorgen, was ihre Suche anging, bereits von Beginn an zum Ausdruck gebracht. Er hatte mit Beregthor gestritten und schließlich die Entscheidung des Runenvaters als endgültig akzeptiert. Doch nach so langer Zeit auf der Geistlichterheide waren seine Zweifel zurückgekehrt und noch ernster geworden. Sie nagten eindeutig an Frethnir. Dass Beregthor ihm nicht antwortete, half dabei wenig.

Vrindum machte einen Schritt zur Seite und hackte sich durch das schreiende Ried, sodass er an den Runensöhnen vorbeiblicken konnte. Zwanzig Schritte vorausritt Beregthor auf dem Magmadront Krasnak, so hoch und stolz auf seinem Thron wie an dem Tag, an dem die Fyrds der Drunbhor den Sibilatus verlassen hatten. In der Haltung des Runenvaters konnte Vrindum keinerlei Zweifel oder Erschöpfung erkennen. Die Tage in der Geistlichterheide hatten ihn keineswegs zermürbt. Dort saß ein Anführer, der sich des Weges, den er für seine Loge gewählt hatte, sicher war.

Vrindum blickte flüchtig zurück zu Frethnir. Die Stirn des Runensohnes lag immer noch in Falten, seine Miene fortwährend gequält von einer Entscheidung, die er nicht treffen wollte. Mit steifer Körperhaltung hatte er den Blick wieder nach vorne gerichtet.

Es gab nur eine Entscheidung, die so schmerzlich war – die zwischen den beiden großen Ergebenheiten: jener zum Runenvater und jener zur Loge.

Er glaubt, den Runenvater vielleicht herausfordern zu müssen, dachte Vrindum.

Vrindum und Beregthor waren zusammen aufgewachsen. Ihr ganzes Leben lang hatten sie Seite an Seite gekämpft. Die Vorstellung, dass der Runenvater möglicherweise nicht mehr geeignet war, den Namen Beregthor-Grimnir zu tragen, war eine Tragödie, die sich Vrindum weigerte anzuerkennen.

Und doch konnte er vor den zahlreichen Ereignissen nicht die Augen verschließen, die Frethnir an diesen Punkt gebracht hatten. Es war nicht nur dieser endlose Marsch durch die Geistlicherheide. Ihre Suche selbst war motiviert von Gründen, die auch Vrindum als diffus empfand. *Wir suchen eine Pforte, dort wo der Wind geboren wird*, hatte der Runenvater verkündet. *Die Loge unserer Vorfahren ruft nach uns*, waren seine Worte gewesen. Eine Loge, von der noch nie zuvor gesprochen worden war. Beregthor führte die Drunbhor zu einem Mythos, um einem anderen Mythos zu Hilfe zu kommen. Und dann war noch die Beinahe-Katastrophe im Sibilatus …

Wieder schaute er auf die Haltung des Runenvaters und fühlte sich besser. Dort war ein großer Krieger. Er war nicht verschwunden und Vrindum würde ihm folgen, wohin auch immer er sie führte.

Und doch fiel es schwer, zurückzublicken und nicht mehr das emporragende Massiv des Sibilatus zu sehen.

II

Sibilatus: der Pfeifende Berg, Magmafeste der Drunbhor-Loge. Vrindum hatte sein Leben der Verteidigung dieses Ortes gewidmet, und es war ein Wunder, das es wert war, verteidigt zu werden. Der Berg ragte höher hinauf als seine Nachbargipfel, ein schwerfälliges, titanisches Skelett, das in Granit verwandelt worden war, grübelnd beugte es sich über die Meilen davor. Mit voller Wucht traf der Wind, der über die Ewig Heulenden Lande wehte, auf den Schädel.

In der Nacht vor dem aufziehenden Sturm stand Vrindum tief in der Wölbung des linken Auges. Er war ein bloßes Staubkorn in der riesigen Öffnung und die runde Decke erstreckte sich Dutzende Meter über ihm. Wogend strömten die Luftmassen durch den Tunnel und der Wind blies ihm ins Gesicht, brüllte mit aller Kraft, die er auf den unzähligen Meilen von seinem sagenumwitterten Ursprung her aufgebaut hatte. Er fegte durch die Lücken zwischen den Rippen und durch die Öffnungen in den porösen Knochen. Die Eingänge zu den Höhlen des Sibilatus zählten Tausende. Dort, wo Vrindum stand, war die Stimme des Windes ein tiefer, animalischer Basston. Er vermischte sich mit höheren Noten, dem Tönen durch längere und kürzere Tunnel, durch weite und schmale, gerade und gewundene. Der Sibilatus war ein einziges großes Instrument, auf dem der Wind spielte. Er schuf ein Lied mit zahlreichen Harmonien und Vrindum weidete sich an der Stärke des Pfeifenden Berges. So, wie er es jede Nacht tat, seitdem er sich der Verteidigung dieses Ortes verschrieben hatte. Er breitete seine Arme aus und hieß die Kraft der donnernden und sich immerfort verändernden Hymne willkommen.

Die Lieder des Sibilatus untermalten die Nacherzählungen der Sagen, das Feiern der Festmähler und das Donnern des Krieges. Er kannte sie alle.

Und dann kam der Sturm.

Von einem Augenblick auf den anderen verschwand alle Variation. Das Lied wurde zu einem primitiven, gewaltigen Schrei. Ein Kriegshorn größer als ganze Welten ließ wieder und wieder drei Noten ertönen. Der Stoß brachte Vrindum ins Taumeln. Silberne Blitze explodierten jenseits des Horizonts und schossen vom Himmel zum Boden herab, als ob die Sterne selbst in den Krieg zögen. Noch nie zuvor hatte Vrindum Blitze wie diese gesehen. Ihr Licht war gleichzeitig reiner und wilder als das eines jeden anderen Sturms.

Es waren Omen, Menetekel. Er starrte und konnte dabei doch nicht begreifen, was er hier hörte und sah.

Ein neuer Donner erklang jenseits des Portals zu der Höhle. Es war die Stimme des Runenvaters, außergewöhnlich in ihrer Kraft, als ob sie ihre Stärke aus dem Sturm selbst schöpfte.

»Seid Zeugen, meine getreuen Drunbhor!«, rief Beregthor. »Schaut gen Westen und erblickt die Hand des Schicksals!

Seht das Eintreten der Prophezeiung! Legt Zeugnis ab! Legt Zeugnis ab!«

Der Befehl des Runenvaters wurde aufgenommen und durch die Tunnel und Kammern des Sibilatus getragen. Die Drunbhor kletterten auf die Spitzen der Magmafeste. Schon bald war Vrindum in der Höhle des großen Auges nicht mehr allein. Hunderte Fyreslayers waren bei ihm und Tausende mehr, wo immer auch eine Öffnung den Blick auf die Eruptionen des Himmels freigab.

Am Horizont blitzte ein neuer Krieg. Die gesamte Drunbhor-Loge konnte es sehen.

Alle Augen richteten sich nach Westen und so sahen sie den Feind nicht kommen.

III

Die Feuerdämonen tanzten, das Gras brannte und versuchte, nach den Duardin zu greifen, und der Wald kam näher. Vrindum stellte es sich als Wald vor, denn es gab kein anderes Wort dafür, zumindest keines, das ihm einfiel. Die Silhouetten der großen, schwankenden Stämme besaßen dicke, tumorartige Beulen. Es gab kein Blattwerk, obwohl dort Äste zu sein schienen. Sie rollten sich auf und gestikulierten umher, riefen die Drunbhor zu sich in die Dunkelheit. Über das Lied des Windes mit den drei Tönen hinweg drang ein kratzendes Geräusch. Vrindum musste an das Reiben von rauem, gehörntem Fleisch denken. Ein durchdringender Gestank wie von fauligem Weihrauch wehte zu den Fyrds.

Vrindum zog zu Krasnak auf. Mit jedem Schritt mähte der Magmadront das gierige Gras nieder. Die große Bestie trug Narben von den Verbrennungen, ebenso wie der Runenvater. Er schaute von seinem Thron herab und lächelte seinen alten Kameraden an. »Plagt der Zweifel meine Söhne?«

Vrindum nickte.

»Wird Frethnir mich herausfordern?«

»Er ringt mit der Entscheidung. Warum hast du ihm nicht geantwortet, als er nach dir rief?«

Beregthor lachte. »Zu welchem Zweck?« Er deutete mit *Bewahrer der Wege*, seiner großen Schlüsselaxt, in Richtung der gequälten Formen vor ihnen. »Ist dies ein angemessenes Ziel für unsere Suche? Meinen Söhnen fehlt es etwas an Glauben.«

»Frethnir spricht nicht gegen dich.«

»Loyal und doch besorgt?«, gluckste Beregthor.

Vrindum sah wenig Grund zur Belustigung, doch der Runenvater zeigte diese Ausgelassenheit schon bereits seit der ersten Nacht des Sturms. Selbst während die Geistlichterheide an den Rängen der Drunbhor nagte, war Beregthor immer noch wie hingerissen von dem Zweck ihrer Suche.

Ein Feuerdämon tänzelte näher heran und kam dabei fast in Reichweite, bewegte sich dann aber sofort wieder weg, als Wurfäxte in seine Richtung flogen.

»Und was denkst du, Vrindum?«, fragte Beregthor.

»Dass ich dorthin marschiere, wohin du marschierst.«

Erneut lachte Beregthor auf. Es war ein lautes Lachen, tief und kräftig, sodass Beregthors ganzer Körper erbebte. »So viel sehe ich, und so wie immer bin ich dankbar für deine Kameradschaft.« Er wurde ernst. »Wir sind nicht allein bei unserer Suche. Andere Logen befinden sich ebenfalls auf dieser Reise.«

Vrindum runzelte die Stirn. »Gab es Nachrichten?« Er verstand nicht recht, wie dies möglich war.

»Nein.« Wieder erhob sich Beregthor in seinem Thron, während Krasnak sie durch einen Schwall von Flammen führte. »Dies ist die Prophezeiung. Ein neues Zeitalter bricht an! Es wird erfüllt sein von Umwälzungen und Krieg! Grimnir ruft nach allen Fyreslayers und es liegt an uns, zu antworten!«

Vrindum wunderte sich über die Worte des Runenvaters. Beregthor behauptete, dass sein Wissen daher rühre, die Erfüllung einer Prophezeiung zu sehen, doch war es eine Prophezeiung, die nur er selbst kannte. Selbst Runenmeister Trumnir hatte diese Erzählung nie zuvor gehört.

»Sag mir«, fuhr Beregthor fort, »hast du Vertrauen in unsere Reise? Glaubst du an den Grund, warum wir marschieren?«

»Ich glaube, dass das, was in der Magmafeste geschehen ist, eine Bedeutung hatte, Runenvater.«

Zumindest dessen war er sich sicher.

IV

Was in der Magmafeste geschehen war ...

Sie alle schauten nach Westen, auf den Sturm und das Vorzeichen, für das er stand. Sie waren unachtsam, wandten den Blick nicht nach innen und sahen so den Feind nicht, bis es fast zu spät war.

Mit einem Schrei der Raserei sprang Vrindum von der Galerie, die um die Kammer der Pforte herum verlief. Mitten im Zentrum der Höhle kam er hinunter, auf dem Podest der Reichspforte der Drunbhor. Er landete auf dem Rücken eines wahnsinnigen Priesters und zerschmetterte dessen Rückgrat. In weiten Bögen schwang er *Düsterfluch* nach links und rechts und die beidseitigen Klingen der Waffe fällten die korrumpierten Krieger des Wandlers der Wege. Die beiden langen Flechtzöpfe von Vrindums Bart peitschten um seinen Kopf. Gliedmaßen und Schädel flogen durch die Luft. Eindringlinge starben unter Fontänen von Blut, die Vrindum durchnässten.

Herdwacht-Berserker stürmten durch die vier Eingänge der

Kammer und hackten sich ihren Weg tief in die Horde hinein. Sie brachten grausame Strafe über die Feinde, die es gewagt hatten, so tief in den Sibilatus vorzustoßen. Keiner von ihnen würde lebend entkommen.

Doch hätten sie niemals so weit kommen dürfen.

Wut und Scham rangen in Vrindums Brust miteinander. Die Kammer tief im Herzen der Magmafeste, in den Wurzeln des Pfeifenden Berges, war gut bewacht, gleichwohl sie seit Jahrhunderten nicht benutzt worden war. Er wusste nicht, wie die Eindringlinge von ihrer Existenz und ihrer Lage erfahren hatten – oder wie es ihnen gelungen war, sie unbemerkt zu erreichen. Was zählte, war, dass sie es getan hatten, und sie beschmutzten den heiligen Boden des Sibilatus mit ihrer bloßen Anwesenheit. Ihr Eindringen entehrte sämtliche Karale der Drunbhor. Selbst wenn Vrindum jeden dieser Schufte mit eigenen Händen tötete, konnte die Tatsache, dass sie hier gewesen waren, niemals vergessen und der Makel niemals fortgewaschen werden.

Vrindums Zorn steigerte sich noch weiter. Verheerend wütete er unter den Korrumpierten. Er stand mitten auf einem wachsenden Stapel von Leichen. Sollte irgendeiner der Angreifer lang genug leben, um ihn zu treffen, würde er den Schlag nicht einmal spüren. Er sah ausschließlich ihr Blut – und es war nicht genug davon. Mehr und mehr würde er davon vergießen, bis der Feind darin ertrank.

Die angreifende Horde war mächtig. Fanatische Anhänger des Tzeentch, die willig waren, sich für ihren Gott zu opfern und selbst zu verstümmeln. Doch es waren auch wahre Kämpen darunter, Chaoskrieger in voller Schlachtrüstung, die Panzerplatten mit unförmigen Stacheln und Runen des Wahnsinns verzerrt. Sie lieferten den Fyreslayers einen harten Kampf, und kämpfen konnten sie.

Dennoch starben sie. Ein riesiger Krieger stellte sich Vrindum in den Weg, in der Hand eine schwarze, wie ein Sägeblatt gezackte Klinge. Vrindum schlug den Hieb des Ritters mit solcher Kraft zur Seite, dass dessen Schwert splitterte. Er wirbelte seine Axt herum und rammte sie in den Helm des Kriegers, spaltete ihn und den Schädel darunter.

Es befanden sich Dämonen in den Reihen der Eindringlinge – Feuerdämonen des Tzeentch; springende, verdrehte Wirbelwinde aus Fleisch. Magisches Feuer schoss aus ihren länglichen Gliedmaßen, die sich wie Schlangen bewegten. Vrindums Wut brachte ihn an den Rand eines Tötungsrausches, doch er behielt sich weit genug unter Kontrolle, um zu erkennen, dass der feindliche Überfall einer Strategie folgte. Die verdorbenen Sterblichen und die Chaoskrieger formten einen Keil um die Dämonen herum und trugen die Hauptlast des Gegenangriffs der Fyreslayers. Die Breitäxte der Herdwacht-Berserker schlitzten durch die Körper der Kultisten und prallten dann gegen die Rüstungen und Klingen der Chaoskrieger. Das glorreiche Feuer der Wut der Duardin zerschmetterte die Finsternis. Antike Rüstungen barsten unter den Hieben der Berserker. Ihre Reihen schlugen in die Ränge der Chaoskrieger, doch die massigen Champions des Abgrundes hielten die Linie, stellten sich mit ihrem eigenen Hass unter großen Opfern den Berserkern entgegen und verlangsamten deren Vormarsch. Die Feuerdämonen ignorierten die Drunbhor vollständig. Sie richteten ihre ganze Aufmerksamkeit auf die Pforte und bündelten ihr Geisterfeuer auf die Steinsäulen des Torbogens. Die Schutzrunen der Pforte blitzten, peitschten mit reinigendem Licht hinaus und verbrannten einen der Dämonen zu Asche. Doch die anderen kümmerte dies nicht. Sie führten ihren Angriff fort.

Der heilige Stein begann sich zu winden, einzelne Abschnitte wurden weich und verwandelten sich in Fleisch. Einer der Chaoskrieger schleuderte seine Axt in das Fleisch, kurz bevor Vrindum ihn niederstreckte; der Diener des Wandlers der Wege entschied sich dafür, die Pforte zu verletzen, anstatt sich selbst zu retten. Die Axt schnitt tief in die neuentstandenen Muskeln und die Pforte begann zu bluten.

Die Sockel der Säulen verwandelten sich in Glas.

Vrindum prallte gegen einen weiteren Krieger und schleuderte ihn zur Seite. Er brüllte den Feuerdämon dahinter an – jenen, der die Struktur der Säule von massivem Stein zu einer gläsernen Zerbrechlichkeit wandelte – und versenkte seine Axt in der unheiligen Kreatur. Den Hieb einer gewöhnlichen Waffe hätte der Feuerdämon schlicht ignoriert, doch dies war *Düsterfluch*, geführt von einem Ingrimm-Berserker der Drunbhor-Loge. Nichts an diesem Hieb war gewöhnlich. Getroffen entließ der Feuerdämon ein wahnsinniges Heulen aus einer anderen Welt. Vrindums Ohren bluteten bei dem Klang. *Düsterfluch* war tief ins Innerste des Dämons eingedrungen. Vrindum lehnte sich auf den Schaft der Axt und die Schneide sank weiter hinab, bis das Wesen explodierte. Sich auflösende Hexerei fegte über ihn und sein eigenes Fleisch krümmte sich unter den magischen Energien, doch er war stärker als diese Welle des Wandels.

Zwei weitere Ritter hasteten auf ihn zu, als er sich dem nächsten Feuerdämon zuwandte, doch es war zu spät.

Glas splitterte, Fleisch riss auseinander und mit ihm stürzten die Säulen des Torbogens ein.

Aus der sterbenden Pforte drang ein Schrei magischen Lichts, das die Kammer erfüllte.

Viele der Eindringlinge wurden gemeinsam mit der Pforte vernichtet. Die wenigen, die überlebten, wurden von den zornerfüllten Fyreslayers abgeschlachtet. Der Einfall war vorüber, aber er hatte sein Ziel erreicht.

»Es ging ihnen nicht darum, die Pforte einzunehmen«, erklärte Vrindum Beregthor, als der Runenvater durch die Ruinen der Kammer schritt. »Sie kamen, um sie zu zerstören.«

Beregthor nickte geistesabwesend, tief in seinen eigenen Gedanken versunken. Nach einigen langen Momenten sagte er, »Sie hatten einen bestimmten Grund, sie zu zerstören. Der Sturm hat sie dazu gedrängt. Sie wollten uns davon abhalten, unsere Pflicht zu erfüllen. Alles, was sie getan haben, ist sicherzustellen, dass wir sie erfüllen werden.«

»Das verstehe ich nicht«, sagte Vrindum.

Beregthor lächelte.

Und dann sprach er zum aller ersten Mal von der anderen Loge.

In den folgenden Tagen wurden Vorbereitungen für den großen Marsch getroffen, den der Runenvater befahl, und er erzählte viel von der Loge. Dass sich ihre Magmafeste eine lange, doch nicht unmögliche Reise auf der anderen Seite der verlorenen Pforte befunden habe. Wie in vergangenen Zeiten die Drunbhor diese Loge verlassen hatten, um die Reiche zu bereisen und zum Sibilatus zu kommen. Wie der große Sturm auf eine Vereinigung der beiden Logen im Kampf gegen das Chaos hindeutete. Und wie das nun immer gleiche Lied des Windes den Ruf an die Drunbhor darstellte, hin zu dieser neuen Union zu marschieren. Der Einfall der Chaosdiener habe lediglich die Notwendigkeit dieser Aufgabe verdeutlicht.

»Diese Prophezeiung …«, begann Runenmeister Trumnir, als der Rat zusammentrat.

»Wird von Runenvater zu Runenvater weitergegeben«, erklärte ihm Beregthor. »Dies ist die Geschichte unserer Abstammung.«

»Aber die Pforte wurde vernichtet«, sagte Frethnir. »Unser Weg ist versperrt.«

»Es gibt eine weitere Pforte«, sagte Beregthor.

Wieder wirkte Trumnir überrascht. Der Bart und das Haar des Runenmeisters waren mit Blitzen eisengrauer Strähnen durchzogen. Er war älter als Beregthor. Dass er von solchen Geheimnissen nichts gewusst haben sollte, verblüffte ihn vermutlich mehr als die anderen Drunbhor.

Beregthor erhob seine große Schlüsselaxt. »Die Pforte ist verschlossen. Sie wird sich nur für *Bewahrer der Wege* öffnen. Wir müssen den Ort suchen, an dem der Wind geboren wird. Wir marschieren zum Typhorna-Gebirge.«

Die Berge aus den Sagen, aus den ältesten Geschichten der Drunbhor.

Eine Suche nach einem Mythos in einem Mythos. Es war dieser Moment, in dem Vrindum die ersten Schatten des Zweifels Frethnirs Gesicht verdüstern sah.

»Wie werden wir sie finden?«, fragte der Runensohn.

»Indem wir dem Ruf des Windes folgen«, sagte Beregthor. »Er ruft uns nach Westen.«

In Richtung des Sturms.

V

Das Gelände stieg an, wo die Geistlichterheide in dem Wald von Monstern endete. Der Gestank von Weihrauch war überwältigend. Er krallte sich in Vrindums Lungen, wenn er atmete. Die Drunbhor ließen die Gräser hinter sich und gingen zwischen den Stämmen mit den knollenartigen Auswüchsen hindurch. Ihre Maserung zeigte ein Muster aus sich bewegenden und verschlungenen Windungen. Die Farben variierten von einem tiefen, fleischigen Rosa bis zu dem Blau von Blutergüssen und die Schattierungen wechselten von einem Moment zum nächsten. Eine einzige der Pflanzen anzustarren bedeutete, sich in einem verwirrenden und ständig wandelnden Ornament aus Farbe und Bewegung zu verlieren.

Die Gliedmaßen der Pflanzen waren lang, dünn und gewunden. Sie streckten sich in die Zwischenräume der Stämme, sodass sie sich miteinander verwickelten. Es war unmöglich zu sagen, wo der Ast einer Pflanze endete und wo der einer anderen begann, und als die Gliedmaßen der Gewächse aneinander rieben, erzeugten sie ein Wispern gemurmelter Wahrheiten und formloser Wörter. Die Zweige schienen in Richtung der Drunbhor zu deuten und sie tiefer in diesen Wald des Wahnsinns hineinzurufen.

»Seid wachsam, Fyrds der Drunbhor«, rief Beregthor.

Reihen von Dornen mit Spitzen so scharf wie Klingen wanden sich aus den Stämmen und Zweigen.

Wenn sie ausgestreckt dastanden, erreichten die Gewächse eine Höhe von fünfzehn Metern. Viele waren zusammengerollt wie riesige Farne oder die Tentakel eines Seeleviathans. Ebenso wie die Feuerdämonen auf der Geistlichterheide tanzten sie zum Lied des Windes. Obwohl jede der monströsen Pflanzen ihre eigenen Bewegungen unabhängig von all den anderen besaß, folgte der Rhythmus einer jeden Schwankung und Beugung dem Takt der drei Noten.

Kurz, lang, kurz. Die Schläge sanft, hart, sanft. Das Lied veränderte sich niemals. Es waren die gleichen drei Noten seit dem ersten Augenblick des Sturmes. Die Blitze waren längst verschwunden, doch das Lied war geblieben und es rief immerfort nach ihnen.

»Der Wind ruft nach uns!«, sagte Beregthor, wie er es schon so oft getan hatte, seitdem der Sturm angebrochen war. »Er ruft uns in die Schlacht!«

Der Tanz der korrumpierten Pflanzen verstörte Vrindum. Wenn der Ruf an die Drunbhor gerichtet war, wieso reagierten dann diese verdorbenen Gewächse darauf?

Hinter Vrindum sagte Frethnir, »Diese Kreaturen spüren uns.« Ein Schaudern lief durch die Stämme und entlang der Äste, als hätte man an dem Faden eines Spinnennetzes gezupft. Vrindum behielt ihre Bewegungen genau im Auge, selbst während er gleichzeitig die Schatten zwischen den Stämmen beobachtete. Es gab kein Unterholz in diesem Wald, der kein

Wald war, doch die Gewächse standen dicht beieinander und das Licht war dämmrig.

Es gab keine Pfade. Die Fyreslayers waren gezwungen, sich ihren eigenen Weg zwischen den Stämmen hindurch zu suchen. Ihre Marschkolonne war nun gewunden und wenn Vrindum zurückblickte, konnte er nur die ersten paar Fyrds hinter den Runensöhnen erkennen. Bei einer Kolonne von mehr als eintausend Drunbhor würde es das andere Ende ihrer Armee überhaupt nicht mitbekommen, wenn etwas an der Spitze oder bei der Nachhut geschah.

Sollte bereits die Geistlichterheide kein angemessener Ort für einen Fyreslayer gewesen sein, dann war dies hier deutlich schlimmer.

»Wir sind hier!«, rief Vrindum. Sollte der Feind doch endlich herauskommen und auf die Schneide seiner Axt treffen. »Sieh und fürchte uns!«

Gelächter ertönte vor ihm. Für einen kurzen, schrecklichen Moment dachte Vrindum, es käme vom Runenvater. Dann bemerkte er, dass es seinen Ursprung in einer Ansammlung von Stämmen zwanzig Schritte voraushatte. Als die lange Note des Windes erklang, schwollen die Auswüchse auf den Stämmen gleichzeitig an und begannen in einem tiefen Rosa zu leuchten. Es gab ein feuchtes, reißendes Geräusch und jedem der Tumore wuchsen Arme und Hörner. Glänzend vor Schleim lösten sie sich von den Stämmen. Neugeboren und bereit für den Krieg fielen die Rosa Horrors auf den Boden. Es waren schwere, gedrungene Wesen mit Hörnern, einige besaßen drei Gliedmaßen, andere vier und wieder andere fünf. Und alle hatten sie große, aufgerissene Kiefer. Ihr Fleisch hatte die Farbe von offengelegten Muskeln.

Bramnor antwortete den Dämonen seinerseits mit Gelächter, wütend und doch begierig.

»Endlich!«, brüllte er. »Ein ordentlicher Kampf.«

Das Poltern von Stimmen erhob sich entlang der Drunbhor-Kolonne, als die Fyreslayers Bramnors Worte aufnahmen. Drethor und Frethnir stimmten in das Geschrei mit ein. Bramnor besaß das wildeste Temperament unter den Runensöhnen, doch alle waren versessen darauf, dem Feind nach den zermürbenden Verlusten auf der Geistlichterheide die gerechte Strafe zukommen zu lassen.

»Schützt die Flanken«, befahl Beregthor, noch während Krasnak mit ihm vorwärts auf die unmittelbare Bedrohung zustürmte.

Die Herdwacht- und Vulkit-Berserker richteten ihre Waffen zu den Seiten. Mit scharfen Kanten rückte die Kolonne vor.

Die Dämonen hasteten auf Beregthor, Vrindum und die Runensöhne zu. Nur einen Augenblick später brachen weitere Rosa Horrors aus den Stämmen zu beiden Seiten hervor. Mit dumpfen Aufschlägen plumpsten sie zu Boden, ein Regen aus monströsen Früchten. Und als die Dämonen die Drunbhor umringten, griffen auch die Pflanzen selbst an. Ihre wahre Natur war nun offensichtlich. Sie waren Dämonen derselben Art, vereinigt und miteinander verschmolzen, ihre Gliedmaßen hatten sich deformiert und zu Ästen ausgereckt, ihre Hörner waren zu Dornen geworden. Diese dämonischen Zusammenschlüsse beugten sich vor und griffen wie Tentakel nach den Duardin, als bildete der gesamte Wald die Klauen einer gewaltigen Hand, die sich nun schloss. Die großen Stämme peitschten herab und die Erde erzitterte unter den Aufschlägen. Von allen Seiten brachen Dornen über die Fyreslayers herein.

»Rächt Sibilatus!«, schrie Trumnir. »Vergeltet seine Entweihung!«

Auf seinem Magmadront schlug Runenpriester Harthum den Altar des Krieges, und die Länge der Fyreslayer-Linie hinab gerieten die Siegel aus Ur-Gold, die in das Fleisch der Krieger gearbeitet waren, im Freudenrausch der Schlacht in Bewegung. Die Essenz Grimnirs erwachte in ihnen und sie würde mit nichts anderem zufrieden sein als der vollständigen Auslöschung der Dämonen. Die Vulkit-Berserker stießen in die Rosa Horrors hinein, während die Magmadronten die dämonischen Wesen mit großen Klauen aufschlitzten und Strahlen brennender Galle auf sie spien. In die Lücke, die die sich auflösenden und brennenden Dämonen hinterließen, strömten die Herdwacht-Berserker und brachten die Horrors massiv in Bedrängnis, streckten jene Scheusale nieder, die es wagten, den Runenvater anzugreifen. Die Vulkit-Berserker rückten zu beiden Seiten vor und je mehr von den plappernden Kreaturen angriffen, desto breiter wurde die Kolonne. Die Drunbhor begegneten dieser Herausforderung mit einem stetig wachsenden Zorn.

Vrindum warf sich auf die Dämonen, die versuchten, die Flanken von Krasnak hinaufzuklettern und Beregthor herunterzuziehen. Mit der Kraft eines Rammbocks prallte der Ingrimm-Berserker gegen sie und schleuderte sie zurück. Seine Hiebe versanken in festem und dichtem Muskelgewebe, durch das die Macht des Wandels strömte. Es fand sich keinerlei stützendes Knochengerüst darin. Mit von Abscheu befeuerter Wut schlug er noch fester zu und zerteilte das Fleisch vollständig, sodass es in klebrigen Tentakeln auseinanderfiel.

Ein schnatternder Dämon riss seinen Rachen weit genug auf, dass er den Kopf des Ingrimm-Berserkers hätte verschlingen können, und Vrindum spaltete ihn mit einem einzigen Schlag von *Düsterfluch*. Das Gelächter des Dämons ging in einen Schrei über und wurde dann zu einem trotzigen, schmerzverzerrten Jaulen, als sich die zwei Hälften seines Körpers blau färbten und Gliedmaßen aus ihnen hervorsprossen. Die beiden neugeborenen Dämonen versuchten, Vrindum zu packen, ihre Bewegungen waren gleichermaßen flehend und gierig. Sie hatten kaum die Zeit, sich zu manifestieren und den Verlust ihres größeren Selbst zu betrauern, da hatte Vrindum *Düsterfluch* bereits wieder erhoben. Er ließ die Waffe mit einem diagonalen Hieb hinab schnellen. Ein Schlag hatte den rosafarbenen Dämon erledigt; nun vernichtete ein weiterer Schlag zwei blaue Dämonen. Die Onyxklinge schnitt mit einer solchen Kraft durch das Chaosfleisch, dass sie einen tiefen Spalt im Boden hinterließ. Inmitten ihres Geheuls verschwanden die Dämonen, als ihre Essenz explodierte und sich unter dem abklingenden Echo eines letzten Knurrens um Vrindum herum verteilte. Der Ingrimm-Berserker zog seine Großaxt aus dem Boden und wandte sich einem weiteren Feind zu.

Ein brüllender Beregthor stand hoch auf seinem Thron und zerschmetterte mit *Bewahrer der Wege* Rosa Horrors, die an Krasnaks Flanken hingen. Er traf den Kopf eines Dämons mit einer solchen Wucht, dass dessen Essenz durch die Lücken in der Klinge quoll. Dann drehte er sie mit einem Ruck und der Kopf zersprang in zwei Hälften. Die Blauen Horrors, die aus den Überresten geboren wurden, waren selbst für dämonische Maßstäbe missgebildet. Die Hälfte ihrer Köpfe fehlte. Beregthor erledigte sie schnell, indem er ihre Körper unter dem Gewicht seiner großen Schlüsselaxt zermalmte.

Obwohl sich die Baumstämme zu ihnen herabbogen und die Äste nach ihnen schlugen, konzentrierten sich die Fyreslayers auf jene Dämonen, die nicht am Boden festgewachsen waren. Die Rosa Horrors zählten sich auf mehrere Hundert, eine Horde, die eine Armee aus bloßen Sterblichen mit der schieren Monstrosität ihrer Existenz überwältigt hätte. Doch die Fyreslayers wateten mit Eifer in den Kampf. Sie waren stark und sie waren zahlreich, zerhackten die Rosa Horrors ebenso wie die kreischenden blauen Dämonen im Anschluss. Der Feind verdoppelte sich und verschwand dann innerhalb von Sekunden wieder.

Die reißenden Dornen wurden von den Drunbhor wie ein bloßes lästiges Ärgernis zur Seite geschlagen. Drethor blutete aus einigen kleinen Wunden in seinem Gesicht und seiner Brust. Sie waren unbedeutend, wurden von ihm in der Hitze des Schlachtens und der Wut kaum bemerkt.

Die verschmolzenen Horrors reckten ihre Zweige aus und stachen zu, brachten den Drunbhor zahlreiche Wunden bei, aus denen das Blut lief. Die Spitzen ihrer Hörner brachen ab und gezackte Splitter blieben im Fleisch der Duardin stecken.

Als Vrindum zwei weitere Dämonen ins Jenseits beförderte, sah er, dass die Arme und Hälse vieler seiner Drunbhor-Brüder mit Dornen übersät waren. Blut tropfte von ihrer Haut herab und verdeckte das Feuer des Ur-Goldes. Die Dornen rollten sich ein und fingen an zu pfeifen. Und dann, wie immer im Rhythmus des Liedes mit den drei Noten, das der Wind spielte, fand eine Metamorphose statt. Drethor zuckte. Er ließ seine Waffen fallen und schrie vor Qualen auf, bog sich nach hinten, so weit bis sein Rückgrat splitterte. Immer weiter faltete er sich zusammen, sein Haar und sein Bart verloren ihren Rotton, wurden rosafarben und verwandelten sich in Fleisch. Die Rückseite seines Kopfes verschmolz mit seinen Beinen. Haut floss über sein Gesicht, sodass er nicht mehr wiederzuerkennen war. Seine Schultern schoben sich durch den Torso, bis die Arme aus den Seiten seines Bauches hervortraten. Seine missgebildeten Beine wurden länger. Das Fleisch seiner Bauchgegend riss auf und verformte sich zu einem knirschenden Kiefer. Muskeln verkrampften und verflüssigten sich, um sich dann wieder erneut zu bündeln und zu Hörnern zusammenzuwachsen.

Dort, wo eben noch Drethor gewesen war, stand nun ein Rosa Horror auf dem Rücken seines Magmadronts und versenkte die Klauen und Fänge in das Genick des großen Tieres. Der Magmadront krümmte sich, versuchte, seinen Angreifer abzuwerfen, doch weitere Dämonen erschienen und schwärmten über ihn. Die Armee des Feindes wuchs. Die Reihen der Fyreslayers wurden durch diese neuen, heimtückischen Einfälle aufgerissen. Ein Schrei jenseits der Wut erhob sich, gleichermaßen erfüllt von Trauer und Entsetzen.

»Schützt Euch!«, rief Runenmeister Trumnir. »Säubert Euch von diesen widerlichen Dornen! Verzagt nicht! Lasst das Feuer Grimnirs mit aller Kraft brennen und vernichtet den Makel des Chaos.« Er hielt seinen Stab hoch nach oben und heiliges Feuer knisterte um ihn herum. Dämonen hasteten auf ihn zu, doch sie wurden von den Herdwacht-Berserkern zu seinen Seiten lange genug aufgehalten, sodass er seine Beschwörung vollenden konnte. Er schlug mit der Spitze seines Stabes hinab und die Erde erbebte. Einen Augenblick später schoss Lava aus dem Boden hervor, um gleich eine ganze Ansammlung von dämonischen Baumstämmen zu verschlingen. Das geschmolzene Gestein ließ sie zu Asche zusammenschrumpfen.

Beim Anblick seiner besessenen Brüder versank Vrindum noch tiefer in Rage. Er bewegte sich zu schnell für jeden Dämon. Er war ein Sturm. Von *Düsterfluch* war nur ein verschwommener Fleck zu erkennen. Und so watete er durch einen Regen aus dämonischem Wundsekret. Der einzige klare Gedanke in dem Wirbelsturm seiner Wut war jener an die Aufgabe, den Runenvater zu beschützen. Beregthor brüllte seinen Schlachtenzorn hinaus und schien des Schutzes nicht zu bedürfen. Vrindum brach durch eine Wand aus Rosa Horrors und sah Beregthor vier von ihnen mit einem einzigen mächtigen Hieb von *Bewahrer der Wege* fortschleudern. Mit zerschmetterten Leibern fielen sie von Krasnaks Rücken herab, um unter den Klauen des Magmadronts zu nichts zertrampelt zu werden.

»Seht, wie unser Runenvater die Dämonen erschlägt!«, befahl Trumnir. »Vorwärts! Schlachtet Euch durch den Feind in all seinen Formen! Lasst eine Spur des Feuers und des Blutes unseren Weg zeichnen!«

Inspiriert von der Stimme des Runenmeisters und in ihrem Zorn bestärkt durch die Trommelschläge des Runenpriesters, stürzten sich die Fyreslayers mit einer neugeweckten Inbrunst auf die Rosa Horrors. Die Duardin achteten nun auf die korrumpierenden Dornen. Sie waren gezwungen, gegen Kreaturen zu kämpfen und sie zu vernichten, die noch kurz zuvor ihre eigenen Brüder gewesen waren, und die Vergeltung dafür lag in jedem Hieb, den sie führten. Die Dämonen hatten begonnen, durch ihre Reihen zu brechen, doch wurden sie nun zurückgeworfen und anschließend von Hämmern und Klingen bis zur Unkenntlichkeit zerfetzt.

Beregthor trieb Krasnak zum Angriff und führte die Drunbhor in einen gnadenlosen Vormarsch. Die Fyreslayers gingen nicht länger um die Stämme herum; stattdessen schlugen sie eine gerade Linie durch die monströsen Gewächse hindurch. Obwohl die Rosa Horrors kicherten, als hätten sie die Schlacht bereits gewonnen, war das Gegenteil der Fall, und ihr Gelächter endete in einem Kreischen, als ihr dämonisches Fleisch zerbarst. Vrindum rannte neben Krasnak her und *Düsterfluch* verwandelte sich in eine Maschine des Schlachtens. Der Geist Grimnirs war stark in ihm. Das vertrackte Maßwerk aus Ur-Gold, das sein Fleisch bedeckte, leuchtete vor Wut. Er verlor sich selbst im Angriff und seine Welt schrumpfte zur Vernichtung des Feindes zusammen. Ein Sturzbach aus Blut und Wundsekret brach über ihn herein, als er sich durch übernatürliches Fleisch und pulsierende Baumstämme hackte.

Schließlich schwang *Düsterfluch* durch die Luft und traf auf keinen Widerstand mehr. Vrindum rannte noch einige Schritte weiter, aber dort war nichts mehr, was man töten konnte. Er blieb stehen und blinzelte. Die Wut ebbte ab und er nahm seine neue Umgebung wahr.

Er war aus dem korrumpierten Wald herausgebrochen. Die Dämonen waren fort. Vor ihm wurde der Boden felsiger. Vrindum erkannte Ausläufer und die Andeutungen eines Gebirges.

Er blickte hinauf zu Beregthor. Der Runenvater schien erschöpft zu sein, zum ersten Mal, seit sie vom Sibilatus aufgebrochen waren, und wirkte eher müde als triumphierend. Sein Gesicht war gesetzt und richtete sich auf den Pfad, der vor ihm lag, offensichtlich ohne Interesse für irgendetwas anderes außer dem Marsch in Richtung Ziel.

Und noch immer blies der Wind der Ewig Heulenden Lande konstant. Kurz, lang, kurz – drei Noten führten die Drunbhor zu ihrer Bestimmung.

VI

Der abscheuliche Wald war der erste Tag. Die erste Prüfung. Acht weitere Tage folgten. Neun Tage lang kämpften sich die Drunbhor durch ein Land, in dem schreckliche Lebensformen hausten, korrumpiert und versklavt vom Chaos. Nach dem Wald kam der Sumpf. Der Untergrund bestand aus einem absinkenden Morast und Lianen aus Fleisch schlangen sich um die Fyreslayers, während Kreischer des Tzeentch durch die Luft jagten. Sie schossen durch die Reihen der Krieger hindurch und ihre Schreie verschmolzen zu einem Chor, der das Lied des Windes begleitete.

Am dritten Tag wurde das Land von schmalen Wasserrinnen durchzogen, die sich beim Versuch der Überquerung in malmende Kiefer verwandelten.

Am vierten Tag, als das Gelände immer schärfer anstieg, formte sich der Boden zu lebendem Glas, das in der Hitze der Sonne aufflammte und fauchte. Ohne Vorwarnung zerbrach es unter den marschierenden Füßen und ließ Krieger in gezackte Gletscherspalten fallen. Unterdessen fegten Feuerdämonen über die Oberfläche hinweg. Es waren deutlich mehr als auf der Geistlichterheide – und sie attackierten die Fyreslayers.

Und so ging es weiter, jeden Tag eine neue Prüfung – ein Spießroutenlauf, der die Armee der Drunbhor stetig dezimierte, und das Ziel war immer noch nicht in Sicht. Vrindum konnte beobachten, wie Frethnirs Zweifel mit jedem Tag größer wurden. Aber sein Ringen fand kein Ende, denn den Runenvater herauszufordern wäre ein vernichtender Schlag gegen die Moral der Fyrds gewesen. Frethnir konnte nichts tun, um das zu stoppen, was er eindeutig für einen Pfad in die Katastrophe hielt, ohne selbst die Ursache einer noch größeren zu sein. Es war schrecklich, seine Qual mit anzusehen.

Selbst während er kämpfte, murmelte Vrindum Gebete zu Grimnir. »Lass den Runenvater recht behalten«, sagte er. »Sorge dafür, dass er recht hat.«

Und dann war da der Wind. Das Lied war immer noch dasselbe, aber die Luft wurde fauliger. Der Weihrauch des Waldes war fort, doch was die Drunbhor nun atmeten, war schlimmer. Die Luft war schwer und feucht wie aus einem geöffnetem Grab oder einem frischen Schlachtfeld. Es war scheußlich und es ließ Vrindum über das Lied nachdenken.

Er sprach mit Beregthor über den Gestank.

»Die Mächte des Chaos versuchen, uns zum Umkehren zu bewegen«, antwortete der Runenvater. »Es wird ihnen nicht gelingen.«

Beregthor sprach nicht mehr mit demselben Feuer wie zuvor, als sie vom Sibilatus aufgebrochen waren. Sein Ton war hart und grau, ja fast monoton. Er schaute Vrindum nicht an. Er starrte nur in die Ferne, als hätte das unsichtbare Ziel eine Schlinge um seinen Hals geworfen und zöge ihn nun langsam heran.

Am achten Tag trafen die Drunbhor auf Pilze, die so groß waren, dass sie Höhlen formten. Sie waren knochenweiß, mit roten Streifen durchzogen, und sie versuchten, die Fyreslayers mithilfe von Sporen aufzulösen. Und als die Fyrds schließlich ihren Weg durch diesen Wuchs hindurch hackten und freibrannten, konnten sie vor sich Berge erkennen.

Und so erreichten die Drunbhor am neunten Tag das Typhorna-Gebirge.

Der Wind war hier unermesslich stärker. Es fiel schwer, zu atmen. Vrindum betrachtete die Landschaft mit Verwunderung und Misstrauen. Die Loge war an einem Ort der Legenden angekommen und er war so, wie ihn die Mythen beschrieben. Die Berge atmeten; sie waren die Lunge der Ewig Heulenden Lande. Mit immensen wogenden Bewegungen, die man mit bloßem Auge erkennen konnte, dehnten sie sich aus und zogen sich wieder zusammen, sodass sich auch der Boden unter Vrindums Füßen hob und wieder senkte. Doch fühlte es sich nicht an wie ein Erdbeben. Die felsige Oberfläche brach nicht auseinander, als sie sich streckte. Einzelne Felsbrocken stürzten von den Bergrücken herab, aber es gab keine Lawinen. Gleichzeitig hatte Vrindum nicht den Eindruck, als ginge er auf einem unvorstellbar großen Lebewesen. Die Absätze seiner Stiefel ertönten auf Stein und die Steilwände zu allen Seiten waren scharfkantig, solide und monolithisch. Es waren Berge, kein Fleisch.

Sie atmeten ein und aus, ein und aus – ein Gebläse von einer solchen Größe, dass es seinen endlosen Wind quer über den Kontinent aussandte. Und der Wind war faulig. Mit jeder Stunde wurde er stärker, bis sich die Drunbhor nach vorne lehnen mussten, als liefen sie gegen einen Sturm an. Das dreitönige Lied wurde zum kreischenden Pfeifen eines wahnsinnigen Wesens. In der Ferne waren über einem Kessel in den Bergen

Blitze zu sehen. Donner polterte aus der Dunkelheit und eine Spirale aus Wolken verhüllte den Himmel. Dies war nicht der Sturm, den die Drunbhor von den Gipfeln des Sibilatus aus beobachtet hatten. Keine Sterne stürzten hier herab. Es gab keine Explosionen wie von einem Krieg, der eine neue Zeit einläutete.

Mit dem Einbruch der Nacht betraten die Fyreslayers einen schmalen Pass. Unter peitschendem Wind kämpften sie sich hindurch. Der Pass endete am Rande eines riesigen Kessels, ein rundes Tal, das sich aus dem Zusammentreffen von acht Berghängen formte.

Es wurde still.

Der Wind verstummte.

Das Lied erstarb.

Für einen Moment glaubte Vrindum, er wäre taub geworden. Nicht ein Mal in all den Jahrhunderten, die sein Leben mittlerweile währte, hatte er die Totenklage über den Ewig Heulenden Landen nicht gehört. Schließlich vernahm er die gebrummten Ausrufe des Runenmeisters. Er war also nicht taub; doch immer noch hoben und senkten sich die Berge unentwegt.

Sie hoben und senkten sich, ohne dabei ein Geräusch zu produzieren. Es gab keinen Atem mehr. Selbst der Gestank war fort. Es war, als stünden die Fyreslayers auf einem Leichnam, der sich seines Todes nicht bewusst war und sich in seiner Ignoranz einfach weiterbewegte.

In der Mitte des Tals stand eine Pforte auf einem runden Podest. Vrindum verspürte ein zögerliches Aufwallen von Zuversicht, als die Armee der Drunbhor sich ihrem Ziel näherte. Die Pforte war eindeutig von solcher Art wie jene, die die Dämonen im Sibilatus zerstört hatten; die Säulen trugen dieselben Eingravierungen, und auch wenn viele der Runen ihm rätselhaft erschienen, so waren doch auch einige in der Sprache der Fyreslayers.

Ein Ausruf des Triumphes erhob sich von den erschöpften Fyrds.

Die Armee der Drunbhor-Loge umringte das weite Podest, auf dem die Pforte stand. Beregthor stieg von seinem Magmadront und kletterte auf das Podest hinauf. Langsam schritt er auf die Pforte zu und hielt dabei *Bewahrer der Wege* mit beiden Händen vor sich. Runenmeister Trumnir und Runenpriester Harthum gingen mit ihm. Vrindum und die Runensöhne folgten wenige Schritte dahinter.

»Runenvater«, sagte Frethnir, »du hattest recht.« Die Erleichterung stand ihm ins Gesicht geschrieben. Der Schatten, der ihm seit Sibilatus gefolgt war, verflüchtigte sich.

Beregthor antwortete nicht. Vrindum beobachtete ihn aufmerksam. Der Runenvater schien gar nicht zu bemerken, dass er begleitet wurde. Seine Augen waren nur auf die Pforte gerichtet, blinzelten nicht einmal. Seit ihrer Ankunft hatte er nichts gesagt, war gemeinsam mit dem Wind in Stille verfallen.

Trumnir und Runenpriester Harthum untersuchten die Säulen. Trumnir runzelte die Stirn. »Wir müssen vorsichtig sein«, sagte er. »Diese Pforte ist gesichert. Ich erkenne nicht alle Schutzrunen.«

»Auch ich nicht«, sagte Harthum. »Sie sind keinesfalls Teil des ursprünglichen Baus. Wenn sie ausgelöst werden, könnten sie die Pforte zerstören. Oder Schlimmeres.«

»Ein schönes Ende unserer Suche wäre das«, sagte Bramnor. »So weit gekommen zu sein für nichts.« Er sprach im Scherz und sein Unwille war nun heiterer Art.

Frethnir war nicht erfreut. »Dies ist der Moment der Wahrheit unseres Vaters«, sagte er.

Bramnor nickte. »Du hast recht.« An Beregthor gerichtet sagte er, »Runenvater, ich ehre dich und wollte nicht respektlos sein.«

Beregthor reagierte immer noch nicht. Er stand vor der Mitte der Pforte, ohne sich zu rühren, nur sein Kopf bewegte sich, als sein Blick den Torbogen entlang wanderte.

Vrindum trat neben ihn. Beregthors Profil schien eingefallen. Seine Haut war grau und wirkte erschöpft. Es sah so aus, als zöge sich der Schädel unter seinem Haar und Bart zurück.

Irgendetwas stimmte nicht.

»Runenvater?«, fragte Vrindum.

Keine Antwort. Die Augen schwarz wie Kohle.

»Ich werde beginnen«, sagte Trumnir.

»Nein.« Immer noch dieser leblose Tonfall. Beregthor erhob nicht seine Stimme. Es war auch nicht nötig. Sein Befehl war eiskalt.

Trumnir blieb auf der Stelle stehen, als hätte Beregthor ihn geschlagen. Sein Gesicht verdüsterte sich vor Verärgerung. Dann blickte er besorgt drein.

»Runenvater«, versuchte es Vrindum erneut.

Beregthor trat einen Schritt nach vorne. »Überlasst die Pforte mir«, sagte er. »Ihr alle.« Er drehte seinen Kopf, um die ganze Versammlung auf dem Podest mit einzuschließen. »Ich weiß, was zu tun ist.«

Trumnir und der Runenpriester traten zurück. Sie, Vrindum und die Runensöhne begaben sich wieder zum Fuße des Podests.

»Er ist nicht er selbst«, sagte Frethnir.

»Geht es ihm nicht gut?«, fragte sich Bramnor. »Er ist alt, aber ich hätte nicht gedacht, dass diese Reise ihn so aufzehren würde.«

Nein, dachte Vrindum. *Es hat mehr damit auf sich.*

Beregthor erhob seine große Schlüsselaxt und begann eine Beschwörungsformel zu singen. Die Wörter erschienen Vrindum sonderbar.

Er wandte sich zu Trumnir. »Ist dir dieses Ritual bekannt?«, fragte er.

»Das ist es nicht.« Trumnir löste seinen Blick keine Sekunde von der Pforte. »Aber der Runenvater weiß, was er tut. Sieh.« Er deutete auf die Säulen. Die Runen leuchteten, flackerten weiß auf und sanken dann zu einem dumpfen, magmafarbenen Rot ab. »Er entschärft die Schutzrunen.«

»Vielleicht hat sein Vater ihm das Wissen über Rituale weitergegeben, die älter und geheimer sind als jene, die uns gewährt wurden«, sagte Harthum. Er klang nicht überzeugt.

Uralte Energien knisterten zwischen den Säulen. Licht und Raum krümmten sich, verschlungen sich miteinander und begannen sich in Form einer Spirale zu drehen. Die Realität zerbrach in Tausend Scherben und versammelte sich dann wieder erneut. Der Blick durch die Pforte bekam einen bestimmteren Charakter, wurde beständiger und enthüllte nun das Innere einer Steinkammer.

Vrindum erkannte, dass diese Pforte und jene im Sibilatus Spiegelungen von einander waren. Die Pforte der Drunbhor führte von ihrer Magmafeste zu einem Ort innerhalb der Reichweite der anderen Loge, so hatte es Beregthor gesagt. Diese hier, weit entfernt vom Sibilatus, führte direkt in die Magmafeste der anderen Loge.

Es gab Bewegung in den Rängen, als sich die Fyreslayers darauf vorbereiteten, durch die Pforte zu marschieren. Trumnir erhob seinen Stab zur Warnung.

»Halt!«, rief er. »Viele der Schutzrunen sind immer noch aktiv. Wir können noch nicht passieren.«

Beregthor beendete seinen Beschwörungsgesang. Er zeichnete eine komplexe Figur mit *Bewahrer der Wege* in die Luft vor der Pforte. Es verursachte bei Vrindum Kopfschmerzen, diese Bewegung zu beobachten. Er starrte den Runenvater an und erkannte nicht den Fyreslayer, der vor ihm stand.

Beregthor vollendete die Gesten und im Zentrum der Pforte erschien ein großes, steinernes Schlüsselloch in der flimmernden Luft. Beregthor senkte *Bewahrer der Wege,* ging auf es zu und wollte den Kopf der Waffe in das Schlüsselloch schieben.

Die große Schlüsselaxt war ein Symbol. Die Gestaltung des Axtblattes stand für den Schlüssel zum Ruhm, doch war es gleichzeitig ein tatsächlicher Schlüssel und öffnete die geheimsten Gewölbe in der Magmafeste. Und nun würde es das letzte Schloss der Pforte aufschließen.

Die Schutzrunen, die immer noch aktiv waren, glühten rot. Es war eine kalte Farbe. Tückisch. Abwartend. Trumnir schaute voller Besorgnis auf sie. »Ich glaube nicht …«, setzte er an.

Vrindum sprang auf das Podest. Er rannte vor und packte Beregthor an der Schulter, hielt ihn zurück, bevor er den Schlüssel in das Schloss stecken konnte.

»Runenvater«, sagte er. »Die Pforte ist noch immer gefährlich. Sollten wir nicht warten?«

Beregthor ignorierte ihn. Er drückte nach vorne.

Vrindum nahm beide Arme, um ihn festzuhalten. »Beregthor-Grimnir«, sagte er, »wirst du nicht zu uns sprechen? Weißt du, wo du bist?«

Beregthor drehte seinen Kopf Vrindum zu. Seine Augen waren noch weiter eingesunken und seine Haut wurde grauer und grauer mit jeder verstreichenden Sekunde.

In seinem Genick wand sich etwas.

Vrindum sah genauer hin. Dort war eine kleine Wunde, direkt unter der Kante des Helmes – und aus ihr heraus ragte die Spitze eines dämonischen Dorns. Im selben Augenblick öffnete Beregthor seinen Mund.

Die Rosa Horrors hatten den Runenvater während der ersten Schlacht tiefer verwundet, als es irgendjemand bemerkt hatte. Einer der Dornen hatte Beregthors Fleisch durchdrungen, sich in ihm festgesetzt und kontrollierte ihn.

»Der Runenvater trägt eine dämonische Wunde!«, rief Vrindum.

Frethnir sprang nach vorne, um zu helfen. Er war vom Schmerz des Zweifels befreit worden, doch nun waren tausendmal schlimmere Qualen über ihm zusammengebrochen. Er hatte nicht gehandelt, als es die Chance gegeben hatte – und nun mochte es vielleicht zu spät sein. Er versuchte, nach dem Dorn zu greifen.

Beregthor wand sich mit aller Kraft. Er befreite sich aus Vrindums Griff und schlug die Seite der großen Schlüsselaxt gegen den Schädel des Ingrimm-Berserkers, schleuderte ihn damit zur Seite. Mit dem Rückschwung traf er seinen Sohn. Den Mund hatte er immer noch geöffnet und seine Lippen und Zunge arbeiteten und versuchten vergeblich Klänge zu formen. Seine Augen weiteten sich vor Todesentsetzen, während seine Seele darum kämpfte, das Wort, das aus ihm hervordrang, zurückzuhalten. Es gelang ihr nicht. Seine Stimme klang verschlissen, als würde sie von Klauen auseinandergerissen. Er rief einen Namen. Er *sang* einen Namen.

»*Kaz'arrath!*«

Drei Noten. Kurz, lang, kurz. Drei Schläge. Sanft, hart, sanft.

In diesem Moment kehrte der Wind zurück. Er explodierte aus Beregthors Worten mit solcher Wucht, dass es Vrindum flach zu Boden warf. Der Runenvater war plötzlich der Ursprung des Windes. Er war die Quelle des Liedes, das die Drunbhor-Loge zu diesem Ort gerufen hatte. Der Refrain mit den drei Noten dröhnte durch den Kessel, hallte von den Berghängen wider.

Kaz'arrath, Kaz'arrath, Kaz'arrath.

Ein Lied des Triumphes. Und eine Beschwörung.

Der Wind heulte den Namen, wehte kreischend über

die Fyreslayers hinweg, als ob die versammelten Kräfte des Typhorna-Gebirges an diesem Schauplatz zur vollen Rage erwachten. An den Rändern des Kessels verdichtete sich die aufziehende Nacht, dunkle Tentakel huschten umher, bereit hervorzubrechen. Beregthor blieb in diesem Orkan auf den Beinen. Mit schlaff herabhängendem Gesicht wandte er sich wieder der Pforte zu.

Vrindum kämpfte sich hoch und dann weiter voran. Er wusste nicht, was geschehen würde, sollte es Beregthor gelingen, den Schlüssel einzusetzen, doch wusste er, dass es nicht geschehen durfte. Was er so viele Tage zuvor zum Runenvater gesagt hatte, war wahr: Die Ereignisse im Sibilatus hatten eine Bedeutung gehabt – so wie jeder Schritt ihrer Reise, und diese Schritte hatten sie zu einem Augenblick geführt, der nur ihren Untergang bedeuten konnte. So stürzte er sich auf den Held der Drunbhor, auf den Fyreslayer, dem er sein ganzes Leben lang gefolgt war. Er würde für Beregthor sterben. Und nun griff er an.

Er schwang *Düsterfluch* und heulte dabei gleichzeitig vor Kummer auf, dass er dies tun musste. Übermannt von Trauer und Furcht war er weit davon entfernt, sich in einem Strudel der Raserei zu verlieren. Sein Hieb war so gezielt, dass die Seite der Klingen den Schaft von *Bewahrer der Wege* traf. Er schlug die Waffe von dem Schlüsselloch fort und rammte dann seine Schulter in Beregthor. Der Aufprall brachte den Runenvater ins Taumeln und er drehte sich zu Vrindum um. Sein Gesicht war eine verzerrte Grimasse. Vrindum erkannte nicht den gerechten Zorn eines Fyreslayers in Beregthors Ausdruck. Er sah nicht das heilige Feuer Grimnirs. Was er sah, waren ausschließlich eine Grausamkeit und blinde Bosheit.

Um das Podest herum waren die Fyreslayers in Aufruhr. Ihr wildester Krieger kämpfte gegen den Runenvater – ihre Welt hatte jeglichen Sinn verloren. Vrindum vertraute darauf, dass Trumnir, Harthum, die Runensöhne und jene, die am nächsten standen, das verzerrte, besessene Gesicht Beregthors sehen konnten. Doch jene weiter weg würden nur einen unmöglichen Konflikt erblicken, die Saat eines furchtbaren Schismas.

Kaz'arrath, Kaz'arrath, Kaz'arrath, heulte der Wind.

Beregthor hob *Bewahrer der Wege* über seinen Kopf und ließ die Waffe hinabschnellen, zielte auf Vrindums Schädel. Der Ingrimm-Berserker wich zur Seite aus. In Beregthors Angriff lag eine enorme Stärke, jedoch nur wenig Kampfgeschick. *Bewahrer der Wege* schlug auf das Podest und grub sich in den Stein. Vrindum warf sich erneut gegen Beregthor, traf ihn hart genug, um dessen Griff um die große Schlüsselaxt zu lösen. Beregthor starrte auf seine leeren Hände und jaulte auf.

Kaz'arrath, Kaz'arrath, Kaz'arrath. Kurz, lang, kurz. Ein Ruf. Eine Beschwörung.

Und dem Ruf wurde geantwortet.

Die acht Pässe, die die Eingänge zu dem Kessel formten, schienen zu explodieren und die Nacht gebar eine Horde Dämonen. Legionen von Rosa Horrors und Feuerdämonen rollten in einer Kaskade die Berghänge hinab. Stürme wahnsinnigen Gelächters wurden vom Heulen des Windes verschluckt. Und im Norden erschien ein gewaltiger Dämon, der hinter den Tausenden seiner Armee her schritt. An seinem Rücken befanden sich Schwingen und er stolzierte auf langen Beinen mit vielen Gelenken. Seine Arme waren fast genau so lang und er trug einen Stab in Form eines großen Schlüssels, dessen Bart seine Konfiguration von Sekunde zu Sekunde änderte. Der Kopf des Wesens war länglich und schnabelförmig und seine Augen blitzten in demselben schrecklichen, kalten Rot der Schutzrunen auf der Pforte.

Die Ankunft der Dämonen gab den Fyrds der Drunbhor

wieder etwas Glauben zurück. Hier gab es einen klaren Feind. Hier gab es eine Schlacht, die geschlagen werden musste, ganz gleich, wie entmutigend ihre Chancen auch sein mochten. Und so rückte die große Masse der Vulkit-Berserker in einem expandierenden Kreis vom Podest aus vor. Das Stampfen ihrer Stiefel und der Donner ihres Schlachtrufes ließen die Erde erzittern. Auch die Runensöhne sprangen von dem Podest herunter und rannten durch die Ränge in verschiedene Richtungen, um die Fyrds von der Front aus anzuführen. Trumnir übernahm eine weitere Front, während Harthum auf den Rücken seines Magmadronts kletterte und ein weiteres Mal den Rhythmus des Krieges hämmerte.

Beregthor und Vrindum waren nun allein auf dem Podest, gleichwohl der Ingrimm-Berserker spüren konnte, wie sich Kaz'arraths Augen auf ihn richteten.

Mit der Anwesenheit des Großen Dämons und der Spiegelung der Schutzrunen in den Augen des Wesens verstand Vrindum, was geschehen würde, sollte Beregthor den Schlüssel herumdrehen und die Pforte öffnen. Die Drunbhor würden nicht passieren können. Die Schutzzauber würden jeden Duardin vernichten, der es versuchte. Doch den Dämonen würde es *Bewahrer der Wege* gestatten, direkt in die Magmafeste der anderen Loge zu strömen. Dies war der Plan, zu dessen Ausführung die Dämonen die Drunbhor angetrieben hatten. Die Pforte im Sibilatus war von den Dämonen zerstört worden, damit die Drunbhor diese hier suchten und öffneten – und so den Schrecken auf jene losließen, denen sie glaubten zu helfen.

Vrindum stand zwischen dem Runenvater und *Bewahrer der Wege*. Beregthor rannte mit wie Klauen ausgestreckten Händen auf ihn zu. Vrindum stellte sich dem Ansturm entgegen und die beiden rangen miteinander. Er zog einen Dolch aus seinem Gürtel und stach ihn von der Seite in Beregthors Genick. Die Klinge schnitt durch das Fleisch und er konnte spüren, wie sie auf etwas Hartes stieß – er betete zu Grimnir, dass es sich um den Dämonendorn handelte.

»Runenvater«, flehte er. »Erinnere dich, wer du bist. Du bist der Größte der Drunbhor und wir brauchen dich jetzt!« Er schob den Dolch tiefer hinein. Irgendetwas wurde durchtrennt. Eine plötzliche Schwäche fuhr durch Beregthors Gliedmaßen und Vrindum rang ihn zu Boden.

»Höre den Altar des Krieges«, sagte Vrindum. »Höre den wahren Ruf. Höre den Zorn Grimnirs. Befreie dich aus dem Griff der Lügen.«

Harthum musste den Kampf gesehen haben, denn das Donnern der Schlachthymne wurde lauter. Die Kraft seines Gottes flammte in Vrindums Leib auf und er erkannte das Leuchten des heiligen Zorns in den Runen auf Beregthors Stirn.

Die Augen des Runenvaters wurden klar. Aus der geschwärzten Kohle brach erneut das heroische Feuer hervor. Vrindum ließ ihn los und Beregthor sprang auf die Füße. Er starrte auf die Pforte und auf *Bewahrer der Wege*, die Schneide der Waffe in dem Podest vergraben. Sein Mund verzog sich vor Trauer und Wut. Er ergriff seine große Schlüsselaxt.

Und hielt inne.

Eine neue graue Woge legte sich auf seine Züge. Es kostete ihn einige Anstrengung, sie abzuschütteln, und er wandte sich Vrindum zu. »Ich höre, alter Freund. Ich behalte meine Ehre bis zum Schluss.« Er erschauderte und wich zurück, als würde sein Körper die Pforte aufschließen, wenn er ihn nicht von ihr fernhielt. Dann schenkte er Vrindum ein grimmiges Lächeln.

»Frethnir wird ein guter Anführer sein«, sagte er und stürmte von dem Podest. Sein Brüllen teilte die Ränge der Fyreslayers, aus Instinkt machten sie Platz für ihren goldenen Runenvater. Krasnak bellte und kam zu seinem Meister gelaufen. Beregthor kletterte ein letztes Mal hinauf auf seinen Thron. Gemeinsam drangen sie tief in die Reihen der plappernden dämonischen Legionen ein.

Beregthor steuerte direkt auf Kaz'arrath zu. Der Herrscher des Wandels befand sich auf halbem Weg quer durch den Kessel in Richtung der Linien der Fyreslayers. Beregthor und der Magmadront tauchten tiefer und tiefer in die brodelnde Masse hinein. Der Angriff des Runenvaters war waghalsig. Er war zu schnell – er führte die Drunbhor nicht an, sondern ließ sie hinter sich zurück.

Vrindum rannte hinter ihm her. Beregthor hatte nicht die Absicht zu überleben. Er zielte ausschließlich darauf, so viele der abscheulichen Kreaturen zu vernichten, wie er konnte, bevor sie ihn ihrerseits überwältigten. Mit einem trotzigen Brüllen gegen das Schicksal folgte Vrindum dem Runenvater. Beregthor würde nicht gezwungen sein, dieses Opfer zu bringen. Vrindum würde an seiner Seite kämpfen, und zwar bis der letzte Dämon zurück in die Dunkelheit geworfen worden war.

Der Schlachtrhythmus des Runenpriesters hämmerte durch Vrindums gesamte Existenz. Die Stimme des Schlachtenschmieds Krunmir donnerte über das Kampfgeschehen und seine Rezitation der großen Siege der Drunbhor folgte dem Takt der Trommeln auf dem Altar des Krieges. Vor sich sah Vrindum, wie sich die überwältigende Übermacht gegen Beregthor wandte. Krasnak zerfleischte die Dämonen und verbrannte sie mit Galle. *Bewahrer der Wege* ragte hoch in die Luft auf, bevor die Waffe mit vernichtender Kraft niederraste. Doch die Rosa Horrors stürmten weiter heran, stapelten sich aufeinander und versuchten, den Runenvater herabzuziehen. Feuerdämonen kamen dicht an Krasnak heran und der Magmadront kreischte, als ihr unheiliges Feuer über seine Schuppen strömte. Seine Haut kräuselte sich und Teile seines Köpers durchliefen die ersten Zuckungen des Wandels. Vulkit-Berserker kämpften in blinder Wut, um Beregthor zu Hilfe zu kommen, doch durch die Masse an Dämonen kamen sie nicht schnell genug voran. Sie würden ihn nicht erreichen, bevor ihn dieses Meer aus Albträumen verschlang.

Oder bevor der entsetzliche Autor dieser Tragödie erschien, um den Runenvater vollständig zu vernichten.

Vrindums Fokus verschmälerte sich zu einem einzigen Punkt: Er nahm nichts anderes mehr wahr außer der Bedrohung Beregthors. Alles andere versank im Wüten der Schlacht. Er selbst war eine Kraft jenseits der Vorstellungskraft und rammte in die Dämonen hinein. Seine Kehle entfesselte einen ununterbrochenen Wutschrei. Die Ur-Gold-Siegel in seiner Haut waren in Grimnirs Zorn geschmolzen. Der Gott verlangte Vergeltung – und Vrindum war die Inkarnation dieser Vergeltung.

Er sah keine individuellen Feinde mehr. Die Dämonen bildeten eine undifferenzierte Masse, die sich selbst zum Abschlachten darbot. *Düsterfluch* schnitt durch ein Meer aus dämonischem Fleisch. Rosa verwandelte sich zu Blau, Blau verschwand in einem Sprühregen aus Wundsekret. Hörner und Klingen schlugen auf ihn ein, doch ob sie ihn trafen oder nicht, machte keinen Unterschied. Er war die Raserei des Krieges und keines der schändlichen Wesen würde ihn dabei aufhalten, den Runenvater zu erreichen.

Er zog gleichauf mit Beregthor und die unmittelbare Nähe des Runenvaters bewahrte ihn davor, sich völlig im Schlachtwahn zu verlieren. Krasnak war gefallen. Das Tier hatte bis zum Schluss gekämpft, während sein Fleisch unkontrolliert mutierte und ihn letztlich in einen Berg aus pulsierenden Schuppen und kriechendem Pergament verwandelte. Beregthor hatte seinen Helm verloren. Sein Gesicht und seine Arme waren mit seinem eigenen Blut überzogen, doch er kämpfte, als wäre er gerade frisch in die Schlacht gezogen.

»Geh zurück!«, rief Beregthor.

Vrindum spaltete einen Rosa Horror und vernichtete dann die blauen Dämonen, bevor diese ihr erstes Geheul ausstoßen konnten.

»Komm mit mir, Runenvater!«, sagte er. »Du bist für uns wiederhergestellt! Deine Ehre verlangt dieses Opfer nicht von dir!«

Beregthor schüttelte seinen Kopf. Er stieß *Bewahrer der Wege* vorwärts, direkt durch die Kiefer eines Blauen Horrors hindurch und ließ den Kopf des Dämons damit explodieren.

»Ich kann nicht zur Pforte zurückkehren. Wenn ich dies tue, werde ich uns alle in den Abgrund stürzen. Aber du musst es. Und sie zerstören.«

Vor ihnen war Kaz'arrath nur noch weniger als ein Dutzend Schritte entfernt.

»Die Pforte ist für uns verloren«, sagte Beregthor. »Wir müssen sie den Dämonen entreißen, so wie sie die unsere im Sibilatus genommen haben.«

Vrindum zögerte.

»*Geh!*«, brüllte Beregthor. »Dein Runenvater befiehlt es dir!«

Mit einem schmerzerfüllten Brüllen verließ Vrindum Beregthor. Er drehte sich um und hackte sich ein weiteres Mal den Weg durch die dämonische Horde. Zorn vermengte sich mit Trauer. Er war gewillt, jeden einzelnen Dämon auf dem Feld zu vernichten, wenn nicht Beregthors verzweifelter Befehl gewesen wäre. Zahlreiche Fyrds der Vulkit-Berserker pressten vorwärts, um den Runenvater ebenfalls zu erreichen, und es dauerte nicht lange, bis Vrindum in ihrer Mitte stand.

»Die Pforte!«, sagte er. »Wir haben Befehl, die Pforte zu zerstören!«

Er sprang auf die steinerne Plattform und rannte zur rechten

Säule. Als er *Düsterfluch* schwang, dachte er ausschließlich an seine Pflicht und nicht an die Konsequenzen. Mit dem ersten Hieb flog ein Bruchstück des antiken Steins davon. Das Bild, das durch das Portal zu sehen war, erzitterte. Und ein Brüllen des Entsetzens und der Wut ertönte quer über das Schlachtfeld. Die Dämonen drängten vorwärts und das Gelächter der Rosa Horrors verstarb. Mit wilder Entschlossenheit brachen sie über die Fyreslayers herein, zwangen sie weiter zurück. Die Drunbhor waren plötzlich in der Defensive, kämpften, um die Dämonen davon abzuhalten, das Podest zu erreichen.

»Glaubst du, du könntest dem Schicksal entkommen?«

Die Stimme war gebieterisch und voller Bosheit. Vrindums Mund füllte sich mit Blut.

»Das Buch ist geschrieben. Jede Veränderung obliegt allein uns. Für dich bleibt die Vollendung deiner Aufgabe«, sagte Kaz'arrath. Der Dämon beugte sich herab und packte Beregthor mit einer großen Klaue, breitete seine Schwingen aus und mit einigen Flügelschlägen erhob er sich von der Schlacht in Richtung des Podests. Im selben Augenblick ließ er seinen Stab hinabfahren und Dutzende Fyreslayers starben, ihre Körper grotesk zu den Umrissen unheiliger Runen verdreht.

»Zerstört die Pforte!« Der Schmerz ließ Beregthors Schrei eine monströse Gestalt annehmen, eine Seele, die ihre letzten Kräfte in einem schrecklichen Kampf aufwandte.

Erneut attackierte Vrindum die Säule. Stein flog durch die Luft, Schutzrunen flammten zornerfüllt auf, doch versuchte er nicht, die Schwelle der Pforte zu überschreiten. Frethnir und Bramnor kamen zu ihm und auch ihre Schläge fraßen sich in die mächtige Säule.

»Schneller«, rief Vrindum. »Wir müssen dafür sorgen, dass unser Versagen hier ein Ende findet.«

* * *

Kaz'arrath landete auf dem Podest. Mit einer verächtlichen Geste fegte der Dämon die Berserker zur Seite, die ihm den Weg versperrten. Er hielt Beregthor in Richtung des Portals. Zwar konnte der Herrscher des Wandels die Pforte schützen und ihr Wesen korrumpieren, doch öffnen konnte er sie nicht. Nur allein der Runenvater der Drunbhor vermochte dies. Beregthors Körper erzitterte, kontrolliert von einem Willen deutlich mächtiger als der seinige, und so hob er *Bewahrer der Wege*, führte die Klinge in das schwebende Schloss.

In wütender Ekstase schlug Vrindum auf die Säule ein.

Beregthor drehte den Schlüssel.

Blitze flammten um den Bogen des Portals auf. Das Bild der Magmafeste jenseits gewann an Tiefe. Das Schlüsselloch verschwand. Das Opfer seiner Intrigen immer noch fest im Griff, trat der Herrscher des Wandels mit einem heißeren Krächzen des Triumphes in die Pforte ein.

Und die Säule stürzte ein.

Wie ein gefällter Baum kippte sie um und riss den gesamten Bogen der Pforte mit sich nieder. Das mit Runen und Schutzzaubern versehene Steinwerk krachte in das Portal, das der Dämon und Beregthor gerade zur Hälfte durchschritten hatten. Die Pforte explodierte. Ein versengendes Violett und silberne Blitze zuckten durch das Innerste des Typhorna-Gebirges, während der Untergrund des Podests aufbrach.

Vrindum wurde durch einen Mahlstrom aus Feuer, Stein und rasender Energie geschleudert. Um ihn herum tobte der Sturm und er tobte in ihm. Die Realität zersprang und ihr Zorn traf auf Vrindum.

Er stieß einen Schrei des Sieges und der Trauer aus.

VII

Die Zerstörung der Pforte verwandelte die Mitte des Kessels in einen Krater. Während viele der Drunbhor in der Explosion starben, wirkte sich der unkontrollierte Sturm magischer Energien unter den Dämonen sogar noch verheerender aus. Mit dem Verschwinden von Kaz'arrath waren sie führungslos und verzweifelt. Der Tod Beregthors hingegen versetzte die Fyreslayers in einen schrecklichen Rausch der Vergeltung.

Das Ende kam schnell.

Am Morgengrauen stand Vrindum an der Kante des Kraters. Der Wind blies durch das Typhorna-Gebirge und hatte den dreitönigen Refrain abgeschüttelt. Das Lied war wieder zu seiner wechselhaften Melodie zurückgekehrt, variierte mit jedem Heben und Senken der Berge. In Vrindums Ohren klang sie wie ein Trauergesang. Vielleicht war dort auch eine Spur des Triumphes. Beregthors letzter Befehl hatte die Machenschaften des Dämons vereitelt. Und er hatte ein Vermächtnis hinterlassen.

Als die Strahlen der Sonne über den Rand des Kessels kletterten, glänzten Goldadern in dem Krater.

Frethnir stieß zu Vrindum. »Der Runenmeister sagt, dass sich eine hohe Konzentration von Ur-Gold unter uns befindet«, sagte er.

»Beregthor hätte dies gefreut«, sagte Vrindum. »Er hat uns bis zum Ende gut geführt.«

»Das tat er. Ich hätte es niemals bezweifeln dürfen.«

Vrindum beugte sich hinab und hob *Bewahrer der Wege* auf. Die Waffe hatte die Explosion überstanden. Vrindum reichte sie Frethnir.

Der Runensohn schüttelte den Kopf.

»Nein«, sagte er. »Sie ist für Bramnor. Es liegt nicht an mir, goldener Runenvater der Drunbhor zu sein. Mein Bruder wird sie auf dem Rückmarsch führen. Ich werde mit jenen Hierbleiben, die sich dafür entscheiden, sich mir anzuschließen. Wir werden hier eine neue Loge gründen, an diesem Ort, an den unser Vater uns geführt hat.«

»Dann werde ich einer davon sein«, sagte Vrindum. Dort, wo der Dämon danach gestrebt hatte, die Drunbhor in den Abgrund zu stürzen, würde sich eine noch größere Macht erheben.

Das Heulen des Windes wurde lauter. Es war ein kriegerisches Lied für die Geburt einer neuen Ära.

Ein Auszug aus

HALLOWED KNIGHTS: SEUCHENGARTEN

Josh Reynolds

»Bis hierher bist also du gekommen, nur um jetzt zu Dünger in Großvaters Garten zu werden, Silberhaut«, gurgelte der Pestkönig, während er vorwärts stampfte. Gelids Speckrollen zitterten auf verbogenen Gliedern, und die Luft pfiff aus den Falten dazwischen heraus. Seine bröckelnde Rüstung kreischte protestierend, als der Pestkönig seine zernarbte Axt hob und ein Grölen der Vorfreude erschallen ließ.

Lord-Castellant Grymn ignorierte den Spott seines Gegners und schwang seine Hellebarde in einem engen Bogen. Der Pestkönig fiel Galle verspritzend in zwei Teile auseinander. Grymn schüttelte dessen Fäulnissäfte von der Klinge und musterte seine Umgebung. Der Vorstoß war beinahe zum Halt gekommen. Die Luft schmeckte nach brennendem Fleisch und Blitzen. Falbfeuerpfeile schossen kreischend aus Schießscharten hervor und grünliches Feuer donnerte empor, um dann von den kühlen Winden und dem reinen Regen ausgelöscht zu werden, der in den Durchgang drang. Lord-Relictor Morbus' heilender Sturm kühlte die Wunden der Stormcasts und hielt die üble Magie des Feindes im Zaum.

Vor Grymn hielten Soldaten des Ordens inmitten der rauchenden Ruinen des Torhauses der Zitadelle ihre Stellung gegen die Hallowed Knights. Die Front des Torhauses war einst das Maul eines uralten Leviathans gewesen, die jetzt, entgegen seiner ursprünglichen Gestalt verbogen und verzerrt in die monströse Parodie eines Fallgitters verwandelt worden war. Ein Urwald verrottenden Fleisches und Sargassum erstreckte sich jenseits davon, und weitere Fäulnisboten lauerten dort darauf, zur Schlachtlinie zu stoßen. Es schien, als wäre jeder kampffähige Krieger in dieses Torhaus geschleust worden, um ihnen den Eintritt zu verwehren.

Tallon zirpte und Grymn kratzte den kantigen Schädel des Gryph-Hundes. Das Tier hielt mit ihm Schritt, während er zu den vorderen Reihen der Liberatoren vordrang. »Ja, ich weiß. Zu langsam. Wir brauchen Platz für unsere Manöver. Aber sie sind entschlossen, ihn uns nicht zu lassen.«

Die Sterblichen waren diszipliniert, hielten große eisengefasste Schilde zu einem Wall geschlossen, die Speere gesenkt, und verwehrten jeden Durchbruch. Wenn einer fiel, trat ein anderer an seine Stelle. Sie wurden von dem speckigen Kämpen angetrieben, der in ihren hinteren Reihen lauerte, und der sich nur eben bei allernötigster Gelegenheit nach vorne wühlte. Die Pestkönige kämpften gerade lange genug, um ihren sterblichen Anhängern Luft zum Atmen zu erkaufen, und zogen sich dann wieder hinter die Schildreihen zurück. Außer jemand tötete sie zuvor. Grymn blickte auf den Körper von dem, den er gerade eben erst getötet hatte, und dann zurück zum Schildwall. Er konnte nicht anders, als solche Disziplin einfach zu bewundern, auch wenn er die, die sie aufbrachten, vernichten wollte. Sie wussten, was sie taten, diese Fliegenanbeter.

Das Torhaus war nicht breit genug, als dass es mehr als einem Dutzend Stormcasts gleichzeitig Platz geboten hätte. Sie rückten zwar noch immer weiter vor, jedoch viel langsamer, als ihm lieb war. Immer wieder öffneten sich verborgene Durchgänge in den schlammigen Wänden des Torhauses und spien fliegenverseuchte Fanatiker und Tiermenschen aus, die sich ins Gefecht warfen. Vor dem Torhaus mühten sich die Stormcasts, die auf dem Viadukt waren, damit ab, Griffmulden und Stufen in die zähflüssige Oberfläche der Wälle zu schlagen. Wenn sie nicht hindurch kommen konnten, dann mussten sie eben darüber hinweg gehen.

Grymn hörte Kuruntas Kriegshorn erklingen und fühlte das Grollen einstürzenden Mauerwerks. Er hatte dem Heraldor-Ritter den Befehl über die Truppen, die sich noch draußen befanden, übergeben. Wenn irgendjemand ein Loch in diese Wände brechen konnte, dann war dies Kurunta. »Besser wäre, wir sind schon da, um ihn zu begrüßen, wenn er es schafft«, sagte er.

Er griff nach seiner Bannlaterne, klappte sie auf, ließ das heilige Licht herausfluten und den Durchgang erfüllen. Er nahm die Laterne vom Gürtel und hing sie an die Klinge seiner Hellebarde. Er hob die Waffe hoch empor, wie ein Banner.

Sterbliche Fäulnisboten kreischten und griffen nach ihren Augen, als das Licht sie traf, und Pestkönige taumelten zurück, während ihr entstelltes Fleisch brodelte. Liberatoren ergriffen die Gelegenheit und drängten vorwärts in die Lücke hinein. Sigmarit-Schilde schmetterten in die wankenden Linien und Männer stürzten schreiend zu Boden, um dann dort zu Tode getrampelt zu werden. Es gab kein Halten, keine Gnade. So unerfreulich dies auch war, wenn sie ihr Ziel nur über die zerquetschten Leiber dieser verderbten Sterblichen erreichen konnten, dann war dem eben so. Grymn folgte der ersten Reihe der Liberatoren, indem er seine Hellebarde hoch emporhielt.

Hinter ihm schlossen sich Feros und seine Retributoren eilig an, umschlossen ihn, um ihn zu schützen, sollte ein Feind ihm zu nahe kommen. Tallon war zwar mehr als genug Schutz, doch er hielt es nicht für nötig, Feros und die anderen zu brüskieren. Es war vor allem ein Zeichen des Respekts. Und bei Feros von der Starken Hand war das immerhin eine Überraschung.

Bisher hätte man den Retributor-Primus nie als besonders respektvoll bezeichnen wollen. Der Held des Himmelsgletschers war stets der verkörperte himmlische Zorn mit einer dazu passenden Persönlichkeit gewesen. Zeitweise hatte Grymn schon vermutet, dass Feros nur etwas auf die Meinung eines einzigen Mannes gab. Ärgerlich aber verständlich. Gardus war schließlich Lord-Celestant, und er war es, der die Stahlseelen in die Schlacht führte.

Doch Feros, so wie auch Tegrus und einige andere, war nicht mehr der gleiche kriegslüsterne Kämpfer, der einst mit dem Donnerhammer in der Hand über das Himmelseis geschritten war. Er war neugeschmiedet worden, nach seinem Tod im Ghyrtract-Moor von Neuem gestaltet und erschaffen worden. Der Krieger, der daraus erneut hervorgegangen war, war wild wie eh und je, jedoch fügsamer, fiel weniger grimmiger Kampflust anheim als zuvor.

Grymn war sich nicht ganz sicher, ob ihm lieb war, was das bedeuten mochte. Denn wenn Feros gehorsamer werden und Tegrus seinen beißenden Witz verlieren konnte, dann mochte auch Gardus sich verändern. Würde er den Lord-Celestant überhaupt erkennen, wenn er wieder vor ihm stand? Oder würde er einem Fremden gegenüberstehen, der jedes vertrauten Zuges beraubt war? Er hatte Geschichten von der Verwand-

lung Thostos Klingensturms und Gaius Greels gehört. Mächtige
Krieger, die irgendwie *weniger* geworden waren. Geschwächt.
Er roch die Note versengten Metalls und fühlte einen kalten
Schauer. »Wir könnten ein wenig himmlische Hilfe gebrau-
chen«, sagte er.

»Etwas mehr, meinst du«, erwiderte Morbus. Er lehnte sich
sichtbar ermüdet auf seinen Reliquienstab. Er hatte an der ersten Attacke teilgenommen, und seine Mortisrüstung war von
feindlichen Hieben zerkratzt und schartig. »Das ist alles, was
ich tun kann, um die Falbfeuer daran zu hindern, sich auszubreiten.«

Grymn sah ihn an. »Bist du verletzt?«, fragte er schroff.
»Wenn ja, bist du hier eine Last. Eine, die ich nicht brauche.«
Die Worte kamen wesentlich härter, als er es bezweckt hatte,
doch Morbus lachte auf.

»Einfach nur müde.« Morbus richtete sich auf. »Kannst du
das fühlen?«

»Was fühlen?«, fragte Grymn, kannte aber schon die Antwort. Er hatte es gespürt, seit sie durch das äußere Tor eingedrungen waren. Die Luft fühlte sich schwer an, als ob sich
irgendwo ein Sturm zusammenbraute. »Verstärkung?«

Morbus nickte. »Gardus kommt. Bereiten wir uns darauf
vor, ihn zu begrüßen.«

Grymn runzelte die Stirn, obwohl sein Herz einen Sprung
machte. Er hatte gehofft, diese Schlacht hinter sich zu haben,
wenn die Stahlseele zurückkehrte, aber danach sah es nicht aus.
»Wir müssen endlich ihre Reihen zerschmettern. Gebt ihnen
keine Chance, sich zu erholen.« Er blickte sich um und stieß
dann die Zwinge seiner Hellebarde auf den Boden. »Halt!«,
brüllte er, und seine Stimme durchbrach mit Leichtigkeit den
Lärm. Liberatoren hielten mit klirrenden Rüstungen inne, kauerten sich hinter ihre Schilde. »Hochwall-Formation.«

Die vorderste Reihe der Liberatoren kniete nieder und stemmte die Ränder ihrer Schilde in den Grund. Die zweite Reihe schob sich hinter sie, stieß die Unterseiten ihrer Schilde auf jene der ersten Reihe, bis ein Wall aus Sigmarit den Durchgang füllte. Die dritte Reihe hob ihre Schilde über die Köpfe, parallel zum Boden, und formte eine schmale Kolonne. Die dahinter knieten und schufen so eine improvisierte Rampe zur Spitze des Walls.

Der Lord-Castellant nickte befriedigt. Auf diese eine Schlachtordnung war er besonders stolz. Auf den Feldern des Gladitoriums hatte sie stets den Sieg eingebracht. Sie nutzte allen verfügbaren Raum auf die effektivste Weise, und seine Kämpfer konnten so ihre Position wenn nötig stundenlang halten. »Solus«, rief er. Von jenseits des Walls konnte er die gedämpften Schreie der sich neu formierenden Fäulnisboten hören. Es blieb nicht mehr viel Zeit.

Der Judicator-Primus beeilte sich, sich ihm anzuschließen. Grymn deutete auf den Wall. »Ich brauche deine Blitze, Solus. Wir zaudern schon viel zu lange in diesem erdrückend engem Gemäuer herum.«

»Nicht viel Platz«, meinte Solus und musterte die Decke des Durchgangs. Er wandte sich um und gab seinen Judicatoren ein Zeichen. »Aber genug. Gatius, Parnas, bringt eure Krieger dort hinauf.« Judicatoren mit mächtigen Himmelsmacht-Bögen und Donnerkeil-Armbrüsten eilten durch die Reihen herbei und begannen die improvisierte Rampe aus Schilden zu erklimmen.

Als sie die Spitze erreicht hatten, sanken sie auf die Knie und warteten, hielten auf den erhobenen Schilden ihrer Stormcast-Kameraden perfekt die Balance. Grymn schlug die Hellebarde erneut auf den Boden. »Stahlseelen, schmettert euer Verdikt hinaus.«

Mit Donnerfauchen ließen die Judicatoren eine vernichtende Salve in die eng gedrängten Reihen der Fäulnisboten dort unten los. Die erhobenen Schilde wirkten dabei wie die Schießscharten einer Befestigung und schirmten die Schützen ab. Gewaltigen Schlägen himmlischer Energie folgten weitere Entladungen gezielter Blitze, und bald hing schwer der Gestank verbrannten Fleisches in der Luft.

»Feros, Markius«, rief Grymn, während eine weitere Salve in die feindlichen Reihen donnerte. »Macht euch bereit. Was immer dort drüben übrig ist, ich will, dass ihr es zu Dünger zermalmt.«

»Wie du befiehlst, Lord-Castellant«, antwortete Feros und hob dem Hammer zum Salut. Die Retributoren stellten sich in zwei Reihen hinter dem Schildwall auf, bereit, auf Befehl loszustürmen. Grymn wartete mit geschlossenen Augen, zählte die Salven. Die zweite würde den Fäulnisboten endgültig klar machen, dass sie ihre Taktik geändert hatten. Die dritte würde sie in die Knie zwingen, die vierte und fünfte würde die hinteren Reihen in die Flucht schlagen. Die sechste würde in der unmittelbaren Umgebung keine Überlebenden übrig lassen. Acht Salven würde es insgesamt geben. Nicht mehr, nicht weniger.

Versenkte man sich in die Maschinerie des Krieges, so war dort ein gewisses Maß an Frieden zu finden. Einzelne Krieger, Gefolge, alles Teile dieser Maschinerie. Eine Maschinerie gegen die andere, und die erste, die brach, verlor. Halte die deine am Laufen, und du gewinnst. Für Grymn ging es beim Krieg nur um Berechnung. Es war eine Sache feinster Variablen, die von einem für die Mathematik der Schlachten geschulten Geist beobachtet und ausgewertet werden mussten. Er wusste, dass für andere der Krieg eine mehr instinktive Sache war.

Gardus zum Beispiel. Von Natur her defensiv, hielt er einfach stand, bis der Feind einen Fehler machte. Und dann nutzte er diesen Moment der Schwäche. Der Stahlseele mangelte es nicht an Mut oder Geschick, doch ihn kennzeichnete ein charakteristisches Fehlen von Aggression. Mehr als einmal hatte dieser Mangel Grymn Sorgen bereitet und ihn veranlasst, seinen Lord-Celestant deshalb anzuzweifeln. Irgendein kleiner Teil in ihm, ein unwürdiger Teil, fragte sich, ob Sigmar nicht einen Fehler begangen hatte, als er ihnen beiden ihre jeweiligen Rollen zuwies. Er schüttelte heftig den Kopf und verbannte den Gedanken.

»Er das Schwert und ich der Schild«, murmelte er.

»Wie war das?«, fragte Morbus.

»Nichts. Das waren acht Salven. Macht das Tor weit.« Er ließ eine Hand herabsausen und signalisierte so einem Teil des Schildwalls sich aufzulösen und zurückzuweichen. Sie hinterließen eine breite Lücke in der Reihe, durch die Feros und Markius ihre Kämpfer führten. Eine ganze Zeit lang hörte man nichts als die Geräusche des Vormarschs der Retributoren. Dann folgte das Krachen der Donnerhämmer. Noch einmal. Ein drittes Mal. Grymn stieß die Hellebarde auf den Boden.

»Bollwerk-Formation – schnell jetzt!«

Der Schildwall fiel auseinander und formierte sich unter dem Rasseln von Rüstwerk in Sekunden neu. Die Bollwerkformation war simpel, ähnlich der des Hochwalls. Es handelte sich um einen Schildwall, der zwei Reihen hoch war, bei dem die oberste Reihe so gewinkelt war, dass sie Pfeile, Wurfspeere und Steine daran hinderte, unmittelbar dahinter niederzugehen. Langsam aber sicher rückte das Bollwerk vor, über die Körper der Toten hinweg. Judicatoren verteilten sich entlang des sich vorwärts bewegenden Bollwerks und sandten blitzende Pfeile durch die Lücken im Schildwall.

Morbus grunzte. Grymn drehte sich gerade rechtzeitig um, um zu sehen, wie ein Schauer den Lord-Relictor durchfuhr.

»Was ist?«, fragte Grymn und hielt Morbus am Arm fest, als dieser taumelte.

»Irgendwas ...« Morbus schüttelte den Kopf. »Ich spüre irgendwas ...«

»Das sagtest du.«

»Nicht das«, bellte Morbus. Grymn zuckte zusammen. Es kam selten vor, dass der Lord-Relictor seine Stimme hob, selbst in den Augenblicken größter Anspannung. »Etwas regt sich gerade. Unter uns. In den Wurzeln dieses Ortes.« Er sah Grymn an. »Etwas Krankes. Es fühlt sich ... wie eine Wunde an, die gerade faulig wird. Als ob das Wasser, die Luft in plötzlichem Schmerz aufheulen würden, Lorrus.«

Grymn stutzt, als der Lord-Relictor ihn so unvermittelt bei seinem Vornamen ansprach. Was immer Morbus da spürte, es war schlimm. Er stieß sich von Grymn ab. »Ich habe so etwas schon einmal gespürt, als wir das erste Mal in die Jadekönigreiche kamen. An den Dämmerungspforten.«

Ein plötzlicher Kälteschauer durchfuhr den Lord-Castellant. Die Dämmerungspforten waren der Grund gewesen, warum sie überhaupt hierher in das Reich des Lebens gekommen waren. Die alte Reichspforte hatte angeblich von Ghyran nach Aqshy führen sollen. Aber tatsächlich war sie verzerrt und verderbt worden wie so viele Dinge in diesen Landen. Und statt einen Pfad zum roten Sand Aqshys zu öffnen, hatten die Dämmerungspforten geradewegs ins bittere Herz des Chaos selbst geführt. Die Pforte hatte Nurgle ergebene Dämonen ausgespuckt. Das Grauen, das darauf folgte, hatte den Charakter all dessen bestimmt, was noch kommen sollte.

Die Dämmerungspforten waren dank Gardus zerstört worden. Aber ein übler Ruch haftete seitdem jenen verkrüppelten Steinen an. Nichts, was von den Verderbten Mächten je berührt wurde, war davon nicht auf irgendeine Art verändert worden.

»Könnte es hier etwa eine Reichspforte geben?«, fragte er mit einem Auge auf die vorrückenden Liberatoren.

»Darauf würde ich meine Seele verwetten«, sagte Morbus.

»Dann beenden wir das besser jetzt.« Grymn hielt inne und nahm den Lord-Relictor in Augenschein. Morbus schien am Rand der Erschöpfung zu sein. Er fasste seine Entscheidung und fuhr fort. »Wenn das Torhaus gesichert ist, werde ich dem nachgehen. Ihr haltet die Stellung und wartet auf Gardus. Wenn er kommt, sag ihm, was er wissen muss.«

»Morbus schüttelte den Kopf. »Aber –«

Grymn ergriff ihn knapp bei der Schulter. »Wir haben alle unsere Aufgaben, Morbus. Das hier ist die meine. Bin ich schließlich nicht der Wächter der Pforte und Hüter der Schlüssel? Die Geister und ihre Umtriebe obliegen deiner Verantwortung. Reichspforten sind die meine.«

»Du darfst nicht allein gehen«, beharrte Morbus. »Du wirst mich brauchen.«

»Die Stahlseeele braucht dich«, erwiderte Grymn. »Gardus wir dich brauchen. Ich aber brauche nur mich selber.« Tallon krächzte und Grymn lachte.

»Na ja, mich selbst und noch einen.«

Der Vormarsch der ersten Sturmkrieger gegen das Torvorwerk geschah in einer wahren Sturzflut von Regen und sich züngelnden Blitzen. Sie waren schwer gerüstet, ihr reich verziertes Rüstwerk strahlte in Silber und Gold. Sie schwangen ihre Zweihandhämmer, als wögen sie nicht mehr als Federn und machten sich an ihr grimmes Werk.

Herzog Gatrog beobachtete sie von einer vorspringenden Plattform aus und studierte sie mit großem Interesse. Es kam selten vor, dass man aus sicherer Stellung den Feind in Aktion erleben konnte, und er hatte nicht vor, diese Gelegenheit zu verschwenden. Ein ergründeter Feind ist ein besiegter Feind, wie Pestherr Wolgus angeblich beim Aufbruch der Zweiten Pockenkreuzzüge in die nördliche Wildnis von Shyish gesagt hatte. Dass Wolgus kurz danach untergegangen war, tat dieser Wahrheit keineswegs Abbruch.

Wenn es jemals einen Feind gegeben hatte, der des Studiums bedurft hatte, dann waren es die Sturmkrieger. Die Vernichtung der beiden äußeren Viadukte war unvorhergesehen gewesen. Die Sturmkrieger hatten rascher als erwartet reagiert. Boten aus den anderen beiden Zitadellen berichteten von Verwirrung und Verheerungen. Befreite Sklaven liefen Amok, Mauern wurden eingerissen. Graf Pustulix war tot, auf die unehrenhafteste Weise erschlagen, und der arme Baron Feculast durch die erbarmungslosen Hammerschläge der feindlichen geflügelten Vorboten unter den Trümmern seiner eigenen Mauern begraben worden. Gatrog schauderte. Das war kein ziemliches Ende für einen Ritter.

Die Dinge liefen gar nicht gut. Gatrog kam nicht umhin, sich zu fragen, ob der König der Fliegen die leitende Hand von ihrer Schulter zurückgezogen hatte. Eine Niederlage an diesem Ort würde den Orden der Fliege auf Jahrhunderte hin lähmen. Sie könnten sogar gezwungen sein, ihre Güter außerhalb der Verpesteten Herzogtümer aufzugeben. Und all das wegen dieser silberhäutigen Eindringlinge. Ein tiefes Knurren stieg schon bei dem bloßen Gedanken in seiner Kehle auf.

»Sie kämpfen wir Ghyrlöwen«, meinte Agak. Der Schildträger duckte sich mit weit aufgerissenen Augen neben ihm nieder. Er hatte sich Gatrogs großen Schild über seinen Rücken geschwungen, und er brach fast unter der Last zusammen. »Wie kann ein Sterblicher hoffen, dagegen zu bestehen?«

»Wer den Großvater im Herzen trägt, lebt auf ewig«, sagte Gatrog fromm. Die erste Welle von Soldaten, die die Sturmkrieger erreichte, starb. Genauso erging es der zweiten Welle. Und der dritten. Bei der vierten ließen sie einige am Leben, wenn auch nur aus Nachlässigkeit und weil die klügeren Soldaten die Leichen als Deckung benutzten.

»Schätze, in deren Herzen wohnt der Großvater nicht«, sann Agak. Gatrog sah ihn an, und der Schildträger wand sich unter seinem Blick. Der Chaosritter wandte seine Aufmerksamkeit wieder dem Feind zu. Jeder von ihnen war wie eine Insel, ein silberhelles Licht auf nachtdunkler See. Sie verteidigten das innere Fallgitter, hinderten jeden daran, es herabzulassen und so die Torvorwerke abzuriegeln.

Aus den Tiefen des Torhauses drangen der Lärm metallbeschlagener Stiefel und das Klirren der Waffen. Die äußeren Mauern bebten unter dem Ansturm der Sturmkrieger von draußen. Über ihm hallten die Befestigungen vom Krächzen und Knarren der Kriegsmaschinen und ihrer Besatzungen wider, die versuchten sie in neue Positionen zu bringen. Ziemlich unwahrscheinlich, dass ihnen dies hilfreich war, aber in der Verzweiflung lag eine gewisse Macht, und das war alles, worauf ein Krieger je hoffen konnte.

Tja, das und die höher gelegene Stellung.

Gatrog hob die Hand. »Fertig«, sagte er. Hinter ihm hoben fünfzig der besten Bogenschützen ihre Wurmbögen. Die verrosteten Pfeilspitzen glitzerten vor süßestem Auswurf. Jemand, der davon getroffen wurde, würde innerhalb von Sekunden dahinsiechen und sterben. Er war neugierig, zu sehen, ob dass auch für Sturmkrieger galt.

Er ließ die Hand fallen. »Schießt.«

Die Pfeile zischten über ihm dahin und zogen ihre Bögen über dem Innenhof, bevor sie mit beeindruckender Präzision abwärts sanken. Ein silberner Krieger torkelte. Sackte zusammen. Fiel. Sein Körper explodierte in einem zuckenden Knäuel von Blitzen. Sie schossen aufwärts, fegten einige Soldaten von den Beinen, entzündeten grell deren Wämser. Sie rollten sich im Dreck und heulten vor Schmerz. Die anderen Sturmkrieger kämpften weiter, trotz der Tatsache, dass ihre Rüstungen mit Pfeilen gespickt waren. Gatrog zischte vor Enttäuschung. »Macht euch bereit«, fauchte er.

Wenn sie das Fallgitter nicht rechtzeitig schließen konnten, würde der Feind in die Zitadelle eindringen und damit alles gefährden, wofür der Orden der Fliege so lang und hart gekämpft hatte. Das konnte er nicht zulassen. Der König der Fliegen hatte ihm einen Auftrag gegeben und Gatrog würde ihn erfüllen, bei seiner Ehre als wahrer, getreuer Ritter. »Los –«

Sein Befehl wurde von einem glänzenden Pfeil unterbrochen, der den Schädel des ihm nächststehenden Bogenschützen durchbohrte. Der Schütze brach zusammen. Gatrog blickte aufwärts. Eine geflügelte Gestalt kreiste über ihm. Weitere Pfeile schlugen ein, schneller als Gatrog es für möglich gehalten hätte. Er suchte eilig im Schatten der Mauer Deckung. Die Bogenschützen hatten weniger Glück, und bald war die Plattform gedrängt voll mit Leichen. Fluchend pflückte Gatrog einen Pfeil aus seinem Arm. Es schmerzte, doch die Pein war ein Geschenk des Großvaters und erinnerte einen stets an die süße Kürze des Lebens.

Die Pfeile verwandelten sich vor seinen Augen in Wolken blendenden Lichts. Das war das Wesen des Feindes. Nichts als Sternenlicht und Blitze. Wo war das Blut? Wo war das Splittern der Knochen? Fühlten diese Kreaturen überhaupt etwas, oder waren das bloß Geister, von einem eifersüchtigen Gottling aus madenlosen Gräbern aufgescheucht?

Irgendwie bemitleidete er sie. Sie würden nie die Liebe des Großvaters kennenlernen oder die Herrlichkeit, dem König der Fliegen zu dienen. Aber dennoch würden sie in dessen

Namen sterben. Er suchte nach Agak, der nahebei kauerte und sich unter dem Schild seines Herrn verbarg. Er winkte ihn unwirsch herbei. »Agak! Den Schild!«

»Man vergisst leicht, dass sie fliegen können, stimmt's Herr?« Agak schnaufte schwer, als er den schweren eisenbeschlagenen Schild über die Plattform schleppte. Der geflügelte Schütze hatte andere Ziele gefunden. Schimmernde Pfeile durchbohrten die Düsternis und ließen Soldaten und Pestkönige von Wällen und Plattformen stürzen. Dort unten ging die Schlacht weiter. Die Sturmkrieger hielten stur ihre Stellung, schlugen jeden Versuch zurück, sie zu vertreiben.

»Still, Agak. Spar dir deinen Atem, dafür auf, diesen Angsthasen dort unten meine Herausforderung hören zu lassen. Ich will mit ihm reden.«

»Welche Angsthasen meint ihr denn? Den mit den Flügeln oder …?«

Gatrog packte Agak bei der Kehle, zog ihn näher heran. »Mir egal. Such's dir aus.«

»Ja, mein Herr«, röchelte Agak mit hervorquellenden Augen. »Auf der Stelle, mein Lord.«

Gatrog stieß ihn beiseite und hob seinen Schild. Er war aus den Facettenschuppen eines der großen Wasserdrachen der Südlande gefertigt und mit Eisen und Knochen verstärkt. Siegel des Verderbens waren in jede noch so kleine freie Oberfläche geprägt. Der Schild war ein Geschenk der großen Lady von Räudenquell selbst gewesen, und er hatte ihn ein Jahrhundert lang sicher durch alle Schlachten und Feuer gebracht. Er zog sein Schwert und schlug die flache Seite auf die Oberfläche des Schildes. »Lass meine Herausforderung ertönen, Agak. Ich werde dem Feind gegenübertreten.«

Agak schrie.

Gatrog wandte sich um, ihn zu züchtigen, und sah den Schat-

ten. Er hob gerade noch rechtzeitig den Schild und fing damit
den Großteil der Wucht des Hammerschlags ab. Blitze zuckten
und griffen fauchend um die Kanten des Schilds herum nach
ihm. Seine Knochen bebten in ihrer Hülle aus Fleisch und er
taumelte mit schmerzender Schulter rückwärts. Er fegte mit
einem Schwung des Schilds den Rauch des Schlags beiseite.
Eine glitzernde Gestalt schoss mit weit ausgebreiteten und vor
Macht knisternden Flügeln auf ihn zu.

Er hob seinen Schild und stemmte die Füße in den Boden,
wappnete sich gegen den Aufprall. Der Sturmkrieger wich im
letzten Moment aus und glitt knapp vorbei. Die knisternden
Federn einer Schwinge streiften ihn, durchschnitten seine Rüstung und versengten das Fleisch darunter. Gatrog brüllte und
schnellte herum. Sein Schwert sauste herab, verfehlte den Angreifer jedoch knapp.

»Pass auf, mein Lord«, schrie Agak noch, bevor er von der
Plattform sprang. Gatrog schaute auf und sah eine Sturzflut
flammender Hämmer auf ihn niederprasseln. Einen Augenblick bevor sie einschlugen, folgte er Agaks Beispiel. Er kam
auf dem Boden auf, als die Plattform zu feurigen Splittern zer-
platzte. Bolzen platzten heraus und Rüstungsplatten bogen sich,
als er schwer auf seine Füße rollte. Er war ein Ritter, kein Ak-
robat. Irgendwas in seinem Inneren war gebrochen, und er
schmeckte Blut. Es würde bald heilen, wenn er nur die nächsten paar Augenblicke überlebte.

Im Innenhof herrschte Chaos. Alles ging hier ziemlich
schnell den Bach runter. Irgendwer hatte die Sklavenkäfige
aufgebrochen, und die schwachsinnigen Wilden fielen mit un-
gezügelter Wut über Soldaten und Aufseher gleichermaßen her.
Als hätte der Sturm sie zur Raserei getrieben. Aber Stürme vergingen irgendwann, und dann würde man sie wieder in ihre
Käfige zurückschaffen. Gatrog würde persönlich dafür sor-

gen. Jetzt aber musste er so viele wie möglich um sich sammeln und den Feind zurücktreiben.

Er suchte nach Agak. Er entdeckte den Schildträger, wie er sich gerade nicht weit entfernt wieder auf die Füße rappelte. Er fühlte so etwas wie Erleichterung, dass sein Diener überlebt hatte. »Agak, komm her, Mann«, rief er ihm das Schwert schwingend zu. »Schnell! Es gibt Arbeit zu tun.«

»Blutige Arbeit«, antwortete Agak.

»Doch nicht für dich«, sagte Gatrog und ignorierte Agaks Aufstöhnen der Erleichterung. »Geh dort runter. Sag dem Pestherren Bubonicus, was hier vor sich geht. Komm dann zurück, wenn du kannst.«

»Und wenn ich nicht kann, mein Herr?«

Gatrog packte Agak am Hinterkopf. »Dann nehme ich an, dass du tot bist. Denn das ist der einzige Grund, nicht zurückzukommen.« Sacht drückte er zu, entlockte Agak ein Wimmern. Dann schob er ihn zurück. »Jetzt geh, o mein getreuer Diener. Tu, wie dir geheißen.«

Gatrog wandte sich um, entließ den kleinen Fäulnisboten bereits aus seinen Gedanken. Agak würde tun, wie ihm befohlen oder beim Versuch sterben. Gatrog hatte eigenen Pflichten nachzukommen. Er brüllte Soldaten in der Nähe zu und deutete auf die Sturmkrieger. Bevor er sich ihnen jedoch anschließen konnte, hörte er das Knattern blitzender Flügel. Sein früherer Gegner hatte beschlossen, den Zweikampf fortzusetzen.

Er duckte sich unter dem herabsausenden Hammerschlag weg, der von einem silbern gerüsteten Arm geführt wurde. Der geflügelte Sturmkrieger kam leichtfüßig zu Boden und wirbelte herum – einer seiner Flügel durchschlitzte die Luft. Gatrog hob seinen Schild und einen Moment lang krallte ein Blitzeszucken nach ihm. Dann war er hindurch, das Schwert gestreckt.

Seine Klinge trug weder Runen noch fluchbringende Zeichen. Es war einfach nur ein Schwert, in Falbfeuer geschmiedet und abgekühlt in den sauren Wassern der Trüblande. Doch von seinem Arm geführt konnte es leicht die silberne Brustplatte seines Gegners durchschlagen. Der Sturmkrieger explodierte in einem Lohen himmlischer Energie.

Gatrog hörte das Sirren von Flügeln, wirbelte herum und drosch einem zweiten geflügelten Kämpfer mit einem lauten Scheppern seinen Schild ins Gesicht. Der Sturmkrieger fiel wie ein Stein zu Boden und sein glühender Hammer zerfiel in einer wirbelnden Staubwolke aus Licht. Er schüttelte den Kopf im Versuch, ihn klar zu bekommen. Gatrog ersparte ihm die Bemühung und entfernte den Kopf gleich vollständig. Ein weiterer sengender Blitzstoß flammte auf und verging.

Als er verblasste, sah Gatrog silberne Umrisse, die aus dem Torvorwerk ihren Kameraden zu Hilfe marschierten. Und weitere geflügelte Sturmkrieger glitten über ihm dahin. Feinde, wohin er auch blickte, und ein stinkend reiner Regen fiel aus einem widerlich klaren Himmel. Er fluchte.

Hoch oben grollte schwerer Donner. Blitze zuckten.

Doch diesmal stiegen sie nicht hinauf in den Himmel. Stattdessen sausten sie nieder. Gatrog sah auf, als ein gleißender Keil abwärts schoss, auf den Falbfeuerkessel zu. Er stieg aus unermesslichen, unsichtbaren Höhen herab, wurde lauter, immer lauter. Wie eine Klinge, die sich durch den Stoff von Ghyran selbst bohrte. Das Licht und der Lärm seines Nahens fluteten machtvoll aus, erfüllten den Innenhof. Gatrog hob seinen Schild und kauerte sich dahinter nieder, taub und blind. Lange Augenblicke war die Welt nichts als Licht und Klang.

Dann hob sich der Boden mit jäher, roher Macht, als der immense Kessel zu einer Million feuriger Splitter zersprang. Gatrog stürzte, schaffte es aber, dabei seinen Schild festzuhalten.

Er rollte ungeschickt beiseite, als die Krallen aus Feuer nach ihm schlugen. Die Luft wurde ihm spürbar aus den Lungen getrieben, während sein Waffenrock verkohlte und seine Rüstung sich um ihn verbog. Brennende Trümmer des Kessels trafen ihn und durchbohrten sein Rüstwerk. Die Hitze verschlang und und spie ihn wie von der Kraft einer Keule getroffen wieder aus. Sein Rückgrat krachte gegen den Träger einer Plattform. Holz splitterte. Er stürzte zu Boden.

Der Träger knarrte. Mit schmerzverschleiertem Blick sah Gatrog die Plattform wanken, dann zusammenbrechen. Als mehrere Tonnen von Holz und Sargassum auf ihn niederkrachten, war alles, was er denken konnte: *Heb den Schild, heb den Schild!*

Ein Auszug aus

DIE ACHT WEHKLAGEN: SPEER DER SCHATTEN

Josh Reynolds

Irgendwo in den Reichen der Sterblichen hob der Schmied seinen Hammer. Er ließ ihn auf die Länge weiß glühenden Metalls niedersausen, die er mit feuergeschwärzter Hand auf den Amboss presste. Er drehte sie und ließ einen zweiten Schlag folgen. Ein dritter, ein vierter, bis die rauchige Luft der höhlenartigen Schmiede vom Klang roher Schöpfung widerhallte.

Dies war die erste Schmiede, längst vergessen, außer in den Träumen derer, die mit Eisen und Flamme arbeiteten. Sie war ein Ort aus Stein und Holz und Stahl, gewaltiger Tempel und roher Höhle zugleich, und sowohl ihre Ausmaße als auch ihre Form veränderte sich mit jedem Zucken, mit jedem Huschen des Rauchs, der sie durchwallte. Sie war nirgendwo und überall, existierte sie doch nur in den Niederungen vererbter Erinnerung fernster Ahnen oder in den Geschichten der ältesten sterblichen Schmiede. Gestelle und Regale mit Waffen, wie sie nie von Sterblichen getragen worden waren, glänzten im Licht der Esse, ihre tödlichen Schneiden scharf geschliffen und hungrig darauf, ihrem Daseinsgrund zu dienen. Darunter sah man Werkzeuge, die weniger mörderisch, wenngleich nicht weniger notwendig waren.

Der Schmied machte keinen großen Unterschied zwischen ihnen – Waffen waren Werkzeuge, und Werkzeuge waren Waffen. Der Krieg war nicht weniger ein Handwerk als das Pflügen der Erde, und das Fällen der Wälder war nicht weniger ein Schlachten, auch wenn dessen Opfer – außer in seltenen Fällen – nicht schreien konnten.

Der Schmied war unglaublich breit und kräftig, obwohl seine Gestalt verbogen und seltsam verdreht wirkte, als hätte sie sich unsichtbar waltenden Kräften beugen müssen. Seine mächtigen Glieder bewegten sich mit einer derart zielgerichteten Sicherheit, dass kein Mechanismus sie hätte abbilden können. Er trug eine häufig geflickte Hose und eine Schürze, welche deutliche Abnutzungsspuren zeigte, und seine bloßen Arme und sein Rücken glänzten überall vor Schweiß, wo sie nicht von tätowierungsgleichen Wirbeln aus Schmutz oder Runennarben bedeckt waren. Stiefel aus scharlachroter Drachenhaut, deren irisierende Schuppen im Licht des Feuers glitzerten, schützten seine Füße, und Werkzeuge jeglicher Art und Größe hingen von dem breiten Ledergürtel, der um seine Hüfte geschlungen war.

Ein spatenförmiger Bart aus wirbelnder Asche und ein Schnurrbart aus fließendem Rauch bedeckten die untere Hälfte seiner plumpen Züge. Eine dichte Mähne lohenden Haars floss an seinem Haupt herab, teilte sich über seinen Schultern und knisterte ihm auf der Haut. Augen wie geschmolzenes Metall waren mit einer Ruhe, die nur das Alter bringt, starr und fest auf seine Aufgabe gerichtet.

Der Schmied war älter als die Reiche. Zerschmetterer von Sternen und Schöpfer von Sonnen. Waffen ohne Zahl hatte er schon geschmiedet, und keine zwei von ihnen waren einander gleich – eine Tatsache, wegen der er nicht geringen Stolz empfand. Er war ein Handwerker, und selbst dann, wenn er das Metall nur in seine grobe Form hämmerte, legte er immer ein wenig von sich selbst hinein. Dieses Stück hier brauchte die Kraft seiner Hammerschläge ein wenig mehr als die meisten. Er hob es vom Amboss hoch und betrachtete es eindringlich. »Bisschen mehr Hitze noch«, murmelte er. Seine Stimme, wenn sie am leisesten war, glich dem Grollen einer Gerölllawine.

Er stieß das Stück glimmenden Eisens tief in den Rachen der Esse. Flammen krochen seinen sehnigen Arm entlang, und das Metall bog sich in seinem Griff, als es sich erneut erhitzte, doch zuckte er nicht zurück. Für solche seiner Art bot das Feuer keinen Schrecken. Zangen und Handschuhe mochten wohl geringere Schmiede tragen. Außerdem gab es im Feuer einiges zu sehen, hatte man keine Furcht, ihm zu nahe zu kommen. Er spähte in die tanzenden Töne von Rot und Orange, und fragte sich, was sie ihm dieses Mal wohl zeigen würden. Formen begannen Gestalt anzunehmen, zunächst nur verschwommen und undeutlich. Er schürte die Glut.

Als die Flammen erneut brüllend aufloderten und mit ihren Klauen gierig nach dem Metall krallten, fühlte er seine Lehrlinge zurückweichen. Er lachte grollend in sich hinein. »Was ist das nur für einen Sorte Schmied, die Angst vor ein bisschen Feuer hat?«

Er drehte den Kopf, warf ihnen einen Seitenblick zu. Vage Traumgebilde kauerten sich im Rauch zusammen. Kleine und große, schwere und spinnwebenfeine. Hunderte von ihnen – Duardin, Mensch, Aelf, sogar der eine oder andere Ogor – drängten sich in den flüchtigen und schwer zu fassenden Umgrenzungen der Schmiede und beobachteten, wie er seinem Handwerk nachging. Alle, deren Herz danach trachtete, das Metall zu formen, waren bis auf wenige Ausnahmen, in seiner Schmiede willkommen.

Es gab immer solche, die sich unbeliebt machten und ihr Willkommen verspielten. Das waren dann solche, welche die erste und wichtigste Lektion nicht begriffen und das, was er sie lehrte, zu üblen Zwecken missbrauchten. Nicht viele, zum Glück, doch einige schon. Sie verbargen sich vor seinem Blick, während sie noch seinen Künste nacheiferten. Doch es war gleich – schließlich würde er sie alle finden, und ihre Werke würde er dann dem Feuer zum Fraß geben.

Die Stimmen seiner Lehrlinge hoben sich zu einem plötzlichen Warnruf. Der Schmied wandte sich um, seine Augen verengten sich verärgert zu Schlitzen. Feuerklauen sprangen aus der Esse hervor, umkrallten sie zu beiden Seiten hin. Tiermäuler aus flackernden Flammen und wirbelnder Asche formten sich. Reißzähne aus Schlacke bleckten sich in rasender Wut und mahlten funkensprühend aufeinander. Eine geschmolzene Klaue griff nach seinem Arm, und seine hornige Haut färbte sich unter ihrer Berührung schwarz. Der Schmied grunzte und zog seinen Arm fort. Der Dämon sprang ihn mit feurigem Brüllen an, und seine Gestalt schwoll machtvoll hervor, als wollte er die ganze Schmiede füllen. Große aschene Schwingen breiteten sich aus, und ein gehörnter Kopf brach aus der Esse hervor.

»Nein«, sagte der Schmied schlicht, während seine Lehrlinge flohen. Er ließ das Metall, das er erhitzt hatte, sinken und ergriff die sich windende Flammengestalt, bevor sie noch größer werden konnte. Es galt schnell zu handeln. Sie kreischte, als er sie herumwarf und auf den Amboss schmetterte. Brennenden Krallen gruben sich in seine bloßen Arme und rissen ihm die Schürze in Fetzen. Wild ausschlagende Schwingen schlugen auf seine Schultern ein, doch der Schmied schien unangefochten und unbezwingbar. Er hob seinen Hammer. Die Augen des Eindringlings weiteten sich in plötzlicher Erkenntnis. Er fiepte und zwitscherte protestierend.

Der Hammer donnerte herab. Dann wieder und wieder, schlug nieder, zerbrach, schlug flach, schlug plan, hämmerte die Flamme zu genehmerer Form. Der Dämon schrie und kreischte protestierend, während mit jedem Schlag seine innerste Substanz weiter und weiter litt. All seine Arroganz, all seine Bosheit floh, und zurück blieb nur Furcht, und bald verschwand auch diese.

Der Schmied hob empor, was von dem sich schwach wehrenden Dämon noch übrig war. Er erkannte die Signatur, die sich in dessen Seelen-Knüpfungen fand, so leicht wieder, als hätte er sie selbst dort eingeprägt. Dämonen unterschieden sich kaum von jedem anderen Rohmaterial, insofern sie von Seiten dessen, der sie beschwor, einer sorgsamen Formung bedurfte, um sie für seinen Zweck tauglich zu machen. Der hier war für Stärke und Schnelligkeit geschaffen, und das war es dann auch schon.

»Roh,«, sagte er. »Roh, grob und primitiv. So wenig Gewissenhaftigkeit hat er, so wenig Leidenschaft für seine Arbeit. Keinerlei Kunstfertigkeit. Wie hab ich doch versucht, ihm das beizubringen, aber – ach was. Wir machen schon noch etwas Anständiges aus dir, keine Sorge. Ich habe schon aus schlechterem Material etwas Besseres gemacht.«

Und da er das sprach, stieß er den Dämon in eine Kühlwanne neben dem Amboss. Zischend verwandelte sich Wasser in Dampf, und Teile der Kreatur zerstoben zu Glutfunken, die hochwirbelten und über dem Amboss emporschwebten. Was in der Wanne zurückblieb, war bloß ein Stück geschwärzten Eisens, pockig und geädert in zornigem Purpur, und nur die allerleiseste Spur eines fauchenden Gesichts mochte man wie aus Kratzern geformt darauf erkennen. Der Schmied warf es in seiner Hand auf und ab, bis es abgekühlt war, und steckte es dann in die Tasche seiner Schürze.

»Hm, was war das denn nun wieder?«

Es war schon einige Zeit her, dass man ihn an diesem Ort in ähnlicher Weise angegriffen hatte. Dass dies überhaupt geschah, deutete darauf hin, dass hier jemand sehr verzweifelt war. Als hätte derjenige gehofft, ihn so daran zu hindern, etwas Bestimmtes zu sehen. Er sah auf zu der Wolke dahin driftender Aschenglut und griff sich eine Handvoll heraus. Er legte seinen Hammer beiseite und fuhr mit einem dicken Finger hindurch, las darin, wie ein Sterblicher wohl in einem Buch lesen mochte.

Mit einem Grunzen warf er es zurück in die Esse und schürte die Kohlen mit einem heftigen Stoß seiner Hand. Ein verschwommenes Bild nahm in den Flammen Gestalt an. Augenblicke später teilte es sich in acht Einzelbilder auf, die nun deutlicher zu erkennen waren – ein Schwert, ein Streitkolben, ein Speer … acht Waffen.

Der Schmied runzelte die Stirn, schürte die Kohlen mit neuer Kraft und Schärfe, bis weitere Bilder vortraten. Er musste sich dessen, was er da sah, sicher sein. In den Flammen zog eine Frau in kristallener Rüstung eine der Acht – ein heulendes Dämonenschwert – aus seiner Hülle aus Fleisch und tauschte donnernde Hiebe mit einem Stormcast Eternal in einer Rüstung von der Farbe einer Wunde aus. Sie zerschmetterte die Runenklinge ihres Gegners, und der Schmied wand sich innerlich, als er sah, wie eines seiner stärksten Werke so leicht zerstört wurde. Er wedelte mit der Hand und zauberte weitere Bilder aus den flackernd huschenden Flammen hervor.

Da war ein aufgedunsener Pockenkrieger, dessen eine Körperseite von einem zappelnden Kraken weggefressen worden war, der sich dann dort eingenistet hatte. Er schlang schleimige Tentakel um den Schaft eines gewaltigen Streitkolben, der in Runeneisen gefasst war, und riss ihn einem sterbenden Ogor aus der Hand. Ein Aelfen-Schwertkämpfer, dessen Augen hinter einer himmelblauen Augenbinde verborgen waren, duckte sich unter dem kräftigen Schwung einer Obsidianaxt, in der noch immer die verzehrende Kraft des Vulkans pulsierte, der sie geboren hatte, und wich vor dem massigen Orruk zurück, der sie in Händen hielt.

Wütend stieß der Schmied mit seiner Hand zu und beschwor weitere Bilder herauf. Sie kamen schneller und schneller, umtanzten seine Hand wie die Bruchstücke eines halb erinnerten Traums – er sah Kriege, die noch nicht geführt wurden, und künftige Tode, und er spürte, wie seine Gleichmut immer stärker schwand und sein Gemüt im Zorn Feuer fing. Die Bilder flogen so schnell vorbei, dass nicht einmal er sie alle erfassen konnte. Voller Wut und Enttäuschung griff er nach jenen Bildern, die er zu packen bekam, nur damit sie ihm dann erneut durch die Finger glitten und in die Flammen sprangen. Die Zeit war also da. Er würde sich bereit machen müssen.

Er fuhr sich mit seinen breiten Händen durch seine Haareslohe und knurrte dabei leise. »Dann mache ich mich wohl mal ans Werk.« Er wandte sich um und musterte einige seiner Lehrlinge mit funkelndem Blick. »Du da – hör auf, hier herumzulungern und such was zum Schreiben. Und zwar zügig. Los!«

Sein Lehrling gehorchte eilig. Als er dann mit Meißeln und schweren Folianten aus Stein und Eisen zurückkam, begann der Schmied zu sprechen. »Im Anfang war das Feuer. Und aus dem Feuer kam Hitze. Aus der Hitze kam Form. Und diese Form teilte sich achtfaltig. Die Acht waren der rohe Stoff des Chaos, zu tödlich scharfer Klinge gehämmert und geformt von den eidgebundenen Schmiedemeistern des schrecklichen Seelenschlunds, den erwählten Waffenschmieden des Khorne.« Er zögerte einen Moment, bevor er fortfuhr. »Doch als die Reiche bebten und das Zeitalter des Chaos versank und das des Blutes sich erhob, gingen die Waffen, die man die Acht Wehklagen nennt, verloren.« Im Feuer wechselten Szenen des Todes und Wahnsinns einander ab, immer wieder und wieder, ein Zyklus ohne Ende.

Grungni, Herr aller Essen und Meisterschmied, seufzte.

»Bis jetzt.«

Anderswo. Eine andere Schmiede, roher als die des Grungni. Eine Höhle wie eine Wunde, aufgerissen von den blutenden Händen einer Unzahl von Sklaven und dann weiter aus dem vulkanischen Fels herausgeschlagen. Feuergruben und Kühlbecken füllten die weite, flache Kammer. Gestelle säumten die unebenen Wände, und Streitäxte, Zornhämmer, Waffen jeder Form und Größe hingen wild und ungeordnet davon herab.

Im Herzen dieser Schmiede, in einem Kreis von Feuergruben, stand ein riesiger Amboss. Und auf diesem Amboss lehnte mit gesenktem Kopf eine ungeschlachte Gestalt. Schweiß rann seinen muskulösen Arm hinab und tropfte zischend auf den Amboss. Seine scharlachrote und messingfarbene Rüstung war mancherorts geschwärzt, als wäre sie unglaublicher Hitze ausgesetzt worden. Er atmete tief ein und versuchte die Schwäche zu ignorieren, die von ihm Besitz ergreifen wollte. Er hatte den Dämon mit einem Teil seiner eigenen Stärke ausgestattet, da er gehofft hatte, dass dieser dann dem Herrn aller Essen ebenbürtig sein würde. Oder zumindest mehr als ein paar Augenblicke gegen ihn zu bestehen vermochte. Er tröstete sich mit dem Gedanken, dass sich nicht jeder mit einen Gott einen Zweikampf des Willens liefern und diesen überleben konnte.

»Doch bin ich auch kein bloßer Mann«, murmelte Volundr

von Hephut leise in sich hinein. »Ich bin Schmiedemeister von Aqshy.« Ein Kriegerschmied des Khorne. Schädelschleifer des Seelenschlunds. Er hatte Waffen ohne Zahl geschmiedet, und dazu auch noch die Kriege, in denen sie zu tödlichem Werk geführt wurden. Tausend Helden hatte er herangezüchtet und die Schädel von weiteren tausend hatte er zerschmettert.

Aber nun, in diesem Moment, war er einfach nur müde.

»Nun?«

Die kalte und leise Stimme hallte aus den Schatten der Schmiede hervor. Volundr richtete sich auf, und sein Schädelhelm wandte sich dem Sprecher zu, der im Dunkel saß und in ihn verbergende Tracht in der Farbe auskühlender Asche gehüllt war. Qyat von der Gefalteten Seele, Schmiedemeister von Ulgu, war eher Rauch als Feuer, und seine Gestalt war unter seiner wuchtigen Kleidung scheinbar ohne Substanz. »Er hat es gesehen«, grollte Vollundr. »Wie ich es vorhergesagt habe, Qyat.« Eine zweite Stimme, hart und scharf wie splitterndes Eisen, mischte sich ein. »Du suchst nur Ausflüchte für dein eigenes Versagen, Schädelknacker.«

Volundr schnaubte. »Ausflüchte? Nein. Ich erkläre es euch einfach nur, Wolant.« Er wandte sich um, und deutete mit einem plumpen Finger auf den zweiten Sprecher, der jenseits der Glut der Feuergruben stand und die Vielzahl seiner muskulösen Arme vor der massigen Brust gekreuzt hielt.

Wolant Siebenhand, Schmiedemeister von Chamon, war eine messinghäutige, achtarmige Monstrosität, die in eine Rüstung aus Gold gehüllt war. Sieben seiner Arme endeten in sehnigen, feuergegerbten Händen. Der achte lief in die plumpe Form eines Hammers aus, der an sein zerfleischtes Handgelenk geschnallt war, um ein lang zurückliegende Verstümmelung auszugleichen. »Wenn du denkst, du hast dort Erfolg, wo ich versagte, nur zu, versuch dein Glück«, fuhr Volundr fort.

»Du wagst es –?, knurrte Wolant und griff nach einem der vielen Hammer, die von seinem Gürtel hingen. Bevor er ihn jedoch packen konnte, griff Volundr sich seinen eigenen vom Boden und schlug ihn auf den Amboss, füllte die Schmiede mit einem hohlen, laut dröhnenden Echo. Wolant taumelte und griff sich mit seinen Händen an die Schläfen.

Volundr deutete mit seinem Hammer auf den Schädelschleifer. »Du tätest gut daran, dich zu erinnern, in wessen Schmiede du hier stehst, Siebenhand. Deine großen Worte und dein hohles Gepolter dulde ich hier nicht.«

»Ich bin mir sicher, mein fehdelustiger Bruder meinte es nicht im Argen, Volundr. Er ist von aufflammendem und von sich selbst eingenommenem Gemüt, wie du wohl weißt, und daher dem überstürzten Handeln zugeneigt.« Qyat streckte seine Glieder und stand auf. Er überragte die beiden anderen Schädelschleifer wie ein Turm sehnig bleicher Muskeln, der in schwarzes Eisen gehüllt war. »Aber dennoch, wenn er noch einmal so unhöflich ist, dir zu drohen, dann schlage ich ihm noch eine von seinen Händen ab.«

»Meinen Dank, Bruder«, sagte Volundr.

»So, wie ich dir ein Auge herausreiße, wenn du mich weiterhin so grimmig anstarrst«, fügte Qyat milde hinzu. Er breitete seine abgezehrten Hände aus. »Respekt kostet Männer wie uns nicht viel, Brüder. Warum also knausrig sein?«

Volundr neigte den Kopf. »Vergib mir, Bruder«, sagte er. So schwach, wie er sich jetzt fühlte, war er kaum in der Verfassung für einen Zusammenstoß mit einer so tödlichen Kreatur wie der Gefalteten Seele. Wolant, der doch nichts als ein Klotz roher Kraft war, war schon schlimm genug. Er setzte den Kopf seines Hammers auf den Amboss auf, beugte sich vor und stützte sich dabei auf den Schaft. »Wolant hat recht. Ich habe versagt. Der Meisterschmied weiß Bescheid. Und jetzt ist ihm klar, dass wir es auch wissen.«

Wolant knurrte. »Hättest du nicht versagt –«

»Aber das hat er, und so müssen nun im Feuer der Widrigkeiten neue Strategien geschmiedet werden.« Qyat presst seine Hände wie zum Gebet zusammen. »Der Verkrüppelte Gott darf uns nicht nehmen, was das Unsere ist.«

Wolant lachte. »Das Unsere, Gefaltete Seele?« Er breitete seine Arme aus. »Das meine, wolltest du wohl sagen. Vielleicht auch das Deine, sollte das Glück nicht mir gewogen sein. Oder aber es fällt gänzlich jemand anderem zu, denn wir drei sind nicht allein in dieser Queste. Die anderen Schmiedemeister werden ihre eigene Jagd eröffnen. Die Acht Wehklagen hungern danach, erneut Blut zu vergießen, und rufen nach uns, die wir sie geschmiedet haben.« Sieben Fäuste bebten in einer Geste der Herausforderung und des Trotzes. »Nur einer von uns kann Khornes Gunst dadurch gewinnen, dass er sie zurückholt. Oder hast du das vergessen?«

»Keiner von uns hat es vergessen«, erwiderte Volundr. »Wir haben unsere Kämpen erwählt und sie in die Reiche ausgesandt, die Acht zu finden. Doch das heißt nicht, dass wir nicht gemeinsam gegen jene außerhalb unserer Bruderschaft vorgehen können.« Er schüttelte den Kopf. »Grungni ist bei diesem Unternehmen nicht unser einziger Feind. Andere suchen ebenfalls nach den Acht. Wenn wir nicht zusammen arbeiten, werden wir –«

Wolant schlug ihn unterbrechend zwei seiner Handpaare klatschend zusammen. »Unsinn. Je größer das Hindernis, desto größer der Ruhm. Ich kam nur aus Respekt vor der Schläue der Gefalteten Seele. Nicht, um mein Schicksal mit dem euren zu verknüpfen. Mein Kämpe wird die Acht Wehklagen für mich holen und die Schädel eurer Diener ebenfalls, wenn sie dumm genug sind, sich ihm in den Weg zu stellen.« Er lachte erneut und wandte sich ab. Volundr blickte ihm nach, wie er auf einen der großen Torbogen zuging, welche die Höhlenwände säumten, und fragte sich, ob er vielleicht den Schädel des anderen Schmieds spalten könnte, solange er ihm noch den Rücken darbot. Qyat lachte leise glucksend in sich hinein, als könnte er seine Gedanken lesen. »Wäre schön, wenn du seinen Dickschädel auf deinem Amboss knacken könntest. Doch das würde bedeuten, dass ich dich dann auch töten müsste, Bruder, solltest du dich entschließen auf solche Art den Eisenschwur zu brechen.«

Volundr grunzte. Der Eisenschwur war das Einzige, was die verbliebenen Schmiedemeister davon abhielt, einander an die Kehle zu gehen. Der Waffenstillstand war eine heikle und zerbrechliche Sache, doch hatte er seit drei Jahrhunderten gehalten. Und er würde fürwahr nicht derjenige sein, der ihn brach. Er machte eine abschätzige Handbewegung. »Es wird befriedigender sein, ihm den Sieg zu entreißen. Mein Kämpe ist bis zum Letzten entschlossen.«

»So wie der meine.«

Volundr nickte. »Dann möge der beste Kämpe gewinnen.« Er wandte seine Aufmerksamkeit den Feuergruben zu und machte eine Geste, welche die Glut anfachte und Funken in die Luft sandte. Rauch ließ er emporsteigen und lenkte seinen Blick auf die Reiche der Sterblichen und suchte dort nach einem ganz besonderen Glutfunken von Aqshys Feuer. Als er ihn fand, ließ er seine Worte ins Feuer fahren, im sicheren Wissen, dass sie gehört würden. »Ahazian Kel. Letzter von Ekran. Todesbote. Höre die Stimme deines Herrn.«

Und in einem Land, wo der Mond kalt leuchtete und die Toten frei ihrer Wege zogen, hörte Ahazian Kel die Stimme Volundrs. Obwohl sie ihm wie heiße Nägel ins Hirn schoss, beschloss er, sie zu ignorieren. In Anbetracht der Situation nahm er an, dass

Volundr ihm dies schon vergeben würde. Nun ja, vielleicht auch nicht. Jedenfalls war es nun geschehen, und Ahazian verwandte keinen weiteren Gedanken mehr darauf.

Stattdessen konzentrierte er sich gänzlich auf die Männer, die gerade versuchten, ihn zu töten. Wiederbelebte Skelette, die noch immer die verrotteten Überrest jener Rüstungen trugen, die sie im Leben nicht hatten schützen können, strömten aus den Schatten der großen Steinpfeiler, die sich zu beiden Seiten von ihm erstreckten. Im Mondlicht drängten sie sich eng und dicht auf der breiten Straße. Rostige Klingen lechzten nach seinem Fleisch, während verrostete Schilde in die Reihen seiner Anhänger donnerten und einige dabei zu Fall brachten.

Ahazian dachte nicht weiter über die Misere seiner Blutjäger nach. Die Lebenden waren schließlich nur Werkzeuge, die man für seine Zwecken benutzte, und die Toten waren nur ein weiteres Hindernis zwischen ihm und dem, nach dem er trachtete. Vor ihnen, hinter den Reihen der Toten, am Ende der mit Pfeilern gesäumten breiten Straße, befanden sich die Tore der Mausoleumszitadelle. Zwei riesenhafte, aus Stein gehauene Skelette knieten mit über dem Knauf ihrer Schwerter geneigten Köpfen zu beiden Seiten der gewaltigen Öffnung. Irgendwo erklang eine Glocke und weckte die Toten aus ihrem jahrhundertelangen Schlummer.

Skelettkrieger strömten über die breite Straße. Sie marschierten entweder einzeln oder in Gruppen zwischen den Pfeilern oder aus der Mausoleumszitadelle hervor. Nicht nur die Toten, die an diesem Ort gelebt hatten, sondern auch jene, die hier vor Kurzem erschlagen worden waren, folgten dem Klang der unsichtbaren Glocke. Obwohl ihre Knochen von Schakalen und Aasvögeln, die in den Ruinen hausten, blank genagt worden waren, erkannte er noch immer die Siegel, die ihre geborstenen Rüstungen zierten – die Runen Khornes und Slaaneshs, die unheilvollen Glyphen von tausend geringeren Göttern, alle fanden sie sich in den stummen Reihen des Feindes wieder.

In Shyish gab es nur eine sichere Wahrheit. Eine, der selbst die Götter nicht trotzen konnten. Es war ein Land des Endes aller Dinge, wo selbst die Stärksten schließlich wanken mussten. Es konnte keinen Triumph über das geben, was am Ende doch alles eroberte. Aber das hielt sie nicht davon ab, es dennoch zu versuchen.

Doch nach Eroberung stand Ahazian nicht der Sinn. Nicht heute.

Er stand auf Köpfen und Schultern, die größer waren als selbst der größte Stammeskrieger, der je an seiner Seite gekämpft hatte. Seine mächtige Gestalt war unter mit rasiermesserscharfen Kanten versehenen Panzerplatten in Scharlachrot und Messing verborgen, und die Schädelmaske seines Helms bog sich aufwärts zur Rune Khornes und zeigte damit klar an, wem seine Gefolgschaft galt. Schwere Ketten umhüllten ihn, und ihre Glieder waren mit Spitzen und Haken besetzt sowie hier und da mit einem Skalp behangen.

Er war von einer Phalanx wilder Stammeskrieger umgeben, die er in den Tieflanden dieser Region rekrutiert hatte. Die Köpfe ihrer ehemaligen Anführer klatschten ihnen gegen die Hüften, und ihre Skalps waren mit ihren Gürteln verknotet. Wenn es denn einen einfacheren Weg gab, andere dazu zu bringen, das zu tun, was man von ihnen wollte, so hatte er ihn noch nicht gefunden. Die Blutjäger trugen ein wildes Rüstungs-Sammelsurium aus allem, was einem auf dem Zug über tausend Schlachtfelder auch immer in die Hände fallen mochte. All das war verziert mit Totems, welche die Verstorbenen vertreiben sollten, und ihr Fleisch war mit Asche und Knochenstaub bemalt, damit sie für die Geister unsichtbar würden. Keine dieser Schutzmaßnahmen schien im Augenblick besonders gut zu wirken. Doch das schien ihnen wenig auszumachen.

Die meisten der Blutjäger fochten mit wildem Ingrimm an seiner Seite, zerhackten und durchbohrten die stummen Toten. Ahazian bildete die Spitze des Vorstoßes, so wie es sein Recht und wie es ihm eine Lust war. Der Todesbote stürzte wie eine Speerspitze vor, seine Schindaxt in der einen, den Schädelhammer in der anderen Hand. Beide Waffen dürsteten nach etwas, was der Feind ihnen nicht bieten konnte, und die Erbitterung darüber durchflutet ihn scharf und heiß. Die Metalldornen in ihrem Schaft schnitten ihm schmerzvoll in die Handfläche, rissen alte Wunden erneut auf, sodass seine Finger bald glitschig von Blut waren. Es war ihm gleich – sollten sie trinken, wenn sie wollten. Solange sie ihm gut und treu dienten, war dies das Mindeste, was er für sie tun konnte. Blut musste vergossen werden, selbst wenn dieses Blut das seine war.

Er spaltete einen Schild, auf dem das Gesicht einer hohnlächelnden Leiche prangte, zersplitterte die Knochen, die sich dahinter schützen wollten. Brutale Kraft reichte aus, ihm etwas Freiraum zu verschaffen, doch das würde nicht lange anhalten. Was die Toten einmal für sich beansprucht hatten, das hielten sie mit einer tödlich kalten Grimmigkeit, die selbst manche Diener des Blutgottes mit tiefer Ehrfurcht erfüllte. Eine der zahlreichen Lektionen, die ihn seine Zeit in Shyish gelehrt hatte. »Weiter«, fauchte er im Vertrauen darauf, dass die Seinen seine Stimme vernahmen. »Möge Khorne den holen, der zuerst nach Einhalt schreit.«

Die Blutjäger, die am nächsten bei ihm waren, stießen einen lauten Schrei aus und verstärkten ihre Mühen. Er knurrte befriedigt und drosch seinen Kopf in das Todesgrinsen eines Skeletts und zerschmetterte ihm damit den Schädel. Die zuckenden Überreste fegte er beiseite und stürmte weiter, zog seine Gefolgsleute hinter sich her. Ein Speer traf seinen Schulterpanzer und zersplitterte noch im gleichen Moment, da er das Rückgrat seines Trägers zertrümmerte. Gestürzte Skelette griffen nach seinen Beinen, und er zermalmte sie unter seinen Sohlen zu bloßem Staub. Er würde nicht dulden, dass irgendetwas sich zwischen ihn und sein Ziel stellte.

Was hinter diesem Torbogen lag, war schließlich sein Schicksal. Khorne hatte seine Füße auf diesen Pfad gesetzt, und Ahazian Kel ging ihn bereitwillig. Was sollte er sonst auch tun? Für einen Kel gab es nur die Schlacht. Krieg war für die Ekran die reinste Form der Kunst – war es immer gewesen. Aus welchem Grund er gefochten wurde, war egal. Gründe lenkten nur von der Reinheit eines mit Kunst geführten Krieges ab.

Ahazian Kel, der letzte Held der Ekran, hatte stets danach gestrebt, mit dem Krieg selber eins zu werden. Und so hatte er sich Khorne hingegeben. Er hatte das Blut all seiner Mit-Kel zum Opfer dargeboten, einschließlich dem des Prinzen Cadacus. Er hielt sein Andenken über alles in Ehren, denn Cadacus war von all seinen Vettern am nächsten daran gewesen, ihn zu töten.

Dies hier war schlicht der nächste Schritt auf seiner Reise entlang des Achtfältigen Pfades. Er war ihm von den Felsitebenen von Aqshy bis hin in die Aschenen Tieflande von Shyish gefolgt, und er würde jetzt keineswegs damit aufhören. Nicht bevor er seinen Preis errungen hatte.

Ahazian ließ sich vom Rhythmus der Schlacht in die Mitte der Toten forttragen. Langsam aber stetig schlug er sich einen Weg in Richtung des Torbogens frei. Zerbrochene, zuckende Skelette blieben hinter ihm auf dem Boden zurück. Seine Gefolgsleute schützten ihn vor den schlimmsten Hieben, erkauften ihm das Leben mit dem ihrigen. Er hoffte, dass sie darin Erfüllung fanden – es war eine Ehre, für einen von Khornes

Auserwählten zu sterben. Die Räder der Schlacht mit seinem Blut zu ölen, damit ein wahrer Krieger auf eine ihm geziemendere Weise sein Schicksal finden konnte.

Er schwang mit seinem Schädelhammer aus, zerschmetterte ein Skelett zu bloßen Splittern und Spänen, und plötzlich war er durch die Feinde hindurch. Ein paar Dutzend Blutjäger, die stärker waren als der Rest – vielleicht auch nur schneller – kamen mit ihm aus dem Getümmel heraus. Er zögerte nicht, stürmte vorwärts, jetzt im Laufschritt. Die Blutjäger folgten ihm, und kaum einer von ihnen warf auch nur einen Blick zurück. Diejenigen von ihnen, die sich noch immer im Kampf mit den Toten befanden, mussten eben sehen, wie sie zurechtkamen.

Der Vorhof der Mausoleumszitadelle wurde von amethystfarbenen Irrlichtern erhellt, die träge durch die staubige Luft schwebten. In ihrem Schein konnte er seltsame Mosaike auf Wänden und Boden erkennen, die Szenen von Krieg und Fortschritt zeigten. Durch Zeit und Vernachlässigung verwitterte Statuen lauerten in den Ecken, ihre blicklosen Augen auf ewig emporgerichtet. Ahazian führte seine verbliebenen Krieger durch die stillen Hallen. Die Blutjäger drängten sich zusammen und raunten miteinander. Im Kampfe waren sie tapfer über alle Maßen. Doch hier, in Dunkelheit und Stille, regten sich rasch und nur allzu bereitwillig alte Ängste. Das Grauen der Nacht, Schreckgespenster, von denen man sich an den Feuern des Stammes erzählte, schienen an diesem Ort beängstigend nahe zu rücken. Jeder Schatten schien eine Legion von Geistern zu beherbergen, deren Rachen vor Wolfsfängen starrten und die nur darauf warteten, sich auf die Stammeskrieger zu stürzen und sie in Fetzen zu reißen.

Ahazian sagte nichts, was sie hätte beruhigen können. Furcht hielt sie wachsam. Außerdem war es nicht seine Pflicht, ihre

Füße sicher auf dem Achtfältigen Pfad zu halten – schließlich war er kein Schlachtpriester. Wenn sie sich in Furcht zusammenkauern oder fliehen wollten, so würde Khorne sie nach Gutdünken strafen.

Der Schlachtlärm von draußen dämpfte sich zu einem schwach wogenden Murmeln. Schäfte kalten Lichtes fielen durch große Löcher im Dach herein, und die amethystfarbenen Nebelfetzen wirbelten dicht um sie und erleuchteten den Weg vor ihnen. Ahazian wischte Schleier von Spinnweben mit seiner Axt beiseite und zertrümmerte umgestürzte Pfeiler und andere Berge von Trümmern, die ihnen den Weg versperrten, mit seinem Hammer und bahnte ihnen so einen Weg.

Die Geister der Toten drängten sich dichter, je weiter sie vordrangen. Stumme Phantome, zerlumpt, fadenscheinig und kaum noch wahrnehmbar, so wanderten sie kreuz und quer. Verlorene Seelen, die den Pfaden ihrer verblassenden Erinnerungen folgten. Diese Geister legten keinerlei Feindseligkeit an den Tag, zu sehr waren sie in ihrem eigenen Leid versunken. Doch ihr eben hörbares Flüstern stahl sich mit irritierend zunehmender Häufigkeit und Dringlichkeit in seine Gedanken, und voller Erbitterung schlug er nach ihnen, wann immer ihm einer von ihnen zu nahe kam. Sie achteten seiner nicht, was nur noch mehr zu seiner Verärgerung beitrug.

Als sie schließlich die inneren Kammern erreichten, hatte sein Gleichmut sich derart erschöpft, dass seine Gefolgsleute geflissentlich von ihm Abstand hielten. Er stellte fest, dass er inständig darauf hoffte, dass sich nun auch bald ein Feind zeigte. Ein Hinterhalt vielleicht. Irgendetwas, an dem er seine Frustration auslassen könnte.

Der Thronraum der Mausoleumszitadelle war eine kreisförmige Kammer, deren Wände sich zu einer hohen Kuppel wölbten, die in einem längst vergessenen Kataklysmus geborsten war. Bahnen von Mondlicht durchzogen die zerstörte Kammer, beleuchteten die gefallenen Trümmer zerbrochener Statuen und legten einen glitzernden Schleier auf all die dicken Stränge und Vorhänge aus Spinnweben und den Staub, der hier jede Oberfläche bedeckte.

»Verteilt euch«, befahl Ahazian. Seine Stimme dröhnte laut und ließ die Stille bersten. Seine Krieger eilten, ihm zu gehorchen. Er schritt auf die breite Empore zu, die das Zentrum der Kammer einnahm. Darauf ruhte ein massiver Thron aus Basalt, auf dem eine massige Gestalt kauerte. Sowohl der Boden rings um die Empore als auch deren Stufen waren mit zerbrochene Skeletten übersät, und ihre verstreuten Knochen glühten schwach von Hexenfeuer.

Ahazian stieg wachsam zum Podium empor. In diesem Reich galt es fast als Gemeinplatz, dass eine stumme Leiche eine gefährliche Leiche war. Aber die zerbrochene Gestalt, die auf dem Thron kauerte, zuckte nicht einmal. Die schwere Rüstung war so dick mit Spinnweben bedeckt, dass sowohl von ihrem scharlachroten Glanz als auch von den Schädeln mit Fledermausflügeln, die sie zierten, kaum etwas zu sehen war. Als er näher kam, fühlte er, wie ihn ob der schieren Größe des verstorbenen Potentaten ein Hauch von Ehrfurcht streifte. Diese Kreatur war riesig gewesen, ebenso wie die gewaltige schwarzklingige Axt, die lose im Griff einer fleischlosen Hand hing und deren Schneide auf dem, Boden ruhte. Die Leiche trug einen schweren, gehörnten Helm mit einem schartigen Kamm.

Ahazian wischte ein paar der Spinnweben mit seiner Axt beiseite und legte dabei einen langen, klaffenden Riss im schmutzigen Brustpanzer frei, der aussah, als hätte eine unglaublich scharfe Klinge das Metall durchdrungen und dann auch das, was dem Toten als Herz gedient haben mochte. »Ha«, murmelte Ahazian zufrieden. Endlich hatte er es gefunden. Er legte seine Schindaxt in der Armlehne des Throns ab und stieß seine Hand in die Wunde. Spinnen quollen daraus hervor, krabbelten seinen Arm herauf oder fielen zu Boden. Er ignorierte das verängstigte Getier und fuhr fort, den modernden Brustraum zu durchgraben, bis sich seine Finger schließlich um das schlossen, was er so lange gesucht hatte. Er riss den Splitter schwarzen Stahls aus der morschen Hülle hervor und gab einen Laut von sich, der halb zwischen einem Aufstöhnen und einem Seufzen lag. Er hielt seine Trophäe ins trübe Licht empor. Ein Splitter, der im Todesstoß frei gebrochen war. Es war das Bruchstück einer Waffe – und nicht nur irgendeiner Waffe sondern einer, die in den Schattenfeuern Ulgus geschmiedet worden war. Eine der Acht.

ÜBER DIE AUTOREN

David Annandale ist der Autor des ›Horus Heresy‹-Romans ›Die Verdammnis von Pythos‹ und des ›Primarchs‹-Romans ›Roboute Guilliman: Der Letzte Schlachtenkönig‹. Für ›Die Bestie erwacht‹ schrieb er ›Der Letzte Wall‹, ›Die Suche nach Vulkan‹ und ›Für die Toten‹. Er verfasste außerdem den ›Space Marine Battles‹-Roman ›Das Verderben von Antagonis‹ sowie eine Vielzahl von Kurzgeschichten. David unterrichtet an einer kanadischen Universität Themen, die von englischer Literatur bi shin zu Horrorfilmen und Videospielen reichen.

David Guymer ist der Autor der Romane ›Echo des Langen Krieges‹ und ›Der letzte Sohn des Dorn‹ aus der Reihe ›Die Bestie erwacht‹. Er hat außerdem die ›Gotrek & Felix‹-Romane ›Slayer‹, ›Kingslayer‹ und ›City of the Damned‹ sowie die Novelle ›Thorgrim‹ geschrieben. Er ist freiberuflicher Autor und gelgentlicher Wissenschaftler und lebt in East Riding. Im Jahr 2014 war er mit seinem Roman ›Headtaker‹ Finalist in der Auswahl für den ›David Gemmel Legend Award‹.

Robbie MacNiven kommt aus den Highlands und studierte Geschichte an der University of Edinburgh. Er schrieb für Warhammer 40.000 die Romane ›Carcharodons: Der Blutzehnt‹ und ›Legacy of Russ‹. Zu seinen Hobbies gehört Fussball, Reenactment und alles, was mit Warhammer 40.000 zu tun hat.

Josh Reynolds ist der Autor des Blood-Rangel Romans ›Deathstorm‹ und der Warhammer 40.000-Novellen ›Hunter's Snare‹ und ›Dante's Canyon‹, ebenso wie der Hörspiele ›Master of the Hunt‹, die alle drei von den White Scars handeln. Er verfasste außerdem zahlreiche Romane für Warhammer und Warhammer Age of Sigmar, darunter ›Seuchengarten‹ und ›Speer der Schatten‹. Er lebt und arbeitet in Northampton.

Matt Westbrook ist ein neuer Autor bei Black Library. Er schrieb für die ›Realmgate Wars‹-Reihe den Roman ›Bladestorm‹ und für Warhammer 40.000 die Novelle ›Medusan Wings‹. Er lebt und arbeitet in Nottingham.

DIE ACHT WEHKLAGEN: SPEER DER SCHATTEN (JANUAR 2018)
Josh Reynolds

Acht mächtige Artefakte, die von den Dienern des Chaos geschaffen wurden, bringen Verderben über die Reiche der Sterblichen. Die dunklen Mächte suchen nach ihnen – ebenso wie eine Gruppe von Helden, die von dem Gott Grungni eigens für diese gefährliche Aufgabe ausgewählt wurden.

Finde diesen und viele weitere Titel auf **blacklibrary.com**

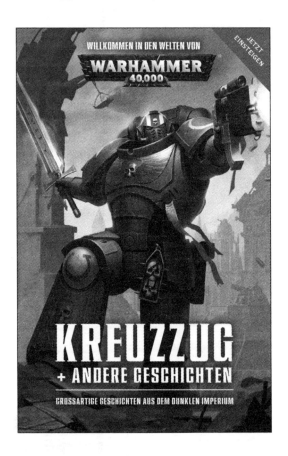